Topographische
Terrain-Darstellungs-Kunde
im Planbilde
in drei Hauptabtheilungen;

als:

Terrainlehre, Theorie des Terrainzeichnens
und Aufnehmen des Terrains

in Abschnitten,

wobei die sphäroidische Gestalt der Erde nicht in Betracht
kömmt; mit Hinweisung auf das genauere Verfahren
bei größeren Landesvermessungen.

Vorzugsweise

für Militair-Schulen und als Handbuch
für Officiere bearbeitet

von

Carl Vogel,

Lieutenant a. D.

Außerdem für Forstmänner, Landwirthe, Feldmesser, so
wie jedem, der von diesem Theile der Geodäsie Fach
macht, brauchbar.

Berlin,
bei G. Reimer.
1828.

Vorwort.

Bei einem mehrjährigen Unterricht, welchen ich im Fach des Planzeichnens und topographischen Aufnehmens an einer Militair-Schule ertheilte, so wie bei mir übertragenen Vermessungen am Rhein und in Thüringen, wurde der Mangel eines solchen Buches mir oft sehr fühlbar, welches die Theorien dieser in der Anwendung untrennbaren Gegenstände enthielte, und so weit erschöpfte, als solche dem Offizier unumgänglich zu wissen nöthig sind, welcher dienstliche Aufträge der Art mit Sicherheit und Gewandtheit ausführen will.

Der angehende militairische Geodät, welcher sein Wissen aus Büchern schöpfen will, ist gegenwärtig genöthigt, solches mühsam aus zehn bis zwölf, theils sehr kostbaren Werken, zu suchen, wo dessen ohnerachtet das Resultat der Mühe selten nur entsprechen dürfte, da die Verfasser hierher gehöriger Werke, auch selbst bei den Kapiteln, von welchen der militairische Meßkünstler unmittelbaren Gebrauch machen könnte, häufig einen ganz anderen Zweck hatten, als eben diesen von Grund aus hierüber zu unterrichten; so ist denn sehr begreiflich — wie ich dies oft fand — daß solche Studien den jungen Mann, welcher noch nicht mit den nöthigen Kenntnissen und praktischen Erfahrungen ausgerüstet war, eher verwirrten als aufklärten.

Als Beispiel will ich nur einige von denen Werken anführen, welche für unseren Zweck die brauchbarsten sind, als: „Lehmanns Lehre der Situationszeichnung." Es verdient kaum der Erwähnung, wie der verewigte Verfasser keinesweges ein Lehrbuch für Anfänger schreiben wollte, da er in seinem Werke nur beabsichtigte, den schon gebildeten Geodäten seiner Zeit seine wichtigen Erfindungen und deren Resultate mitzutheilen, wodurch er als Begründer des neuen Systems zur Darstellung der Unebenheiten des Bodens im Grundriß sowohl, als zur zweckmäßigern Benutzung des Meßtisches anzusehen ist; obgleich nun dieses Werk später durch bedeutende Zusätze vermehrt, und hierdurch in nicht geringem Grade gemeinnütziger gemacht wurde, so ist es doch immer noch nicht als ein Buch zu betrachten, aus welchem der Anfänger sich im Nothfall selbst vollkommen erschöpfend unterrichten könnte.

Eine genauere Erklärung der Theorie der Bergzeichnungskunde findet sich zuerst in der kleinen Broschüre, welche der Herr Doctor Netto mit den systematisch geordneten Vorlegeblättern herausgab; diese kleine Schrift halte ich für sehr unterrichtend, und sie ist gewissermaaßen das Einzige gewesen, welches sich dem Lehrer bei seinem Unterricht darbot, bis derselbe Herr Verfasser seine orthographische Horizontalprojection herausgab, welche mit mehr Gelehrsamkeit die früher einfach dargestellten Grundbegriffe weiter ausführt, und mit sehr schätzbaren Sachen vermehrt; abgesehen nun davon, daß das letzte Buch nicht für den Anfänger geschrieben ist, auch wegen der darin angewendeten höheren Mathematik unverständlich für denselben sein würde, so sind diese Schriften in der Regel auch nur in den Händen der Lehrer, da sie zu Sammlungen von Vorlegeblättern gehören, welche sich blos der kleinen Bücher wegen nicht leicht jemand anschaffen wird, der in den Unterrichts-Anstalten einige mechanische Fertigkeit im Zeichnen bereits erlangt hat.

Wollte der Anfänger sich über die, für unsern Zweck nöthigen Instrumente und deren Gebrauch unterrichten, so würde er dies aus Netto's Handbuch der gesammten Vermessungskunde und dessen Werk über den Gebrauch des Meßtisches, so wie aus Schulz Montanus systematischem Handbuche der gesammten Land- und Erdmeßkunst unter den vorhandenen Schriften hierüber am besten erlernen können, jedoch müßte er nothwendig in diesen Werken, welche eine Sammlung von sehr schätzbaren und mit vieler Klarheit dargestellten Sachen ausmachen, dasjenige zu finden wissen, was seinen Bedürfnissen frommt, welches aber nicht wohl von jemanden zu erwarten sein dürfte, der die Wege noch nicht kennt, welche zu seinem Ziele führen.

Um in der Terrainkunde unterrichtet zu werden, müßte man denselben, obgleich im Lehmann einiges hieher gehörige gegeben ist, doch besonders noch an die Schriften von Müller, Brixen, Gomez und Wircker von Wackerfeld verweisen, wo es ihm ohne Erfahrung ebenfalls sehr schwer werden dürfte, gerade dasjenige sich anzueignen, was er braucht, da diese

Terrainlehren nicht mit besonderer Rücksicht für den militairischen Aufnehmer geschrieben sind.

Ueber das militairische Aufnehmen in solchen Fällen, wo nicht viel Zeit darauf verwendet werden kann, und der Arbeiter meist a coup d'oeil verfahren muß, giebt uns der Herr Major von Decker in seinem Werke über militairisches Aufnehmen, viele praktische Mittel an die Hand; welche, meiner Ansicht nach, jedoch nur von denjenigen mit wahrem Nutzen angewendet werden können, welche Auge und Hand bereits durch genauere Aufnahmen geübt haben. In Netto, Montanus und anderer Schriften, findet man für den Detailaufnehmer nur Andeutungen, die demselben nicht genügen können.

Dies ist noch das kleinste Verzeichniß der Werke, aus welchen der Detailaufnehmer gegenwärtig schöpfen, und das zu seinem Zweck gehörige mühsam auslesen muß. Wenn nun gleich ein guter Kopf sich wohl zurecht finden wird, so bleibt doch auch für ihn eine große Aufopferung von Zeit und Mühe nöthig, welche derjenige, der nicht mehr will, als eine Gegend von einigen Quadratmeilen für militairische Zwecke genügend zu Papier zu bringen, ersparen könnte, wenn in einem Werke alles dasjenige sich befände, was er zu seinen Arbeiten bedarf.

Ferner vermißte ich in genannten Werken sowohl, als in allen mir sonst bekannten (des Freyherrn v. Unterberger's Aufnehmen mit dem Meßtisch, welches jedoch bei dem jetzigen System nicht wohl mehr Anwendung finden kann, und einige Andeutungen im Lehmann u. a. etwa ausgenommen) etwas, das mir zur Anwendung der erlangten theoretischen Kenntnisse sehr wesentlich scheint, und was wahrscheinlich größtentheils nur der Kostenersparniß wegen fehlt.

Es ist nämlich bekannt genug, wie selbst der beste Theoretiker sich in nicht geringer Verlegenheit befindet, wenn er auf dem Felde von seiner Wissenschaft Anwendung machen soll, falls er nicht Gelegenheit hatte, den Arbeiten eines praktischen Geodäten beizuwohnen, oder was noch besser ist, einen wirklichen Unterricht in der Praxis, auf dem Felde zu genießen. Einen solchen Unterricht nun, so viel als thunlich, denjenigen zu ersetzen, welche diese Gelegenheit nicht haben, mußte mir als sehr nützlich erscheinen. Am vollständigsten dürfte man dies wohl durch Modelle von Gegenden, wenn auch nur einer Viertelmeile im Quadrat, welche die Hauptgegenstände des Landbodens enthielten, bewerkstelligen können, welches besonders instructiv werden müßte, wenn zugleich die Zeichnungen dieser Modelle, worauf die Meßtischstationen sowohl, als die von denselben zur Bestimmung der Gegenstände gezogenen Visirlinien ꝛc. angegeben wären, zur Hand genommen werden könnten; der Text gäbe dann Aufschluß über die Grundsätze für die Wahl der Stationen, wie des weiteren Verfahrens, um durch die einfachsten Mittel, und auf den kürzesten Wegen zum Zweck zu gelangen.

Auch in dieser Beziehung gedenke ich mein Lehrbuch, so viel hier thunlich war, nützlich gemacht zu haben, indem ich denselben zwei Pläne in obiger Art beifügte, an welchen ich den Gang und die Methode einer genauern Vermessung sowohl, als einer solchen

Verfahrungsart, wo man, aus Mangel an Zeit genöthigt ist, flüchtiger zu Werke zu gehen, erläuterte.

Bei der Bearbeitung dieses Buches war mein Hauptaugenmerk, den Zöglingen der Militair-Schulen im allgemeinen, insbesondere aber den Königl. Preuß. Divisions- und Artillerie-Brigade-Schulen, ein Lehrbuch dieser, in der Praxis nicht zu trennenden Gegenstände zu geben, welches weder mehr noch weniger enthalten sollte, als was bei dem Officierexamen verlangt werden kann, und was den Besitzer später in den Stand setzt, dienstliche Aufträge der Art mit nöthiger Kenntniß auszuführen, falls seinem Gedächtniß dieser oder jener Fall nicht mehr deutlich genug gegenwärtig sein sollte; wie dies bei mathematischen Wissenschaften, und besonders in Bezug auf die Figuren zur Beweisführung so leicht möglich ist.

Wie sehr ein solches Lehrbuch den Unterricht erleichtern, und wie viele Zeit hierdurch erspart werden kann, darüber dürfte wohl jeder mit mir einig sein; da ohne ein solches der Lehrer genöthigt ist, nach dem Vortrage, wenigstens die Haupt- und schwierigsten Sätze, zu dictiren, weil unmöglich von allen Schülern einer Klasse, welches gewiß nicht immer sammt und sonders vorzügliche Köpfe sind, zu verlangen sein kann, daß sie bei den, mit verschiedenen Wissenschaften wechselnden Unterricht im Tage, solche oft sehr complicirte Sätze, dem Verstande wie dem Gedächtnisse unauslöschlich einprägen sollen; und daß bloße Notizen, während des Vortrag's, von den

Schülern gemacht, hier nicht ausreichen, hat mir wenigstens meine Erfahrung zur Genüge gelehrt. Wenn noch hiezu kömmt (wie es in den Preußischen Divisions-Schulen der Fall ist), daß bei den vielen hier zu lehrenden Wissenschaften, nur sehr wenig Zeit für den Unterricht im Aufnehmen anberaumt werden kann, so hat der Lehrer gewiß eine nicht leichte Aufgabe zu lösen, wenn er ohne Beihülfe eines Lehrbuch's sich in diesem Fache genügend ausbreiten will; denn so sehr ich auch von Jahr zu Jahr das meiner Ansicht nach Nöthigste zu vereinfachen und zu beschränken suchte, so mangelte es mir dennoch immer sehr an Zeit, und ich war deshalb, weil ich mich auf Dictiren nicht einlassen konnte, genöthigt, den Schülern Werke in die Hand zu geben, welche für diesen Zweck nicht eigentlich geschrieben waren, wodurch sie jedoch allenfalls befähigt werden konnten, einiges zu repetiren, und Hülfsmittel zur Lösung der nöthigsten Aufgaben zu finden. Wie mangelhaft ein solches Verfahren ist, sieht jeder leicht ein, und doch wüßte ich bis jetzt noch kein anderes Mittel, um in der kurzen Zeit, welche gewöhnlich für das Aufnehmen bewilligt wird, das Nöthigste nur einigermassen zu erschöpfen.

Wenn gleich nun mein Hauptzweck und Wunsch ist, den Militairschulen, und den jungen Officieren nützlich zu werden, so glaube ich dessenohnerachtet, daß auch der angehende Forstmann, Landwirth und Feldmesser aus meinem Buche werde Nutzen schöpfen können.

So übergebe ich denn meine Arbeit dem Publikum mit dem Wunsche, daß sie billige Beurtheiler finden möge, denen ich die Ueberzeugung zu geben wünschte, daß kein anderer Beweggrund mich dazu bestimmte, als der, einem von mir und anderen schon lange gefühlten Mangel, nach Kräften abzuhelfen, und hierdurch mich im allgemeinen nützlich zu machen. Jede Notiz, die mir über meine Arbeit von sachkundigen Männern zukommen sollte, werde ich mit dem größten Dank zu benutzen wissen.

Der Verfasser.

Inhaltsverzeichniß.

Erster Theil.

Terrainlehre.

Erstes Kapitel.

Zweites Kapitel.

Gebirge.

Drittes Kapitel.

Viertes Kapitel.

Fünftes Kapitel.

Sechstes Kapitel.

Gewässer und deren Wirkung.

Siebentes Kapitel.

Pflanzenwuchs.

Achtes Kapitel.

Baue.

Neuntes Kapitel.

Zehntes Kapitel.

Zweiter Theil.

Theorie des Terrainzeichnens.

Erstes Kapitel.

Anhang zum dritten Theil.

Uebungen im Planzeichnen.

Erster Theil.

Terrainlehre.

Erstes Kapitel.

Einleitung.

§. 1. Es ist niemand im Stande, irgend eine Sache richtig und mit Nutzen darzustellen, der sich nicht der Gründe bewußt ist, warum dieselbe so und nicht anders erscheint; wie daher zum Beispiel der Zeichner des menschlichen Körpers die Formen der Knochen, Muskeln und Sehnen, so wie die Wirksamkeit derselben bei den verschiedenen Bewegungen studieren muß, um die Einflüsse dieser auf die Oberfläche des Körpers richtig zu beurtheilen und im Bilde wieder zu geben; eben so muß der Zeichner des Terrains, bevor er die Natur nachzubilden versucht, sich mit den Kräften und Einflüssen bekannt machen, durch welche die Oberfläche des Erdbodens, insbesondere in Bezug auf ihre Unebenheiten, die Formen erhielt, welche dem Auge des Aufnehmers sich darstellen. Diese Kenntniß von den Gesetzen der Terrainbildungen, lehrt zugleich von übersehbaren Terraintheilen auf die denselben zunächst liegenden, dem Auge zum Theil verborgenen, Schlüsse über Form und Lage derselben mit Sicherheit machen, und ist daher, wie allgemein anerkannt, besonders für den Officier vom wesentlichsten Nutzen.

Ursprüngliche Unebenheiten der Erdoberfläche.

§. 2. Die Unebenheiten auf der Oberfläche unserer Erdkugel, bevor noch die Witterung und Spühlung ihren Einfluß auf dieselben äußert, nennen wir im Allgemeinen primitive Ungleichheiten; ob diese durch die Macht des Feuers, nach dem System der Vulkanisten, über den Meereshorizont emporgeworfen, oder durch die Senkung des Meeres, nach der Meinung der Neptunisten, entblößt worden sind, überlassen wir den Naturforschern, da dies für unsern Zweck vollkommen gleichgültig ist, indem es hier genügt annehmen zu dürfen, daß auf eine oder die andere Weise diese Unebenheiten ursprünglich aus den Händen der Natur hervorgiengen.

Allgemeine Einwirkungen der Witterung und Spühlung auf die Bildung der Erdoberfläche.

§. 3. Unsere Erdkugel ist von einer durchsichtigen und zusammendrückbaren Masse der Luft umgeben, welche gleich allen irdischen Materien eine Schwere nach dem Mittelpunkt der Erde zu zeigt, und daher in der Tiefe dichter als in der Höhe ist. Eine andere durchsichtige und flüssige, aber viel dichtere Masse, das Wasser, füllt zum Theil die Vertiefungen auf der Oberfläche des Erdkörpers aus, so daß ohngefähr zwei Drittheile derselben unter dem Namen Meer damit ausgefüllt sind.

Ein Theil des Wassers verbindet sich mit der Luft, indem es sich in Dampf auflöset, und so in derselben bis zur Höhe von etwas mehr als einer Meile steigt, von wo es sich wieder von der Luft scheidend als Thau, Regen, Schnee oder Hagel auf die Erde herabfällt, und vermöge seiner Schwere und Flüssigkeit vom trockenen Lande hinab wieder in's Meer fließt.

Die Luft wird um so mehr erwärmt, je dichter sie ist, und je rechtwinklichter die Sonnenstrahlen die Erdoberfläche treffen; weshalb allgemein die Luft in der Tiefe wärmer als in der Höhe gefunden wird. Die Luft ist durch die Wärme, welche sie ausdehnt, und durch die Kälte, welche sie zusammenzieht, in steter Bewegung, und erzeugt so auf der Erdoberfläche eine beständige Gährung, durch welche die Auflösung, das Aufsteigen und Fortbewegen des Wassers in der Luft, der Niederschlag aus derselben, und die Benetzung des trockenen Landes entsteht.

Während den fünf Sommermonaten erhält sich im Mittellande von Europa eine Tag und Nacht anhaltende Wärme bis zu einer Höhe von vier tausend pariser Fuß über dem Meere; höher hinauf tritt bei Nacht schon zuweilen Frost ein. In einer Höhe von acht tausend Fuß verliert sich der Schnee nie ganz, denn wenn er gleich von der Sonnenwärme zuweilen aufthaut, so gefriert er doch stets wieder bei Nacht, so daß Gebirge in dieser Höhe fortwährend mit Schnee und Eis bedeckt sind. In der Höhe von dreißig tausend Fuß herrscht auch im heißesten Sommer beständige Eiskälte. In der gewöhnlichen Höhe der Wolkenschichten, nämlich von vier bis achttausend Fuß, ist der Niederschlag des Wassers am stärksten, da über das tiefere Land hin die Wolken vom Winde getrieben werden, und so sich an die Gebirge legen und ablagern; auch bewirken diese wegen ihrer gleichmäßigern Temperatur, sobald die Berge kälter als die Luft sind, den Niederschlag des Wassers.

Die Erdoberfläche wird sowohl von der Wärme als der Kälte einige Fuß tief durchdrungen, und ihre Temperatur ist so nach den Jahreszeiten verschieden. Die See behält, da sie mehr vom Winde bewegt wird, eine bei weitem gleichere Temperatur; daher im Sommer die Luft in ihrer Nähe kälter, im Winter, bevor Frost eintritt, wärmer ist als im Innern des Landes, wie sie denn auch feuchter ist und mehr Nässe absetzt.

Durch diese Einwirkungen der Witterung, und durch das von der Höhe nach der Tiefe hinabfließende Wasser wurden die Unebenheiten der Erdoberfläche so geformt, wie wir sie gegenwärtig finden. Das Wasser, von der Luft abgesetzt, dringt in die Felsen ein, und zerstört den Zusammenhang derselben mit Hülfe der Wärme und Kälte, nach Maaßgabe ihrer Materie und Dichtigkeit; auf diese Weise entstehen Steinblöcke, Brocken, Schutt, Erde und Staub. Je schneller der Wechsel zwischen Wärme und Kälte, Nässe und Trockenheit ist, um so wirksamer ist die Auflösung; in der Tiefe also stärker als in der Höhe, bis sie über den beständigen Schnee hinauf ganz aufhören würde, wenn nicht durch die der Erde eigenthümliche Wärme der Schnee und das Eis von unten her aufthaute.

Die von den Bergen auf- und abgelösten Massen werden durch ihre eigene Schwere einestheils, und anderntheils durch den Abfluß des Niederschlags von den höheren nach den niederern Orten geführt; so schwemmen in den hohen Gebirgen die Fluthen vom Regen, Austhauen des Schnee's im Sommer, und nach dem Austhauen des Winterschnee's im niederen Lande zur Zeit des Frühlings, den durchweichten Boden mit sich fort, und zwar um so gewaltsamer, je bedeutender die Wassermasse, je steiler der Abfallswinkel, und je lockerer der Boden ist. Diese fortgespühlten erdigen Materien setzen sich in dem Verhältniß wieder ab, als die Wassergewalt abnimmt, sonach die gröbsten und schwersten zuerst, wie die feinsten und leichtesten zuletzt. Es sind daher die Berge über achttausend Fuß durchaus felsig, mit Klüften und Steinborsten durchschnitten, mit Steinblöcken und Brocken bedeckt, auch größtentheils so steil, daß sie nur an wenigen Stellen erstiegen werden können. Flacher und mehr mit Schutt und Erde bedeckt werden die Berge zunächst unter der Schneehöhe. In den noch tieferen Gegenden, wo es im Sommer nicht friert, findet man die Kuppen der Berge meist kugelförmig abgerundet, ihre Abhange mit Erde bedeckt und noch flacher; einzeln aufspringende Berge findet man hier nur selten, und nur die Wände der Thalufer von reißenden Bächen und Flüssen sind noch steil und felsig. Siehe die Bergformen in Pl. I. Im niederern Lande, wo sich die Berge nicht über einige hundert Fuß über den Landhorizont erheben, sind dieselben meist bis in die größte Tiefe aufgelöst, und sehr flach abgeschwemmt. Andere Berge, die Dünen, werden durch den Wind und Wellenschlag aus Schutt, Erde und Sand, den die Flüsse und Ströme an ihren Mündungen ablagern, an den sandigen Seeküsten aufgeworfen; sie bilden lange und schmale Rücken oder Wälle, deren Abhänge gewöhnlich kurz und steil sind. An den höchsten Theilen der Hochgebirge hat die regelmäßige Spühlung ihr Werk schon beendet. Durch die Art des Gesteins und Bodens wird im Ganzen die Größe und Form der Berge, wie sie durch Schluchten und Gründe von einander abgesondert erscheinen, bestimmt; diese Partbien nämlich sind groß, wo der Felsen ursprünglich gleichartige und große Massen bildete, im Gegentheil werden die Parthien klein und es bilden sich in einer Gebirgsstrecke viele Kuppen, Wasserrisse und Schluchten, wie z. B. Pl. I. die Bergparthie von der Wachsenburg bis zum rothen Berge. Eben so sind in lehmigen und thonigen Boden, welcher durch Erdspalten nicht getrennt ist, die Parthien groß, und die Hänge weit gestreckt; wenn jedoch im Gegentheil sich viele Erdrisse, abwechselnde Erdschichten und steile Hänge wie in Pl. I. finden, giebt es viele Schluchten und Thäler, durch welche die allgemeine Gebirgsmasse in viele kleine Parthien zertheilt ist. Hiernach hat jede Stein- und Erdart ihre eigenthümlichen Bergformen, welche richtig dargestellt dem Naturforscher Aufschluß über ihre innern Bestandtheile geben können.

Ebenen sowohl horizontale als schiefe im mathematischen Sinne kann es nach den Einflüssen der Spühlung auf der Erdoberfläche nicht geben; der bei weiten größte Theil dieser Oberfläche, etwa 0,99 des trockenen Bodens im Mittellande von Europa, ist jedoch sehr flach, und ohngefähr zwischen 0 und 10 Grad geneigt, in den höchsten Gebirgen selbst, auf deren Rücken, und in den Thälern, findet man weite Strecken von so flacher Abdachung. Hänge von 25 Grad und darüber nehmen hingegen nur etwa 0,0001 der Oberfläche der Erde ein; während 0,0099 zwischen 10 und 25 Grad fallen.

Jeder erdige Berghang böscht sich unter dem Winkel von 45 Grad ab, da nach den Gesetzen der Schwere kein Erdreich auf die Dauer sich steiler erhalten kann. Man nennt diese Abdachung daher insgemein die natürliche; doch auch diese Steilheit kann bei dem fortwährenden Einfluß der Witterung und Spühlung nicht bestehen, sondern böscht sich mit der Zeit auch bei dem festesten Erdreich flacher ab; man findet daher nur höchst selten Erdhänge im Winkel von 45 Grad, außer an Orten, wo durch eine Seitenspühlung das Erdreich gewaltsam fortgerissen wurde; wie an unterwaschenen Bach- und Flußufern, in Hohlwegen u. dergl.; allein auch hier besteht diese Steilheit nur kurze Zeit. Siehe Pl. I. den Hohlweg zwischen der Wachsenburg und der Holzhäuserhöhe.

Felsen sind steiler, ja oft überhängend, rauh, höckerig und ohne Anwendung künstlicher Mittel unersteigbar, auch bieten sie auf ihren Gipfeln niemals Flächen von solcher Bedeutung dar, daß sie für den Militair, Landwirth oder Forstmann von besonderem Interesse wären.

Zweites Kapitel.

Gebirge.

Gebirgszüge, deren Form und Steinart im Allgemeinen.

§. 4. Bei einer allgemeinen Betrachtung über die Formen der Unebenheiten auf unserer Erdoberfläche bemerken wir, daß die höchsten Gebirge derselben, mit für das Ganze nicht sehr bedeutenden Abweichungen entweder von beinahe Mittag nach Mitternacht, oder diese rechtwinklich schneidend von beinahe Morgen nach Abend hin streichen. Man nennt die ersteren daher Meridian, sowie die letzteren Parallel-Gebirge. Erstere bilden im mittelen Lande von Europa die höchsten, längsten, und am wenigsten breiten Bergreihen. Die Gestalt dieser Berge ist meist kegelförmig, und viele ihrer Spitzen sind felsig und ausgezackt. Das Grundgestein dieser Gebirge ist größtentheils Granit, Porphir und Basalt. In diesen Gebirgszügen oder auf ihren Hauptzweigen trifft man fast sämmtliche Vulkane und heiße Quellen an.

Die Parallel-Gebirge bestehen meist aus breiten und flachen Rücken, sie erheben sich im Ganzen nicht bis zur Höhe der erstern, und nur da, wo sie von diesen durchschnitten werden, finden sich felsige Spitzen. Ihre Felsart ist meist Granit, Horn, Thon und Kalkschiefer.

Außer diesen zwei Hauptrichtungen der Gebirgszüge finden wir noch im allgemeinen zwei andere, welche erstere ohngefähr in einen halben und sich selbst in einen ganzen rechten Winkel durchschneiden. Die erste streicht beinahe von halb Mittag und Abend nach halb Mitternacht und Morgen; die Form ihrer Berge ist besonders in ihren niederen Gebirgsgegenden sehr flach, und die Hänge sind weit gestreckt. Nur an wenigen Stellen, wo sich diese Gebirgszüge über die Schneehöhe erheben, werden ihre Spitzen felsig. Ihre Steinart ist größtentheils schiefriger Granit, auch Horn, Thon und Kalkschiefer.

Die zweite, welche von beinahe halb Morgen und Mittag gegen halb Abend und Mitternacht streicht, und deren Steinart meist sandiger Granit, Sandstein und Kalk ist, ist am wenigsten bedeutend und daher sehr zerstückelt, da sie meist von den anderen Gebirgszügen verworfen wird.

Diese hier angegebenen Richtungen der ursprünglichen Höhenzüge finden sich nicht allein auf dem trockenen Lande, sondern ziehen sich auch auf dem Meeresgrunde fort, worin die sehr verschiedene Tiefe desselben ihren Grund hat, und wodurch die Inseln, welche gemeinhin in einem Durchschneidungspunkte oder Striche der höchsten Gebirge liegen, bei der allmähligen Senkung des Meeres hervortraten.

Die großen Gebirgsmassen, wie die Alpen, Karpathen u. dgl. pflegt man collective, dahingegen die Bergreihen, aus welchen diese Massen bestehen, so wie die untergeordnetern Gebirgszüge, als z. B. die Rhätischen, Tiroler-

Gebirge, die Zweige der Alpen, die Böhmischen Kämme, das Riesengebirge u. dgl. separative Gebirge, oder auch Gebirgsrücken oder Zungen zu nennen.

Höchst- Hoch- Mittel- und Landgebirge.

§. 5. Man theilt insgemein die Hauptgebirgszüge in Höchst- Hoch- Mittel- und Landgebirge, zwischen und neben diesen ziehen sich wieder Landhöhen, Bergketten oder wellenförmige Bergreihen hin.

Ueber Länder, welche von einem Meere zum andern eine Breite von über hundert Meilen haben, zieht sich insgemein wenigstens ein höchstes Gebirge hin, dessen Spitzen sich bis zehn und mehr tausend Fuß über den Meereshorizont erheben. Hoch- und Mittelgebirge streichen neben diesen, in Abständen von fünf bis zehn Meilen hin, so daß die ganze Breite etwa bis zwanzig Meilen beträgt. Erstere erheben sich ohngefähr von fünf bis sechs tausend Fuß und letztere von drei bis viertausend Fuß. Die Landgebirge erheben sich weiter abwärts, und erreichen eine Höhe von etwa tausend bis zwei tausend Fuß.

Jedes dieser Gebirge hat einen Hauptrücken, zu dessen Seiten ein oder mehrere Nebenrücken in Abständen von einer bis drei Meilen hinstreichen, so daß die ganze Gebirgsbreite höchstens sechs Meilen beträgt.

Landhöhen und Bergketten, welche sich etwa zwischen funfzig bis dreihundert Fuß uber den Landhorizont erheben, ziehen sich in Abständen von etwa fünf bis zehn Meilen zwischen gedachten Gebirgen hin. Erstere sind flach und daher weit in die Breite gedehnt; letztere sind schmäler und ihre Hänge daher mehr prall anlaufend. Viele wogen- und wellenförmige Bergreihen finden sich zwischen diesen von etwa tausend Schritt Breite und fünf bis zwanzig Fuß relativer Höhe.

Sämmtliche hier angeführten Gebirge sind in sich selbst von sehr ungleicher Höhe und Breite; sie erheben sich meist vom Meere oder vom flachen Landhorizont an mit abwechselndem Steigen und Fallen gegen die Mitte des Landes, oder der Gegend, wo sie die bedeutendste Höhe erreichen, von wo aus sie sich schlangenförmig wieder hinab senken, so daß nach dem Meere zu die Höhe und Breite eines Hochgebirges oft so unbedeutend wird, daß es einem Landgebirge oder einer Landhöhe gleicht, welche sich häufig wieder in den Landhorizont verliert, bevor sie das Meeresufer erreicht.

Unebenheiten der Spühlung.

§. 6. Durch die vorbeschriebenen Gebirge, wie sie in nahe zusammenhängenden Massen aus der Hand der Natur hervorgiengen, wurde zuerst der Wasserzug bewirkt, durch welchen, indem das Wasser in die Felsenspalten drang und nach der allmähligen Verwitterung des Gesteins die loseren Erdtheile angriff und fortspühlte, Schluchten und Gründe entstanden. Durch diese Abschnitte bildeten sich die vielen einzelnen Berge, woraus gegenwärtig diese uranfänglich zusammenhängenden Gebirgsmassen bestehen. So bilden sich immerwährend noch auf der Erdoberfläche neue Gründe, wodurch neue isolirte Berge entstehen, indem sie hierdurch von ihrem Zusammenhange losgetrennt werden; wie denn überhaupt bei dem großen Gange der Natur nichts unverändert bleibt, wenn gleich unser kurzes Leben nicht hinreicht, viele dieser Veränderungen wahrzunehmen.

Wir nennen insgemein die durch den Wasserzug veränderte ursprüngliche Form der Gebirgsmassen die Unebenheiten oder Ungleichheiten der Spühlung.

Hoch- Mittel- und Niederland.

§. 7. Hochland nennt man das zunächst den Hochgebirgen liegende flache Land; Mittelland das zwischen den Mittel- und Landgebirgen sich befindende, so wie Niederland dasjenige, welches zwischen den Landgebirgen, Landhöhen und dem Meere liegt.

Das Hochland ist durch die tief ausgespühlten Gründe noch als bergigtes Land zu betrachten, und sämmtliche Hauptfahrwege müssen hier, wie im Gebirge selbst, noch in den Thälern fortgeführt werden. Der Major Müller theilt das Hoch- Mittel- und Niederland, jedes für sich wieder in drei Klassen, welche durch die Tiefe der Gründe, die mit der Höhe und Steilheit der Unebenheiten im genauesten Verhältniß steht, bestimmt werden.

Im Ganzen beträgt im Hochlande die Tiefe der Gründe, welche von den hier entspringenden kleinen Gewässern gebildet werden, vierzig bis hundert Fuß.

Im Mittellande ist die Tiefe der Gründe bei weitem geringer, und die dadurch gebildeten Berge sind meist aller Orten zugänglich, so daß die Fahrwege in geraderen Richtungen, als im Hochlande, über dieselben hin geführt werden, ohne an die Thäler und Schluchten gebunden zu sein. Die Gründe haben hier im Ganzen eine Tiefe von fünfzehn bis vierzig Fuß, ihre Wände sind meist flach gelehnt und der Boden oft weich und sumpfig.

Im Niederlande findet man nur höchst selten, daß die Gründe mehr als fünfzehn Fuß Tiefe haben. Im bei weitem größten Theile desselben hingegen fließen die Gewässer in fast ganz seichten Ufern zwischen nassen Wiesenrändern hin oder haben nur unbedeutende und unzusammenhängende Thalufer gebildet.

Theilungen und Scheidungen.

§. 8. Wo sich zwei Gebirgsrücken durchkreuzen, ist das Terrain im Ganzen am bedeutendsten erhöht. Dieses sind im Allgemeinen die Gegenden, wo die größten Gewässer entspringen und nach mehreren Himmelsgegenden hinab fließen. Man nennt diese Punkte Theilungen, welche in der Regel um so bedeutender werden, je größer die Gebirgszüge sind, die sich hier durchschneiden.

Scheidung nennt man den zwischen zweien ziemlich gleichlaufenden Gewässern hinstreichenden Gebirgs, Bergrücken oder überhaupt das Terrain, wodurch sie von einander getrennt werden, und welches seinen Niederschlag, indem sich derselbe auf der höchsten Linie dieses Terrains scheidet, beiden Gewässern zuschickt. Es giebt hiernach ebenfalls große und kleine Scheidungen.

Die größte Theilung in Europa ist bekanntlich die des St. Gotthardtsberges, von welcher der Rhein der Nordsee, die Rhone dem mittelländischen Meere, der Tessino als Nebenfluß des Po dem adriatischen Meere, und der Inn vermittelst der Donau dem schwarzen Meere zufließt.

Auch in den Niederlanden findet man Gegenden, von wo die Wasser nach allen Seiten hin abfließen. Diese Stellen sind meist durch fortwachsende Torfmoore und Fennen erhöht, und werden von Müller Aftertheilungen genannt. Eine solche Theilung z. B. ist das hohe Veen, östlich von Limburg und Malmedi.

Gebirgspforten und Pässe.

§. 9. Gebirgspforten nennt man die niedrigsten Stellen eines Gebirgrückens, diese befinden sich insgemein ohngefähr in der Mitte zwischen zweien Theilungen, und sind in der Regel die einzigen Punkte, wo die Rücken vermittelst Fahrwegen zu passiren sind; man nennt sie daher auch Gebirgs- oder Bergpässe. In den höchsten Gebirgen, den Alpen z. B. liegen diese Pässe zehn bis funfzehn Meilen auseinander, und zwischen ihnen nur die sogenannten Saumschläge etwa von Meile zu Meile, wovon nur einige für Maulthiere zugänglich sind, die übrigen aber oft nur zu Fuß und mit größter Gefahr passirt werden können. In Hochgebirgen, z. B. dem Riesengebirge liegen diese fahrbaren Pässe vier bis sechs Meilen, und in Mittelgebirgen, wie dem Erzgebirge, zwei bis drei Meilen weit auseinander. In Landgebirgen, wie z. B. dem Harz hingegen, nur etwa eine Meile.

Gebirgsspalt.

§. 10. Gebirgsspalt nennt man den Raum welcher von zwei Rücken eingeschlossen wird, die sich theilend von einem ausgehen, und späterhin wieder vereinigen. Man findet diese Spalten von einigen tausend Schritten bis mehrere Meilen lang. Wenn in Gebirgen zwei oder mehrere Gewässer, welche von entgegengesetzten Seiten kommen, sich vereinigen, und so, nach einer mehr oder mindern Strecke

Lauf, einen Durchbruch machen, so ist dies zusammen nur bei einer Gebirgsspalte möglich. Wenn der niedrigste Rücken nicht ganz durchbrochen werden kann, bleibt das Wasser stehen und bildet einen Gebirgssee.

Lage der Rücken auf den Gebirgen.

§. 11. Wo durch die Mitte eines Landes sich das höchste Gebirg desselben hinzieht, da befindet sich auch der höchste Rücken auf der Mitte des Gebirges, und die Hänge neigen sich zu beiden Seiten unter gleichen Winkeln, auch bemerkt man im allgemeinen, daß alsdann derselbe Fall bei allen Mittel- und Landgebirgen statt findet, welche mit dem höchsten Gebirge gleichlaufen.

Streicht jedoch das höchste Gebirge so, daß es auf der einen Seite des Landes dem Meere näher liegt, als auf der andern, so liegt auch der höchste Rücken mehr nach der schmälern Seite zu, und zwar in gleichen Verhältnissen vom beiderseitigen Fuße des Gebirges entfernt, wie dieses von den beiderseitigen Meeren entfernt liegt. Hierdurch werden die Neigungen der Gebirgsabhänge ungleich, so daß der Abhang, welcher dem Meere zunächst liegt, um so steiler als der entgegengesetzte ist, je größer der Unterschied der durch das Gebirg getheilten Landesbreiten ist.

So z. B. findet man bei allen Parallel-Gebirgen, welche Deutschland durchstreichen, daß sie gegen Süden fünfmal steiler als gegen Norden sind, da das höchste Parallel-Gebirge dieses Landes etwa zwanzig Meilen vom mittelländischen Meere und hundert Meilen von der Nord- und Ostsee entfernt liegt.

Schmale und steile Rücken liegen meist auf weite Strekken in einer geraden Linie, welche nur unbedeutend durch die zu beiden Seiten abfließenden Bäche unterbrochen wird, man nennt dies den Kamm eines Rückens. Je breiter und flacher dagegen diese Rücken sind, je krummliniger wird insgemein die Rückenlinie, so daß man fast nie von dem Ursprunge eines Baches zu einem entlegenern eine gerade

Linie ziehen kann, ohne einen dazwischen liegenden Bach zu durchschneiden.

Drittes Kapitel.

Berge.

§. 12. Jede Erdmasse, welche sich über den Landhorizont erhebt, und bei einer Ausdehnung von etwa einigen hundert Schritten nach allen Seiten hin abschüssig ist, nennt man im gewöhnlichen Leben sowohl als in militairischer Hinsicht einen Berg. Diese sich nach allen Seiten hin neigenden Erdmassen befinden sich sowohl auf den Rücken, an den Hängen und Füßen der Gebirge, als in flachen Hoch- Mittel- und Niederlanden.

Theile eines Berges.

§. 13. Eines Berges Theile sind entweder wesentlich, das heißt es sind solche, ohne die ein Berg nicht denkbar sein würde; sie sind also bei allen Bergen vorhanden; oder außerwesentlich, das ist, ein Berg kann ohne sie gedacht werden, und sie sind demnach nicht bei allen Bergen anzutreffen.

Wesentliche Theile eines Berges.

§. 14. Wesentlich sind: der obere Theil, nach der Form desselben unter verschiedenen Benennungen, der mittlere Theil, oder Hang, der untere Theil, oder Fuß.

Des Berges oberer, entweder der Kreis- oder Ellipsenform sich nähernde Theil, kann erstens platt sein, und heißt in diesem Fall Platte — plateau — oder er ist sanft gewölbt wie Pl. I. der Renn- und Lachenberg, und wird dann Krone genannt, oder er ist spitz wie Pl. I. der rothe Berg und heißt dann Gipfel.

Ist die Platte eines Berges wagrecht, so nennt man sie tafelförmig, und den Berg hiernach einen Tafelberg. Ist die Platte gelehnt, so nennt man den Berg einen Lehnberg. Ist der Gipfel eines Berges spitz, wie Pl. I. der rothe Berg, so heißt er Spitzberg; ist er hingegen abgerundet, oder stumpf, wie Pl. I. der Wandersleber Schloßberg, so wird er Hutberg genannt. Der obere Theil des Berges kann auch eine lange und schmale Linie bilden wie Pl. I. die Schloßleite und Holzhäuser Höhe, und heißt dann Forstberg. Der Forst kann ebenfalls stumpf wie die Schloßleite, oder scharf wie ein Theil der Holzhäuser Höhe sein, wonach er dann stumpfer oder scharfer Forstberg heißt. Ferner kann der Forst gerade, bogen- oder schlangenförmig sein, doch sind diese Biegungen selten bedeutend, so daß der Forst eines Berges meist in gerader Linie fortläuft; auch findet man denselben wagrecht oder gelehnt.

Der Hang eines Berges, worunter man die um denselben nach allen Seiten hin abgeneigten Flächen versteht, kann erstens gerade (stät) geböscht, wie Pl. I. der nördliche Hang des Mühlberger Schloßberges; gewölbt (convex) geböscht, wie Pl. I. der südliche Hang des Lachenberges; oder ausgehöhlt (concav) geböscht sein, wie Pl. I. die Hänge des Wandersleber Schloßberges; auch kann beides letztere an einer Seite des Hanges der Fall sein, wie Pl. I. am südlichen Hange des Rennberges; ferner kann der Hang an der einen Seite stät, an der andern concav, oder convex, oder gemischt geböscht sein, wie z. B. Pl. I. der Mühlberger Schloßberg u. s. w.

In Hinsicht der Abschüssigkeit, kann ein Erdhang sich von 1 bis 45° neigen, Felsenhänge hingegen können senkrecht, ja überhängend sein. Die Winkel, in welchen ein Hang sich gegen den Horizont neigt, können ferner vom Kopf bis zum Fuß beständig wechseln, welches bei allen nicht ganz stät geböschten Hängen der Fall ist.

Um die größere oder geringere Abschüssigkeit eines Berghanges zu bezeichnen, wenn der Winkel, den derselbe mit den Horizont macht, nach Graden nicht angegeben ist, bedient man sich folgender Wörter; als: sanft, welches ohngefähr den Neigungswinkel von 1 bis 5°, flach, von 5 bis 10°, prall, von 10 bis 15°, stark, von 15 bis 25°, steil, von 25 bis 40°, schroff, von 40 bis 60°, jäh, von 60 bis 80°, und senkrecht, von 80 bis 90° ausdrückt.

Einen Hang von 1 bis 15°, welcher noch zur Noth befahren werden kann, nennt man insgemein Lehne, die steilern Hänge hingegen, welche nur durch schräg hinanlaufende Seiten- und Schlangenwege allenfalls noch befahren werden können, wie Pl. I. die Hänge der Burgberge, wo in dieser Art die Wege hinan führen, nennt man Wände.

Die Grenze zwischen dem obern Theil des Berges (der Krone oder Platte) und dem Hange nennt man Saum. Bei Bergen, deren Hänge stät oder concav geböscht sind wie Pl. I. der südliche Hang des Rennberges, ist dieser Saum insgemein scharf bestimmt, dahingegen er bei Bergen, deren Hänge conver geböscht sind, wie Pl. I. der südliche Hang des Lachenberges, abgerundet oder stumpf ist; in diesen Fällen muß die Saumlinie durch die Punkte gedacht werden, von wo aus man den oberen Theil des Berges sowohl, als den Hang desselben übersehen kann.

Spitz-, Hut- und Forstberge haben keinen Saum.

Der Fuß eines Berges ist insgemein da, wo er unmittelbar auf den Landhorizont steht, sanfter als sein Hang, und verliert sich in der Regel hier ohne scharf zu bestimmende Grenze, wie Pl. I. z. B. der Fuß des Renn- und Wandersleber Schloßberges; hingegen meist überall, wo er eine Grundwand bildet, ist er durch die hier wirkende Seitenspühlung steiler als sein Hang.

Die Grenze zwischen Fuß und Hang nimmt man im allgemeinen zehn senkrechte Fuß über den Landhorizont an, doch richtet sich dies genauer nach der Höhe und dem Umfang der Berge, so daß in der Regel da die Grenze sich befindet, wo der herrschende Böschungswinkel des Hanges durch eine bedeutend sanftere Neigung gegen den Landhorizont unterbrochen wird; es versteht sich von selbst, daß dies bei Grundwänden nicht gelten kann.

Außerwesentliche Theile auf dem obern Theile des Berges.

§. 15. Auf dem oberen Theile eines Berges können sich verschiedene untergeordnete, theils erhabene, theils gesenkte Theile befinden.

Zu den sich erhebenden Theilen gehören erstens die Kuppen. Ihre Form kann kreisförmig, wie Pl. I. die Kuppe des Wandersleber Schloßberges; oval, wie Pl. I. die Kuppe des Kaff, oder unregelmäßig, wie Pl. I. die Kuppe auf dem rothen Hüttenberge sein. Eine Kuppe darf jedoch nicht den ganzen obern Theil eines Berges einnehmen, weil dies sonst wie schon angeführt die Krone, oder der Gipfel des Berges ist; so können sich denn mehrere Kuppen, von verschiedener Höhe und Ausdehnung, auf einem Berge befinden; sind hingegen diese Erhöhungen so klein, daß z. B. eine gewöhnliche Feldwacht dahinter nicht mehr verdeckt stehen könnte, wie Pl. I. die Küppchen 8, 9 und 10 am Hange des Wandersleber Schloßberges, so werden sie Küppel oder Höcker genannt.

Der von der Krone, oder der größten Kuppe aus, sich der Länge des Berges nach erstreckende höchste Theil wird der Bergrücken genannt, wie Pl. I. der Rücken der Schloßleite von der Naumburg als Krone derselben bis zum Mühlberger Schloß auf der einen, und der Holzhäuser Höhe auf der anderen Seite geht. Der Rücken ist entweder durch den Saum begrenzt, oder verliert sich ohne genau zu bestimmende Grenze in den Hang, welches besonders in der weitesten Entfernung von der Kuppe oft stattfindet.

Die höchste Linie des Rückens, von welcher aus der Niederschlag sich scheidet, und den beiderseitigen Hängen zufließt, wird die Rückenlinie genannt; ist dieselbe scharf wie Pl. I. von der Holzhäuser Höhe nach Holzhausen, so heißt sie Bergkante.

Wenn von dem höchsten Punkt eines Berges, oder von niederern Kuppen desselben, ein Zweig ausgeht, auf welchen der Niederschlag sich scheidet, und der insgemein in einer anderen Richtung, als die des Hauptrückens hinstreicht, wie Pl. I. etwa die Küppelreihe von der Wachsenburg nach dem Hölzchen, so heißt ein solcher Theil Bergzunge oder Nebenrücken. Eine Bergzunge ist in der Regel schmäler als der Hauptrücken des Berges, da ihre Länge geringer ist, welche stets mit der Breite in einigem Verhältniß steht. Auch von dem Hauptrücken selbst, an Stellen, wo sich dieser sehr abflacht, und beinahe wagrecht fortläuft, gehen bisweilen Zungen aus, doch sind diese meist nur unbedeutend. Wenn auf der Mitte von dem oberen Theil eines Berges sich nach der Länge desselben eine isolirte schmale Erhöhung hinzieht, so nennt man dies einen Scheitel.

Gesenkte Theile des Bergkopfes sind, erstens: Sättel. Ein Bergsattel ist der zwischen zweien Kuppen liegende niedrigste Theil, auf welchen der von den Kuppen abfließende Niederschlag sich zuerst vereint, wie Pl. I. auf dem Rennberg, zwischen dem Kaff und dem Steinbruch. Hiernach werden gewöhnlich die Berge mit zwei Kuppen Sattelberge genannt. Zweitens, befinden sich auf den Höhen der Berge noch Brunnen, Gruben, und Kähne; beide letztere sind trockene Vertiefungen, wovon die ersten mehr rund sind, und die letzten sich mehr in die Länge ziehen.

Nach den Unebenheiten auf dem oberen Theile des Berges richtet sich in der Regel die Form des Saums; so ist bei einer runden oder ovalen Krone auch der Saum rund oder oval; befinden sich auf einem Berge mehrere Kuppen, so bildet der Saum zunächst jeder dieser Kuppen Ausbiegungen, welche in ihrer besonderen Form ganz von der der Kuppen abhängen; siehe z. B. Pl. I. die Parthie von der Wachsenburg bis zum rothen Berge. Ist eine solche Ausbiegung nur wenig vorspringend, wie Pl. II. der Saum des Gerathalrandes bei c, so nennt man sie einen Backen; ist der Vorsprung bedeutender, so daß er mehr einem ausspringenden Winkel gleicht, welches bei Bergkanten gewöhnlich der Fall ist, so heißt er Schnabel. Eben so werden auch die Bergrücken und Bergzungen von dem Saume begleitet und begrenzt, wobei derselbe sich ebenfalls der Lage, Ausdehnung und besonderen Form dieser anschmiegt.

Zwischen zweien Kuppen, zunächst dem Bergsattel, macht der Saum eine eintretende Biegung; siehe Pl. I. die Säume zunächst unter den Sätteln. Diese Biegungen nennt man Busen, sie werden um so bedeutender, je mehr der von zwei nebeneinander liegenden Kuppen abfließende Niederschlag hier das Erdreich angegriffen und ausgehöhlt hat, welches demnach von der Lage und Höhe des Berges, von der Größe der Kuppen, und dem mehr oder weniger lockeren Erdreich abhängt. Wo der Abfluß so stark ist, daß er schon auf dem oberen Theile des Berges einen Wasserriß gemacht hat, bildet der Saum einen einspringenden Winkel und heißt dann Rachen.

Bei einem großen Theile der Berge liegt der Saum in einer Ebene, welche nur wenig von der horizontalen abweicht. Ist der Saum sehr scharf, so wird er Bergkamm genannt.

Außerwesentliche Theile der Berghänge.

§. 16. Man findet oft, daß die einfache Neigung eines Hanges durch Vorsprünge von verschiedener Form und Größe unterbrochen wird. Einen kleinen Vorsprung dieser Art, worauf man etwa zwei Kanonen stellen könnte, wie Pl. I. die Küppel am Hange des Wandersleber Schloßberges, nennt man Altan — plateforme, balcon. — Ist der Vorsprung mehr hervorragend, und breiter, so daß von ihm der Hang und Fuß des Berges seitwärts beschossen werden kann, wie etwa Pl. I. der Wolfsberg, und das Küppchen 30 am Hange des Wachsenburgberges, so heißt er Bollwerk — bastion. — Wenn ein Vorsprung den Hang auf eine lange Strecke unterbricht, wie Pl. I. der Vorsprung von 4 bis 6 am Rennberge, so heißt er Absatz (terrasse);

diese Absätze sind mitunter so breit, daß darauf Verschanzungen angelegt werden können.

Wenn die drei hier beschriebenen Vorsprünge vorn höher als hinten, wo sie mit dem Berge zusammenhängen, sind, so daß durch diese natürlichen Erhöhungen Truppen auf demselben gedeckt stehen können, so heißen sie Erker, Thürme, und Bergwälle.

Hineintretende Ungleichheiten des Hanges sind, erstens: Mulden. Man bezeichnet mit diesen Namen die sanften Aushöhlungen, wodurch der äußere Zusammenhang der Hänge nicht unterbrochen wird; sie gehen insgemein von den Bergsätteln aus, und fangen sonach schon auf dem oberen Theile des Berges an, wie Pl. I. z. B. die Mulde zwischen dem Langen- und Galgenberge. Die Mulden höhlen sich gewöhnlich im Verhältniß der Steilheit des Hanges um so mehr aus, je weiter sie sich von dem Sattel entfernen, und je näher sie dem Fuße des Berges kommen, da der ihnen von beiden Seiten zufließende Niederschlag immer stärker wird, und so Schritt vor Schritt immer mehr und mehr Erdreich mit fortspühlt. Zuweilen gehen auch Mulden von den Bergrücken und Zungen aus, und zwar von solchen Stellen derselben, die sich sehr abflachen, und eine Strecke weit beinahe horizontal fortlaufen; doch sind sie hier insgemein nur äußerst sanft gehöhlt. Man pflegt die Mulden mitunter auch Schooße zu nennen.

Zweitens: Rinnen oder Wasserrisse. Wenn der Niederschlag sich in den Mulden zu stark zusammendrängt, so höhlt er in der Mitte derselben eine Abflußrinne aus, welche bei starken Regengüssen immer mehr ausgespühlt wird. Die Mulde hört da auf, wo die Abflußrinne anfängt, so daß erstere, außer bei Bergen, von ganz geringer Höhe und beschränkten Umfang, nur selten den Fuß erreicht. Bei steilen Hängen, deren Saum scharf ist, hat das abfließende Wasser gewöhnlich viel solcher Rinnen gebildet, welche in der Regel wegen des starken Gefälles unmittelbar beim Kamm anfangen.

Drittens: Schluchten. Diese fangen da an, wo die Rinnen aufhören, und man kann die Grenze im allgemeinen an die Stelle setzen, wo die Gewalt des Wassers durch die vermehrte Masse desselben die Rinne so tief ausgerissen hat, daß das zu den Seiten derselben stehende Erdreich nachstürzte, und so durch Fortschaffung dieses ein Grund entstand, welcher die Gemeinschaft des Berghanges gänzlich aufhob.

Viertens: Schlünde. Dieses sind schmale und sehr tief ausgerissene Schluchten, deren Wände von solcher Steilheit sind, daß eine Verbindung des beiderseitigen Berghanges nur durch eine Brücke bewerkstelligt werden kann.

Fünftens: Quellen. Diese finden sich in der Mitte und am unteren Theil eines Hanges; es sind ausgehöhlte weiche und wässerige Stellen, sie höhlen meist bald am Ursprunge Abflußrinnen aus.

Außerwesentliche Theile am Fuße des Berges.

§. 17. Am Fuß der Berge kommen verschiedene besonders austretende Theile vor; als, Erstens: Zehen. Diese sind kurz, hoch, schmal, und fallen steil ab. Zweitens: Schweife. Diese sind länger, und böschen sich mehr flach ab. Drittens: Wurzeln; welches flache Aufsätze, die in mehrere Schweife auslaufen, sind. Viertens: Schleppen; worunter man breite vortretende Theile, welche sich weit hin erstrecken und sanft abböschen, versteht. Fünftens: Aufgebundene Schleppen; welches Schleppen sind, die weiterhin in Schweife auslaufen.

Die zwischen diesen besonderen flachen Erhöhungen des Fußes sich befindenden Vertiefungen sind meist sanft, da bei der geringen Ausdehnung derselben das sich in ihnen sammelnde Regenwasser nur selten Rinnen ausspühlen kann. Eintretende Theile befinden sich am Fuße, wie sie am Hange des Berges waren, als Mulden, Rinnen, Erdrisse, Schluchten und Quellen.

Außer denen, dem Hang und Fuß eigenthümlichen

Unebenheiten, können sich auf ihnen noch alle die dem oberen Theile des Berges besonders eigenen Erhöhungen sowohl als Vertiefungen befinden, und zwar entweder unmittelbar auf dem Hange oder Fuße selbst, oder wieder auf deren besondern Erhabenheiten.

In den einspringenden Theilen der Berghänge, findet man oft Stellen mit abgewitterten und abgespühlten Steinen bedeckt, welche unter dem Namen, Steinraffen, bekannt sind.

Durch das Herabgleiten großer Erd- und Steinmassen von steilen Bergwänden — welches unter dem Namen Bergsturz bekannt ist, — sind besonders auch die Unebenheiten der Hänge und Füße sehr vermehrt worden.

Klassen der Berge. Unzugängliche Berge; Felsen.

§. 18. Man pflegt sämmtliche Berge in drei Klassen zu theilen, als: Felsenberge, Erdberge und Höhen. Zu der ersten Klasse zählt man alles, für größere militärische Operationen unbrauchbare Terrain, als: Erstens. Eisberge, welches die in Hochgebirgen unter diesem Namen bekannten höchsten Theile und Spitzen sind, die mit hartem Eise, welches sich immerfort zu vermehren scheint, bedeckt bleiben, da der in diesen Eisregionen fallende Niederschlag nie schmilzt. Diesen höchsten Gebirgen besonders eigenthümliche Theile sind: a) lange Reihen ausgewitterter Felsenspitzen, Joche genannt, wovon die höchste Spitze eines solchen Joches, Horn, wie Wetterhorn, Schreckhorn ꝛc. genannt wird. b) Die steilen Felsenwände welche zu beiden Seiten der Thäler von dem Joch oder Forst ausgehen; diese werden Firsten genannt. c) Die zwischen diesen und den Thälern liegenden Erdhänge, welche man Halden nennt, und die in den wärmsten Monaten meist Alpen oder Viehweiden sind. Außerdem finden sich hier Windlöcher und Schründe; erstere gehen durch die Firsten, letztere nur eine Strecke in diese hinein.

Nicht allein in den höchsten Gegenden der Hochgebirge, sondern auch in den engen und tiefen Thälern, wohin nie ein Sonnenstrahl dringt, findet man Eisberge oder Gletscher. In diesen Thälern giebt es auch viele Berg- und Felsstürze, Steinraffen, Grotten und Höhlen.

Zweitens: Schneeberge. Diese finden sich in der gemäßigten Zone, in den höchsten Gegenden der Mittelgebirge; sie sind meist das ganze Jahr hindurch mit Schnee bedeckt, und für die Geschäfte der Menschen von wenigem Interesse, da auch die Fahrwege nie durch diese Gegenden führen.

Drittens: Felsenberge. Diese sind von allem Erdreich entblößt, haben jähe, senkrechte, ja überhängende Wände, und werden in allen drei Gebirgsklassen angetroffen. Hieher gehören noch die Felsensteine, welche kleiner sind, indem ihr Umfang etwa nur einige Ruthen hält, während der der Felsenberge oft bis tausend und mehrere Schritte beträgt. Ferner: Felsenspitzen, Pfeiler und Säulen. Diese sind von noch geringerem Umfang; man findet sie in allen Gebirgen, selbst im flachen Hochlande, und zwar auf den Kronen, am Hange und am Fuße der Berge; sie werden gewöhnlich von den Landleuten Teufelssteine, Felsenfichten, Katzenköpfe, und, wo sie schmal und lang sind, Teufelsmauern genannt.

Erdberge.

§. 19. Erdberge unterscheiden sich von den Höhen durch mehr in die Augen springende Formen, welche durch die steileren Hänge und durch geringere Abflachung der Kronen hervorgebracht werden; man theilt sie in nachstehende Klassen, als:

Gebirgsberge, welches Theile eines Gebirgrückens sind, die durch Schluchten und Thäler begrenzt und voneinander abgesondert werden. Die höchsten und bedeutendsten dieser Berge bilden insgemein die Theilungen, das heißt, sie liegen auf der Stelle, wo sich zwei Gebirgszüge durchschneiden. Die Gestalt dieser Berge ist gewöhnlich kreisförmig, wenn die zwei sich durchkreuzenden Gebirgsrücken gleichgroß sind; sind diese hingegen von ungleicher Größe, so ist die Form des Theilungsberges mehr oval, und erstreckt sich der Länge nach in der Richtung des größten Gebirgrückens.

Bei allen übrigen Gebirgsbergen läuft das Wasser nur nach zweien Seiten ab, da diese in der Linie des Gebirgrückens durch Sättel zusammenhängen, über welche sich die Kuppen nie sehr bedeutend erheben; sie bilden sonach die Scheidungen oder die Grenzen der Flußgebiete.

Landberge nennt man die großen Erdmassen, welche sich im Flachen, ohne in sichtbarer Verbindung mit einem Gebirge zu stehen, erheben; ein solcher Berg kann mehrere Meilen im Umfange haben, wie die Landeskrone in der Lausitz, oder der Zobtenberg im Fürstenthum Schweidnitz, doch werden auch bei weitem kleinere Berge, die nur etwa eine halbe Meile im Umfange haben, Landberge genannt. Sind diese Berge von noch geringerer Größe, so heißen sie Feldberge oder blos Berge. Wenn die Ausdehnung einer isolirten erhöhten Erdmasse etwa nur zweihundert Schritt und weniger beträgt, so heißt sie Hügel, wie Pl. I. z. B. der Krähen- und Blumenhügel; ist sie hingegen nur etwa unter dreißig Schritt lang, so wird sie Haufen genannt.

Höhen.

§. 20. Höhen sind wenig erhabene und sehr flach abgeschwemmte Erdmassen.

Gebirgshöhen liegen wie die Gebirgsberge auf den Rücken der Gebirge, und unterscheiden sich von diesen nur durch ihre äußerst flachen und weit gedehnten Kronen oder Platten, und Hänge. Landhöhen sind die in flachen Mittel- und Niederlanden weithin gestreckten sanften Höhen; sie sind entweder isolirt, oder sind Theile eines Landrückens. Feldhöhen oder allgemein Höhen sind nicht über tausend Schritte lang und breit; Anhöhen sind noch geringer.

Um die Richtung eines Berges, sowie die Lage der einzelnen Theile eines solchen zu beschreiben, pflegt man sich der Himmelsgegenden, oder nahe liegender Gegenstände, welche als bekannt vorausgesetzt werden können, zu bedienen.

Bei Bestimmung der Höhe der Berge hat es der Militair nie mit der absoluten, sondern nur mit der relativen Höhe derselben zu thun; das heißt mit der senkrechten Höhe des Berges über seinen Landhorizont, oder überhaupt der ihn umgebenden Gegend; welche sonach sehr verschieden sein kann.

Viertes Kapitel.

Besondere Eigenschaften der Vertiefungen auf der Erdoberfläche. — Gründe.

§. 21. Jede Terrainstrecke, welche niedriger ist, als der dieselbe zu beiden Seiten begleitende Landboden, wird Grund genannt. Es hat sonach ein jeder Grund zwei zu den Seiten desselben liegende abschüssige Flächen, welche im Allgemeinen Grundränder genannt werden; man nennt diese ferner insbesondere Grundlehnen, wenn sie übergangen und allenfalls noch überfahren werden können; Grundwände hingegen, wenn sie zum Uebergehen zu steil sind, so daß sie nur allenfalls noch erklettert werden können; ist auch dies von den geübtesten Kletterern nicht mehr möglich, so werden sie senkrechte Grundwände genannt.

Bei der fast allgemeinen Ungleichheit der neben einander liegenden Berge, findet man in der Regel die Grundränder unter sich auch von verschiedenen Böschungen, so daß sehr oft der eine Lehne, während der andere Wand ist.

Das Terrain, welches zwischen den Grundrändern liegt, heißt der Boden; die Gränzlinie zwischen dem Landhorizont oder dem Berghange und dem Grundrande wird Saum und wenn derselbe scharf ist, wie sich dies bei Grundwänden stets findet, Kamm genannt. Die Grenzlinie zwischen Rand und Boden heißt der Winkel, dieser ist bei den Wänden scharf, und bei den Lehnen stumpf oder eigentlich abgerundet. Der Abstand der Säume giebt die obere, und der Abstand der Winkel die untere Grundbreite an.

Wenn von der Breite eines Grundes im allgemeinen die Rede ist, so versteht man darunter immer die obere.

Die meisten Gründe fangen in den höheren und höchsten Gegenden an, wie die fließenden Gewässer, durch welche sie gebildet wurden, und vereinigen sich wie diese in den tieferen Gegenden entweder mit anderen Gründen, oder enden an einem See oder Meeresufer.

Größe, Gestalt und Eigenschaft der Gründe stehen im Ganzen im genauen Verhältniß mit der Größe und dem Fall der in ihnen fließenden Gewässer; die Gründe sind daher um so tiefer, je stärker das Gefälle ist, so daß ein kleiner Bach im Gebirge einen weit tieferen Rinnsaal — allgemeine Benennung der ganzen Ausspühlung — hat, als ein großes Fließ im flachen Lande. Sämmtliche Gründe werden unter fünf Klassen begriffen, als: Thäler, Abgründe, Gründe, Senkungen und Niederungen.

Thäler.

§. 22. Thäler nennt man im allgemeinen die Erdstrecken, welche zwischen zweien Gebirgs- oder Bergrücken liegen, so daß die einander zugekehrten Gebirgs- oder Berghänge selbst die Grundränder bilden, ohne daß solche durch die Seitenspühlung angegriffen wären, weshalb sich solche am Fuße gewöhnlich sanft abböschen. Die Breite eines solchen Thales kann demnach nur durch die Entfernung der beiderseitigen Rücken, nähmlich der höchsten Punkte auf denselben bestimmt werden, wonach sie insgemein sehr breit sind; wie z. B. das Rheinthal zwischen den Vogesen und dem Schwarzwalde.

Wird ein solches Thal durch Rücken von Hoch- oder Mittelgebirgen begleitet, so heißt es Gebirgsthal, liegt es hingegen zwischen zweien Rücken eines Landgebirgs oder beträchtlicher Landhöhen, so wird es Landthal genannt. Die Breite der ersteren kann fünf bis mehrere Meilen, die der letzteren jedoch nur etwa zwei bis drei Meilen betragen, da sich zwischen dem beiderseitigen Fuß der Höhen kein Landhorizont weiter befinden darf, als der gesenkte

Thalboden. Der Hauptunterschied der Gebirgs- und Landthäler besteht nach obigem vorzüglich in der Tiefe derselben, da erstere tausend bis mehrere tausend Fuß, letztere hingegen nur drei bis achthundert senkrechte Fuß tief sein können. Demzunächst unterscheiden sich diese Thäler durch die sehr verschiedene Zugänglichkeit der Thalränder, indem über erstere nur äußerst wenige Pässe führen, während letztere fast aller Orten ohne Unbequemlichkeit so wohl übergangen, als der Länge nach passirt werden können. Bergthäler werden von zwei zur Seite liegenden Bergen gebildet. Das Wasser fließt hier wie in allen Thälern im bloßen Bette oder stellenweise in nur ganz unbedeutenden Ufern. Diese Thäler müssen mindestens eine Breite von zwei bis dreitausend Schritt haben, denn wo sie schmäler werden, heißen sie eigentlich Bertällen oder Thälchen. Thäler und Gründe, welche zwischen Gebirgs- Berg- oder Landrücken hinstreichen, heißen Parallel-Thäler oder Gründe, die, wenn sie von solchen herabkommen, transversal genannt werden.

Abgründe.

§. 23. Diese trifft man nur in Gebirgen, oder allenfalls noch in Hochlanden an; sie sind ihrer steilen Grundwände wegen nirgend anders als an den Stellen, wo Berggründe einfallen, zu übergehen; auf und längs dem Boden selbst werden jedoch häufig gebahnte Wege geführt.

Felsabgründe haben senkrechte, ja selbst stellenweise überhängende Grundwände, und sind so natürlich von allem Erdreich entblößt, weshalb ihr Boden insgemein ganz platt ist. Stein und Thon-Abgründe sind noch an manchen Orten zu erklettern, da ihre Wände abwechselnd senkrecht und jähe sind; auch bilden sie mehr abgesonderte Massen, welche mit losen Erdtheilen untermengt sind, da hingegen die Felsen aus zusammenhangenden harten Massen von Granit, Marmor ꝛc., Steinwände dagegen nur aus Sandstein, Schiefer u. dergl. bestehen. Sind die Abgründe sehr schmal, und laufen unten enge oder spitz zu, so heißen sie Klüfte; man findet diese vielfach längs den steilen Berghängen, Wänden und Abgrundwänden.

Gründe.

§. 24. Gründe schlechtweg, unterscheiden sich von den Abgründen wesentlich dadurch, daß sie meist Lehnen, und nur an wenigen Orten, und auch dann nur gewöhnlich an einer Seite Wände haben, welche jedoch stets zu erklettern sind. Die untere Breite des Grundes, oder die Breite des Bodens, ist hier so wie bei den Thälern weit geringer als die obere; welche Breiten bei Abgründen sich oft gleich sind, oder doch nur wenig unterscheiden. Nach obigem können alle Gründe übergangen und stellenweise selbst überfahren werden.

Die Gründe sind unter sich nicht wesentlich durch Form oder Eigenschaft verschieden, daher sie sich allenfalls nur nach ihrer Breite und Tiefe klassificiren lassen. Der Major Müller, welcher das Terrain nur allein in militärischer Beziehung betrachtet, nennt daher einen an 2500 Schritt breiten Grund, welcher mit Kanonen nicht mehr wirksam überschossen werden kann, einen Gebirgsgrund; ist er unter 2000 Schritte breit, und sonach mit Kanonen zu überschießen, so nennt er ihn Landgrund; Feldgrund hingegen, wenn er von 50 bis 500 Schritte breit, und Rinne, wenn er unter 50 Schritte breit ist.

So wie die fließenden Gewässer nach der Verschiedenheit des Falls, der Masse, der besonderen Eigenschaften und Umstände ihre Benennungen wechseln, so ist dieß auch bei den Gründen der Fall; so daß ein und derselbe Grund zuerst Rinne, dann Abgrund, weiter blos Grund, stellenweise wieder Abgrund, hiernach Feldgrund, und so fort endlich selbst Niederung werden kann.

Senkungen.

§. 25. Diese haben ganz sanfte Lehnen, und daher durchaus unbestimmte Säume und Winkel, so daß sie an und für sich aller Orten überfahren werden können; die etwa in ihnen fließenden kleinen Gewässer haben ein festes

Bett, und sind ohne Ufer; außerdem findet man in ihnen noch trockene Hutungs- und Wiesenflecke, auch mitunter kleine Seen und Tümpel. Die Senkungen sind unter einander nur durch Tiefe und Breite unterschieden, so daß sie nur in militairischer Hinsicht, wo sie besonders wichtig sind, in zwei Klassen, nehmlich in ganze und halbe Senkungen getheilt werden; wovon erstere wenigstens zehn Fuß tief sein müssen, so daß Reiterei darin gedeckt stehen kann, während der Boden der letzteren nur sechs Fuß unter dem Landhorizont liegen darf, damit Fußvolk darin gegen Kanonenfeuer gesichert stehen könne; noch unbedeutendere haben nur wenig Interesse für den Militair, und sind auch dann überhaupt meist dem Landhorizont gleich zu achten.

Niederungen.

§. 26. Wenn die fließenden Gewässer, welche aus Gebirgen kommen, durch flaches Mittelland fließen, so nehmen ihre Gründe eine von der im Gebirg sehr wesentlich veränderte Form an; ihre Grundränder werden, je mehr sie sich von den Gebirgen entfernen, immer schmaler und unbedeutender, dahingegen wird die Breite des Bodens immer mehr erweitert, auf welchem das Bette des Flusses schlangenförmig von einem Rand zum andern ausgespühlt ist. Der ganze Grundboden ist gewöhnlich 5 bis 10mal so breit, als die Normalbreite des Flusses, und mit Laubholz, Acker, Weideplätzen und Wohnungen bestanden.

Diese Gründe werden Niederungen genannt; sie zerfallen in Strom- Fluß- Fließ- und Rillniederungen.

In den Mittellanden ist der Boden dieser Niederungen bei den hier noch einigermaßen hohen Uferrändern, meist trocken, und man nennt diese danach insbesondere trockene Niederungen; wenn hingegen die Flüsse ihren Lauf durch das Niederland fortsetzen, oder neue hier entstehen, so werden die Grundränder sowohl, als die Flußufer immer niedriger; der Grundboden hingegen erlangt eine Breite, welche 15 bis 20mal die Normalbreite des Flusses in sich faßt. Bei diesen geringen Flußufern tritt das Wasser bei jedem Anschwellen über, so daß die Niederung Monate lang im Jahre unter Wasser steht, und eine bedeutende Feuchtigkeit das ganze Jahr über behält, wodurch sie mit vielerlei Wasserkräutern, Weiden und Erlenholz bewächst. Dieses feuchte und moorige Terrain wird eine nasse Niederung genannt.

Wenn die Ufer eines in einer nassen Niederung sich hinschlängelnden Flusses, durch Dämme um so viel erhöht wurden, daß bei der steigenden Fluth das Wasser nicht mehr übertreten kann; und wenn ferner das in der Niederung stehende Holz ausgerottet, der sumpfige Boden durch Abzugsgräben vom Wasser befreit, und so die zwischen den Flußufern und Niederungsrändern befindlichen Stücke zu Acker, Wiesen und Hutungsfeldern umgeschaffen worden sind, so nennt man das Ganze eine urbare Niederung.

Die Strecken von mehreren Meilen, in welchen eine trockene in eine nasse Niederung übergeht, nennt man vermischte Niederungen. Das Schlängeln oder Serpentiren der Flüsse nimmt insgemein zu, je breiter der Boden des Grundes wird, denn in Gebirgen findet man die fließenden Gewässer meist entweder in der Mitte ihrer Rinnsäle, oder bei sehr ungleichen Grundrändern, an der Seite des steileren Randes auf große Strecken ohne Wechsel fortfließen; während in den breiten und nassen Niederungen sie sich mit wenig Ausnahmen, im steten Wechsel, von einem Rande zum anderen hinschlängeln. Man hat bemerken wollen, daß dieses Schlängeln eines Flusses mit der Größe seines Gebiets im Verhältniß stehe, so daß bei einem Gebiet von 400 bis 500 Quadratmeilen, in einer Strecke von einer Meile, bei 1000 Quadratmeilen Gebiet, in 2 Meilen, und bei 2000 Quadratmeilen Gebiet, in einer Strecke von etwa 4 Meilen, der Fluß von einem Niederungsrand zum anderen sich hinschlängele.

Wo ein Fluß durch die Mitte seiner Niederung fließt, sind seine beiden Ufer, wenn gleich nur auf eine kurze Strecke, sich gleich, sanft und flach; dieses sind die einzigen Stellen, wo, wenn die Wassertiefe überhaupt es noch zuläßt, Durchfuhrten zu finden sind, wie denn auch diejenigen Stellen, welche das Brückenschlagen begünstigen. Je näher hingegen ein Fluß einem seiner Niederungsränder liegt, je steiler ist das diesem zugekehrte Flußufer, und um so sanfter wird dann im allgemeinen das andere.

Aftergründe.

§. 27. So nennt der Major Müller sämmtliche Gründe, worin sich stehendes Wasser befindet, und die sonach nicht durch die Spühlung ursprünglich gebildet wurden, und hiernach auch in keiner Verbindung mit anderen Gründen sind, sondern für sich selbst bestehen.

In bergigten Gegenden findet man diese Gründe sich quer über Landhöhen und Bergketten in länglicher Gestalt erstrecken; und man ist der Meinung, daß sie vor Zeiten hier durch Meeresströme entstanden seien. Diese Gründe, wenn sie eine Art Kessel bilden, worin sich ein See befindet, können Afterthäler, sind es blos Risse, Borsten und Einfälle, in Fels- und Sandsteingebirgen, Afterabgründe, Vertiefungen der Art in Landgebirgen, welche Seen, Brücher oder Lachen bilden, Aftergründe, so wie diese Vertiefungen auf den niederen Stellen des Landhorizonts Aftersenkungen obigem analog genannt werden.

In flachen Mittel- und besonders Niederlanden, findet man ebenfalls solche für sich bestehende Vertiefungen; diese sind insgemein mehr von runder Gestalt, und haben äußerst flache Ränder. Diese Vertiefungen bilden Seen, Brücher, Wiesen oder Hutungsflecke, und sind wahrscheinlich Ueberreste des ungleichen Meeresgrundes. Man nennt sie nach obigem Afterniederungen; in der Mitte derselben befinden sich noch häufig Seen mit Wasserkräutern umgeben, während der übrige durchnäßte Boden, im wüsten oder natürlichen Zustande, mit Laub- und besonders Erlenholz bestanden ist. Man findet diese sehr häufig, und in eben der Art urbar gemacht, als die Flußniederungen. Fahrbare Wege können nur durch Kunst über diese Niederungen geführt werden, weshalb man sie nur sehr selten antrifft.

Neben- und Beigründe.

§. 28. Neben- oder Beigründe nennt man solche, die in den schon beschriebenen Gründen ausgehen, und von bedeutend kürzerer Strecke als diese sind; die längeren von diesen heißen Neben-, die kürzeren Beigründe; da jedoch die Nebengründe wieder ihre Beigründe, und diese wieder Schluchten zur Seite haben können, so ist es zur genauern Bestimmung nöthig anzunehmen, wie weit ein Neben- oder Beigrund sich etwa erstrecken könne, wo dann, wenn er diese Grenze übersteigt, er schon ein selbstständiger oder Nebengrund genannt werden muß. Bei einem Feldgrunde dürfte man im allgemeinen das Maximum der Länge eines Beigrundes auf 800, und das eines Nebengrundes auf 3000 Schritt annehmen können. Bei Gebirgsthälern hingegen kann ein Beithal schon eine Meile, und ein Nebenthal drei bis selbst mehrere Meilen lang sein.

Diese Neben- und Beigründe werden hinsichtlich ihrer besonderen Größe, Gestalt und Eigenschaft nach den vorgehenden Klassen und Gattungen benannt; so daß es also Neben- und Beithäler, Abgründe, Gründe, Senkungen und Niederungen giebt, welche wieder nach ihren besonderen Gattungen, als Neben- und Beigebirgs, Land-, Bergthäler, Tällen u. s. w. benannt werden.

Fünftes Kapitel.

Ebenen.

§. 29. Es ist schon bemerkt worden, daß auf der Erdoberfläche, welche unter dem Einfluß der Witterung und Spühlung steht, horizontale Ebenen, im mathematischen Sinne, nicht angetroffen werden können; man nennt jedoch jede Erdstrecke eben, welche als der Gegensatz von Bergen und Thälern zu betrachten ist, und wo die etwanigen

Erhöhungen und Vertiefungen so unbedeutend sind, daß sie nur von dem aufmerksamen Beobachter bemerkt werden.

Ebenen finden sich in gebirgigtem Terrain auf kleine Strecken, so daß ihre Größe nur selten über eine Quadratmeile überall beträgt, und sie dürfen daher nicht mit flachem Lande verwechselt werden, welches als das Gegentheil von Gebirgen und bergigten Landen zu betrachten ist, und oft ganze Provinzen und Länder in sich begreift, so wie auch nicht mit Blachfeld, welches zwar eine sehr ausgedehnte Uebersicht gewährt, jedoch schon zu hügelich ist, um Ebene genannt werden zu können. Diese Blachfelder nehmen oft Strecken von 5 bis 10 Quadratmeilen ein.

In militairischer Beziehung nennt man eine Ebene vollkommen, wenn nirgend in derselben sich Terraingegenstände befinden, welche Truppenstellungen und Bewegungen hindern oder verdecken können. Bedeckt heißt hingegen eine Ebene, auf welcher sich Holz, Sträucher, Getriebe, Gehege u. dergl. Gegenstände befinden, die, um die freie Uebersicht herzustellen, nöthigenfalls weggeschafft werden können. Durchschnitten wird eine Ebene genannt, wenn durch Feldgräben, Fließe, Seen, Lachen, Sümpfe u. dergl. die freien Truppenbewegungen gehemmt werden; sie kann übrigens bedeckt oder unbedeckt sein.

Die größten vollkommenen Ebenen bestehen meist aus Ackerfeldern, so wie die größten durchschnittenen, aus urbar gemachten Niederungen.

In Pl. I. ist die Strecke, welche von der Weid, dem Fuße der Schloßleite,. dem Entwässerungsgraben, der vom Meinhardsbrunnen aus, beim Hirtenhäuschen vorbei, nach dem Gräfenborne zu geht, und der Gegend der Torfgräberei umschlossen ist, eine vollkommene Ebene, dagegen ist der andere Theil dieser Ebene, welcher bis zum Fuße der östlichen Berge geht, durchschnitten.

Sechstes Kapitel.

Gewässer und deren Wirkung.

Allgemeiner Abfluß.

§. 30. Wo der Boden abschüssig und fest ist, laufen die aus der Luft abgesetzten Wasser, auf den möglichst kürzesten Wegen, gleich allen schweren Körpern, von den Höhen nach den Tiefen meist oberirdisch herab; durch diese allmählige Spühlung erhält das Terrain, welches aus losen Erdtheilen, wie Sand, Thon, Dammerde u. s. w. besteht diejenigen Formen, welche wir allgemein finden, und bei topographischen Zeichnungen nachzubilden haben.

Unter diesen Einflüssen würde z. B. ein Berg, welcher im Profildurchschnitt gezeichnet, ursprünglich die Gestalt von a, b, c, d, Fig. 1. gehabt hätte, zuerst seine scharfen Kanten und Absätze verlieren, wie sich an seinem Fuße flacher abschwemmen, und mehr ausdehnen, und zwar in so kürzerer Zeit, je stärker die Wassergewalt, und je lockerer das Erdreich wäre. Die hierdurch veränderte Form würde gleich der Figur e f g werden, und so durch die ununterbrochenen Wirkungen der Witterung und Abspühlung mit der Zeit gleich Fig. h i k also noch niedriger und flacher abgeschwemmt erscheinen.

Das Wasser sammelt sich in den tiefsten Stellen, zwischen je zwei und zwei Bergen, und setzt so seinen Lauf als Bach fort, vereinigt sich mit andern Bächen oder Flüssen, bis es sich endlich in das Meer ergießt; hiernach wird jeder Bach oder Fluß von zweien Berg- oder Gebirgsrücken bis in die Ebene oder bis ins Meer selbst begleitet.

Quellen.

§. 31. Man sagt, ein fließendes Gewässer entspinne sich, wenn es in weichen wiesenartigen Boden anfängt, wie die meisten kleinen Bäche in Pl. I. Es entspringt, wenn es sogleich sichtbar aus der trockenen Erde hervorquillt, und nennt man dann diesen Ort einen Spring oder

Quell, wie Pl. I. der Spring in Mühlberg, und der Gräsenborn. Es entsteht, wenn es seinen Anfang in einem Bruch oder See hat.

Die meisten fließenden Gewässer entspinnen sich ganz oben am Hange, ja selbst auf dem Plateau der Berge, zwischen zweien Kuppen, aus einem oder mehreren Wiesenflecken.

Die Quellen und Springe trifft man dagegen gemeiniglich in der Mitte oder am Fuße der Berghänge. Das Entstehen der fließenden Gewässer aus Seen und Brüchern ist meist nur in flachen Landen anzutreffen; diese Gewässer fließen gewöhnlich in weichen moorigen Betten fort.

Quellen, welche das ganze Jahr hindurch Wasser geben, heißen lebendige; periodische hingegen, Wassergallen.

Allgemeines Verhältniß der fließenden Gewässer in Gebirgen und flachen Landen.

§. 32. In Gebirgen giebt es bei dem weit stärkern Wasserniederschlag als in den flachen Landen, bei dem festeren Boden, so wie bei der größeren Menge der Schluchten und Gründe, worin das Wasser sich sammelt, viele Bäche, und einen gleichmäßig durchnäßten Boden. Ferner haben die Bäche wegen der Steilheit des Abfalls in Gebirgen einen weit schnellern Lauf als in flachen Landen, wo sich hingegen größere, jedoch nur wenige und blos langsame Bäche und Flüsse befinden, die mit oft sehr trockenen Landstrichen abwechseln; da finden sich hier auf großen Strecken nasse Pläne, Moräste u. dergl.

Seen.

§. 33. Wo vorliegender Berge wegen die Gewässer keinen Abfluß finden, breiten sich dieselben aus, und es entstehen Seen; jedes vom Lande umgebene stillstehende Wasser wird daher ein See genannt. Die Oberfläche dieser ist wegen der Schwere und Flüssigkeit des Wassers horizontal, oder in allen Punkten gleich weit vom Mittelpunkt der Erde entfernt.

Gebirgs- und Bergseen sind mit klarem Wasser angefüllte Behälter, welche insgemein eine längliche Form haben, da sie zwischen den, neben einander hinstreichenden Gebirgs- und Bergrücken liegen.

An Gebirgshängen, so wie in flachen Hoch- und Mittellanden, als Polen, Sachsen, Franken, findet man jetzt nur noch wenig Seen, da sie hier bei den weit geringeren Terrainhindernissen, als im Hochgebirge, sich meistens bereits einen Abfluß bahnten, und so größtentheils ausgespühlt sind.

In flachen Niederlanden dagegen, wie Holland, Mecklenburg, Liefland, trifft man viele Seen, die im ganzen eine mehr runde als zackigte Figur bilden; man nennt sie allgemein Landseen, und sind dies wahrscheinlich, wie schon bei den Afterniederungen bemerkt wurde, Ueberreste des ungleichen Meeresgrundes.

Eine andere Art von Seen begleitet oft die großen Flüsse und ihre Niederungen; ihre Form ist länglich und schlangenartig, und ihre Breite im allgemeinen gleich der der Flüße, längst welchen sie sich hinziehen. Es sind dies ihrer Entstehung nach versandete Arme der Flüße selbst, weshalb man sie auch an mehreren Orten Altwasser, oder todte Arme nennt. Man findet häufig, daß sie mit Schilf, Rohr und Lattig bewachsen sind, und nennt man sie dann insgemein Schilf- oder Rohrlachen.

Die kleinen und seichten Landseen, welche größtentheils schon mit Moos, Schilf, und kleinen Kienbäumen bewachsen sind, nennt man Moore und Fennen. Pfüle heißen die ganz kleinen mit unreinem Wasser gefüllten Seen; ist dasselbe ganz trübe, so pflegt man sie Pfützen zu nennen, Tümpel hingegen, wenn sie nur etwa zwanzig Schritte im Durchmesser haben.

Brunnen, oder Brunnquellen, sind die kleinen meist runden, mit trinkbarem Wasser gefüllten Behälter auf und an steilen und felsigen Berghängen, wie in Pl. I. der Meinhardtsbrunnen. Regenpfüle giebt es nur kurz nach

Wolkenentladungen, wo sich dann das Regenwasser in leicht ausgehöhlten Stellen sammelt.

Einen See, durch Stauung nahe an der Mündung eines Flußes hervorgebracht, nennt man Haff.

Bei den Seen nennt man Boden oder Grund, was bei fließenden Gewässern Sahle heißt. Rand nennt man die Umfangslinie der Seen, wenn sie flach, Ufer hingegen, wenn sie steil ist. Busen werden die geringeren Ausbiegungen, Buchten die größeren genannt.

Durchspühlungen und Durchbrüche.

§. 34. Wenn das Wasser eines See's den niedrigsten Punkt der Rücken erreicht, von denen es eingeschlossen ist, oder, im allgemeinen den tiefsten Ort seines Dammes, oder es findet Erd- und Felsenspalten, so schlägt es über, die ganze Wassermasse drängt mit Macht nach, und gräbt sich so durch eigene Gewalt einen Abflußweg nach den niederen Landen. Doch nicht stets bricht das Wasser an der Stelle durch, wo der natürliche Damm am niedrigsten ist, sondern allgemein da, wo er den wenigsten Widerstand leistet; so kann am Fuß oder am Hange höher liegender Punkte das Wasser Spalten und Höhlen finden, in welche es dringt, und durch Ausspühlungen das Erdreich nachstürzen macht, so daß mit der Zeit ein solcher Punkt schwächer und niedriger wird, als der ursprünglich niedrigste ist; doch ist dieser Fall nur sehr selten, da erstens die Höhen der Rücken, durch welche ein See eingeschlossen ist, mit ihren Breiten in Verhältniß stehen, und so der Widerstand des höheren zu bedeutend wird; zweitens auch die Steinart der Ufer eines und desselben See's sich meist gleich ist, so daß, wenn die Felsen zerrissen sind, sich dies in der Regel durchgängig findet, wodurch der Widerstand von dieser Seite gleich bleibt.

Durchbruch nennt man das Erzeugniß der gewaltsam und mehr plötzlich wirkenden Wassergewalt, er findet insgemein da statt, wo der Durchbruchspunkt, nachdem er einmal angegriffen wurde, dem Nachdringen der ganzen Wassermasse keinen Widerstand mehr leisten konnte. Durchspühlung ist das Ergebniß der allmählig wirkenden Wassergewalt, wenn der See, sobald er den niedrigsten Punkt der ihn umgebenden Rücken erreicht hat, überschlägt, und sich so mit der Zeit einen immer tiefern Abflußweg ausspühlt. Diese Durchspühlungen werden viel häufiger als die Durchbrüche angetroffen.

Auf vorbeschriebene Art hat das Wasser in hohen und felsigen Gebirgen tiefe Gründe ausgehölt, mit dem Schutt die frühern Seetiefen gefüllt und große, ehemals überschwemmte Landstriche erhöht und ins Trockene gesetzt. Man erblickt daher jetzt oft in Gebirgen gewaltsame Durchbrüche, worin nur ein kleiner Bach fließt, durch dessen Kraft der tiefe Grund unmöglich gebildet werden konnte. Hier nun wird man bei näherer Untersuchung des Terrains stets finden, daß ehemals ein See oder eine sehr bedeutende Fluth diesen Durchbruch veranlaßte, wo jetzt das Wasser ohne Widerstand ungehindert abfließt.

Wenn wir in speciellen Karten einen Ort finden, wo von verschiedenen Himmelsgegenden sich alles fließende Wasser vereinigt, und dieses große und stark wiederholte Krümmungen bildet, so ist dies der Punkt, wo der Hang des durchbrochenen Rückens anfängt; von hier an steigen die Grundränder des Flusses nach und nach, bis zur völligen Höhe des durchbrochenen Dammes, und fallen so wieder ab bis zum Punkt, wo der Fluß die ganze Breite des Rückens durchbrochen hat. In dieser ganzen Strecke des Durchbruchs liegen die von beiden Seiten auf ihn zustürzenden kleinen Bäche mit ihm in gleich tiefen Gründen. In Karten, wo die Unebenheiten des Bodens nicht mit angegeben sind, findet man so nach den verzeichneten Bächen und Flüssen den Durchbruch da, wo der Fluß keine, oder doch nur ganz kleine Bäche, die meist senkrecht auf denselben zufließen, aufnimmt. Bei sehr großen Durchbruchen, wie z. B. der der Elbe durchs Erzgebirge, von Aussig in Böhmen bis Pirna in Sachsen, welcher mit seinen Krümmungen acht Meilen lang ist, findet man an beiden Seiten auf zwei und mehrere Meilen weit impraktikabeles Terrain, welches bei militairischen Operationen höchstens nur von Schützen benutzt werden kann.

Bei Durchbrüchen findet sich gewöhnlich die größte Tiefe des Wassers, kurz vor den Punkten, wo sie anfangen.

Eine Durchspühlung findet sich Pl. I. zwischen dem Krähenhügel und dem Rücken des Langenberges, wofür der stumpfwinklige Einfluß des Gräfenborns in die Weid, die noch jetzt trotz der Entwässerungsgraben zum Theil nassen Wiesen im Fegefeuer, die Torflagen in der ganzen Ebene zwischen den Bergen, und die noch sichtbare Seitenspühlung am nördlichen Fuße des Mühlberger Schloßberges zeugen; woraus hervorgeht, daß, bevor die Weid sich einen Abflußweg durch genannten Sattel spühlte, die ganze hier von Bergen eingeschlossene Ebene unter Wasser stand, und also einen See bildete.

Kessel.

§. 35. So nennt man der verhältnißmäßig größeren Tiefe wegen, als bei Seen sich diese findet, einen von hohen Bergrücken eingeschlossenen Bezirk, von etwa einer Viertel- bis ganzen Quadratmeile, worin das Wasser sich von allen Seiten ergießt, wie z. B. die sogenannten sieben Elbquellen bei Kesselbaude.

Allgemein ungehemmter Lauf der Flüsse.

§. 36. Die fließenden Gewässer haben ihre Betten bereits so gebildet, daß sie größtentheils ohne Seen oder Absätze zu machen, von ihren Quellen bis zu ihren Mündungen einen gleichförmigen Lauf haben, welcher so lange sich nach dem Haupthange des Terrains richtet, bis er durch Aufsätze desselben zu Abweichungen und Krümmungen genöthigt wird; diese währen jedoch nicht länger, als die prädominirende Kraft der Aufsätze dauert, wonach der Fluß, sobald diese aufhört, sogleich wieder in der Neigung des Haupthanges fortläuft. Es ist demnach die Richtung des Hauptgefälles als permanent, das durch die Aufsätze bewirkte jedoch nur als periodisch zu betrachten. Siehe den Lauf der Gewässer in Pl. I; die Richtung des Hauptgefälles ist nord nordöstlich, denn die Weid fällt bei Dietendorf in die Apfelstädt, diese unterhalb Molsdorf in die Gera, diese bei Gebeser in die Unstrut, und so geht der Wasserzug in der allgemein angegebenen Richtung bis zur Saale und Elbe fort.

Sturzfälle der Flüsse findet man nach obigem, so wie Seen, daher auf den Hügelrücken des platten Landes, so wie auf und am Fuße der Gebirge nur noch selten.

Wirkung der fließenden Gewässer auf die Tiefe und Weite ihrer Gründe.

§. 37. Die von den fließenden Gewässern im höchsten Gebirge ausgespühlten Gründe sind bis 2000, in Hochgebirgen bis 1000, in Mittelgebirgen 400 bis 600, und in Landgebirgen 100 bis 300 Fuß tief. Die Gründe in Landhöhen und Bergketten sind etwa 10 bis 50 Fuß tief, erstere hingegen lang und flach, letztere kurz und steil. In den wogen und wellenförmigen Höhen findet man nur äußerst wenig Gründe; das Regenwasser sammelt sich hier meist in Mulden und reißt nur selten Abflußrinnen ein; zum Theil dringt es in das lose Erdreich, oder bleibt als See, Tümpel, Moor oder Pfütze stehen.

Die Weite oder Breite der Gründe steht mit der Fluthenmasse des fließenden Gewässers, welches sie bildete, im Verhältniß, obgleich harte Felsenstriche im Gebirge zuweilen das Thal verengen, wogegen man die Thäler bei weicherem Gestein über die Normalbreite ausgewaschen findet; ersteres ist jedoch meist nur bei Durchbrüchen der Fall. Außerdem sind die Gründe noch in der Regel am weitesten und flachsten, wenn sie den Gebirgsrücken gleichlaufend begleiten, am engsten und steilsten dagegen, wenn sie diese Richtung durchschneiden; wie denn überhaupt sehr bald einleuchtet, daß je kürzer der Lauf eines Flusses vom Rücken bis zum Fuß eines Gebirges ist, desto steiler und gewaltiger sein Abfall sein müsse, wodurch die Gründe tiefer, steiler und enger werden.

Flüsse am Fuße der Gebirge, so wie deren plötzliches Austreten aus dem Gebirge und den Durchbrüchen in die Ebene.

§. 38. Die Bäche und Flüsse, wo sie allmählig aus dem Gebirge treten, und ihr Bett in einem durch frühere große Fluthen aufgelagerten Boden gebildet haben, werden insgemein von sehr steilen erdigen Thalrändern bis in das ebene Land begleitet.

Wenn ein Fluß aus dem Gebirge, oder aus einem von ihm durchbrochenen Rücken, plötzlich in die Ebene tritt, so theilt er sich hier gewöhnlich in mehrere Arme, wie z. B. die Donau unterhalb Wien, die Spree oberhalb Köpenick, und die Weichsel unterhalb Marienwerder. Diese Erscheinung hat ihren Grund in nachstehendem: man bemerkt nämlich allgemein, daß, wo Flüsse die durch Kunst aufgeführten Dämme durchbrechen, das abstürzende Wasser gleich unter dem Durchbruch tiefe Kelche aushöhlt, und in kurzer Zeit sich über die Ebene verbreitend, mehrere Betten nach verschiedenen Seiten hin ausspühlt; hiernach ist die Entstehung dieser verschiedenen Flußarme, welche beim plötzlichen Austreten in die Ebene, sowohl aus dem Gebirge, als aus Durchbrüchen sich bilden, leicht zu erklären; denn so wie das im Gebirgsgrund oder im Durchbruch stark strömende Wasser in die Ebene tritt, breitet es sich über dieselbe aus, fließt langsamer, und läßt daher die mit fortgeschwemmten Erdtheile fallen, welche in kurzer Zeit sich so bedeutend anhäufen, daß das über die flache Gegend verbreitete Wasser nicht mehr sanft darüber hinfließen kann, und sich so seitwärts in dem abgelagerten losen Schutt verschiedene Betten nach mehreren Richtungen hin ausspühlt. Diese Arme theilen sich oft abermals, welches in dem losen Schutt durch geringe Hindernisse erzeugt werden kann, bevor sie sich durch das Terrain bestimmt, später wieder vereinigen.

Kleine Bäche, wenn sie in dieser Art aus dem Gebirge treten, versiegen bei trockner Jahreszeit oft ganz in dem hier angeschwemmten Schutt, und treten dann insgemein an dem Vereinigungspunkt der Bacharme erst wieder als Quellen hervor.

Aus diesen hier angegebenen Formen der Betten, vor, in und nach dem Durchbruche, so wie beim plötzlichen Austreten der Bäche und Flüsse aus dem Gebirg in die Ebene, kann man nach dem in Karten verzeichneten Wasserzug mit Sicherheit auf die diesen veranlassenden Gebirgs- und Bergformen schließen. Der von den Flüssen und Strömen mitgeführte Sand ist ebenfalls die Ursache, warum dieselben sich mit mehreren Mündungen ins Meer ergießen, indem durch diesen der dortige Meeresgrund mit der Zeit seicht gemacht wird, sich verstopft, und so das Wasser auszutreten nöthigt. Die Erdtheile lagern sich nun bei der gehemmten Strömung, bis auf weite Strecken in das Land hinein, ab, worin sich die Wasser alsdann mehrere Betten, und hierdurch einen bequemeren Abfluß bilden.

Wenn fließende Gewässer eine Richtung gegen ihren Thalrand nehmen, so entsteht hierdurch eine Stauung, die Strömung wird gehemmt, und das mitgeführte Erdreich abgelagert, wodurch gewöhnlich ebenfalls mehrere Arme entstehen. Hierdurch sind in den weiten Thälern die meisten Inseln gebildet worden.

Vereinigung der Flüsse.

§. 39. Wasserzug nennt man im Allgemeinen das Streben sämmtlicher Bäche und Flüsse nach ihrem Hauptflusse zu; durch dieses Streben wird der Winkel, welchen zwei Flüsse am Vereinigungspunkt bilden, insgemein kleiner als ein rechter; doch giebt es in sehr steilem Terrain Fälle, wo das Wasser durch einen Felsenriß, welcher unmittelbar mit dem Flußbette in Verbindung steht, genöthigt wird, sogar in einem stumpfen Winkel einzufallen, auch findet man diese Erscheinung, wie schon bemerkt wurde, kurz vor Durchbrüchen. Im Ganzen kann man annehmen, daß, je spitzer der Einflußwinkel eines kleinen Gewässers in ein größeres ist, je flacher das Terrain sein werde, wie im Gegentheil, je senkrechter dieser Einfluß ist, um so steiler und zerrissener dasselbe sein müsse. Fände man daher in einer Zeichnung einen Bach ohne felsige Ufer in einem stumpfen Winkel einfallen, und käme dieser Einfall nicht etwa unmittelbar vor einem Durchbruch, oder einer Durchspühlung vor, so wäre dieselbe unrichtig.

Wenn in einer Ebene, welche dem fließenden Wasser keine Hindernisse entgegenstellt, zwei Flüsse von gleicher Stärke und gleichem Gefälle sich vereinigen, so nimmt das vereinigte Wasser insgemein eine Richtung an, welche den Einflußwinkel halbirt, wie auf Pl. I. der Schielgraben und die Weid.

Bäche und Flüsse, besonders wenn sie starke Fluthen und viel Schutt treiben, legen bei ihrer Mündung das mitgeführte Erdreich am Ufer und in das Bett des größeren Flusses nieder; hierdurch, und durch die an der Mündung veranlaßte Spühlung, welche um so stärker ist, je senkrechter der kleine Fluß auf den größeren zuströmt, wird der letztere an die entgegenstehende Grundwand gedrängt, und gezwungen, dieses Ufer zu unterwaschen, und so sein Bette zu verändern. Man findet daher insgemein, daß die kleineren Flüsse sich in einen einspringenden Bogen der größeren münden; wie z. B. der Einfall des Main's in den Rhein, des Bober's in die Oder 2c. Doch auch dieses kann nicht ohne Ausnahme als Regel gelten, denn man findet in Gebirgen und an andern Orten Fälle, wo durch nicht zu überwindende Terrainhindernisse, kleine Gewässer selbst in ausspringende Bögen der größeren münden, wenn, wie dies nicht selten der Fall ist, die Thalränder so steil sind, daß sie der Fluthengewalt widerstehen.

Hiernach läßt sich ebenfalls aus speciellen Karten, worin nur der Wasserlauf verzeichnet ist, schließen, daß, je mehr der Bogen, den ein größerer Fluß an der Mündung eines kleineren bildet, einspringend ist, desto flacher das Terrain sein müsse, um so steiler und zerrissener hingegen, je mehr dieser Bogen verschwindet, oder wohl gar ausspringend wird.

Obige Regel gilt jedoch nicht bei den ganz kleinen Bächen, da diese zu wenig Schutt mitführen, und zu geringe Wassergewalt haben, als daß sie bei ihrem Einfall in einen anderen Bach, diesen merklich aus seiner Richtung drängen könnten. Man findet zuweilen, daß gegen die natürlichen Regeln ein größerer Fluß oder Bach bei der Vereinigung mit einem kleineren, den Namen des letztern annimmt; wie dies z. B. bei der Elbe der Fall ist, welche nach den allgemeinen Regeln Moldau heißen sollte, da die Quelle des letztern Flusses bedeutend weiter vom Meere entfernt ist; dieses gilt auch bei der Havel und Spree, da erstere nur eine Strecke von 20, letztere hingegen von 40 Meilen, bis zum Vereinigungspunkt durchlauft. Es ist daher, um nicht Irrungen zu veranlassen, indem man etwa bei Benennung kleiner Bäche den natürlichen Regeln folgt, bei Vermessungen nöthig, die Namen der Bäche überall auszukundschaften.

Verstopfen der Mündungen.

§. 40. Man findet oft, daß kleine Flüsse bei ihrer Vereinigung mit größeren viele sehr veränderliche Krümmungen machen. Diese entstehen gewöhnlich dadurch, daß der große Fluß, wenn er hohe Fluthen und viel Schutt treibt, welche an Kraft und Menge denen, der ihm zufallenden kleineren Flüsse, überlegen sind, durch Ablagerung dieses Schuttes seine Ufer erhöht, und so die Mündungen der kleineren ihm zufallenden Gewässer verstopft. Diese werden hierdurch genöthigt, oft auf große Strecken in einiger Entfernung so lange neben dem großen Fluß hinzulaufen, bis dieser entweder aufhört eine so große Menge Schutt abzusetzen, als zum Verstopfen der Mündungen der kleinern nöthig ist, oder bis zu einem Punkte, wo die Thalweitung aufhört. Hat der kleine Fluß, nachdem seine

Mündung verstopft wurde, keinen Raum, den größern zur Seite zu begleiten, so bildet er sich jederzeit nach dem Falle der Fluth ein neues Bette, wodurch die häufigen Krümmungen entstehen.

Erweiterung der Thalebenen.

§. 41. Die Thalebenen werden durch die Veränderung der Flußbetten, wie durch die starken Krümmungen derselben stets erweitert, denn wo der Fluß den Thalrand erreicht, da unterwäscht er ihn und reißt zur Zeit der Ueberschwemmung große Stücke davon los, die er theils an der entgegengesetzten Seite ablagert, theils mit fort treibt.

Flußbetten.

§. 42. Das Thal, in welchem ein Fluß fließt, nennt man sein Winterbette; die Rinne, so er sich darin gegraben hat, sein Sommerbette; dieses steht mit der Menge und Schnelligkeit seines Wassers, und des Eises, welches beim Aufthauen herabtreibt, so wie mit der Beschaffenheit des Bodens im Verhältniß. Je stärker nämlich die Fluthen und Eisfahrten sind, und je weniger fest das Erdreich ist, desto mehr werden die Ufer abgestoßen, das Bett erweitert, und nach der Fluth voll Schutt gelegt. Im Ganzen wird der Grund des Bettes mehr, die Ufer hingegen weniger angegriffen.

Die Breite eines Flusses in seinem Sommerbette, welches er die größe Zeit des Jahres über ausfüllt, heißt seine Normalbreite, und die senkrechte Tiefe hierbei seine Normaltiefe. Tritt der Fluß über seine Normalbreite, so bedeckt er sein Winterbette; wenn hingegen derselbe austritt, so übersteigt er sein Winterbette. Die Flußufer nennt man gewöhnlich rechte und linke, wie sie zur Hand liegen, wenn man das Gesicht abwärts mit dem Flusse schwimmt.

Viele Bäche fließen in einem Bette mit nur einem erhöhten Flußufer, und zwar der verschiedenen Krümmungen wegen abwechselnd mit einem rechten, oder einem linken.

Die bei dem gewöhnlichen Wasserstand bemerkbare schnellere und etwas höhere Strömung, über einen im Sommerbette ausgehöhlten Kanal, nennt man Strombahn; dieser Kanal entsteht zur Zeit, wenn der Fluß ungewöhnlich klein ist, so daß er sein Sommerbette nicht auszufüllen vermag, wo er sich dann in demselben einen schmälern und an vielen Orten noch krummlinigern Kanal ausspühlt, als der ist, welcher das Sommerbette bildet.

Den Ort, wo der Fluß weniger als seine dasige Normalbreite hat, nennt man Stromenge; Stauung hingegen den, wo er breiter ist als dieselbe.

An Stellen, wo die Strombahn sich in der Mitte eines Flusses befindet, sind oft selbst bei Hauptflüssen noch Durchfuhrten möglich; wo hingegen diese hart an einem Ufer weggeht, unterspühlt sie dieses, wodurch es steil und schartig wird. Man pflegt solche Stellen Schartufer zu nennen, und sind an ihnen nie Durchfuhrten zu treffen.

Flußarme.

§. 43. Arme nennt man, wie bekannt, die Theile eines Flusses, wo derselbe in mehreren Betten fließt, wonach es rechte und linke, Haupt- und Nebenarme giebt. Wo bei starken Fluthen das Wasser in dem alten Bette nicht gut fortgeschafft werden kann, bricht es oft an Stellen, welche der Fluthgewalt nicht widerstehen können, durch, und bildet so einen neuen Arm; nicht selten verläßt dann der Fluß sein altes Bette ganz, welches in der Regel dann geschieht, wenn das neue Bette eine stärkere Abschüssigkeit hat, und hiernach auf kürzerem und geraderem Wege zur Mündung führt. In diesem Falle trocknet der alte Arm aus, und wird ein todter genannt.

Fall des Wassers im allgemeinen.

§. 44. Fall oder Gefälle nennt man die Abweichung eines fließenden Wassers von der wahren Horizontallinie; Stau hingegen wird jede Hemmung des natürlichen Gefälles genannt. Der allgemeine Fall eines Flusses ist um so steiler, je höher sein Ursprung über seine Mündung liegt, und je kürzer sein Lauf zwischen beiden ist. Das Gefälle ist insgemein von der Quelle ab am stärksten, und verringert sich so allmählig, je mehr Gewässer hinzukommen, bis es an der Mündung am unbedeutendsten wird. Insbesondere wird noch der Fall größer, je mehr das Thal sich verengt, da hier bei den zusammengedrängten höhern Fluthen der Grund des Bettes mehr angegriffen wird, und kleiner, je mehr sich dasselbe erweitert, wobei der Fluß durch seine Ausbreitung weniger auf den Grund einwirkt.

Der Fall eines Flusses über einen Stau, heißt das Zuggefalle, hingegen der Höhenunterschied des obersten und untersten Wassers von einem Stau, heißt das Staugefälle. Eine Zurückwirkung des Staues nennt man die Hemmung eines fließenden Wassers über den Stau, so weit er sein Zuggefälle verliert, und sich über die gewöhnlichen Grenzen ausbreitet; dies ist der Fall bei Fisch= und Mühlteichen, militairischen Inondationen u. dgl.

Größe der Flüsse.

§. 45. Wir nennen den Raum oder die Erdstrecke, wovon ein Fluß den Niederschlag ableitet, sein Gebiet; der Flächeninhalt dieses Gebiets giebt insgemein den Maaßstab für die Größe der Flüsse und Ströme an. Will man den Flächeninhalt eines solchen Gebiets im allgemeinen bestimmen, so verbindet man auf einer speciellen Karte, von dem Ursprung des Flusses an, bis zu seiner Mündung, die Quellen sämmtlicher Bäche, welche sich in ihn ergießen, mit geraden Linien, theilt die hierdurch entstandene Figur in Dreiecke, und berechnet so den Inhalt derselben, nach dem Maaßstab der Karte. Eine größere Genauigkeit bei Berechnung eines Flußgebiets würde sich jedoch ergeben, wenn man nach einer guten topographischen Karte, aus den Linien der Rücken, an welchen die Bäche entspringen, die zu berechnende Figur construirte, da dies die wahren Grenzen eines Flußgebiets sind.

Die Größe der Flüsse, oder die Wassermenge, welche jährlich abgeführt wird, steht, außer mit der Größe ihres

Gebiets, noch mit der Höhe der Gebirge, so wie mit der Beschaffenheit und Bepflanzung des Bodens im Verhältniß; auch hat das Klima, oder die geographische und physikalische Lage des Landes, gegen die Sonne, Winde und Meere, hierauf bedeutenden Einfluß. Im Allgemeinen hat man finden wollen, daß ein großer Fluß, welcher Gebirge und Ebenen durchströmt, im Mittellande von Europa, bei seinem mittleren Stande, auf eine Quadratmeile Flußgebiet eine Quadratelle Wasserdurchschnittsfläche habe; bei der mittleren Fluth hingegen, welche das Bett bis zum Rande füllet, drei bis vier Quadratellen, und bei solchen Fluthen, die das Thal einschwemmen, an acht Quadratellen.

Die fließenden Gewässer erhalten insgemein nach der Größe des Gebiets ihre Benennungen, und sind diese im allgemeinen nur verschieden, je nachdem die Gewässer in Gebirgen und Hochlanden, oder in flachen Mittel- und Niederlanden sich befinden.

Nachstehende Stufenfolge wird in Müllers Terrainlehre angegeben.

Stufenfolge.	In Gebirgen u. Hochlanden.	In flachen Mittel- u. Niederlanden	Ohngefähre Größe des Gebiets.
1.	Sicker	Schlemcke	100 bis 1000 □ Ruthen
2.	Riesel	Rille	1000 bis 10000 dgl.
3.	Bächlein	Fließchen	10000 □ R. b. $\frac{1}{4}$ □ Meile
4.	Bach	Fließ	$\frac{1}{4}$ bis 10 □ Meilen.
5.	Hauptbach	Hauptfließ	10 bis 50 □ Meilen.
6.	Fluß	— — —	50 bis 200 dgl.
7.	Hauptfluß		200 bis 1000 dgl.
8.	Strom		1000 bis 80000 dgl.

Größere Ströme giebt es auf der Erde nicht.

Mehrere der fließenden Gewässer werden nicht nach ihrer Größe, sondern nach ihrer Beschaffenheit genannt. So giebt es in Hochgebirgen, Rausch- oder Waldbäche, Gieß- Sturz- und Staubbäche, Wildriesel, Wildbächlein, Wildbäche; letztere haben selten Wasser, und erhalten solches nur vom augenblicklichen Regen oder Aufthauen des Schnees.

In flachen Niederlanden giebt es Faulrinnen, Faulfließe, Faulflüsse, ihr Wasserzug ist wenig bemerkbar; ferner Lachen, diese haben keine Ufer, unreines Wasser und oft keinen sichtbaren Abfluß, indem ihr Wasser unter der Erde fortschleicht. Regenfließe finden sich im lockeren, sandigen Boden, sie versiegen bei trockenem Wetter.

Küstenflüsse fallen nach einem kurzen Lauf meist ohne Zufluß anderer Gewässer ins Meer.

Steppenflüsse haben keine Mündung, sie enden ihren Lauf im flachen und sandigen Boden.

Ein fließendes Wasser verändert, sowohl hinsichtlich seiner Größe, als seiner örtlichen Beschaffenheit wegen, nach und nach seine Benennung; so z. B. kann ein Rauschbach weiterhin ein Bach, sodann ein Fließ, fernerhin Faulfließ, endlich Lache werden, ja sich wohl ganz im Sande verlieren.

Geschwindigkeit der fließenden Gewässer und Einwirkung derselben auf die Gestalt ihrer Gründe.

§. 46. Je steiler der Fall eines Wassers ist, um so schneller ist die Fortbewegung desselben; außerdem nimmt diese Schnelligkeit noch um so mehr zu, je stärker die Fluthen werden, so daß sich ohngefähr annehmen läßt, daß das Wasser, wenn es unter und bei mittlerer Höhe in einer Secunde ein bis zwei Fuß fortfließt, es alsdann bei mittlerer Fluth acht Fuß, und bei hoher Fluth sechszehn Fuß weit fortbewegt wird. Ferner ist zu bemerken, daß die Schnelligkeit des Laufs bei gleichen Wasserhöhen, im Anwachsen bedeutender als im Abnehmen ist, da im erstern Falle mehr Nachdruck, im letzteren aber mehr Gegendruck statt findet.

Da von der Abschüssigkeit des Bodens die Schnelligkeit und Gewalt der Spühlung besonders abhängt, so kann man nach dem Böschungswinkel der Berghänge, auf die Tiefe, Breite, und Gestalt der Gründe daselbst mit Sicherheit schließen. So haben die fließenden Gewässer auf unmerklich geneigten Gebirgs- und Berghängen, schon Gründe mit Lehnen von 5 bis 10 Grad Böschung ausgespühlt. Neigen sich die Hänge unter einem Winkel von 5 bis 10 Grad, so findet man die Grundwände schon unter einem Winkel von 15 bis 25 Grad. Sind die Hänge unter dem Winkel von 15 bis 25 Grad geneigt, so erheben sich die Grundwände insgemein schon in einem Winkel von 30 bis 45 Grad und darüber, wie z. B. Pl. I. die Wasserrisse an den steilen Berghängen. Hat der Hang selbst diese größte Steilheit der Erdberge, und wird er bereits felsig, so findet man die Grundwände durchgängig felsig, im Winkel von 70 bis 90 Grad.

Bei senkrechten oder gar überhängenden Felswänden stürzt das Wasser, ohne einen Grund bilden zu können, darüber hinab, und höhlet, wenn es durch das harte Gestein am Fuße der Wand nicht daran verhindert wird, tiefe Kelche aus.

Unterschied der Flüsse, welche aus Schnee-, Waldgebirgen oder kahlen Gegenden kommen.

§. 47. Die Flüsse, welche aus hohen Schneegebirgen kommen, haben gewöhnlich während der heißen Sommerszeit volles Wasser; große Fluthen treiben sie jedoch nur nach warmen Regen und Wind, wodurch der Schnee im Gebirge schnell und plötzlich aufgelößt wird. Weniger schwellen sie zur Zeit des Frühlings, wo der Schnee auf den niederen Bergen schmilzt, an.

Die aus sehr waldigen Gebirgen kommenden Flüsse sind ununterbrochen wasserreich, da große Wälder bei ihrer sehr gleichen und während der wärmeren Jahreszeit meist kälteren Temperatur, als die der Lüft ist, die Wolken stärker entladen, und der Boden hier weniger Wasser abdünstet, als da, wo er vom Walde entblößt ist, weil die Sonnenstrahlen hier weniger wirksam seyn können. Große Fluthen treiben diese Flüsse nur nach starken Regengüssen und Wolkenbrüchen.

Flüsse, welche aus mittlern unbewaldeten Gebirgen und kahlen Gegenden kommen, schwellen im Frühjahre beim

Aufthauen des Schnees am bedeutendsten an, und sind außerdem sehr seicht.

Stellen, wo die Fluthen am höchsten steigen.

§. 48. Am bedeutendsten schwellen die Flüsse an solchen Orten an; erstens: wo gleich starke Gewässer ihre Fluthen zusammenführen, zweitens: wo ein Fluß aus dem Gebirge in die Ebene tritt, und sich der Fall desselben plötzlich vermindert, und drittens: wo die Normalbreite eines Flußbettes durch Felsen verengt wird. Man findet so an den größten Flüssen im Mittellande von Europa Stellen, wo die Fluth 20 bis 30 Fuß über den mittleren Stand steigt.

Anschwellen und Fallen der Gewässer.

§. 49. Im Gebirge schwellen bei Regenwetter und zur Zeit des Aufthauens die fließenden Gewässer hoch und plötzlich an, fallen aber eben so schnell wieder ab, wo hingegen die Gewässer im ebenen Lande mehr allmählig anschwellen, aber um so länger anhalten. Die Fluthen steigen in den Ebenen nie zu solcher Höhe, als dies in Gebirgen, beim plötzlichen Anschwellen der Fall ist; die Wasser treten daher hier häufig über, füllen die Schluchten aus und machen, indem sie bei kleinen Bächen oft bis zum Sattel ansteigen, die Betten unkenntlich. Es kann hier einem terrainunkundigen Aufnehmer leicht begegnen, einen ganz falschen Wasserlauf zu verzeichnen, wie z. B. der Major von Brixen in seiner Terrainlehre anführt, daß durch das Austreten der Gewässer im Gebirge ein sonst nicht ungeübter Aufnehmer verführt wurde, eine Terrainparthie so zu zeichnen, als würden zwei Bäche durch einen von der Natur gebildeten Kanal verbunden, der nie statt finden kann.

Erdarten und Formen der Flußbetten.

§. 50. Die Beschaffenheit und die Bestandtheile eines Flußbettes, stehen im genauen Verhältniß mit der Größe und dem Fall eines Flusses; so sind bei dem starken Gefälle in Gebirgen die Flußbetten felsig und steinig, und das Wasser läuft meist ohne Ufer sehr veränderlich in ausgewaschenen Gründen fort; man kann daher diese Bergbäche fast überall durchgehen, reiten und fahren, wenn solches nicht bei hohen Fluthen die Wassertiefe oder die steilen Grundränder verhindern.

In flachen Hochlanden haben die fließenden Gewässer schon mitunter Ufer, und sind häufig zur Seite von schmalen Brüchern und Wiesenrändern begleitet, ihre Betten bestehen aus kleinen Steinen und Kies, und sind wegen ihrer Festigkeit meist aller Orten zu passiren; dieses gilt auch von den Flußbetten, wo sie allmählig aus dem Gebirge treten.

In flachen Mittellanden haben die Flüsse meist überall schon Ufer, ihre Betten sind von grobem Triebsande, und die ihnen zur Seite liegenden Brücher und Wiesenränder werden hier schon breiter; man kann sie deshalb nicht mehr überall, sondern nur an geeigneten Stellen durchreiten oder fahren.

In flachen Niederlanden findet man die Flüsse von denen in bergigten Gegenden sehr verschieden, sie schlängeln sich, meist als Folge ihres geringen Gefälles, mit vielen oft bedeutenden Krümmungen dahin; ihre Ufer sind meist durchgängig steil, und ihr Bett ist gewöhnlich mit Schlamm und feinem Triebsande angefüllt; ihre Wasserbreite ist häufig nach einem langen Lauf bedeutend geringer, als solche am Fuße der Gebirge war, dagegen aber ihre Tiefe viel bedeutender. Die Ursachen dieser Bildung sind bereits angeführt. Man findet hier nur selten zu Durchfuhrten geeignete Stellen. Im natürlichen Zustande besteht das Land zu beiden Seiten dieser Flüsse aus unzugänglichen Brüchern, Erlen, Weiden, Schilf und Rohr, in urbaren Ländern hingegen aus Hutung und Wiesen.

Lage der Betten und Form der Gründe, nach den Verschiedenheiten der zur Seite liegenden Höhen. Abspühlung, Aufspühlung, Seitenspühlung.

§. 51. Sind zwei Berge, a, b. Fig. 2; so nahe neben einander gelegen, daß ihre Abspühlungen sich erreichen, sind sie ferner ursprünglich von gleicher Höhe, und ihre gegeneinander geneigten Wände von gleicher Steilheit, so wird durch die Spühlung die Steilheit zwar vermindert werden, jedoch sich unter einander gleich bleiben. Das Wasser, welches in diesem Grunde fließt, wird sonach sein Bett c genau in der Mitte zwischen beiden Höhen gebildet haben.

Bei zwei neben einander liegenden Bergen von ungleicher Höhe hingegen, wird der höhere a, Fig. 3 verhältnißmäßig mehr abgespühlte Erdtheile als der niedere b liefern, wodurch die größte Tiefe des Grundes in demselben Verhältnisse näher bei b liegen wird. Ferner wird das im Grunde fließende Wasser durch die starken Aufspühlungen von a immerfort nach b gedrängt, und so genöthigt, dieses Ufer zu unterwaschen, wodurch das frühere Verhältniß allmähig in etwas gestört wird, indem das Bett näher an b rückt und diese Grundwand steiler macht.

Abspühlung nennt man insgemein diejenige Spühlung, wodurch bereits die höchsten Gebirgsrücken auf unserer Erde von allen losen Erdtheilen entbloßt wurden, und selbst einen bedeutenden Theil ihrer ursprünglichen Höhe verloren haben. Aufspühlung hingegen ist diejenige, durch welche die am Fuße der höchsten Gebirge sich befindenden Gang, Flötzgebirge und Erdschichten entstanden. Diese beiden Spühlungsarten sind die Hauptursache der Formenbildung eines jeden, auch des kleinsten Hügels.

Der zwischen zwei Bergen gesammelte Niederschlag setzt nach dem allgemeinen Hang des Terrains in der tiefsten Stelle zwischen den Rücken dieser Berge seinen Lauf fort, wobei er durch den Niederschlag von diesen Rücken immer mehr und mehr verstärkt sich bald eine Rinne ausgräbt. Man nennt diese Wasserwirkung, wodurch sammtliche Flußbetten entstanden, Seitenspühlung.

Bei gleicher Abschüssigkeit der primitiven Höhen, welche zu beiden Seiten einen Bach begleiten, müßte derselbe durch das nach unten zu sich immermehr vermehrende Wasser stärker ausspühlen; da jedoch diese Höhen selbst schon durch die Spühlung gebildet sind, und sich so nach unten zu immer mehr abflachen, so setzen die Bäche oft ihren Lauf in meilenlangen gleich breiten und tiefen Gründen fort; hierzu kömmt noch der mitwirkende Umstand, daß die Menge der Bachkiesel und Feldsteine, welche, bevor der Grund ausgespühlt wurde, sich hieselbst im Erdreich verbreitet befanden, nun in der Mitte desselben zusammensinken, das Bett des Baches auspflastern, und so das tiefere Einreißen des Wassers mit verhindern.

Niederungsränder.

§. 52. Man findet häufig in flachen Landen, und zwar in den tiefsten Gegenden der Zusammenflüsse, daß die Grundränder a, a, Fig. 4. höher als der Landhorizont b, b, sind. Diese hohen Ränder können durch nichts anders als durch die Flüsse selbst gebildet worden sein, als diese hier noch in höheren Betten standen, da es unmöglich ist anzunehmen, daß die fließenden Gewässer sich hier ihre Betten auf und längs den Landrücken gebildet hätten. Diese hohen Ränder, wie wir sie auch bei den gegenwärtig in breiten und flachen Gründen sich hinschlängelnden Flüssen sehen, deren Ufer c, c, ebenfalls um einige Fuß höher sind, als die zur Seite liegenden Brücher und Wiesen d, d, und aus gröberen und schwereren Erdtheilen bestehen, werden durch die Ueberspühlung ihrer Ufer beim Austreten des Wassers gebildet, indem die mit herausgeführten Erdtheile am Ufer niedersinken, so wie das Wasser in die Ebene tritt, weil es hierdurch seine Fluthgewalt verliert; so werden diese Ränder nach und nach immer mehr erhöht, da bei dem immer nur langsamen Abfluß das Wasser keine Kraft hat, diese Erdtheile wieder mit fortzuschwemmen. Man nennt diese Wasserwirkung Ueberspühlung.

An den Mündungen der Ströme wirken Fluth und Winde, welche das Stromwasser landeinwärts treiben, und aufthürmen, ebenfalls auf das Erhöhen der Niederungsränder.

Unterschied des Gefälles bei verschiedenen Erdarten und Einfluß desselben auf die Gestalt der Flüsse.

§. 53. Ein fließendes Gewässer durchläuft, nach den ohngefähren Bemerkungen hierüber, bei einem Fuß Gefälle auf Felsstücken, eine Strecke von 1 bis 15 Schritt, auf Rollsteinen, bis 25 Schritt, auf Steinschutt, bis 50 Schritt, auf Kiesschutt, bis 100 Schritt, auf grobem Sand, bis 250 Schritt, auf feinem Sand, bis 500 Schritt, und auf Schlamm, bis 1500 Schritt.

Das Gefälle eines fließenden Wassers, so wie die Wassermenge desselben, wirken auf die Gestalt der Bäche und Flüsse wesentlich ein. So wird ein Fluß mit starkem Fall auf steinigem Bette einen weniger gekrümmten Lauf haben, als ein anderer bei geringerem Gefälle und weniger Wasser in übrigens gleichem Terrain haben würde, da die Gewalt des ersteren Hindernisse aus dem Wege räumt, welche der letztere zu umgehen genöthigt ist.

Fließende Gewässer auf schuttigem Boden, welche sich meist in den Thalweitungen und beim Ausfluß aus flachen Gebirgen finden, werden in ihrem Lauf schon krummliniger, da sie, obgleich bei der allgemein größeren Wassermenge, doch bedeutend geringere Gewalt haben, und mehr lockbar als erstere sind; denn hier veranlaßt schon der zugeführte Schutt eines jeden einfallenden Baches, ein neu aufwachsendes Weidengebüsch u. dergl. eine veränderte Richtung, es entstehen Bänke und Heger, die Bett- und Thalufer der einen Seite, je nachdem der Fluß sich dem Thalrand nähert, werden steil und die entgegengesetzten flach. Noch krummliniger und vielarmiger wird der Lauf der Flüsse auf sandigen Betten, denn bei dem hier nur ganz geringen Fall hat die Wassermenge allein nur wenig Gewalt.

Wo man in weiten kahlen Planen den Lauf der Flüsse oft ziemlich geradlinig findet, ist dies mehr der Wirkung der Eisfahrten, als des Wassers zuzuschreiben; wo hingegen die Plänen mit Gehölz und Baumgruppen, die Ufer mit Gebüsch und Weiden bewachsen sind, da wird der Eisgang gehemmt, das Eis selbst häuft sich an, die nachdringenden Fluthen schlagen über die Ufer, und graben neue Betten; so entstehen oft mehrere Arme.

Die so von Flußarmen umgebenen Landstücke, wenn sie mit Laubholz und Gräsereien bewachsen sind, und bei hohem Wasser überschwemmt werden, nennt man Werder oder Auen; Sandbänke hingegen diejenigen, welche kahl und ohne Rasen sind. Die größeren und höher liegenden, von Flußarmen umgebenen Landstrecken, sind meist bewohnt, und wo es nöthig ist, durch Dämme vor Ueberschwemmungen gesichert.

Fortwährende Veränderung der Ufer und Flußbetten durch die Seitenspühlung.

§. 54. Es ist schon im Allgemeinen angeführt worden, wie die Ungleichheiten der primitiven Höhen, welche zunächst an den Seiten eines Grundes liegen, die Ursache sind, daß nur selten Gründe mit fließenden Gewässern gefunden werden, deren Wände sich auf bedeutende Strecken unter gleichen Winkeln neigten, da das Erdreich, welches von der zur Seite liegenden bedeutendern Höhe abgespühlt wird, den Bach oder Fluß an die entgegenstehende Grundwand drängt, dieselbe durch die Seitenspühlung unterwärts angreift, und so das Erdreich nachstürzen macht, bis das Flußufer selbst gänzlich verschwindet.

Wenn bei nebeneinander liegenden ungleichen Höhen, die Grundwand b, Fig. 5. der kleineren Höhe, an einem Orte, z. B. in i, durch die Seitenspühlung unterwärts zu tief unterwaschen wird, so stürzt dieselbe, falls sie aus dichten klebrigten Erdtheilen besteht, nicht theilweise, sondern mit einemmale herab, und füllet, nach Maaßgabe des herabgestürzten Erdreichs, nicht allein das Bett des Baches, sondern einen großen Theil des Grundes oft bis zu bedeutender Höhe aus. Das Wasser, welches diese Massen sogleich fortzuführen nicht im Stande ist, muß sich dann in einen See f sammeln, bis es die niedrigste Stelle dieses Dammes in g erreicht, woselbst es übertritt, die herabgestürzte Erdmasse von der Seite angreift, und so durch die Menge der zugeschwemmten Erdtheile von dem höheren Berge a, immerwährend nach b zugedrängt, nach und nach das sämmtliche herabgefallene Erdreich fortschaft, und so sein altes Bette wieder gewinnt. Wenn die herabgefallene Masse aus groben steinigen Theilen besteht, und im Verhältniß zur Wassergewalt des Baches sehr groß ist, so wird der Bach sein neu gegrabenes Bette g h nur um so langsamer nach i ersetzen können; doch kann das Streben, dieses wieder zu erreichen, nie unterbrochen werden. Diese Fälle, welche sich in Gebirgen häufig finden, verwirren oft den Terrainunkundigen.

Veränderliche Breite und Tiefe der Flüsse. Stromstrich.

§. 55. Nur selten sind die Ufer eines Flußbettes auf einige Strecken gleich weit von einander entfernt, denn jede Ablagerung von Schutt macht das Bett breiter. In den Krümmungen haben insgemein die Flüsse die geringste Breite und größte Tiefe. Wo der Fluß geradlinig läuft, befindet sich der Stromstrich in der Mitte desselben, bei jeder Krümmung hingegen ist er am steilen Ufer, und zwar um so näher, je bedeutender die Krümmung ist. Mit dem Bette des Flusses verändert sich auch der Stromstrich, welches in der Regel nach hohem Wasser, durch starke Abspühlungen und Einstürze der Ufer geschieht, so daß zuweilen die Strömung ganz auf die entgegengesetzte Seite kömmt.

Ein- und Ausfluß der fließenden Gewässer in und aus Seen.

§. 56. Beim Einfluß eines fließenden Wassers in einen großen See hört die Strömung auf, das Wasser verbreitet sich gleichmäßig über denselben, schwellt ihn jedoch nie schnell zu bedeutender Höhe an, wogegen aber die Wasserfülle länger anhält.

Die Abflüsse dieser Seen bilden, wo die Felsen einem Durchbruch bis zur Tiefe des Seegrundes widerstanden, insgemein mehrere und oft bedeutende Wasserfälle, welche sich erhalten, da der Abfluß keinen Eistrieb hat, und somit keine besondere Kraft, wodurch das, durch Felsen verengte, und durch Absätze unterbrochene Bette gleichmäßiger ausgehöhlt werden könnte; denn das Eis des Zuflusses, welches sich über den See verbreitet, sowohl, als das des See's selbst, schmilzt gemeiniglich auf der Stelle.

Diese Ausflüsse sind rein und klar, da aller zugeführte Schutt und Schlamm im See niedersinkt. Durch diese Ablagerung wird der Boden desselben immer mehr erhöht.

Bei Landseen sind diese Abflüsse oft durch den zugeführten und abgelagerten Schutt eines Nebenflusses, welcher in den Abfluß ohnweit dem See einfällt, gehemmt, wodurch der See höher aufgestaut wird, und über den Schutthügel weg, sich ein flacher Wasserfall bildet.

Mündungen der Flüsse in Meere.

§. 57. Flüsse, welche in inländische Meere, die nicht abwechselnd Ebbe und Fluth wie das Weltmeer haben, sich ergießen, lagern ihren Schutt vor und in den Mündungen ab, und setzen auf diese Weise immerwährend neues Land an. Auf diesen Schuttboden breitet das Wasser sich aus, und bildet mehrere Arme, welche sehr veränderlich sind, und ihre seichten Ausflußrinnen beständig wechseln.

Weniger verstopfen sich die Mündungen der Flüsse, welche ins Weltmeer fallen, da zur Zeit der Ebbe diese ihr Wasser und ihren Schutt schnell und ohne Hinderniß weit in's Meer hineintreiben und verbreiten. Durch die Fluth, welche den hier abgelagerten Schutt wieder ans Ufer treibt, so wie mit Hülfe der Winde werden zur Seite der Flußmündungen und längs dem Ufer die sogenannten Dünen aufgehegt.

Verhältniß der Gewässer mit der Breite des Landes.

§. 58. Mit der Breite eines Landes, vom höchsten Gebirgsrücken desselben bis zum Meere, steht die Größe der fließenden Gewässer im Verhältniß; so sind Deutschlands Ströme bedeutender als die der brittischen Inseln und die von Unteritalien, so fließt der größte aller Ströme über die größte einseitige Landesbreite, welche wir auf der Erde kennen, von den Andes in Südamerika nach dem Atlantischen Meere zu, u. s. f.

Wasserlauf unter der Erdoberfläche und Wirkung desselben.

§. 59. Ist der Boden nur wenig geneigt, und sehr locker, so versiegen besonders bei trockener Witterung die Bäche, ziehen sich unter der Erde über Fels und Thonlagen fort, und kommen an tieferen Stellen als Quellen wieder hervor; diese verschwinden oft abermals in porösem Erdreich oder Sand, und treten oft weit davon erst wieder an den Tag. So findet man in Gebirgen, deren Felsart sehr zerrissen ist, und wo es demnach viele Höhlen giebt, daß sich große Bäche, selbst Flüsse in Felsenspalten stürzen, und ihren Lauf unter der Erde fortsetzen, bis sie als Quellen wieder an den Tag springen. Nicht selten vertheilen sich diese Gewässer unter der Erde, und treten so an verschiedenen Stellen wieder hervor. In Gebirgen sowohl als niederen Landen, giebt es Fälle, wo diese unter der Erde sich fortziehenden Gewässer als Wiesen zu Tage kommen, indem sie gleichmäßig den ganzen Thalgrund durchnässen; so verlaufen sich auch kleine Bäche sehr oft unmittelbar in dem porösen Moor der Wiesen wie Pl. II. der Bach, der sich bei Bindersleben entspinnt, in der langen Wiese aufhört, und erst etwa vierhundert Schritte davon wieder zum Vorschein kömmt.

Durch den Lauf der Gewässer unter der Erde werden, wo diese sich nicht im porösen Erdreich verlieren, die losen Erdschichten und Flötze nach und nach herausgespühlt, und so oft ganze Sandfelder zu Tage gebracht. Hierdurch entstehen häufig Erdfälle, oder Grotten und Höhlen, wenn die oberen Schichten ihres festen Gesteins wegen nicht nachsinken.

Durch eine ähnliche unter der Erde wirkende Wassergewalt sind oft Dörfer und Städte verschüttet worden. Es ereignen sich diese Erdstürze insgemein, wenn in hohen Gebirgen bei jähen oder senkrechten, stark unterspühlten

Grundwänden, durch Erdbeben oder die eigene Schwere, aufwärts vom Kamm der Grundwand, am Berghange selbst irgendwo eine Spalte entsteht, in welche das von dem weiter hinauf liegenden Hange herabkommende Wasser sinkt, und die Kluft ausfüllt. Das hierin verhaltene Wasser erreicht die festern Erdtheile, und wirkt durch seine Schwere so lange auf die abgetrennte Erdmasse, bis sie in den Grund hinabgesprengt wird. Das Ausbleiben eines Wild-Sturz- oder Giesbaches ist daher insgemein ein Vorbote eines nahen Einsturzes.

Verschiedene, durch die Spühlung abgelagerte Erdarten.

§. 60. Die durch die Spühlung auf den Gebirgshängen und im flachen Lande abgelagerten Stein- und Erdarten geben insgemein die Beschaffenheit des Bodens an, von wo sie abgeschwemmt wurden, so z. B. findet man Steingruß nur auf und am Fuße felsiger Berge, so wie in den Thälern und Betten der reißenden Gebirgsgewässer. Kiesschutt findet sich am Fuß der Gebirge, welche nicht sanft aufgeschwemmt sind, so wie im niedern Lande auf den Hügeln, deren Grundgestein verwittert ist, und ferner an den Ufern schneller Gebirgswasser, in ihren Thalweitungen.

Sand trifft man in flachen Gegenden, auf den sanften Landrücken, welche ursprünglich aus Sandstein bestanden, wie in den Ebenen, durch welche Gewässer fließen, die zunächst aus Granit- und Sandsteingebirgen kommen, so wie an den Rändern großer Moräste und weiter Niederungen, welche früher Seen waren, und am Meeresufer bei den Mündungen großer Flüsse und Ströme, in deren Gebiet Granit- oder Sandsteingebirge liegen.

Kleierde findet man in Gegenden, welche früher von starken aber langsam fließenden Gewässern, die verfaulte Pflanzentheile mitführten, überschwemmt waren.

Lehmerde findet sich an den sanften Hängen der Granit- und Porphir-Gebirge, so wie in den Mulden zwischen weit gedehnten Hängen sanfter Anhöhen, und an den Ufern der fließenden Gewässer, welche fettigen Schlamm mit sich führen.

Thonerde an den sanften Hängen und in den Mulden der Basalt- und Schieferberge, so wie auf den unbedeutenden Höhen des niederen Landes, welche ursprünglich aus Schiefer, Hornstein oder Basalt bestanden.

Moorerde auf den flachen Rücken hoher Waldberge; in hohlen Plänen, welche früher Seen bildeten; im flachen Lande, wo der Fels- und Thonlagen wegen das Regenwasser nicht in den Boden dringen kann, und auch keinen leichten Abfluß hat, dann wo sich harzige und eisenartige Quellen befinden, welche eine immerwährend kühle und feuchte Luft erzeugen, und an den Ufern der faulen Gewässer, welche in harz- und eisenhaltigen Gebirgen entspringen.

Schlammerde giebt es auf den flachen Abhängen kalkartiger Schiefer- und Granitberge, wie in den Senkungen, die vom Wasser bedeckt sind, welches seinen Ursprung in diesen Gebirgen hat.

Schlußbemerkung.

§. 61. Das Studium der fließenden Gewässer ist zur Kenntniß des Terrains als vorzüglich wesentlich zu betrachten, denn sie sind es hauptsächlich, welche der Oberfläche des Erdbodens, im Ganzen sowohl, als bis in's kleinste Detail, jedem Hügel die Gestalt gaben, welche wir gegenwärtig finden.

Die fließenden Gewässer mit ihren Thälern in allen Theilen richtig zu erkennen, und in topographischen Karten darzustellen, ist ein Haupterforderniß guter Aufnahmen; denn durch ihre Darstellung allein erhält der Terrainkenner ein so vollständiges Bild der Gegend, als dem Nichtkenner die ausgeführtesten topographischen Karten nicht geben, weil nicht allein die Form des Bodens, sondern auch die Beschaffenheit und Fruchtbarkeit desselben sich daraus erkennen läßt, da sie die Grundlagen des Anbau's der Länder sind. Es läßt sich ferner aus der Größe, Form, Richtung und Beschaffenheit der Gewässer und Gründe, so wie des nebenliegenden Bodens an einem Orte gesehen, das Land im ganzen Flußgebiet beurtheilen, wobei viele nützliche Folgerungen gezogen werden können; welche ausführlicher darzustellen jedoch den Umfang dieser Schrift über den Plan derselben zu sehr erweitern würde.

Siebentes Kapitel.

Pflanzenwuchs.

Wald.

§. 62. Der Pflanzenwuchs hängt im Allgemeinen von der Beschaffenheit des Erdbodens, dem Klima, der Höhe, Lage und Neigung gegen die Sonne und der Witterung ab; je fetter die Bestandtheile des Bodens sind, je edler sind im Ganzen die Gewächse, welche er hervorbringt.

Die Waldzucht wird im Mittellande von Europa bis zu einer Höhe von 4000 Fuß getrieben; am höchsten hinauf gedeihen Fichten und Tannen, und zwar am besten auf den mitternächtlichen Seiten der Berge; hierzunächst Birken, Rothbuchen und Lerchenbäume, ebenfalls an den der Sonne abgekehrten Hängen. Bis zur Höhe von 3000 Fuß gedeihen gleichfalls an den Mitternachtseiten, Linden, Ahorne, Eschen, Aspen, und bis auf 2000 Fuß Eichen, Rüstern und Weißbuchen; so findet man in der Regel auf den Gebirgen von 2000 bis 4000 Fuß Höhe die schönsten Tannen-, Lerchen- und Fichtenwälder; in mittleren Gebirgen und hügelichen Landen die besten Laubholzwälder, wie Eichen, Buchen, Linden u. dergl.; in den trockenen Sandgegenden des flachen Landes, die vorzüglichsten Kiefern, so wie in nassen Plänen, Erlenwälder.

Schwarzwald, welcher aus Tannen und Fichten besteht, findet sich hauptsächlich auf feuchtem, steinigem, thonigem und mit Moos bewachsenem Boden, welcher insgemein schwer zu passiren ist.

Kienwälder, meistens in den niederen Landen, auf trokkenem, sandigem Boden.

Laubwälder, aus Eichen, Buchen und Rüstern bestehend, kommen auf bergigem, festen und guten Boden am besten fort.

Birken beinahe auf jedem Boden, am besten jedoch auf saurem.

Erlen findet man auf feuchtem, moorigen Boden; sie bilden meistentheils nur schmale und lange Strecken. Die hier genannten Holzarten werden auch zum Theil untermischt angetroffen.

Benennung der Wälder, nach ihrer verschiedenen Größe und Lage.

§. 63. Hauptwald nennt man eine Waldgegend von mehreren Quadratmeilen Inhalt. In solchen Wäldern findet man Kolonistendörfer, Fabriken, welche viel Holz bedürfen, als Glas-, Pech-, Teer-, Kienruß- und Schmelzhütten, Kohlenschwelereien, Potaschensiedereien u. dergl.; ferner: Bergwerke, Schäfereien, Förstereien, Vorwerke, Wirthshäuser, Jagdschlösser, Thiergärten, Fischteiche, Floß- und Gehegegräben, Gestelle mit ihren Sternen, Weideplätze, Ackerfelder, Wiesen u. m.

Forsten nennt man Theile eines Hauptwaldes, so wie Forstreviere, Theile einer Forst.

Stadt- und Dorfwälder gehören einer Stadt oder einem Dorfe eigenthümlich zu.

Feldbüsche sind meist schmal und von geringer Ausdehnung.

Ackerfichten nennt man junge Nadelsträucher, welche auf ganz schlechtem, sandigem und steinigem Boden, der mehrere Jahre brach gelegen hat, aufgewachsen sind.

Rainholz nennt man Gesträuch, und einzelne Bäume, welche oft zwischen den Ackerstücken zweier Besitzer stehen.

Plantagen, Remisen, Schauungen, Rehgärten, Fasanerien, Haine rc. sind kleine regulär angepflanzte Wäldchen; sie sind gemeinhin mit Gräben, Plankwerk oder Mauern eingehegt.

Dornbüsche und einzelnes Gestrippe findet man besonders auf Viehweiden, an Hohlwegen, Gehegen, alten Teichen, Lehmgruben, und an mehreren einzelnen Orten, welche nicht betreten werden.

Brücher.

§. 64. Brücher nennt man diejenigen Erdstrecken, welche weder aus festem Erdreich bestehen, noch mit reinem Wasser bedeckt sind, sondern ein Gemisch von beiden darstellen; sie sind insgemein mit Holz bestanden.

Moorbrücher sind verstopfte und verwachsene Fließe in und an Laubwäldern; ihre Gestalt ist daher sehr in die Länge gezogen, schmal, krumm und armig; sie sind mit allerlei Laubholz, wie Linden, Rüstern, Pappeln, Weiden, besonders aber mit Erlen bewachsen.

Veenbrücher finden sich in trockenem Boden, und waren ehemals Seen, daher ihre Form diesen gleich ist; sie sind oft von beträchtlicher Tiefe, und mit Lagerholz, Kiennadeln und Moos stets gefüllt.

Torfbrücher sind ebenfalls verwachsene Seen, doch bereits so fest, daß sie übergangen, und selbst stellenweise überfahren werden können; sie bestehen aus Wasserpflanzen mit Erdharz vermischt, und sind mit Binsen, Lattich und Seegras bewachsen.

Diese sämmtlichen Brücher findet man nicht nur in flachen Niederlanden, sondern auch auf den Platten hoher Gebirgsberge, jedoch hier nur selten; denn überall, wo der Niederschlag keinen Abfluß findet, entstehen mit der Zeit Brücher. Diese Verwandlung wird in waldigen Gegenden, besonders mit durch das abgefallene Baumlaub, welches hier in Fäulniß übergeht, beschleunigt.

Moorbrücher findet man häufig in derselben Art, wie die nassen Niederungen, urbar gemacht.

Sumpf ist durchaus impraktikabel. An den flachen Berghängen findet man häufig die sogenannten Wassergallen, Letterde und Weichland; es ist der oberhalb dieser Stellen in Steinritzen oder dergleichen eingedrungene Niederschlag, welcher hier vertheilt hervorkömmt, und so keinen vereinten Abfluß gewinnen kann; daher denn diese Stellen nur selten zu passiren sind.

Heide.

§. 65. Heiden sind Erdstrecken in flachen Niederlanden, oft von mehreren Quadratmeilen Ausdehnung, wo zur Zeit wegen des sandigen und mageren Bodens noch kein Holz, sondern nur Heide- und Farrenkraut wachsen kann. Solche Heiden sind nicht eher zur Waldzucht zu gebrauchen, als bis durch Verfaulung der hier wachsenden Kräuter etwas Dammerde entsteht; welches jedoch nur das Werk von vielen Jahrhunderten ist.

Hutung.

§. 66. Diese wird im Mittellande von Europa bis zu einer Höhe von 6000 Fuß gefunden. Jeder Boden kann bekanntlich zur Hutung dienen, doch giebt es außerdem besondere Hutweiden, welche, wenn sie frei liegen, Anger, und wenn sie behegt sind, Koppeln genannt werden. Alpen heißen die Weideplätze auf den höchsten Gebirgen. Zur mageren Hutung dienen die Heiden ebenfalls noch.

Wiesen.

§. 67. Fast aller feuchte und nasse Boden ist zu Graswuchs und Wiesenbau verwendet; er wird im mitteln Lande von Europa bis zu einer Höhe von 5000 Fuß getrieben. Die Bestandtheile des Bodens zum Wiesenbau sind eine Mischung von thoniger, mooriger und torfiger Erdart. Es finden sich in den Wiesen: Fließe, Seen, Moräste, Erlen- und Weidenholz, Abzugsgräben, Feldbrücken und Fahrdämme. Maulwurfshaufen, wilder Klee und Wicken sind Zeichen des festen, so wie Binsen, Lattich, Schilf und Rohr, des weichen und unzugänglichen Bodens.

Aecker.

§. 68. Der Getreidebau wird in unserer Zone bis zu einer Höhe von etwa 2000 Fuß getrieben; Hafer kömmt selbst bis zu einer Höhe von 3000 Fuß fort. In Gegenden, wo der Boden fruchtbar ist, und jährlich bestellt werden kann, liegen Städte und Dörfer nahe beieinander, und es finden sich hier nur kleine dazwischen liegende Waldungen; je unfruchtbarer hingegen der Boden ist, desto weiter liegen die Ortschaften auseinander, welche dann insgemein durch große Kien- und Birkenwälder abgesondert sind.

Gärten.

§. 69. Obst- und Gartenbau kann nur bis zu einer Höhe von 800 Fuß getrieben werden; der Weinstock gedeiht nur 200 bis 300 Fuß hoch, an den mittäglichen Seiten der Berghänge auf felsigem und sandigem Boden.

Die Erzeugnisse des Bodens einer und derselben Gegend, und in gleichen Höhen, sind jedoch, besonders in Gebirgen, sehr verschieden, da hier das meiste auf die Richtung der Thäler und auf die besondere Lage der Berghänge und Thalränder gegen die Sonne und Winde ankömmt; so sind die gegen Mittag gerichteten Hänge allezeit die fruchtbarsten, besonders ist dieß bei den Gründen der Fall, welche von Morgen gegen Abend streichen, da in diesen die rauhen Nord- und Ostwinde keinen Zugang finden; hier gedeihen an den mittäglichen Hängen alle Gewächse, welche der Wärme besonders bedürfen, in noch bedeutendern Höhen, als die eben angegebenen. Gründe, welche von Abend gegen Morgen streichen, zeigen an den gegen Mittag gerichteten Hängen der rauhen Ostwinde wegen schon geringere Fruchtbarkeit; sehr auffallend aber ist der Unterschied der Fruchtbarkeit der beiden Grundränder bei den angegebenen Grundrichtungen; denn, wenn die hier gegen Mittag gerichteten Hänge, Weinberge, Baumgärten, warme Fruchtfelder u. dgl. tragen, so findet man an den gegenüber stehenden Mitternachtseiten kaum einige Haferfelder, dagegen aber hohe und dichte Tannen, Fichten und Buchenwälder, so wie in den Beigründen fette Wiesen und dergl.; auch senkt sich Schnee und Eis auf diesen Seiten weit tiefer herab, und bleibt länger liegen.

Die von Mitternacht nach Mittag auslaufenden Gründe haben eine sehr gleichmäßige und warme Temperatur, doch sind die hier gegen Morgen gekehrten Hänge etwas milder, als die gegen Abend gerichteten. Noch gleichmäßiger, im Ganzen aber sehr rauh, ist die Witterung in den nach Mitternacht abfallenden Gründen; doch ist die hier gegen Abend gerichtete Wand etwas weniger rauh, als die dem Morgen zugekehrte. Je niedriger die Gebirge, und je weniger tief sonach die Gründe sind, je geringer wird der Einfluß der erwähnten örtlichen Lagen auf die Fruchtbarkeit.

Außer den Haus- oder Hofgärten, welche gewöhnlich die Außenseiten der Dörfer und kleinen Ortschaften bilden, und die aus Obst-, Küchen-, und selten nur aus Lustgärten bestehen, giebt es noch Feldgärten, wo Wein, Hopfen, Kraut u. dergl. gebaut wird; diese findet man auf verschiedene Weise eingehegt oder befriedigt, ja selbst zuweilen mit Mauern umgeben, wodurch sie dann militairisch wichtig sein können.

Achtes Kapitel.

Baue.

Allgemeine Anführung.

§. 70. Bauwerke aller Art sind an solchen Stellen des Terrains gelegen, welche ihrem Zwecke am meisten entsprechen; dies ist ganz besonders bei denen der Fall, deren Besitzer sich mit dem, was die Natur hervorbringt, unmittelbar beschäftigen. Keine Lage dieser Baue ist daher als zufällig zu betrachten, da sie in der Regel durch die daneben liegenden Gegenstände des Bodens bestimmt wurde, und es ist sonach auch dieser Theil zur Kunde des Terrains nöthig.

Nach der in speciellen Karten, auf welchen die Bildung des Terrains nur wenig oder nicht beachtet wurde, gegebenen Lage der Ortschaften und einzelnen Gehöfte, lassen sich bei der Kenntniß der Gegenstände des Bodens, welche diese Baue zu veranlassen pflegen, nicht unwichtige Schlüsse über den Lauf der Gewässer, und hiernach über die Bildung der Unebenheiten des Landes machen; so wie diese Kenntniß auch beim Auskundschaften im Kriege sehr gute Dienste leistet, da die Landbewohner in der Regel weit eher die Lage der Ortschaften und einzelnen Gehöfte zu bezeichnen wissen, als daß sie im Stande wären, über die Bildung des Bodens etwas Brauchbares zu sagen.

Ortschaften und einzelne Gehöfte.

§. 71. In Gebirgen und bergigten Gegenden liegen, mit nur äußerst wenigen Ausnahmen, sämmtliche Ortschaften sowohl als einzelne Gebäude an fließenden Gewässern oder Seen, da das Wasser das allgemeinste Bedürfniß der Menschen ist; so wie denn auch, wenn nicht etwa ein Quell schon trinkbares Wasser liefert, in diesen tiefen Gegenden das Brunnengraben sehr erleichtert wird. Unter mehreren anderen Bequemlichkeiten, welche der Anbau in den Thälern hat, ist besonders noch zu erwähnen; erstens: der Schutz, welchen die Thalränder gegen rauhe Winde gewähren; zweitens: die an und für sich in den Tiefen mildere Temperatur, wodurch der Gartenbau nur hier möglich wird; drittens: die bequeme Gemeinschaft der Orte untereinander, da die Fahrwege in bergigten Landen größtentheils nur längs den Gründen geführt werden können.

In den flachen Niederlanden, wo oft in großen Strecken sich keine Gewässer befinden, sind doch die Dörfer meist an Stellen gebaut, welche das Brunnengraben erleichtern; diese sind gewöhnlich noch an kleinen Büschen und Wäldchen gelegen, die ihnen Schutz gegen die Winde geben. Je wasserreicher eine Gegend ist, je mehr zerstreut liegen in der Regel die Häuser eines Dorfes, wie man denn in Gebirgen nur sehr selten Dörfer findet, deren Gehöfte zusammenhängen, wie dies in den ebenern und wasserärmern Gegenden stets der Fall ist.

Wenn Ortschaften in unruhigen Zeiten gegründet wurden, so findet man oft die Lage derselben so gewählt, daß sie den möglichsten Schutz gegen feindliche Anfälle und Räubereien gewähren konnte, dieß ist besonders bei mehreren Städten und Burgdörfern der Fall; diese Orte sind stets zusammenhängend gebaut; bei ruhigen Zeiten gerathen sie gewöhnlich ganz im Verfall, weil sie bei der Wahl einer solchen Lage oft der nöthigsten Bequemlichkeiten des Lebens entbehren. Städte sind in der Regel bis auf einzelne Häuser an den Außenseiten derselben, auch in Gebirgen, zusammenhängend gebaut, da hierdurch die Geschäfte aller Klassen der Einwohner unter einander erleichtert werden.

Gebirgsstädte sind gewöhnlich schmal, haben daher nur enge Straßen, und ziehen sich sehr in die Länge, da sie von der Form der Thäler abhängen, in denen sie erbaut sind. Ein anderes ist es mit den Städten in flacheren Landen, diese sind mehr concentrirt gebaut, so daß sie oft eben so viel Breite als Länge haben.

In militairischer Hinsicht hat man bei den Städten, besonders geschlossene, welche mit Mauern, Thoren, auch wohl Stadtgräben umgeben sind, von offenen, welche nur zum Theil, oder auch gar keine Stadtmauern haben, zu unterscheiden.

Die Größe eines Dorfes giebt in der Regel die Anzahl der Gehöfte, welche es bilden, so wie die Größe der Städte die Anzahl der Feuerstellen an.

Hinsichtlich ihrer Gestalt werden die Dörfer wie folgt, benannt; nämlich: wird ein Dorf nur von einer Häuserreihe gebildet, so heißt es einseitiges oder halbes Dorf; wird von zwei Häuserreihen eine Straße gebildet, einfaches Dorf: theilt sich diese Straße irgendwo, so daß es dadurch drei Ausgänge erhält, Scheidedorf; durchkreuzen sich zwei Straßen, so daß vier Ausgänge entstehen, Kreutzdorf; gehen auf der einen Seite der Straße mehrere Wege ab, doppeltes, drei- oder vierfaches Scheidedorf; wird eine Straße mehrere Male von anderen durchschnitten, doppeltes, u. s. w. Kreutzdorf; hat ein Dorf wie die Städte Nebengassen, Gassendorf.

Die ältesten Fischer- und Bruchdörfer, wenn sie auf der Spitze einer Landzunge oder Halbinsel gebaut sind, bilden in der Regel eine Art Sack, so daß keine Straße hindurch führt, man nennt diese Ringdörfer; befindet sich in der Mitte derselben ein freier Platz, von welchen aus mehrere Straßen führen, so heißen sie zwei- drei- u. s. w. wegige Ringdörfer.

Gebirgsdörfer liegen, wie schon bemerkt wurde, in einem Grunde, die Häuser sind ohne Zusammenhang zu beiden Seiten des Baches gebaut; auch findet sich in breiten Gründen, und bei großen Dörfern, zuweilen noch eine andere mit der Hauptstraße parallel laufende Häuserreihe, oder selbst Straße, längs dem Grunde hin. Diese sogenannten Langwege haben zur Seite mehrere Ausgänge, außer welchen noch von jedem Bauernhofe ein eigener Ackerweg ins Feld führt. Diese Dörfer sind mitunter viertel und halbe Meilen lang, wo sie sich dann in Ober-, Mittel-, Unter- und Niederdorf theilen, bilden verschiedene Gemeinden, und haben sonach mehrere Kirchen und Ortsobrigkeiten.

Kolonistendörfer sind in neueren Zeiten gebaut, und zeichnen sich durch ihre Regelmäßigkeit, ihre breiten Straßen, gleiche Entfernungen der Gehöfte u. dergl. vortheilhaft aus.

In den urbaren Niederungen, besonders in Westphalen, findet man die Gehöfte weit und unregelmäßig auseinander liegen, und die verschiedenen Grundstücke mit Rickwerk oder lebendigen Hecken abgesondert. Etliche 20 bis 40 solcher Gehöfte haben einen eigenen Namen, und heißen im allgemeinen nach ihren Bewohnern, welche Viehzucht treiben und daher Holländer genannt werden, Holländerdörfer.

Gebäude, welche sich vor den Bauerhäusern in Dörfern auszeichnen, sind besonders: Kirchen, Edelhöfe, Aemter, Vorwerke, Schäfereien, Pfarrwohnungen, Schulen, Wirthshäuser, Mühlen u. m.; mitunter findet man auch noch Klöster, herrschaftliche Häuser, Schlösser u. dergl.

Oft wird die besondere Lage eines Dorfs, wie Bruch, Wald, Seedorf; so auch die besondere Handthierung seiner Bewohner, wie: Fischer-, Spinner-, Tagelöhnerdorf u. s. w. durch das entsprechende Beiwort mit bezeichnet.

Die eben angeführten ausgezeichnetern Gebäude in den Dörfern, findet man auch, bis auf Pfarrwohnungen und Schulen, einzeln gelegen; hierzu kommen noch Meiereien, Försterwohnungen, Zoll- und Chausseehäuser, Ziegeleien, Schmelzen, Fischerhütten, u. m.

Viele dieser Gehöfte, so wie ganze Grundstücke, findet man nicht selten mit einem sogenannten Gehege eingefaßt, und dadurch abgesondert und sicher gestellt; diese Gehege, wohinter sich stets Schützen verbergen können, auch mitunter gegen Gewehrfeuer gesichert stehen, sind sehr verschiedener Art, als: Gräben, Hecken- Rick- Plank- und Bohlwerk, Staketen, Pallisaden, übereinander gehäufte Feld- und Bruchsteine, Lehmwände und selbst Mauern. Man findet sie insgemein von solchen Bestandtheilen, woran die Gegend am reichsten ist, erbaut, und sie sind dieser Bestandtheile wegen, so wie ihrer Größe und Lage nach von sehr verschiedenem militairischen Interesse.

Mühlen.

§. 72. Die Wassermühlen sind ihrer Lage wegen besonders wichtig, da sie insgemein an Stellen gelegen sind, wo Brücken oder doch Stege über das Wasser führen. Im Gebirge verlieren sie jedoch um so mehr an dieser militairischen Wichtigkeit, je kleiner die Mühlbäche werden, welche man beinahe stets durchgehen kann; so wie denn hier auch die Brücken nur sehr schmal, und von Kolonnen nicht zu passiren sind. Oberhalb der Mühlen ist in der Regel das fließende Wasser durch einen Querdamm aufgestaut, wodurch ein Teich gebildet wird, von welchem aus der Mühlgraben Wasser erhält, so daß man in Mittel- und Niederlanden gewöhnlich zwei Brücken zu passiren hat, als eine über den Fluß, welcher hier Freiwasser heißt, und die meist zwischen dem Teich und der Mühle liegt, und die andere über den Mühlgraben, dessen Wasser die Räder treibt, und welches unterhalb der Mühle dem Flusse wieder zugeleitet wird. In Gebirgen und Hochlanden wird von einigen hundert Schritten oberhalb der Mühle aus der Mühlgraben längs dem Grundrande hingeführt, um hierdurch so viel Gefälle zu gewinnen, als dazu nöthig ist, die Räder durch auf sie herabstürzendes Wasser zu treiben. Man nennt diese Mühlen oberschlächtig, und findet sie im Gebirge der kleinen Gewässer wegen allgemein, da eine oberschlächtige Mühle bei weitem weniger Wasser als eine unterschlächtige bedarf, welche letztere man in niederen Landen, und an größeren Flüssen daher häufiger trifft.

Je mehr Gefälle ein fließendes Wasser hat, je weniger lang macht man in Gebirgen die Mühlgräben, und je kürzer werden in den niedern Landen die Mühlteiche; hiernach läßt sich umgekehrt schließen, daß je kürzer beide in guten Specialkarten sich verzeichnet finden, um so mehr Gefälle das fließende Wasser haben wird, um so tiefer die Gründe, um so steiler die Grundränder, und um so abschüssiger das ganze Terrain sein wird.

Am häufigsten trifft man überall die Mehlmühlen, in geringerer Anzahl hingegen die Papier- Drath- Brett- Oehl- Schleif- Walkmühlen, Eisen-Hämmer, Schmelzen u. dergl. Schiffmühlen findet man auf großen Flüssen, an den Brükkenpfeilern und Schälungen gelegen, weil hier die Strömung am stärksten ist. Windmühlen sind nur der Orientirung wegen militairisch wichtig.

Durch Kunst geleitete und gesammelte Gewässer.

§. 73. In seichten Gründen, welche fließende Gewässer enthalten, werden häufig quer über den Grundböden Dämme aufgeführt, wodurch die Fließe angestaut, und so

Fischteiche und Weiher gebildet werden; diese sind entweder angespannt, nämlich voll Wasser; oder abgelassen, und werden dann zu Aeckern und Wiesen auf ein paar Jahre benutzt; oder sie sind wüst, das heißt, der Damm oder die Schleuse ist verfallen.

Bei Aufnahmen in Friedenszeiten ist es anzurathen, diese Teiche sämmtlich als mit Wasser angefüllt zu zeichnen, wenn nämlich der Damm in brauchbarem Stande ist, da im Kriege ein solcher, je nachdem es zweckmäßig ist, leicht angespannt oder abgelassen werden kann. Diese Teiche, wenn sie auch abgelassen worden, sind doch von Truppen nicht zu passiren, da längs der Mitte derselben, sich stets ein mit Wasser und Schlamm angefüllter Graben befindet, welcher des hohen Grases, oder der Saak wegen in der Regel nicht sichtbar ist.

Auf Viehweiden, Bleichplätzen, in Gärten u. s. w. gräbt man, in Ermangelung fließender Gewässer, Gruben von verschiedenen Formen, worin das Wasser sich zusammenzieht und sammelt; diese Wasserbehälter sind unter dem Namen, Viehtränken, Bleich = Fisch = Prachtbecken, Wasserspiegel rc. bekannt.

Fließende sowohl, als stehende Gewässer, hat man durch Kanäle verbunden, um die Schiffahrt von einem zum andern möglich oder bequemer zu machen; auch findet man solche Kanäle, die von einem schiffbaren Fluß oder dem Meere nach einer Handelsstadt führen u. m. dergl. Ihre Breite und Tiefe ist nach den Umständen sehr verschieden, doch stets von der Art, daß zwei Schiffe, von der Größe wie sie die Gewässer befahren, welche mit dem Kanal in Verbindung stehen, aneinander vorüberschiffen können.

Wenn die Wasserspiegel zweier, durch einen Kanal verbundener Gewässer, von ungleicher Höhe sind, welches größtentheils der Fall ist, so werden im Kanale die bekannten Schleusen, welche das Wasser aufhalten und stauen, gebaut.

Außer den erwähnten Wasserleitungen und Ansamm=

lungen, giebt es noch, erstens: Flößgräben, auf welchen das in Wäldern geschlagene Holz im Frühjahre bei großer Wassermenge, welche man hierzu häufig in den Revieren sammelt, nach dem nächsten Fluß hinab geflößt wird; ihre Breite ist gewöhnlich zwischen 6 und 16, und ihre Tiefe zwischen 3 und 6 Fuß. Zweitens: Gehege und Grenzgräben, diese sind nicht alle, und nicht zu jeder Zeit mit Wasser gefüllt. Drittens: Feldgräben, welche größtentheils zum Zweck haben, das überflüssige Wasser von Aeckern, Wiesen und Hutungen abzuleiten; diese Abzugsgräben sind in Stromniederungen oft von so beträchtlicher Breite und Tiefe, daß sie befahren werden können, wo sie dann Kanäle heißen. Viertens: Dammgräben, welche läng's den Hochwegen liegen, und die Erde zur Erhöhung dieser Wege lieferten. Fünftens: Sand- Stein- Lehm- Thon- Mergelgruben u. m. in welchen bei Regengüssen sich das Wasser ansammelt, jedoch sehr bald wieder versiegt.

Neuntes Kapitel.

Wege.

§. 74. Mit der Bevölkerung, der Anzahl der Ortschaften, und der Menge der Umtauschprodukte eines Landes, stehen die Wege hinsichtlich ihrer Menge, Größe und Brauchbarkeit im allgemeinen Verhältniß; sie verbinden in den möglichst kürzesten Strecken die Ortschaften untereinander, wobei sie jedoch der verschiedenen Terrainhindernisse, oder anderer Umstände, wie Zollstädte u. dergl. wegen, meist von der geraden Linie sehr abweichen, und besonders in Gebirgen oft bedeutende Krümmungen machen; denn da ein Fahrweg für Handelstransportwagen nicht wohl über 5 Grad, ein Dorf- oder gewöhnlicher Fahrweg nicht über 10 Grad, und ein für Lastthiere bestimmter Weg nicht wohl über 15 Grad ansteigen darf: so sind besonders die erstgenannten Wege in Gebirgen meist an die Krümmungen der

Hauptgründe, welche von einem Gebirgssattel oder einer Pforte ausgehen, gebunden, wo sie entweder im Thale selbst, oder je nachdem es im Ganzen oder stellenweise zweckmäßig ist, längs dem Saum der Grundränder hingeführt werden. Die Dorf- und überhaupt gewöhnlichern Fahrwege findet man in mitteln Gebirgen und Landhöhen wohl zuweilen längs den Berg- und Gebirgsrücken hingeführt. Saumschläge und Fußwege winden sich um die Berghänge in vielen kleinen Krümmungen, doch mit weit weniger großen Umschweifen, als die Fahrwege, von einem Ort zum andern. Auch in ebenen Ländern machen die Wege, der Moräste, Seen u. dergl. wegen, oft sehr bedeutende Krümmungen.

In militairischen Plänen, wo es sich besonders darum handelt, die verschiedene Brauchbarkeit der Wege für Kriegsoperationen zu bezeichnen, unterscheidet man gewöhnlich nur, Chausseen, Landstraßen, die übrigen fahrbaren Wege und Fußsteige; ferner ob die Wege hohl, oder durch Kunst erhaben (Dämme) sind, und im letztern Falle, ob sie durch Stein, Erde oder Holz erhöht wurden.

Im gemeinen Leben haben die Wege ihrem besondern Zweck, oder andern Umständen nach verschiedene Namen, als:

Chausseen nennt man gewöhnlich die durch Kunst angelegten, erhöhten, und meist mit zerschlagenen Steinen gepflasterten Wege, welche durch ganze Länder, Staaten, oder von einer bedeutenden Stadt zur andern führen; diese heißen auch zuweilen Kaiser-, König- oder Fürstenstraßen.

Landstraßen werden die Wege genannt, welche zwei große Städte, und so oft verschiedene Provinzen unter einander verbinden.

Straße heißt der Weg zwischen zwei nahe liegenden Städten; diese können, wenn sie nicht sehr schlecht sind, in militairischen Plänen auch als Landstraßen bezeichnet werden.

Stadtweg, führt von einem Dorfe zur nächsten Stadt.

Dorfweg, von einem Dorfe zum andern.

Holzweg, führt im Walde zu den Orten, wo zur Zeit

Holz gefällt wird, oder früherhin gefällt wurde. Im letzten Falle sind diese Wege mehr oder weniger verwachsen, je nachdem sie seit langer oder kurzer Zeit nicht mehr benutzt wurden.

Beiweg, ist gewöhnlich nur zu gewissen Jahreszeiten zu benutzen, wo er dann entweder kürzer, oder besser als der gewöhnliche ist, von welchem er ausgeht, und mit welchem er sich nach einer Strecke wieder vereinigt.

Feldwege, hören in den Feldstücken, wohin sie führen, auf.

Fußweg, führt durch Wiesen, Aecker rc. in kürzester Richtung; er ist in ebenen Gegenden auch für Reiter und Karrenschieber zu brauchen.

Pfad, ist nur für Fußgänger bestimmt, da er über schmale Stege, Gräben, über Gehege u. dergl. führt.

Schleichweg, führt in kürzester Richtung, ist aber nicht zu allen Zeiten erlaubt.

Nebengeleise, findet man besonders in thonigem, moorigem und flugsandigem Boden, wodurch die Wege dann sehr breit werden.

Sommerweg, nennt man die neben den Dämmen hinführende Bahn, welche nur im Sommer trocken und fahrbar ist.

Viehtrift, ist an den Seiten eingehegt, und führt so durch Ackerfelder und Wiesen.

Hohlwege bilden sich auf abschüssigen Flächen dadurch, daß der abfließende Niederschlag sich im gemachten Geleise sammelt, und so die losen Erdtheile mit fortführt; das Geleise wird hierdurch immer tiefer, indem der Niederschlag sich desselben als Bette bedient. Die Hohlwege werden mit der Zeit um so tiefer, je fester und steiler der Boden ist, und sonach in Felsen und Sandstein am tiefsten, und zugleich schmalsten, da hier die Ränder desselben nicht nachschießen können. Man nennt diese tiefen und schmalen Hohlwege besonders Steinwege, die sehr schwer zu befahren sind, weshalb sie durch mancherlei Mittel in fahrbaren Stand gesetzt und erhalten werden müssen; als z. B. man sprengt und behaut die Wände derselben, damit die Achsen Raum erhalten, welche hier häufig zerbrochen werden; oder sie werden etwas erhöht und ausgepflastert, um das tiefere Ausspühlen zu verhindern; oder man belegt den Weg mit gleichstarken Baumstämmen, welche quer über denselben eingeklemmt werden. Diese, durch Kunst verbesserte Hohlwege, heißen dann ausgehauene, ausgepflasterte und aufgebrückte Steinwege.

Steindämme, sind mit Sand erhöhte, und mit Feldsteinen bepflasterte Wege, durch nasse Niederungen; sie werden zunächst der Städte und Dörfer, wenn diese in oder an Niederungen liegen, am meisten erbaut.

Fahrdämme führen durch Niederungen, welche der Ueberschwemmung ausgesetzt sind, sie werden von Erde aufgeworfen, welche aus den sie zu beiden Seiten begleitenden Gräben genommen ist.

Knüppeldämme trifft man nur in holzreichen und steinarmen Gegenden; sie führen ebenfalls durch niederes Terrain, wo ein Erddamm des torfigen Bodens wegen nicht möglich war.

Zehntes Kapitel.

Brücken.

§. 75. Die Wege führen vermittelst Brücken über die fließenden Gewässer; diese Brücken sind, je nachdem die Straße frequent und bedeutend ist, und das Material zum Brückenbau herbeigeschafft werden kann, im Allgemeinen von Stein oder Holz erbaut. Insbesondere richtet sich dies noch nach den Ufern und der Sohle des Flußbettes, so daß man, wo die Ufer beständig sind, und die Sohle fest ist, gern steinerne Brücken baut, wo hingegen die Ufer und die Sohle unbeständig sind, man hölzerne zu bauen genöthigt ist; dies ist auch da noch der Fall, wo das

Thal und Bett des Flusses so schmal sind, daß man nicht wagen darf, diese noch mehr durch steinerne Pfeiler zu verengen. Die steinernen Brücken werden massive genannt. Zuweilen baut man auch hölzerne Brücken, welche auf steinernen Pfeilern ruhen, die aber dann insgemein weiter von einander abstehen, als dies bei ganz massiven Brükken der Fall ist. Brücken, welche der Schifffahrt, oder der Sperrung der Passage wegen einen Zug haben, heißen bekanntlich Zugbrücken.

Lauf- und Schaafbrücken sind zu schmal und schwach gebaut, als daß sie mit Fuhrwerk passirt werden könnten; man findet daher an den Enden dieser insgemein die bekannten Drehkreuze, welche für Fuhrwerk und Reiter die Passage hemmen.

Steg ist oft nur eine Bohle, oder ein Baumstamm, welcher auf beiden Ufern ruht, immer jedoch nur für Fußgänger bestimmt.

Schwimmende oder Schiffbrücken führt man über breite und schnelle Flüsse, deren Grund ohnedem noch unsicher ist; oder man bedient sich zur Passage hier der sogenannten fliegenden Brücken und Fähren, welche aus breiten Kähnen mit platten Böden bestehen, die an einem oder mehreren Ankern befestigt sind, und worauf Fuhrwerk und Pferde über das Wasser geschafft werden können.

Fähren findet man gewöhnlich auf kleineren Flüssen; diese laufen an einem quer über den Fluß gespannten Seil hin. Wo die Passagen noch weniger bedeutend sind, findet man blos bereit gehaltene Plattschiffe, oder auch nur gewöhnliche Kähne; man nennt dies eine Ueberfahrt. Durchfuhrten und Durchritte sind bereits früher erwähnt worden.

Zweiter Theil.

Theorie des Terrainzeichnens.

Erstes Kapitel.

Horizontal- und Vertikal-Projection im Allgemeinen.

§. 76. Die Erhöhungen sowohl als die Vertiefungen auf unserem Erdkörper, werden in topographischen Plänen, so wie alle übrigen, mehr zufälligen Gegenstände des Bodens, ihrer horizontalen Ausdehnung nach, gezeichnet; diese geometrische Darstellung irgend eines Gegenstandes nennt man gewöhnlich den Grundriß desselben; doch dürfte bei der Reduction der Theile eines Berges auf den Horizont, die vom Herrn D. Netto gebrauchte Benennung: orthographische Horizontal-Projection, hier bezeichnender sein. Aus der Projection schief geneigter Flächen auf den Horizont geht, sobald der Winkel ihrer Erhebung bekannt ist, die vertikale Ausdehnung oder die Höhe sämmtlicher Punkte derselben von selbst hervor; doch fügt man zuweilen, entweder für besondere Zwecke, zur größern Versinnlichung, oder schnellern Uebersicht auch noch diese unmittelbar bei, welche Darstellungsart man Profilriß, oder obigem analog, orthographische Vertikalprojection nennt.

Diese beiden Projectionsarten sonach, und ganz besonders die auf den Horizont, werden hier Hauptgegenstände unserer Betrachtungen sein.

Projection überhaupt, heißt hier die Darstellung eines Gegenstandes auf einer Bildfläche, ohne daß dabei das besondere Gesetz der Darstellungsart angegeben ist. Orthographische Projection heißt die obere oder untere Ansicht eines Gegenstandes nach seiner horizontalen Ausdehnung, oder die vordere, hintere und Seitenansicht, nach seiner vertikalen Ausdehnung geometrisch dargestellt. Erstere Methode heißt sodann orthographische Horizontalprojection, und letztere, orthographische Vertikalprojection.

Bei der orthographischen Horizontalprojection denkt man sich das Auge über oder unter dem abzubildenden Gegenstande und zwar in solcher Entfernung, daß die Sehstrahlen, welche den Gegenstand treffen, als parallel untereinander anzunehmen sind; ferner nimmt man zwischen dem Auge und dem darzustellenden Gegenstande, oder auch hinter demselben, die Bildfläche horizontal an, so daß im erstern Falle die nach den Begrenzungspunkten der Theile des Gegenstandes gerichteten Sehlinien, die Bildfläche rechtwinklig schneiden, oder im andern Falle verlängert, dieselbe rechtwinklig treffen und so in beiden Fällen die horizontale Ausdehnung des Gegenstandes, in allen seinen Theilen, auf der Bildfläche bezeichnen. Dasselbe ist der Fall, wenn man von sämmtlichen Punkten der Begrenzungslinien eines Gegenstandes sich Perpendikel auf die Bildfläche gefällt denkt, oder auch, wenn man durch den tiefsten Punkt des Objekts eine wagrechte Ebene annimmt, auf welcher diese Perpendikel fallen.

In eben dieser Art muß die orthographische Vertikalprojection gedacht werden, nur mit dem Unterschiede, daß, da hier die vordere, hintere, oder eine Seitenansicht eines Gegenstandes in seiner vertikalen Ausdehnnng dargestellt werden soll, sonach das Auge mit demselben in gleicher Höhe, die Sehlinien wagrecht und die Bildfläche senkrecht angenommen werden müssen.

Orthographische Projection der Linien und Winkel.

§. 77. Bevor wir die Projectionslehre auf einen bestimmten Gegenstand anwenden, wird es nützlich sein, zuvörderst zu betrachten, wie Linien und Winkel, welche in schiefen, gegen horizontale oder vertikale Durchschnitte geneigten Ebenen liegen, sich durch die orthographische Projection verändern.

Bemerk. Da ich hier hauptsächlich für Militair-Schulen schreibe, in welchen, (wie dieß z. B. in den Königl. Preußischen Divisions-Schulen der Fall ist) Trigonometrie erst in den letzten Monaten des Cursus der ersten Klasse gelehrt wird, und sonach bei dem Vortrage dieser Theorie, welcher zum Anfang des Cursus in dieser Klasse durchaus nöthig ist, nicht vorausgesetzt werden kann, so werde ich mich geflissentlich aller trigonometrischen Ausdrücke und Beweise enthalten, wenn gleich sie dazu dienen würden, die Reduction der Linien und Winkel auf der Bildfläche genauer zu bestimmen; doch ist dies letztere hierbei auch so wesentlich nicht, da bei Detailaufnahmen stets mit Instrumenten gearbeitet wird, welche horizontal gestellt werden können, und wobei sich sonach die Reduction auf den Horizont von selbst ohne weitere Rechnung ergiebt. Wer Trigonometrie versteht, wird übrigens die Formeln zur Reduction sehr leicht finden, da, wenn man jede Linie in der schiefen Ebene als Radius nimmt, sodann die auf der Bildfläche der Cosinus des Winkels ist, in welchen beide Linien sich schneiden, wonach sich die Winkel ebenfalls leicht finden lassen, da, wenn man die Seiten eines Dreiecks hat, das Ganze bekannt ist. Eine Entwickelung der Formeln zur Reduction der Winkel findet man besonders in Netto's Handbuch der gesammten Vermessungskunde, so wie in dessen Horizontalprojection.

Da ferner, wie schon bemerkt, die Reduction der Linien und Winkel, welche unmittelbar auf der Bildfläche gedacht wird, gleich der auf der angenommenen Grund- oder Durchschnittsfläche ist, indem diese Ebenen unter einander parallel sind, so werde ich bei den folgenden Erklärungen der Leichtigkeit und größern Anschaulichkeit wegen, stets die Reduction auf einer Grund- oder Durchschnittsebene annehmen.

A) Wenn zur Grundfläche a b c d, F. 6. eine gerade Linie e f. senkrecht steht, so kann von derselben nur ein Perpendikel f g auf die Grundfläche gefällt werden, und sie bildet sonach in der Projection einen Punkt g.

B) Wenn mit der Grundfläche a b c d, F. 7. eine gerade Linie e f. parallel ist, so ist die Projection derselben von gleicher Länge. Beweis: Man fälle von den Endpunkten der Linie e f, Perpendikel e g, f h, auf die Grundfläche und verbinde g und h durch eine gerade Linie; so sind nach der Voraussetzung die Winkel f e g und e f h ebenfalls rechte, und sonach e f = g h.

C) Wenn zur Grundfläche a b c d, F. 8. eine gerade Linie e f schiefgeneigt ist, so ist die Projection derselben gleich der Grundlinie eines rechtwinkligen Dreiecks, in welchem e f als Hypothenuse mit der Grundlinie den Neigungswinkel α bildet.

Beweis: Man fälle von den Endpunkten der Linie e f, Perpendikel e g und f h auf die Grundfläche a b c d, verbinde die projectirten Punkte g h durch eine gerade Linie, so ist g h die Projection von e f. Zieht man nun durch den Endpunkt e der schiefgeneigten Linie e f eine Parallele e i mit der Projection g h, so ist nach Satz B, e i = g h, so daß, da W. e i f = W. e i h = R, und wenn die Linien f e und h g bis k, wo sie sich schneiden, verlängert werden, W. f e i = W. f k h sind, g h = e i die Grundlinie des rechtwinkligen Dreiecks e f i ist, mit welchem e f als Hypothenuse den Neigungswinkel $\beta = \alpha$ bildet. Also g h $= \sqrt{\overline{ef}^2 - \overline{fi}^2}$

Wenn die Fläche a b c d als horizontal angenommen wird, so nennt man e f die wahre, e i = g h die horizontale, und f i die senkrechte Entfernung der Punkte e und f.

D) Wenn zur Grundfläche a b c d, F. 9. die beiden Schenkel eines Winkels e f g parallel liegen, so ist die Projection desselben h i k = e f g.

Beweis: Man fälle auf die Grundfläche a b c d, von den Punkten e, f und g Perpendikel e h, f i, g k, und verbinde g und e, so wie k und h durch gerade Linien, so ist nach Satz B, i h = f e, i k = f g und h k = e g, folglich $\triangle$ h i k = $\triangle$ e f g und sonach W. h i k = W. e f g.

E) Die Projection eines Winkels efg F. 10. dessen beide Schenkel, in einer zur Grundfläche abcd vertikalen Ebene liegen, ist eine gerade Linie.

Bew. Man fälle aus e, f und g Perpendikel ek, fh und gi auf die Grundfläche abcd, so fallen diese nach Satz A und C in einer geraden Linie hi zusammen.

F) Liegt der eine Schenkel ac F. 11. eines Winkels N, mit der Grundfläche defg parallel, oder wie in der Figur angenommen ist, in der Ebene selbst, der andere Schenkel ab hingegen in dem Winkel α zu derselben geneigt, so ist die Projection des Winkels N = W. β, denn man schneide von den Schenkeln ab und ac beliebige Stücke ah und ai ab, fälle von h einen Perpendikel hk auf die Grundfläche defg, ziehe von k nach a und i, so wie von i nach h gerade Linien, so ist ak, nach Satz C die Projection von ah, so wie ki die Projection von hi, und da die Linie ai als in der Grundfläche gelegen, sich gleich bleibt, so ist △ aki die Projection von △ ahi, und sonach W. β die Projection von W. N.

Um die Größe des Winkels β und dessen Unterschied von N auf geometrischem Wege zu finden, construire man beide Dreiecke ahi und aki, welche F. 11. in verschiedenen Ebenen liegen und perspectivisch gezeichnet sind in einer Ebene F. 12.

Dreieck ahi F. 11. ist durch die beiden Seiten ah und ai und durch den von diesen eingeschlossenen Winkel N bekannt, man construire hiernach △ abc F. 12. = △ ahi F. 11.

Durch Construction der F. 13. erhält man die wahre Größe der Seiten ak und ki des Dreiecks aki F. 11. denn △ ahk ist durch die Seite ah, den Winkel α und den Winkel akh = R bekannt, also ist nach der Construction △ abc F. 13 = △ ahk F. 11, und demnach bc F. 13. = ak F. 11, und ac F. 13 = hk F. 11. Ferner ist △ hik, F. 11, da hk F. 11 = ac F. 13. beiden Dreiecken ahk und hki F. 11. gemein ist, so wie durch die Seite hi und den W. hki = R, bekannt, und also nach der Construction △ acd F. 13 = △ aki F. 11, wonach dc F. 13 = ki F. 11.

Das △ bcd F. 12. ist sonach durch die drei Seiten, nehmlich bc F. 12 = ai F. 11, bd F. 12 = bc F. 13. = ak F. 11, und dc F. 12 = dc F. 13 = ki F. 11, gegeben, und nach der Construction △ bcd F. 12 = △ aik F. 11, also W. β F. 12 = W. β F. 11. so wie W. N. F. 12 = W. N. F. 11.

Zusatz. Wird die Linie cb F. 12. nach e zu verlängert, so ist W. ebd die Projection von W. eba; woraus hervorgeht, daß ein spitzer Winkel, dessen einer Schenkel mit der Grundfläche parallel, dessen anderer hingegen, zu derselben schief geneigt ist, in der Projection kleiner, ein stumpfer Winkel aber unter diesen Voraussetzungen in der Projection größer wird. Ein rechter Winkel ist wie hiernach leicht darzuthun unter obigen Annahmen in der Projection ebenfalls ein rechter.

G) Wenn beide Schenkel ab und ac eines Winkels S. F. 14. sich dergestalt gegen die Grundfläche defg neigen, daß sie beide entweder vor- oder rückwärts, welcher letztere Fall hier angenommen ist, dieselbe schneiden, so ist die Projection dieses Winkels = x.

Bew. Man schneide von den Schenkeln a und ac des W. S. beliebige Stücke ah und ai, fälle aus den Punkten h und i auf die Grundfläche defg die Perpendikel hk und il, verbinde ferner die Punkte hi, ak, al und kl durch gerade Linien, so ist nach Satz C, ak die Proj. von ah, al die Proj. von al und kl die Proj von hi, und demnach △ akl die Proj. von △ ahi und also W. x die Proj. von W. S.

Um den Unterschied des W. x von dem W. S zu finden, suche man zuerst durch Construction F. 15 die wahre Größe der Seiten des Dreiecks akl.

„Es ist nach der Construction △ abc F. 15 = △ ail F. 14, denn es ist ab = ai, W. bac = W. N. und W.

hca = W. ila = R. also ac = al. Ferner ist nach der Construction △ ade F. 15 = △ ahk F. 14, denn es ist ad = ah, W. dae = W. n und W. dea = W. hka = R, also ae = ak. Zieht man ferner durch d F. 15. mit ac eine Parallele fg, so ist gh der Höhenunterschied, oder die senkrechte Entfernung, der Punkte hi F. 14. da nun hieraus hervorgeht, daß i höher liegt als h, so ziehe man von h aus mit kl eine Parallele hm, so ist nach Satz C, hm = kl = der Proj von hi, im ist gleich der senkrechten Entfernung der Punkte hi = bg F. 15. und W. imh F. 14 = R; nun ist nach der Construction △ fbg F. 15 = △ him F, 14; den es ist, da △ ahi F. 14, durch die Seiten, ah, ai, und durch den von ihnen eingeschlossenen Winkel S bekannt ist, hi F. 14 = fb. F. 15, im F. 14 = bg. F. 15. und W. imh F. 14 = W. bgf. F. 15 R, und sonach hm = kl F. 14 = fg F. 15.

Man verzeichne jetzt das gegen die Grundfläche defg F. 14, schief geneigte Dreieck ahi, mit dem Dreieck akl als der Projection des erstern in einer Ebene F. 16, dergestalt, daß die Scheitelpunkte a beider Winkel s und x, so wie zwei gleich liegende Seiten, in beiden Dreiecken auf decken; so wird sich hieraus der Unterschied der Winkel s und x F. 14. ergeben.

Nach der Construction ist △ abc F. 16. = △ ahi F. 14., denn es ist ab = ah, W. bac = W. hai und ac = ai; eben so ist △ ade F. 16. = △ akl F. 14., denn es ist ad F. 16. = ae F. 15. = ak F. 14. $= \sqrt{ah^2 - hk^2}$; ae F. 16. = ac F. 15. = al F. 14. $= \sqrt{ai^2 - il^2}$; de F. 16. = fg F. 15. = hm = kl F. 14. $= \sqrt{hi^2 - im^2}$ und sonach W. dae F. 16. = W. kal F. 14. = x, also x > S, da S ein Theil von x ist.

H) Neigen die beiden Schenkel ab und ac eines Winkels S, F. 17. sich solchergestalt zur Grundfläche defg, daß der eine vorwärts, der andere rückwarts verlängert, dieselbe schneidet, so ist x die Proj. von S.

Bew. Man nehme ac bis zur Grundfläche verlängert qn, fälle aus einem beliebigen Punkt h, des Schenkels ab, einen Perpendikel hi auf die Grundfläche, eben so von dem Scheitelpunkt a des W. S einen Perpendikel ak auf dieselbe, verbinde hc, ki, ic und kc durch gerade Linien, so ist nach Satz C, kc die Proj. von ac, ki die Proj. von ah, und ic die Proj. von hc, also △ kic die Proj. von △ abc und W. x die Proj. von W. S.

Zieht man aus a, mit ki, al parallel, und verlängert ha und ik, bis sie sich in m schneiden, so ist ebenfalls nach Satz C al = ki, li = ak, W. hal = W. hmi und W. hla = R.

Um den Unterschied des Winkels S von seiner Proj. x zu finden, verfahre man in der schon angeführten Art. Nämlich: man verzeichne △ abc F. 18. = △ ahc F. 17. indem man an den Winkel S = S die Seiten ab = ah und ac = ac anträgt, und bc durch eine gerade Linie verbindet.

Durch Construction der F. 19. erhält man die wahre Größe der Projectionen von ab, ac und bc F. 18, indem man die rechtwinklichen Dreiecke akc, alh und hic F. 17. verzeichnet.

△ akc ist durch den W. akc = R durch den Neigungswinkel ack = R — dem gemessenen Abfallswinkel cak und durch ac bekannt; △ alh ist durch den W. alh = R, durch den gemessenen Winkel hal = dem Neigungswinkel N und durch ah bekannt; △ hic ist durch den W. hic R, durch den Höhenunterschied der Punkte ch = hi = dem Höhenunterschied von ca = ak = li + dem Höhenunterschied von ah = lh, und der Seite hc gegeben.

In F. 19. ist nach der Construction △ abc = △ akc F. 17, denn es ist ac ac, W. acb = W. ack, und W. abc = W. akc R, also bc = kc = d. Proj. v. ac. Zieht man aus a, F. 19. mit bc eine Parallele ad, trägt in a auf ad den W. N = N F. 17, und macht ferner ae F. 19 = ah F. 17, und fällt aus e, F. 19. ein Perpendikel ef auf bc, so wird ad von diesen in g rechtwinklig geschnitten, und es ist △ aeg F. 19 = △ ahl F. 17, und demnach ag F. 19 = al = ki = d. Proj. v. ah F. 17; ferner ist ah = gf F. 19 = ak = li F. 17 = dem Höhenunterschied der Punkte ca; eg F. 19 ist = hl F. 17 = dem Höhenunterschied von a, h F. 17; eg + gf F. 19 = hl + li F. 17 = dem Höhenunterschied von ca + ah F. 17 = dem Höhenunterschied von ch F. 17; nun ist nach der Construction △ efh F. 19 = △ hic F. 17, denn es ist ef = hi, W. efh = W. hic = R, und eh = hc also hf = ci = der Proj. von ch F. 17.

Man trage nun F. 18. aus dem Scheitelpunkt a, auf den Schenkel ac des W. S die Projection desselben ad = bc F. 19; von a aus beschreibe man mit ae = ag F. 19 = der Proj. ab F. 18. einen Bogen, eben so von d mit de = hf F. 19 = der Proj. von bc F. 18, und verbinde den Punkt e, wo sich die Bogen schneiden, mit a und d, durch gerade Linien, so ist in F. 18. △ aed die Proj. von △ abc, und W. x die Proj. von W. S, welcher als ein Theil von S kleiner als dieser ist.

I) Bei der Projection einer krummen Linie ef F. 20, denke man sich dieselbe durch so viele nahe aneinander liegende Punkte g, h, i getheilt, daß die zwischen zweien Punkten liegende gebogene Linie, ohne merklichen Fehler, als eine gerade Linie betrachtet werden kann; von diesen Punkten e, g, h, i, f, fälle man Perpendikel ek, gl, hm, in, und so auf die Grundfläche abcd, verbinde die Punkte kl, lm, mn, und no durch gerade Linien, und schaffe die hierdurch entstehenden Winkel fort, indem man diese sämmtliche gerade Linien zu einer gebogenen verzeichnet.

K) Liegt eine krumme Linie ef F. 21. in einer Ebene nopq, welche eine senkrechte Lage zur Grundfläche abcd hat, so ist die Projection derselben nach Satz A und C eine gerade Linie im.

L) Kann durch eine krumme Linie ef F. 20. eine Ebene pqrs gelegt werden, welche mit der Grundfläche abcd parallel ist, so ist nach Satz B und D die Projection ko = ef. Wäre die Ebene pqrs zur Grundfläche schief geneigt, und zwar z. B. rs tiefer als pq, so würde sich der Theil hf der krummen Linie ef, in der Projection um so mehr der geraden Linie nähern, je größer der Neigungswinkel der Ebene pqrs gegen die Grundfläche sein würde, da nach Satz G der W. hif in der Projection um so größer sein würde, je größer der Neigungswinkel der Schenkel hi und if gegen die Grundfläche wäre. Der Bogen eh der krummen Linie ef, würde hingegen bei g in der Projection um so bedeutender werden, je größer der Neigungswinkel beider Ebenen wäre, da der W. egh in diesem Falle nach Satz H immer kleiner würde, bis bei der Neigung von 90° die Schenkel ge und gh in der Projection zusammenfielen, und sodann der Bogen egh nach Satz I eine gerade Linie in der Projection sein würde.

Zweites Kapitel.

Darstellung der Berge in topographischen Karten. Frühere Manieren.

§. 78. Bei Darstellung der Berge in topographischen Plänen ist es Aufgabe, sämmtliche Theile der Oberfläche (Erhöhungen und Vertiefungen) derselben, ihrer Form nach in der Bildfläche zu verzeichnen. Diejenige Methode, welche diese Aufgabe am meisten genügend löset, und nach welcher ein Berg solchergestalt auf den Horizont projectirt werden kann, daß man aus dem Bilde dieser Projection die Formen sämmtlicher Theile mit solcher Deutlichkeit ersehen kann, wie dies bei einem erhaben gearbeiteten Bergmodell der Fall ist, wird demnach die beste sein.

Die Bergdarstellungskunde, auf Grundsätzen der Mathematik und Terrainlehre gegründet, fängt eigentlich erst mit Lehmann, dem Begründer derselben, dessen Schrift hierüber in den ersten Jahren unseres Jahrhunderts allgemein bekannt wurde, an Alle früheren Manieren, die Unebenheiten des Erdbodens im Planbilde darzustellen, sind nur als empirische Versuche zu betrachten, da hierbei nie allgemein bestimmte, wissenschaftliche Grundsätze angewendet wurden. Es würde sich daher nicht der Mühe lohnen, dieser Manieren mit Ausführlichkeit Erwähnuug zu thun, auch dürfte dies eine eben so schwierige als unnütze Arbeit sein, da fast ein jeder Zeichner hierbei seine eigene Methode hatte, indem er, da es keine bestimmte Norm der Darstellung gab, seiner individuellen Ansicht, seinem Gefühl, und seiner Bequemlichkeit folgte.

Es wird sonach genügen, wenn ganz im Allgemeinen der früheren Hauptarten, Berge in Plänen zu zeichnen, Erwähnung geschieht, da auch die alten Situationskarten, in dieser Beziehung, für unsere Zeiten und Zwecke durchaus als unbrauchbar zu betrachten sind, wenn man nicht etwa annehmen will, daß der Terrainkenner, aus den übrigen in Grund verzeichneten Gegenständen des Landbodens, errathen könne, was der Zeichner für Unebenheiten habe darstellen wollen.

Durch die Erfindung des Schießpulvers, durch den Gebrauch verschiedenartiger Waffen, und durch die sich hiermit immer mehr ausdehnenden Schlachtlinien, wurde vor einigen Jahrhunderten schon die Nothwendigkeit gefühlt, das Terrain eines Schlachtfeldes im Bilde darzustellen; da die bloßen Ausforschungen desselben, nun nicht wohl mehr genügten, und es dem Feldherrn unmöglich wurde, von einem Punkte aus, das Ganze zu übersehen. Die zur Zeit schon gebräuchlichen Specialkarten, auf welchen die Erhöhungen des Landbodens, wie gleiche neben einander liegende Erdhaufen perspectivisch gezeichnet wurden, wodurch nichts weiter bemerkt war, als daß in diesen Strecken bergigtes Land sei, konnten zu militairischen Zwecken durchaus nicht genügen. Man fieng daher unter der Regierung Ludwigs XIV.

zuerst an, besondere Pläne von den Schlachtfeldern zu zeichnen, welche aber zu Anfang ganz malerisch ausfielen, indem man einen sehr hohen Standpunkt annahm, oder sich solchen dachte, und von diesem aus die Terraingegenstände sowohl als die Truppenstellungen perspectivisch entwarf. Diese für Kriegsoperationen ganz unnütze Darstellungsart konnte nur als Bild zum Andenken einer Schlacht dienen, zu welchem Ende man sie noch häufig auf Medaillen, Gemälden und Reliefs findet. Da jedoch die Taktik immer complicirter wurde, und es besonders auf richtige und schnelle Benutzung des Terrains für die verschiedenen Waffen ankam, so führte, wie bei den meisten Erfindungen, die Noth zu einer zweckmäßigern Darstellungsart; man sah ein, daß es durchaus erforderlich sei, die Gegenstände des Terrains nach ihrer verhältnißmäßigen Größe geometrisch darzustellen, und daß hierbei die Unebenheiten in ähnlicher Art behandelt werden müßten, wie dieß zur Zeit schon bei der Bau- und Gartenkunst gebräuchlich war, wo sie in ihrer horizontalen Ausdehnung bereits dargestellt wurden, und wobei man die schiefen Flächen meist durch Farben angab. Man begnügte sich nun lange Zeit damit, daß ohngefähr der Fuß, die Kuppen, Schluchten und sonst besonders hervorspringende Punkte der Berge, in Grund gelegt, und hiernach die übrigen Formen und schief geneigten Flächen nach Gefühl und Phantasie hinein gemalt wurden, indem man hierbei stets eine Seitenbeleuchtung annahm. Für die Bestimmung der verschiedenen Böschungsgrade gab es weiter keine Norm, als die welche aus der Seitenbeleuchtung entspringt, nämlich: daß die Schattenseiten alsdann um so dunkler erscheinen, je steiler sie sind. Hierbei nun hatte jede Nation, jeder Staat, ja jeder Zeichner seine eigene Manier; allgemein nur war üblich, die Berghänge mit Farben zu zeichnen; so findet man eines Theils die Bergabdachungen oben mit schwarzer, brauner, röthlicher, grüner rc. Farbe angelegt, und nach unten zu verwaschen; andern theils sind die Berghänge durch gekreuzte Schraffirstriche, welche ebenfalls mit dem Pinsel, und den obigen Farben ausgeführt wurden, bezeichnet. Diese Schraffirung wurde oft mit eigens dazu bereiteten Pinseln, womit sich mehrere neben einander laufende Striche, durch einen Pinselzug machen ließen, ausgeführt.

Da die militairische Terrainzeichnenkunst bereits so weit gediehen war, wurden den kriegsgeschichtlichen Werken meist dergleichen Schlachtpläne beigefügt; wie sich z. B. in den Beschreibungen der Feldzüge des Condé, von Desarmeau, aus dem siebenzehnten Jahrhundert, und denen von Quinci aus dem Anfange des achtzehnten Jahrhunderts finden. In diesen Plänen, welche dazumal entweder in Kupfer gestochen oder in Holz geschnitten werden mußten, konnten die Berghänge nicht anders als durch Schraffirstriche bezeichnet werden, wodurch man sich mehr an diese Darstellungsart, als an die mit Farben ausgeführten Zeichnungen gewöhnte, da letztere nicht so verbreitet werden konnten, und deshalb wahrscheinlich wurden die Zeichner zuerst genöthigt, die Berghänge mit der Feder zu schraffiren, weil sie so, den Kupferstichen ähnlich, allgemein verstanden wurden, während die farbigen Zeichnungen erst besonderer Erklärungen bedurft hätten.

Bis hieher hatte man immer noch, so unzweckmäßig es auch war, bei Darstellung der Berge die Seitenbeleuchtung beibehalten, bis man etwa in der Mitte des vorigen Jahrhunderts anfieng, die Bergabdachungen im Allgemeinen, nach dem Maaße ihres Neigungswinkels zu bezeichnen; doch galt hierüber ebenfalls keine weitere Regel, als daß man die Berghänge um so dunkler schraffirte, je steiler sie waren, und die Beleuchtung nun ganz bei Seite setzte; und man dachte hierbei noch durchaus nicht an eine genauere Bestimmung des Böschungswinkels, so daß den Zeichnern die Wahl der Dunkelheit in den schraffirten Massen überlassen blieb. So findet man denn, daß der eine seine Zeichnung im ganzen licht, der andere hingegen dunkel zu halten pflegte, je nachdem es eben seinem Geschmack entsprach;

so auch zeichnete der eine durchgehends mit feinen, der andere hingegen mit starken Strichen, dieser machte sie gerade, jener gebogen, dieser schraffirte beinahe unter einem rechten, jener unter einem ganz kleinen spitzen Winkel u. s. w.

In dieser Art wurden besonders die Schlachtpläne des siebenjährigen Krieges gezeichnet und gestochen; ingleichen die Schmidtschen Pläne der Wahlplätze von Hohenfriedberg, Sohr und Kesselsdorf. In diesem Kriege wurden jedoch bedeutende Fortschritte in der bildlichen Darstellung des Terrains gemacht, wie besonders die Aufnahmen des Ingenieur-Major Petri, der Gegenden um Dresden, Meißen und Torgau zeigen. Von jetzt an brachte jeder Krieg militairische Pläne und Karten hervor; so auch ließen von nun an viele Souveraine das Terrain ihres Landes, in Friedenszeiten, in Bezug auf Kriegführung aufnehmen, welche Aufnahmen aber immer (da die Bergzeichnung noch nicht auf allgemein anerkannte wissenschaftliche Grundsätze basirt war) eigentlich eine Erklärung der angenommenen Darstellungsmethode nöthig machten.

Die ersten Vorschriften, wodurch die Bergzeichnung um einiges geregelter wurde, erschienen im Jahre 1782; doch war auch hierbei noch das Meiste auf blos conventionelle Annahmen gegründet, und obgleich sie auf die Planzeichnungen einen guten Einfluß hatten, indem die Zeichner mehr einer Methode folgten, so war das Ganze doch immer noch sehr in der Kindheit; so findet man aus dieser Zeit fast noch allgemein, daß außer den gröbsten Verstößen gegen die ersten Regeln der Terrainbildung, Bergformen gezeichnet wurden, deren Unmöglichkeit mathematisch erwiesen werden kann.

Ein bedeutendes Verdienst für die bildliche Darstellung des Terrains erwarb sich jetzt das sächsische Ingenieur-Corps, von welchem auf Befehl des Kurfürsten das Land aufgenommen wurde. Diese Arbeiten wurden mit dem größten Aufwande von Zeit und Kosten, mit verhältnißmäßigen Kenntnissen und ausgezeichneter Delikatesse ausgeführt. Die Darstellung der Berge nähert sich hier dem System des Major Lehmann am meisten, und es ist wohl anzunehmen, daß, indem er die mannichfachen Erfahrungen dieses Corps gewiß nicht unbeachtet ließ, er hierdurch besonders viele Materialien sammelte, womit sein strebendes Genie, welchem Stückwerk nicht genügen konnte, ein geregeltes und auf mathematischem Boden erbautes System gründete.

So allgemein anerkannt auch die Vortrefflichkeit der Pläne, und die Leistungen des Major Lehmann im Fach topographischer Terraindarstellung überhaupt waren, so so wurde doch Anfangs seine Theorie zur Bezeichnung schiefer Flächen im Grundriß allgemein für zu gelehrt, und die Ausführung derselben für viel zu künstlich gehalten, als daß sie bei militairischen Vermessungen allgemeine Anwendung finden könnte. In dieser Beziehung wurde vieles dagegen geschrieben, und neue Vorschläge und Anweisungen zum militairischen Terrainzeichnen kamen zum Vorschein, welche sämmtlich mehr oder weniger Zeugnisse ablegen, daß die neue Theorie des Bergzeichnens gar nicht richtig verstanden wurde. Diese neuen Vorschläge beschränkten sich besonders meist darauf, die verschiedenen Abschüssigkeiten des Terrains in Bezug auf militairische Bewegungen genauer zu bezeichnen, als dies früher der Fall war, wozu hauptsächlich verschiedenartige Karaktere, wie abgerissene, gerade, gebogene, schlangenförmige, starke und schwache Striche im bunten Gemisch zusammengestellt vorgeschlagen wurden, welche wieder in verschiedenen Winkeln übereinander gekreuzt waren, und womit durch die Mischung der Menge des Schwarzen und Weißen in den Schraffirungen verschiedene Tinten hervorgebracht wurden.

Solcher Art sind die, nach Lehmanns Schrift herausgekommenen, Situations-Zeichnungslehren, wie die von Meinert, Humbert, Schinert, Schneider, und mehrere andere Vorschläge, welche man als bequemer, da sie ohne

Studium angeeignet werden konnten, bis zum Jahre 1806 allgemein anwendete, so daß bis dahin z. B. die Karte des Ingenieur-Hauptmann Haas von Darmstadt als die beste erklärt wurde, eine Karte, die nach unsern jetzigen Ansichten nichts als einen sehr reinen und sorgfältigen Stich für sich hat, die aber besonders in Bezug auf die Darstellung der Unebenheiten des Terrains keine Beachtung mehr verdient. Dieses gilt von allen übrigen zur Zeit schon bekannten Karten in noch bedeutenderm Grade; wie bei der Cassinischen von Frankreich, den Bauerschen von Westphalen, der Moldau und Wallachei, der großen Karte von Italien, der von der Schweiz, der Kiesbergischen von der Krimm, der Bohnenbergischen von Würtenberg u. m.

Belehrend für die richtige Würdigung der bekannten Karten damaliger Zeit ist die Beleuchtung der Lecoaschen Karte von Westphalen, in Lehmanns Lehre der Situationszeichnung.

Seit dem Jahre 1806 fieng man an, die neue Theorie von Lehmann mehr zu würdigen, viele militairische Zeichner suchten sich gründlich darin zu unterrichten, und übten sich in der bildlichen Darstellung derselben; so fand man denn auch bald, daß die eingebildete zu große Gelehrsamkeit und Kunstfertigkeit keinesweges für den militairischen Aufnehmer so unübersteigliche Schwierigkeiten habe, als man früher davon träumte. Von nun an wurde dieses System immer mehr bekannt, und bei Vermessungen angewendet, doch fand die allgemeine Einführung desselben noch immer Schwierigkeiten, wie es denn wirklich seltsam scheint, daß noch in neuester Zeit Bergzeichnungslehren herauskamen, wobei man entweder voraussetzen muß, daß Lehmann von diesen Verfassern ganz unrichtig verstanden wurde, oder daß es ihnen durchaus an praktischen Erfahrungen fehlte; bis endlich nach den Kriegen 1813, 14 und 15 in den preußischen Militair-Schulen das Lehmannsche System als allgemeine Norm vorgeschrieben wurde.

Drittes Kapitel.

Projection der Bergformen auf den Horizont, nach dem Lehmannischen System.

§. 79. Berge, deren wesentliche Theile sich scharf begrenzen, deren außerwesentliche sehr markirt aus oder einspringen, und deren Abdachungen meist als stät angenommen werden können, würden nach der vorhergegangenen Projectionslehre leicht auf den Horizont zu reduciren sein; denn indem man sich von den Begrenzungslinien sämmtlicher Bergtheile, so wie von den besonders vor oder einspringenden Punkten derselben Perpendikel auf die Grundfläche gefällt denkt, entsteht auf dieser das Bild der Bergformen nach ihren horizontalen Ausdehnungen.

Da man jedoch nur äußerst wenige Berge von diesen Eigenschaften findet, indem bei weitem der größere Theil derselben dergestalt geformt ist, daß die Theile der Oberfläche sanft in einander übergehen, und folglich ihre Grenzlinien nicht mehr markirt erscheinen, ja oft ganz unbestimmbar sind, da ferner eben so häufig weder die Kuppe noch der Fuß eines Berges sich scharf markiren, und die Abdachungen nur selten unter einem gleichen Winkel, von den obern bis zu den untern Theilen hin sich abböschen, so befindet sich zur geometrischen Bestimmung der Form, oft nicht ein in die Augen fallender Punkt auf der Bergoberfläche; wonach zuerst nöthig wird, sich durch Kunst feste Punkte auf derselben zu verschaffen.

Da es aber nicht gleichgültig sein kann, wo und wie diese Punkte angenommen werden, so ist zuerst zu untersuchen, nach welchen Regeln man hierbei verfahen müsse, um dadurch die Form eines Berges auf das genaueste, und zugleich auf eine für die Ausführung zweckmäßigste Weise zu bestimmen.

Ein Berg wird wie oben angeführt, leicht auf den Horizont projectirt, wenn die verschiedenen Theile seiner Oberfläche sich scharf begrenzen; es fällt sonach zuerst in die Augen, daß da, wo diese Begrenzungen von der Natur nicht markirt sind, man sich künstliche Abschnitte verschaffen müsse; wie die Grenzlinien dieser künstlichen Abschnitte am zweckmäßigsten für die Darstellung der Bergformen zu wählen seien, lehrt uns die Bildung der Unebenheiten.

Wir finden z. B. daß unter allen natürlichen Grenzlinien der Bergtheile, diejenigen, welche das Ganze der Oberfläche in horizontaler Richtung theilen, wie der Saum, der Fuß und der größte Theil der Terrassen, die Form des Berges aus zwei wesentlichen Gründen am genauesten bestimmen; denn erstens: durchschneiden sie die Linien der Spühlung (wie weiter unten ausgeführt werden soll) rechtwinklig, und schmiegen sich daher dergestalt dem Berge an, daß sie bei den Vertiefungen einwärts, als näher der Kuppe zu, bei den Erhöhungen hingegen auswarts, als von der Kuppe abgewandt, sich biegen, und zwar beides nach Maaßgabe der mehr oder weniger starken Erhöhungen oder Vertiefungen; so, daß sich aus der Form dieser Linien, auf die Bergform über und unter ihnen mit Sicherheit schließen läßt, zweitens: verändern sie, nach Satz L. der Proj.-Lehre in der Horizontalprojection ihre Form nicht. Aus diesen Eigenschaften gehen mannigfache Vortheile, wie die Lehre von den Horizontalen zeigen wird, hervor, welche keine in einer andern Richtung laufende Grenzlinie eines Bergtheiles giebt, so daß der Vorzug einer Eintheilung des Berges durch horizontal laufende Linien so sehr einleuchtet, daß man nicht wohl füglich hierzu andere wählen könnte.

Von den Horizontalen, Profilen und Böschungsmaaßstäben.

§. 80. Man denke sich einen einfach geformten Hutberg F. 22. welcher hier von einem höheren Standtpunkt als die Kuppe E, perspectivisch gezeichnet ist, und der, der Einfachheit der Darstellung wegen, isolirt auf einer horizontalen Bergsohle ABCD steht, mit horizontalen Ebenen dergestalt durchschnitten, daß er in die Theile I, II, III, IV, zerlegt erscheint, so ist die Oberfläche des Berges durch die Grenzlinien dieser Durchschnittsebenen efgh, iklm, nopq, eingetheilt, welche man bei der Bergzeichnung schlechtweg Horizontalen nennt.

Man denke sich ferner von mehreren, so nahe an einander liegenden Punkten der Horizontalen efgh, iklm, nopq, Perpendikel auf die durch den Fuß abcd begrenzte Grundfläche des Berges gefällt, daß, wenn diese Punkte durch gerade Linien auf der Grundfläche unter einander verbunden werden, alsdann keine in die Augen springende Winkel da entstehen, wo die Horizontalen, wie hier, gebogene Linien sind, so bildet sich nach Satz L der Projectionslehre, die orthographische Horizontalprojection der Horizontalen auf der Grundfläche dergestalt, daß wenn man den Berg F. 22. sich hinwegdenkt abcd F. 23. die Begrenzungslinie des Berges abcd F. 22; so wie die übrigen krummen, in ihren Anfang zurückkehrenden Linien, efgh, iklm, nopq, F. 23. die Proj. der Horizontalen efgh, iklm, nopq, F. 22. sind. Diese Horizontalen F. 23. sind gleich denen F. 22. da letztere mit der horizontalen Grundfläche parallel laufen; und die Form des Berges ist hierdurch bestimmt, wie alles folgende beweisen wird.

Wenn man das Auge über jeden Punkt des Berges F. 22. senkrecht, oder in einer solchen Entfernung uber denselben annimmt, daß man die Sehstrahlen als untereinander parallel betrachten kann, so erscheint der Berg in seiner wahren horizontalen Ausdehnung, und die Horizontalen sonach ebenfalls in ihrer wahren Form, gleich der Projection derselben in F. 23. Nimmt man nun die hier in eine Ebene gezeichneten Horizontalen als übereinander liegend an, und zwar in denselben senkrechten Enfernungen, wie sie bei dem Berge F. 22. übereinander gelegt wurden, so kann man sich leicht unter F. 23. den Körper des Berges F. 22. vorstellen.

Man nehme nun F. 23. als Bergkörper an, und denke sich denselben von der Kuppe E aus in beliebigen Richtungen mit vertikalen Ebenen bd und ac durchschnitten, so sind diese Ebenen nach der Projectionslehre, Vertikal-Projectionen des Berges, oder Profile. Diese Profile b′f′k′o′E′q′m′h′d′ und c′g′l′p′E′n′i′e′a′, welche die vertikale Ausdehnung des Berges angeben, zeigen hierdurch unmittelbar die Winkel, in welchen sich die Berghänge, am Orte des Durchschnitts, gegen die auf den Horizont liegenden Grundlinien der Profile, b′d′ und c′a′ neigen, wie W. E′b′d′, W. E′d′b′, so wie W. E′c′a′ und W. E′a′c′. Liegt diese Grundlinie des Profils in vertikaler Ebene mit einer Neigungslinie des Berges, welche durch das Herabrinnen des atmosphärischen Niederschlags, der von der Kuppe aus nach allen Seiten hin, auf dem kürzesten Wege abfließt, bezeichnet wird, wie dies bei dem Vertikaldurchschnitt bd der Fall sein würde, so nennt man die Winkel E′b′d′ so wie E′d′b′ Böschungswinkel, oder nur schlechtweg die Böschung.

Die vertikalen Ebenen bd und ac schneiden sämmtliche horizontale Ebenen, deren Grenzlinien efgh, iklm, und nopq sind, rechtwinklig, und letztere erscheinen sonach im Profil als gerade mit der Grundlinie des Profils parallele Linien, welche nach ihren senkrechten Entfernungen übereinander liegen, wie f′h′, k′m′, o′q′, und g′e′, l′i′, p′n′. In gleicher Gestalt erscheint die orthographische Vertikalprojection eines jeden Abschnitts der Bergoberfläche, da nach Satz K der Projectionslehre die Horizontalen im Profil gerade Linien bilden.

Die Zeichnung der Profile F. 23. entsteht folgendermassen: man ziehe mit den hier als Linien erscheinenden Durchschnittsebenen bd und ac die Grundlinien der Profile b′d′ und a′c′ parallel, fälle von den Punkten, wo die Linien bd und ac die Grenzlinie des Berges abcd auf der horizontalen Ebene ABCD berühren, Perpendikel bb′, dd′, aa′, cc′ auf die gleichnamigen Grundlinien der Profile b′d′ und c′a′, so ist b′d′ = bd, und c′a′ = ca; jetzt trage man auf einen der Perpendikel, wie hier bb′

die bekannten senkrechten Abstände der Horizontalen 1, 2, 3, welche hier als gleich angenommen sind, und ziehe aus diesen Punkten Parallelen mit der Grundlinie b'd'; hiernach fälle man von den Punkten fh, km, oq, in welchen die Horizontalen von bd geschnitten werden, Perpendikel ff', hh', kk', mm', oo', qq' auf die gleichnamigen zum Profil verzeichneten Horizontalen; eben so fälle man, von dem höchsten Punkt der Kuppe E, einen Perpendikel Ex auf o'q', und trage von dieser Linie aus, auf Ex die senkrechte Entfernung des Punktes E über die letzte Horizontale nopq, so erhält man im Profil E'. Man verbinde jetzt die Punkte b'f'k'o'E'q'm'h'd' durch gerade Linien, und runde den Winkel in E' ab, so ist die Figur b'f'k'o'E'q'm'h'd', gleich der Durchschnittsebene bfkoEqmhd oder dem Profil; denn so wie b'd' = bd, so ist auch f'h' = fh, k'm' = km, o'q' = oq und fällt man von den Punkten f'k'o'q'm'h' Perpendikel f'f'', k'k'', o'o'', q'q'', m'm'', h'h'' auf die nächsten Horizontalen, so ist b'f'' = bf, f'k'' = fk, k'o'' = ko, o'x = oE u. s. f., nun ist f'f'' = der Höhe von f über b, so wie k'k'' = der von k über f, und o'o'' = der von o über k, und da die Dreiecke b'f'f'', f'k'k'', k'o'o'' u. s. f. rechtwinklig sind, so gehen aus diesen drei bekannten Stücken die übrigen hervor, und es ist demnach b'f' = der wahren Entfernung von bf, f'k' = d. w. E. von fk und k'o' = d. w. E. von ko; eben dasselbe gilt von der Profilseite E'q'm'h'd', und es ist sonach b'f'k'o'E'q'm'h'd' = der Neigungslinie der Bergoberfläche im Durchschnitt bfkoEqmhd; denn so gebogen und abwechselnd auch diese immer sein mag, so denke man sich die Horizontalen so nahe aneinander gelegt, daß für den vorhandenen Zweck, durch die Verbindung derselben mit geraden Linien, durchaus keine zu beachtende Differenz entstehen kann. Dasselbe gilt von dem Profile c'g'l'p'E'n'i'e'a', so wie von allen vertikalen Durchschnitten, in welcher Richtung sie auch angenommen werden.

Durch die rechtwinklichen Dreiecke b′f′f″, f′k′k″, k′o′o″ u. s. f. sind die Böschungswinkel α, β, γ, an jedem Orte des Durchschnitts gegeben, und man nennt sie daher insgemein Böschungsdreiecke, wenn der Durchschnitt selbst wie bd, in der Linie der Neigung des Berghanges liegt; welches, wie weiter unten ausgeführt werden wird, stets die kürzeste, von einer Horizontale zur andern ist, und was also bei dem Durchschnitt ac nicht statt findet.

Die Seiten des rechtwinkligen Dreiecks b′f′f″, so wie die der übrigen in diesem Profile, bestehen aus der wahren, senkrechten und horizontalen Entfernung zweier Horizontalen; denn es ist b′f′ = der wahren, f′f″ = der senkrechten, und b′f″ = gleich der horizontalen Entfernung von bf. Da nun die senkrechte Entfernung bekannt ist, so bedarf es nur noch eines Stückes, um alle übrigen zu finden. Wollte man daher aus der orthographischen Horizontalprojection eines Berges den Winkel der Böschung zwischen zweien Horizontalen finden, so würde man sich der unmittelbar gegebenen horizontalen Entfernung zur Construction des Böschungsdreiecks bedienen; sollte dieser Winkel hingegen aus dem Bergkörper selbst gefunden werden, so würde man die wahre Entfernung hierzu abnehmen. Bem. Es ist die horizontale Entfernung zweier Horizontalen = dem Cosinus des Böschungswinkels, wenn die wahre Entfernung als Radius angenommen wird, oder = der Tangente des Ergänzungswinkels zu 90°, wenn die senkrechte Entfernung als Radius betrachtet wird.

Am leichtesten findet man den Grad des Böschungswinkels zwischen zweien Horizontalen, mechanisch mit Hülfe der F. 24, welche man der Einfachheit wegen hierbei gewöhnlich anwendet, und deshalb Böschungsmaaßstab nennt. Die Construction derselben ist folgende: Man errichte auf die Linie ab einen Perpendikel ac, theile den rechten Winkel cab in zwei gleiche Theile, so daß also ead = dab = 45° ist, beschreibe aus a mit einem beliebigen Halbmesser einen Achtelskreis e f, theile diesen zuvörderst in drei gleiche Theile, e i, i m und m f, so wie diese wieder in drei gleiche Theile e g, g h, h i, i k, k l, l m, m n, n o, o f; verbinde hierauf die Theilungspunkte im Kreise mit dem Mittelpunkt desselben a durch gerade Linien, so hat man die Winkel von 5 zu 5 bis 45° bei a geometrisch verzeichnet. (Einen größeren Winkel, als den von 45° hat man bei diesem Böschungsmaaßstab nicht nöthig, da, wie schon erwähnt wurde, man bei erdigen Berghängen keine Böschungswinkel findet, welche steiler als 45° wären.) Man trage jetzt die bekannte senkrechte Entfernnng der Horizontalen a p von a nach c auf, und ziehe von p mit a b parallel p q, so sind in dieser Figur sämmtliche Böschungsdreiecke von 5 bis 45° bei gleicher Höhe der Horizontalen a p construirt; denn fällt man von irgend einem Punkte, in welchem p q die Radien a e, a g u. s. w. schneidet, einen Perpendikel, wie z. B. r s auf a b, so ist das hierdurch entstehende rechtwinklige Dreieck a r s das der Böschung desjenigen Neigungswinkels, den der Radius mit a b bei a bildet, also △ a r s das der Böschung von 15°, da W. m a b = 15° ist, r s = a p = der senkrechten Entfernung der Horizontalen, und W. r s a = R welcher allen Böschungsdreiecken gemein ist, wonach also im △ a r s, a r = der wahren und a s = der horizontalen Entfernung der Horizontalen, bei dem Böschungswinkel von 15°, und der senkrechten Entfernung von rs. Nun ist △ p r s = △ s a r, da p a = r s, p r = a s, und a r beiden Dreiecken gemein ist, also W. p r a = dem Böschungswinkel von 15°, p r = der horizontalen und a r = der wahren Entfernung der Horizontalen.

Aus diesen sich hier bildenden Böschungsdreiecken ist leicht zu ersehen, wie die horizontale, sowoh als wahre Entfernung in dem Maaße zunimmt, in welchem der Böschungswinkel abnimmt; denn da die Kathete p a sämmtlichen Dreiecken gemein ist, so nehmen in dem Verhältniß die andere Kathete sowohl, als die Hypotenuse zu, in welchem der p a gegenüber liegende Winkel kleiner wird. Es würde sonach, wenn bei der senkrechten Entfernung der horizontalen von pa und dem Böschungswinkel von 45° die horiz. Entf. = ps, die wahre = as ist, bei dem Winkel von 5° die horiz. Entf. = pt und die wahre Entf. = at sein, und es ist demnach durch eine jede von diesen beiden Entfernungen der Horizontalen der Böschungswinkel bestimmt, und kann auf folgende Art, mit Hülfe des Böschungsmaaßstabes nach Graden leicht gefunden werden.

Wollte man z. B. aus der Horizontalprojection der Horizontalen F. 23. den Winkel der Böschung zwischen b f finden, so nehme man die Entfernung von b.f, welches die horizontale ist, mit dem Zirkel ab, setze die eine Zirkelspitze in p, F. 24, und bemerke, wohin die andere Zirkelspitze in der Linie p q trifft; wäre dies z. B. bei r, so ergäbe sich hieraus, daß der Winkel der Böschung zwischen b f, F. 23, 15° sei. Wollte man den Winkel zwischen q m, F. 23. bestimmen, und es träfe nach Abnahme der q m, die andere Zirkelspitze in F. 24. von p aus den Punkt s, so wäre der Böschungswinkel zwischen q m F. 23, 45° u. s. w. Hätte man hingegen an einem Bergkörper, die wahre Entfernung zweier Horizontalen, z. B. c g, F. 22. gemessen, und wollte den Böschungswinkel zwischen diesen Punkten finden, so nähme man im verjüngten Maaße, nach welchem der Böschungsmaaßstab entworfen wurde, diese Entfernung in den Zirkel, setzte die eine Spitze desselben in a, F. 24. und bemerkte, in welchem Punkte p q von der anderen Spitze geschnitten würde, wäre dies z. B. in u, so ergäbe sich der Böschungswinkel zwischen g c, F. 22 = 20°. Trifft beim Aufsuchen des Böschungswinkels die Zirkelspitze in der Linie p q zwischen zwei, von dieser geschnittenen Punkten der Radien, wie z. B. in w zwischen v t, so ziehe man aus a durch w einen Halbmesser a x, und untersuche, in welchem Verhältniß der Bogen n o durch x getheilt wird; wäre z. B. wie hier n x : x o = 2 : 3, so wäre der Winkel der Böschung = 8° u. s. f.

Je näher die Horizontalen über einander gelegt werden, je genauer wird durch sie das Bild der Oberfläche eines Berges bestimmt; es richtet sich sonach die senkrechte Entfernung derselben besonders nach der Größe des Maaßstabes, und nach dem Grad der Genauigkeit, welchen man bei der Aufnahme beabsichtigt. Da nun insgemein der Maaßstab um so größer angenommen wird, je genauer man einen Terrainabschnitt aufnehmen will, so giebt im Allgemeinen der Maaßstab der Aufnahme das Maaß der senkrechten Entfernung der Horizontalen mit an, und da man bei topographischen Aufnahmen für die Arbeit auf dem Felde, nicht leicht einen größeren Maaßstab annimmt, als den, wo das Bild sich zur Natur wie 1 : 10000 verhält, und nicht leicht einen kleineren, als wo dieses Verhältniß gleich 1 : 30000 ist, so habe ich es stets für zweckmäßig gefunden, 4 bis 12 Ruthen als senkrechten Abstand der Horizontalen anzunehmen; jedoch macht die Verschiedenartigkeit des Terrains oft Ausnahmen von dieser Regel nöthig, so daß man bei einem Terrain, welches durchgängig sehr steil ist, die senkrechten Entfernungen größer annehmen kann, weil erstens bei solchem die Horizontalen am Körper sowohl, als in der Horizontalprojection, zu nahe an einander zu liegen kämen, und weil anderentheils die Formen eines steilen Terrains so scharf markirt sind, daß weiter abstehende, und also wenigere Horizontalen das Bild desselben dennoch mit genugsamer Genauigkeit geben. Bei durchgängig sehr flachem Terrain hingegen ist es nöthig, die senkrechten Entfernungen der Horizontalen kleiner anzunehmen, weil sonst die wahren sowohl als horizontalen Entfernungen zu groß werden, und die Abwechselungen der Formen desselben nicht mehr genugsam bezeichnen

Bei ein und derselben Aufnahme ist es zweckmäßig, die senkrechte Entfernung sämmtlicher Horizontalen von gleicher Größe anzunehmen, weil hierdurch der Gebrauch der Aufnahme sehr erleichtert wird; denn nicht nur, daß man mit Hülfe eines einzigen Böschungsmaaßstabes die

Neigungswinkel aller Orten, nach der Entfernung der Horizontalen im Bilde leicht finden kann, sondern es ergiebt sich auch hierdurch mit großer Leichtigkeit die Höhe der Berge, so wie eines jeden Punkts der Bergoberfläche, da man nur nöthig hat, die Anzahl der Horizontalen bis zu einem solchen Punkt, mit dem Maaße der durchgängig gleichen senkrechten Entfernungen derselben zu multipliciren. Von welchem Nutzen dies ist, werden spätere Beispiele umständlicher lehren. Man darf daher diese Regel bei genauen Aufnahmen nicht vernachlässigen, wenn gleich das Terrain sehr gemischt, aus steilen und sanften Hängen bestände; in diesem Falle würde man jedoch eine senkrechte Entfernung der Horizontalen zu wählen haben, welche mehr der Aufnahme des flachen, als des steilen Terrains entspräche, weil die Genauigkeit der Aufnahme des steilen hierdurch nie leiden kann, wohl aber im umgekehrten Falle die des flachen vernachlässigt würde; auch sind überhaupt bei so gemischtem Terrain in der Regel der steilen Partieen bei weitem weniger, als der flachen.

Darstellung der Neigungslinien in der Horizontalprojection.

§. 31. Die Neigungslinie einer schief gegen den Horizont geneigten Ebene, ist diejenige, in der ein schwerer Körper von irgend einem Punkte aus herabrollen würde; da nun nach den Gesetzen der Schwere, dies stets auf dem kürzesten Wege geschieht, und die kürzeste Entfernung von einem Punkte, nach einer jeden gegebenen Linie, der Perpendikel auf dieselbe ist, so folgt hieraus, daß die Neigungslinien der schiefgeneigten Bergflächen, die Horizontalen, welche nach der Theorie die Grenzlinien horizontaler Ebenen sind, rechtwinklich treffen müssen.

Man nehme an, die Ebene abcd, F. 25, neige sich in einem beliebigen Winkel zur horizontalen Ebene efgh, so wäre nach dem vorhergegangenen, aus dem Punkte i der Perpendikel ik auf die Zusammenfügungslinie beider Ebenen cd, die Neigungslinie der Ebene abcd gegen die horizontale Ebene e f g h; fällt man aus i einen Perpendikel i l auf die horiz. Eb. e f g h, und verbindet l mit k durch eine gerade Linie, so ist α der Neigungswinkel beider Ebenen, denn da k l mit k i in einer vertikalen Ebene liegt, so ist l k sowohl, als i k rechtwinklig auf die, beiden Ebenen gemeinschaftliche Durchschnittslinie c d. Eine jede andere Linie, welche von i aus, auf c d gezogen wird, wie z. B. i d, ist größer als die Linie der Neigung i k, und bildet demnach mit der horizontalen Ebene e f g h, einen kleinern als den Flächenwinkel α; denn man verbinde in der Ebene e f g h, d mit l, so ist W. $\beta <$ als W. α, denn $\triangle$ k i l sowohl, als $\triangle$ d i l haben bei l einen rechten Winkel, und die Kathete i l gemein, da nun $id > ik$ und also $ld > lk$, so ist $\beta < \alpha$. Wenn man nun die Ebene c d f k als einen Theil einer horizontalen Durchschnittsebene betrachtet, so wie die Ebene a b c d als einen Theil der schiefgeneigten Bergoberfläche, so wäre alsdann c d ein Theil einer Horizontale, so wie das rechtwinkliche Dreieck k i l ein Böschungsdreieck, α der Winkel der Böschung, die Linie a b, welche nach der Construction parallel mit c d ist, wäre die nächste Horizontale über c d, also k i die wahre Entfernung der Horizontalen, i l die senkrechte, und k l die horizontale Entfernung derselben.

Fällt man von a und b auf die horizontale Ebene e f g h Perpendikel a m und b n, und verbindet m und n durch eine gerade Linie, so ist m n die Horiz. Proj. von a b; da ferner a b parallel c d und c a nach der Construction parallel d b, so ist $ca = db$, und W. a c m = W. b d n, also $cm = dn =$ der Horizontalproj. von c a und d b, sonach ist m n parallel c d, und da l k perpendikulär auf c d, so ist sie auch rechtwinklig auf m n; c d m n ist die Horiz. Proj. der als Bergfläche betrachteten Ebene a b c d, c d und m n Horizontalen; k l die Horiz. Proj. der Neigungslinie k i, welche also die Horizontalen am Bergkörper sowohl als in der Horiz. Proj. rechtwinklig schneidet.

Wird ein Bergkörper mit einer Vertikalebene in einer

Linie wie ca *F.* 23. durchschnitten gedacht, welche die Horizontalen schiefwinklig schneidet, so entstehen von Horizontale zu Horiz. wie das Profil e′g′F p′E′n i e a zeigt, ebenfalls rechtwinklige Dreiecke, welche aber sämmtlich gleich dem Dreiecke d i l *F.* 25. weder den Winkel der Böschung noch die Neigungslinie der Bergoberfläche angeben, da die Hypotenusen dieser Dreiecke sämmtlich größer als die wahren Neigungslinien sind, so wie der Winkel, welchen sie mit den horizontalen Durchschnittsebenen bilden, kleiner als der Böschungswinkel ist; so ist z. B. pr F. 23. die Neigungslinie von p aus, nicht aber p b, welche den vertikalen Durchschnitt bezeichnet.

Da die wahre, so wie die horizontale Entfernung der Horizontalen, von dem Winkel der Böschung abhängt, und da dieser an den meisten Bergen sehr verschieden ist, so bilden nur an wenigen Orten die Horizontalen untereinander parallele Linien, weshalb hier auch die Neigungslinien nicht gerade geführt werden können, da eine gerade Linie mehrere anderen Linien nur dann rechtwinklig schneidet, wenn diese parallel laufen. Die Neigungslinien sind demnach überall, wo die Horizontalen nicht parallel unter einander sind, gebogen, und zwar solchergestalt, daß sie sich nach der Seite hin ausbiegen, nach welcher sich die Horizontalen von einander entfernen. Will man z. B. aus dem Punkte e, F. 26. zwischen den Horizontalen a b und c d die Neigungslinie bestimmen, so ziehe man in der kürzesten Entfernung von e auf c d die gerade Linie e f, verzeichne in e, e g rechtwinklig auf a b, so wie in f, f g rechtwinklich auf c d, und ziehe den Bogen e f solchergestalt, daß g e als Tangente desselben in e, so wie g f als Tangente desselben in f zu betrachten ist, so ist der Bogen e f rechtwinklig auf a b und c d, so wie in der kürzesten Entfernung von e nach c d geführt, und demzufolge die Neigungslinie von e nach c d.

Lage der Neigungslinien, und Form der Horizontalen bei den verschiedenen Bergtheilen.

§. 82. Wie aus der Form der Horizontalen die Linien der Neigung hervorgehen, eben so wird durch die Lage der letzteren die Form der ersteren bestimmt. Durch das Herabrinnen des atmosphärischen Niederschlages, welcher vom höchsten Punkt einer jeden Kuppe aus, nach allen Seiten zu, in den kürzesten Linien herabläuft, und also den Neigungslinien der Bergoberfläche folgt, sollen diese hier versinnlicht werden.

Bei einer Bergwand z. B., die in gerader Richtung hinstreicht, läuft der Niederschlag vom Kamm derselben in geraden, untereinander parallelen Richtungen, gleich den Neigungslinien ab, cd . . . F. 27. herab; die Horizontalen ae, fg, bh, welche nach dem vorhergegangenen die Neigungslinien stets rechtwinklig schneiden, sind demnach hier ebenfalls gerade untereinander parallele Linien.

Von einem Berghange rinnt der Niederschlag in geraden, nach dem Fuße zu divergirenden Richtungen, gleich den Neigungslinien ab, cd . . . F. 28 herab; die Horizontalen sind demzufolge hier untereinander parallele Bogen ae, fg, bh, deren Höhlung nach der Kuppe zu liegt.

Ist der Böschungswinkel eines Berghanges durchgängig gleich (stät), so muß die Entfernung der Horizontalen untereinander gleich sein, also af = fb. F. 29 ist das Profil eines stät geböschten Hanges.

Wird hingegen der Böschungswinkel eines Berghanges nach dem Fuße zu immer kleiner, so nimmt die Entfernung der Horizontalen, in demselben Verhältniß nach dem Fuße hin zu, in welchem der Neigungswinkel abnimmt; wie z. B. in F. 30. ab < bc, und bc < cd. Einen solchen Berghang, dessen Profil gleich F. 31. ist, nennt man hohl oder concav geböscht.

Wird bei einem Berghange der Böschungswinkel nach dem Fuße zu immer steiler, so nimmt die Entfernung der Horizontalen in dem Maaße ab, in welchem die Böschung zunimmt; so daß im F. 32. ab > bc und bc > cd ist. Diese Hänge wovon F. 33. das Profil giebt, heißen gewölbt, kugelförmig oder convex geböscht.

Bei Bergrücken und Bergzungen scheitelt sich von der höchsten Linie derselben ab F. 34. der Niederschlag zu beiden Seiten, und nimmt seine Richtungen in gebogenen Linien abwärts, gleich den Neigungslinien cd, ef... welche nach dem Fuße zu divergiren. Die Horizontalen gh, ik, lm, no, bilden demnach Bogen, deren Höhlung nach der Kuppe zu liegt, und die in der Rückenlinie ab, am weitesten von einander entfernt sind, wonach denn auch in dieser Linie der Böschungswinkel bei allen Bergrücken am kleinsten ist. Also pq > il oder km... und Böschungswinkel zwischen pq < als zwischen il...

Ein Rücken ist stät geböscht, wenn die Rückenlinie ab sich durchgängig unter ein und demselben Winkel gegen den Horizont neigt, und in diesem Falle sind die Entfernungen der Horizontalen in derselben Linie unter einander gleich wie in F. 34. ab = pq = qb,

Concav geböscht ist ein Rücken, wenn der Böschungswinkel in der Rückenlinie ab, nach dem Fuße hin kleiner als nach der Kuppe zu ist, in welchem Falle die Entfernungen der Horizontalen, nach dem Fuße hin zunehmen, so daß nach F. 34. ap < pq, und pq < qp sein würde.

Nimmt der Böschungswinkel einer Rückenlinie ab, nach dem Fuße hin zu, so ist der Rücken convex geböscht, wonach dann die Entfernungen der Horizontalen nach dem Fuße hin abnehmen; so daß nach F. 34. ap > pq und pq > qb sein würde.

In dem Verhältniß, in welchem der Böschungswinkel einer Rückenlinie kleiner ist, als der Böschungswinkel der, dieser zur Seite liegenden Hänge, in demselben Verhältniß sind die Abstände zwischen zweien Horizontalen verschieden, und um so mehr divergiren die Neigungslinien nach dem Fuße zu.

Einen Rücken nennt man sanft, wenn die Differenz

der Abstände zwischen je zwei und zweien Horizontalen gering, stark hingegen, wenn diese bedeutend ist.

Von einer Bergkante F. 35, läuft der Niederschlag in meist geraden Richtungen gleich den Neigungslinien bc, ad . . . zu beiden Seiten abwärts, so daß diese in der Linie der Kante a b Winkel gleich c a d bilden, deren Oeffnungen nach dem Fuße des Berges zu liegen. Die Horizontalen c e d, f g h, i b k bilden dem zu folge, ebenfalls in der Linie der Kante Winkel, gleich denen bei e, g, und b, deren Oeffnungen aber nach der Kuppe zu gekehrt sind.

Je kleiner der Böschungswinkel in der Kantenlinie a b F. 36 ist, und je steiler die Abhänge zu beiden Seiten derselben sind, um so spitzer werden die Winkel, welche die Horizontalen c d e, f b g bei d und b bilden, und um so stumpfer die Winkel, in welchen, in der Horiz Proj., die Neigungslinien von einander ausgehen, wie W. f a g . . .

Um so geringer hingegen der Unterschied des Böschungswinkels der Kantenlinie a b F 37, mit der Böschung der Seitenhänge ist, um so stumpfer werden die Winkel, welche die Horizontalen c d e und f b g bei d und b bilden, und um so spitzer der Winkel c a e, in den die Neigungslinien von einander ausgehen.

Eine Bergkante kann ebenfalls stät, concav oder convex geböscht sein, je nachdem nähmlich die Kantenlinie, im Profil verzeichnet, gerade, ausgehöhlt oder gewölbt ist, wonach sich die verschiedene Entfernung der Horizontalen in der Kantenlinie richtet, wie dies bei den Rückenlinien der Fall war.

In Bergmulden F. 38, läuft der Niederschlag von den Hängen, die zu beiden Seiten der Mulde liegen, in gebogenen nach dem Fuße hin convergirenden Richtungen, der tiefsten Linie der Mulde a b dergestalt zu, daß die Wölbung nach derselben hingekehrt ist, gleich den Neigungslinien c d, e f . . . die Horizontalen g h, i k und l m bilden demnach hier Bogen, deren Höhlungen nach dem Fuße zugekehrt liegen und deren Abstände von einander in der Muldenlinie a b am größten sind; also a b > i l, wie denn auch der Böschungswinkel in der Muldenlinie a b kleiner ist als der, dieser zunächst liegenden Neigungslinien c d und e f. Je weniger die Mulden ausgehöhlt sind, je weniger sind die Horizontalen gebogen, und um so weniger convergiren nach dem Fuße zu die Neigungslinien. Je stärker hingegen die Höhlung der Mulden ist, um so mehr sind die Horizontalen gebogen, und um so bedeutender convergiren die Neigungslinien. Da nun durch die Spühlung die Mulden, im Verhältniß der Steilheit der zur Seite liegenden Hänge, nach dem Fuße zu immer stärker ausgehöhlt werden, weil die in denselben, bei Regen und Thauwetter herabrinnende Wassermasse, Schritt vor Schritt größer, und mithin wirksamer wird, so werden auch die Horizontalen in der Regel nach dem Fuße zu immer stärker gebogen, so daß Horiz. l m mehr als Horiz. i k, und i k mehr als g h gebogen ist.

Je sanfter die Mulden im Verhältniß zur Steilheit der sie begleitenden Hänge sind, um so paralleler werden die Bogen der Horizontalen, und um so geradliniger die Neigungslinien; je tiefer hingegen die Mulden gehöhlt sind, um so bedeutender wird die Differenz der Abstände der Horizontalen, und um so stärker werden die Neigungslinien gebogen.

Der Böschungswinkel einer Mulde ist der, in welcher die Muldenlinie a b sich gegen den Horizont neigt; dieser Winkel der Böschung wird durch die größere oder geringere Steilheit, in welcher die Hänge oder Rücken, die zunächst den beiden Seiten der Mulde, parallel mit dieser hinstreichen, bestimmt; je nachdem diese stät, concav oder convex geböscht sind, ist es auch die Mulde.

In Schluchten rinnt der Niederschlag von den beiden Hängen, welche durch dieselbe getrennt sind, nach der tiefsten Linie der Schlucht a b, F. 39, wodurch in dieser Linie Winkel, gleich denen der Neigungslinien c d und e d bei d gebildet werden, deren Oeffnung nach der Kuppe zu liegt. Die Horizontalen f g h, i k l, m n o und p q r bilden demnach in der Schluchtlinie a b wie bei a, k, n, und q Winkel, deren Oeffnungen nach dem Fuße zugekehrt sind.

Je tiefer die Schluchten eingerissen sind, um so steiler sind die Seitenwände derselben, um so stumpfwinkliger das Zusammentreffen der Neigungslinien in der Schluchtlinie, und um so spitzer der Winkel, welchen die Horizontalen in der Schluchtlinie bilden. Da nun die Schluchten in demselben Verhältniß wie die Mulden, nach dem Fuße zu in der Regel tiefer ausgespühlt werden, so wird auch der Winkel, den die Horizontalen bilden, nach dem Fuße zu insgemein spitzer, also W. f g h > W. i k l, W. i k l > W. m n o und W. m n o > W. p q r, so wie der Winkel, in welchen die Neigungslinien zusammentreffen, immer stumpfer wird, also W. c d e < W. m b o.

Die Schenkel der Winkel, welche die Horizontalen in den Schluchten bilden, sind nicht immer gerade Linien, sondern bei weitem öfter sanfte Bogen, deren Wölbung der Schluchtenlinie zugekehrt liegt; ersteres ist nur dann der Fall, wenn die Ränder der Schlucht Wände sind; dieses gilt auch bei den Bergkanten.

Der Böschungswinkel einer Schluchtenlinie ist stets kleiner, als der der Schluchtenränder; denn durch die Neigungslinie eines Schluchtrandes s k, durch die Schluchtlinie g k, und durch die Horizontale g s entsteht ein rechtwinkliges Dreieck, wovon g k die Hypotenuse, und sonach größer als s k ist; da nun die senkrechte Entfernung der Punkte g und s über k gleich ist, so ist der Böschungswinkel in der Linie g k < als der in der Linie s k. Dasselbe gilt auch von den Bergkanten.

Die Böschung einer Schlucht wird durch die Böschung der Schluchtlinie bestimmt; ob diese sanft, stark, steil, oder ob sie stät, concav, oder convex geböscht ist, hängt wie bei den Muldenlinien im Allgemeinen von der Böschung der beiden nächsten Hänge oder Rücken ab, zwischen welchen die Schlucht liegt.

An allen Orten, wo die Horizontalen gerade Linien

sind, welche nicht parallel unter einander laufen wie z. B. to und qr F. 39. wo tq < or, sind die Neigungslinien Bogen wie ob.

Sattel. Der Niederschlag, welcher von den höchsten Punkten a und b F. 40, zweier neben einander liegenden Kuppen in dem höchsten Punkte c eines Sattels zusammentrifft, fällt von hier in entgegengesetzten Richtungen, welche mit den Neigungslinien ac und bc meist rechte Winkel bilden, gleich den Neigungslinien cd und ce herab. Von den beiden Neigungslinien ac und bc scheitelt sich der Niederschlag zu beiden Seiten derselben, und läuft in gebogenen Richtungen, wie bei den Bergrücken, den vom Sattel abwärts liegenden Mulden zu, gleich den Neigungslinien af, ag, bh, bi.

Außer den zwei höchsten Linien ac und bc, der rückenähnlichen Hänge, in welchen die Kuppen sich zum Sattel hinneigen, und den vom Sattelpunkt c ausgehenden Muldenlinien cd und ce, bilden sämmtliche Neigungslinien, in ein und demselben Abhange, wie bi und bk Bogen, welche von der Rückenlinie bc aus divergiren und nach der Muldenlinie ce zu convergiren.

Diesen sämmtlichen Neigungslinien zu folge, bilden die dem Sattelpunkt c zunächst liegenden vier Horizontalen, lm, no, pq, rs, Bogen, deren Wölbungen dem Sattel zugekehrt sind, und wovon die lm, und no die Formen der Kuppen, die pq und rs die Form der Mulden bezeichnen, so daß der ersteren Höhlungen den Kuppen, der letzteren Höhlungen aber dem Fuß, an den entgegengesetzten Seiten des Berges zu liegen.

Bei den sogenannten Forstbergen wären ac und bc Kantenlinien; in welchem Falle die Horizontalen lm und no, in denselben Winkel bilden würden. Sind die Punkte a und b weit von einander entfernt, und ist der Böschungswinkel von diesen nach c zu sehr steil, so bilden sich bisweilen durch die hierdurch vergrößerte Menge und Gewalt des herabrinnenden Regenwassers, bald von c aus, nach beiden Seiten abwärts, in den Linien cd und ce Wasserrisse und Schluchten, in welchem Falle die Horizontalen pq und rs in cd und ce dann ebenfalls Winkel bilden würden.

Bei Bergkämmen, welche parallel mit der allgemeinen Richtung des Wasserabflusses laufen, wie die oberen Ränder der Grundwände, wird die allgemeine Richtung, welche der Niederschlag nimmt, in der Kammlinie ab F. 4 unterbrochen, und seitwärts abgeleitet, wonach die Neigungslinien wie cgd und ehf, in der Kammlinie ab Winkel bilden, wie bei g und h, deren Oeffnungen dem Fuß der Grundwand zugekehrt liegen. Demzufolge bilden die Horizontalen ikl, mno, in der Kammlinie ebenfalls Winkel, deren Oeffnungen der Kuppe zugekehrt sind. Die Schenkel der Winkel, welche die Horizontalen in der Kammlinie bilden, bestehen insgemein aus einer gebogenen und einer geraden Linie, da erstere als ik z. B. in einem Hange oder Rücken, letztere, als kl hingegen, in einer Wand liegt; so sind auch in der Regel die Abstände der Horizontalen im Hange, wie im, größer als die Abstände der Horizontalen in der Wand lo und kp, da die Grundwand stets bedeutend steiler als der Hang oder Rücken ist, von welchem sie ausgeht.

Da die Oeffnung der Winkel, welche die Horizontalen bei einer Bergkante bilden, ebenfalls nach der Kuppe zu liegen, da ferner die Schenkel derselben an der einen Seite der Kante ebenfalls gebogen, und an der andern gerade sein können, da zuletzt der Winkel der Böschung auf der einen Seite ebenfalls steiler, als auf der anderen sein kann; so könnte man aus der bloßen Form der Horizontalen eines Bergkammes, auf eine Bergkante oder umgekehrt schließen, wenn nicht dennoch ein wesentlicher Unterschied zwischen beiden Statt fände, dieser ist nämlich, daß bei einem Bergkamm, wie der in Rede stehende, die Horizontalen ik, mn des Hanges oder Rückens, mit der Linie des Kamms ab stets stumpfe Winkel bilden, wie

W. ika und mnk > R, wodurch die auf ik oder mn gezogenen Neigungslinien, welche zunächst dem Kamme liegen, wie z. B. eq, verlängert, denselben wie in h schneiden. Es ist demnach von der Kammlinie kb aus unmöglich, eine Neigungslinie auf eine Horizontale, wie mn, im Hange zu ziehen, da von keinem Punkte in kb, mn rechtwinklig geschnitten werden kann, was bei den Bergkanten stets der Fall sein muß, da hier der Niederschlag von der Kantenlinie aus, zu beiden Seiten ablauft, weshalb die Horizontalen bei einer Kante mit der höchsten Linie derselben stets spitze Winkel bilden.

Da von den höchsten Punkten der Kuppen, wie von a, b, c, *F.* 42. die Neigungslinien nach allen Richtungen hin ausgehen, so wie in den niedrigsten Punkt einer Vertiefung, wie d, welche ringsum von Bergen eingeschlossen ist (Aftergrund) von allen Seiten her zusammenfallen; da ferner diesem zufolge, die den höchsten Punkten der Kuppen, wie a, b, c, zunächst liegenden Horizontalen ef, gh, ik, so wie die dem tiefsten Punkt wie d, eines Aftergrundes zunächst liegende Horizontale lm, stets die kleinsten von allen übrigen in der Partie vorkommenden Horizontalen sind; so scheint es bei dem ersten Anblick, als sei in der Horizontalprojection eine Kuppe von einem Aftergrund nicht zu unterscheiden. Bei näherer Betrachtung findet sich jedoch leicht, daß die Lage der Neigungslinien zwischen zweien Kuppen, oder die zwischen einer Kuppe und einem Aftergrunde wesentlich verschieden, und demnach die Form der Horizontalen zwischen diesen Partien ebenfalls durchaus ungleich sei. Denn zwischen zwei nebeneinander liegenden Kuppen wie zwischen a und b, b und c, c und a, welche zu ein und demselben Gebirgsrücken gehören, liegt jederzeit ein Sattel, wie n, o, und p, welches zwischen einer Kuppe und einem Aftergrunde nie der Fall sein kann. Wenn demnach z. B. zwischen zweien Kuppen wie a und b sämmtliche Neigungslinien wie ad, aq, bd und bq, den Muldenlinien nd und nq in Bogen zulaufen, deren Wölbungen diesen, so wie den Rückenlinien an und bn, zugekehrt sind, so findet zwischen einer Kuppe, und einem Aftergrunde, wie zwischen a und d, der entgegengesetzte Fall statt; denn da hier sämmtliche Neigungslinien, wie ard und asd, welche nach dem Aftergrunde zu liegen, im tiefsten Punkt desselben d zusammentreffen, so bilden sie Bogen wie ard und asd, deren Höhlung der kürzesten Neigungslinie von a nach d, atd, zugekehrt sind. Dieser Richtung der Neigungslinien zufolge, bilden die Horizontalen der Kuppen a, b und c nach dem Aftergrunde zu sanfte, der geraden Linie sich nähernde Bogen, deren Höhlungen dem Grunde zugekehrt sind, wie uv, wx, und yz. Ganz der entgegengesetzte Fall findet jederzeit zwischen zweien Kuppen statt, wo die Horizontalen stets wie nach n, o und p hin Bogen bilden, deren starke rückenähnliche Wölbungen einander zugekehrt sind. Diesemnach kann man bei der Horizontalprojection einer solchen Bergpartie nicht im Zweifel sein, ob d der tiefste Punkt eines Aftergrundes, oder der höchste Punkt einer Kuppe sei; denn daß a, b und c Kuppen sind, geht aus den zwischen ihnen liegenden Sätteln n, o, und p hervor, und da zwischen d und a, d und b, d und c keine Sättel liegen, so muß d der tiefste Punkt eines Aftergrundes sein.

Wollte man d für den höchsten Punkt einer Kuppe nehmen, so müßten a, b und c die tiefsten Punkte von Aftergründen sein, und die Neigungslinien müßten von allen Punkten der Horizontale a b c d nach a, b und c herabfallen, welches, nimmt man *F.* 42. als isolirte Bergpartie an, wo dann a b c d, der Fuß sein würde, unmöglich wäre, da alle Neigungslinien von einzelnen Punkten, den höchsten der Kuppen ausgehen, nie aber von vielen Punkten einer krummen, in ihren Anfang zurückkehrenden Linie.

Wäre hingegen *F.* 42. ein Theil einer größeren Bergpartie, so könnte man die Horizontale a b c d als zum Hange gehörig betrachten, welcher von dem Bergrand, wovon die drei Gründe dann eingeschlossen wären, abhieng; in diesem Falle müßten dann bei e f und g wieder Kuppen liegen, welche mit d in n, o und p gemeinschaftliche Sättel hätten.

Diese Zweifel könnten demnach nur dadurch entstehen, wenn man nicht wüßte, ob man a b c d, als tiefer oder höher als e f, g h und i k zu nehmen habe, worüber man jedoch bei der Proj. eines ganzen Terrainabschnitts nie im Zweifel sein kann, da der Lauf der Gewässer, so wie die meisten übrigen Gegenstände dies deutlich bezeichnen.

Bei ausgeführten Plänen hebt sich diese anscheinende Schwierigkeit in der Regel schon dadurch, daß die meisten Aftergründe als mit Wasser angefüllte Behälter gezeichnet werden müssen.

Gemischt aus den hier abgehandelten Bergtheilen bestehen sämmtliche Erdberge, deren Formen demnach durch die Projection der Horizontalen im Grundriß, mit der größten Genauigkeit gegeben sind; da durch die Formen der Horizontalen alle vorkommenden Bergtheile unterschieden werden, da aus ihrer Lage die Neigungslinien, und aus ihren Abständen die Böschungswinkel derselben an allen Orten hervorgehen.

Darstellung der Böschungswinkel, durch Mischung von Licht und Schatten.

§. 83. Aus den Abständen der Horizontalen in der Horizontalprojection geht, wie eben gezeigt wurde, der Winkel der Böschung an allen Orten hervor, wenn entweder die senkrechten Entfernungen der Horizontalen bekannt sind, oder wenn zwischen zweien Horizontalen der Böschungswinkel einer Neigungslinie gegeben ist, da mit letzterem durch Construction eines Böschungsdreiecks die senkrechte Entfernung gefunden wird.

Diese senkrechte Entfernung der Horizontalen wie a p F. 24, ist zur Construction eines Böschungsmaaßstabes, vermittelst welchem, wie abgehandelt, die Böschungswinkel überall leicht gefunden werden können, unumgänglich nöthig.

Wenn nun gleich unter einer jeden Aufnahme ein Böschungsmaaßstab verzeichnet sein könnte, so würde man doch jederzeit, wenn man von derselben Gebrauch machen wollte, sich des Zirkels bedienen müssen. Wie sehr dieses den Gebrauch topographischer Pläne erschweren würde, ja wie diese, wären die Unebenheiten des Bodens nur allein durch Horizontalen bezeichnet, für viele, besonders aber militairische Zwecke, welche es durchaus nöthig machen, daß man die Neigungswinkel der Bergabdachungen großer Terrainabschnitte mit einem Blick übersehen könne, ganz unbrauchbar sein würden, leuchtet von selbst ein, und es ist demnach nöthig, diese Böschungswinkel im Planbilde so zu bezeichnen, daß sie ohne weitere Instrumente oder Berechnungen unmittelbar aus der Zeichnung hervorgehen.

Die einfachste und leichteste Methode würde hierbei sein, den Grad der Böschungswinkel mit arabischen Ziffern, zwischen je zwei und zwei Horizontalen, an allen Orten, wo die Abstände wesentlich verschieden sind, zu bemerken; wie z. B. in F. 23. zwischen den Horizontalen **efgh** und **iklm**. Hierdurch nun wäre man zwar des Aufsuchens dieser Winkel überhoben, allein die Uebersicht eines Terrainabschnitts von einigen Quadratmeilen würde immer noch schwierig sein, und durchaus nicht mit einem Blick gefaßt werden können, welches bei Karten zum Gebrauch für militairische Operationen nöthig ist. Dasselbe würde bei allen andern Karakteren der Fall sein, womit man nur beabsichtigte die Neigungswinkel zu beschreiben, ohne daß man zugleich mit darauf bedacht wäre, die verschiedenen Grade der Steilheit in die Augen springend so darzustellen, daß es zum Ueberblick eines Ganzen nicht erst nöthig würde, allen Orten die Karaktere abzulesen.

Da ferner an einem Berge mehrere kleine Vorsprünge sowohl, als Vertiefungen vorkommen können, welche auf die Form des Ganzen keinen merklichen Einfluß haben, wie z B. Terrassen, erhöhte Ränder, Gruben und der, gleichen, die durch die Horizontalen, falls man diese nicht außerordentlich nahe aneinander legen will, wodurch jedoch die Arbeit unnütz erschwert würde, entweder gar nicht, oder doch nur sehr unbestimmt markirt werden können; da diese Terrassen und dergl. aber oft militairisch zu berücksichtigen sind, und es überhaupt zur genauen Darstellung eines Berges gehört, daß auch diese ganz ausserwesentlichen Theile gezeichnet werden, so wird es auch in dieser Beziehung nöthig, die Böschungen in allen Punkten unmittelbar zu bezeichnen.

Die Aufgabe ist demnach diese: in den Grad des Böschungswinkels, an jedem Orte lesbar, und solchergestalt zu bezeichnen, daß die verschiedenen Grade der Steilheit, auch bei dem schnellsten Ueberblick sogleich in die Augen springen, und so das im Planbilde dargestellte Terrain in körperlicher Form erscheinen lassen. Will man die Körperform irgend eines Gegenstandes, in den auf einer Fläche entworfenen Umrissen desselben, darstellen, so giebt es hierzu kein anderes Mittel, als die Wirkung, welche die Beleuchtung auf einen solchen Gegenstand hervorbringt, nachzuahmen, vermittelst welcher sämmtliche Theile des Körpers (abgesehen von dem reflectirenden Licht) um so dunkler erscheinen, je spitzer, oder stumpfwinktiger sie von den Lichtstrahlen getroffen werden, und je weiter sie von dem Lichtpunkt entfernt sind; woraus demnach die Körperform, aus der Darstellung derselben in einer Ebene, sichtbar wird.

Hierbei ist es jedoch nie gleichgültig, von welcher Seite, und von welchem Punkte aus der abzubildende Gegenstand beleuchtet werde, denn, wenn gleich die Körperform desselben bei einer jeden Beleuchtung, woher auch immer die Lichtstrahlen fallen mögen, durch die Schatten bestimmt wird; so ist doch hierzu ein Lichtpunkt stets mehr als ein anderer geeignet, und es wird demnach stets ein Punkt auszumitteln sein, von wo aus ein Gegenstand so beleuchtet wird, daß durch die Mischung von Licht und Schatten die Körperform desselben am bestimmtesten hervortritt.

Dies hier im Allgemeinen angedeutete muß ebenfalls bei der Darstellung der Berge im Grundriß angewendet werden, soll anders aus dem Planbilde die Körperform derselben unmittelbar ersichtlich hervorgehen.

Soll die Wirkung der Beleuchtung auf die Unebenheiten der Erdoberfläche das Mittel sein, wodurch die verschiedenen Steilheitsgrade der Bergabhänge im Planbilde auf die möglichst markirteste Weise dargestellt werden sollen, so muß zuvörderst eine Beleuchtung hierbei als allgemeine Norm angenommen werden, da bei willkührlich anzunehmenden Beleuchtungen die Bergabdachungen unter einem und demselben Neigungswinkel bald heller, bald dunkler erscheinen würden, je nachdem sie der Lichtstrahl mehr recht- oder mehr schiefwinklig träfe.

Da es nun zur leichten Uebersicht durchaus erforderlich ist, daß ein und dieselben Winkel der Böschungen, an allen Orten wo sie vorkommen, gleichmäßig bezeichnet werden, so leuchtet leicht ein, wie unstatthaft es sein würde, wollte man jedem Zeichner überlassen, die Beleuchtung willkührlich zu wählen.

Die als Norm anzunehmende Beleuchtung darf ferner, um dem Zweck zu entsprechen, durchaus nicht von irgend einer Seite her angenommen werden, weil hierdurch nur die Böschungsgrade der dem Licht zugekehrten Berghänge, und auf diese nur in der Neigungslinie, welche mit der Richtung der Lichtstrahlen in einer Vertikalebene läge, rein bestimmt würden, hingegen sämmtliche dem Licht abgekehrten Hänge, welche von den Lichtstrahlen nicht mehr getroffen werden könnten, im vollen Schatten lägen, und demnach unbestimmt blieben. Ferner würde die Seitenbeleuchtung konsequent durchgeführt, der Schlagschatten wegen, welche hierbei die Berge wärfen, und wodurch andere, auf die sie geworfen würden, ebenfalls unbestimmt blieben, nicht zweckmäßig sein.

Man kann demnach das Licht nur von oben her annehmen, und zwar solchergestalt, daß man die Strahlenkugel sich in so großer Entfernung denkt, daß sämmtliche, einen Abschnitt der Erdoberfläche treffenden Lichtstrahlen, als untereinander parallel betrachtet werden können, so wie die von der Sonne die Erde treffenden Lichtstrahlen, keinen Strahlenkegel, sondern einen Strahlencylinder bilden.

Da nun, bei einer Strecke von einigen Quatdratmeilen, die sphärische Gestalt der Erde gar nicht in Betracht kömmt, so ist anzunehmen, daß diese Lichtstrahlen den Horizont sämmtlich rechtwinklig treffen. Wollte man hingegen die Strahlenkugel so nahe annehmen, daß die Lichtstrahlen nicht mehr als parallel zu betrachten wären, und also, indem sie vom Lichtpunkt aus divergirten, einen Strahlenkegel oder eine Strahlenpyramide, je nachdem die Grundfläche des beleuchteten Terrainabschnitts eine kreisförmige oder geradlinige Figur wäre, bilden würden, so würden ebenfalls wieder sämmtliche Punkte dieser Erdstrecke, außer dem mittelsten derselben, auf welchen der Hauptstrahl senkrecht fiele, von der Seite beleuchtet werden.

Wenn man bei einer Beleuchtung, wo sämmtliche Lichtstrahlen die horizontale Ebene rechtwinklig treffen, von der Luftmasse sowohl, als von dem in derselben allgemein verbreiteten Licht, so wie von dem reflectirenden Licht, welches beleuchtete glänzende Gegenstände auf andere, die von der Linie des reflectirenden Strahls getroffen werden, werfen, abstrahirt; so erscheint bei dieser Annahme die horizontale Ebene im vollesten Licht, die vertikale Ebene, als worauf kein Lichtstrahl mehr fallen kann, im vollen Schatten (Finsterniß) und sämmtliche zwischen 0 und 90° sich neigenden Ebenen, in einer Mischung von Licht und Finsterniß, welche letztere zunimmt, je größer der Neigungswinkel der Ebene wird, und je spitzwinkliger demnach die Lichtstrahlen diese treffen.

Wenn z. B. eine horizontale Ebene ab F. 43. im höchsten Licht erscheint, wenn sie von den aus cd fallenden Lichtstrahlen rechtwinklig getroffen wird, und wenn bei dieser Beleuchtung eine vertikale Ebene eb im vollen

Schatten erscheint, da sie von keinem der aus cd fallenden Lichtstrahlen getroffen wird, so ist die Beleuchtung schief gegen den Horizont ab geneigter Ebenen fb und gb gleich der Menge der auf sie fallenden Lichtstrahlen.

Da nun auf fb eine gleiche Menge Lichtstrahlen als auf fh der Horiz.-Proj. von fb, und auf gb eben so viel als auf gi der Horiz.-Proj. von gb fallen, so ist die Beleuchtung schief gegen den Horizont geneigter Ebenen, nach den hier angenommenen Voraussetzungen, gleich der Horiz.-Proj. dieser Ebenen, oder da fh = kb und gi = lb = der horizontalen Entfernung der Endpunkte der Neigungslinien schief geneigter Ebenen fb und gb, und da nun auf fb nur das volle Licht von kb, und auf gb nur das volle Licht von lb fällt, so verhält sich nach der Annahme in schief gegen den Horizont geneigten Ebenen, die Finsterniß zum Licht, wie die Neigungslinie oder die wahre Entfernung der Endpunkte derselben gb — der horizontalen Entfernung dieser Punkte lb : der horizontalen Entfernung lb; eben so Finsterniß zum Licht = fb — kb : kb.

Trigonometrisch würden sich diese Verhältnisse in folgender Art bestimmen: Da kb = cos. fba und lb = cos: gba, so ist die Beleuchtung schief gegen den Horizont geneigter Ebenen gleich den Cosinussen ihrer Neigungswinkel; oder da ab = fb = gb als Radien eines Kreises, und die Beleuchtung von fb = kb = cos: fba = der Beleucht. von ab — ak, und die Beleucht. von gb = lb = cos: gba = der Beleucht. von ab — al, so verhält sich, da ak der sin. vers. von fba und al der sin. vers. von gba ist, in schief gegen den Horizont geneigten Ebenen, nach den Voraussetzungen, die Finsterniß zum Licht, wie der Sinus versus zum Cosinus des Neigungswinkels gegen den Horizont.

Wenn man den hier angegebenen Verhältnissen nach, die horizontale, mit vollem Licht erleuchtete Ebene = 1 nimmt, und die Cos. d. Winkel von 5 zu 5 bis 45° aus den logarithmisch trigonometrischen Tafeln zieht, so geben diese die Stärke der Beleuchtung der schiefen Ebenen an, woraus die Menge der Lichtstrahlen in kleineren Zahlen leicht zu ziehen ist, und woraus sich alsdann die Stärke der Finsterniß, und hiernach die Mischung von Schatten und Licht durch die Differenz der Cos. und sin. tot. = sin. vers. ergiebt; oder indem man die Summe der Lichtstrahlen, welche auf eine schief gegen den Horizont geneigte Ebene fallen, von der Summe der Lichtstrahlen, welche auf eine gleich große horizontale Ebene fallen, abzieht, wie nachstehende Tabelle zeigt.

Neigungswinkel der Ebene gegen den Horizont.	Stärke der Beleuchtung, wenn die Beleuchtung der Horizontalebene = 1 genommen wird.	Menge der Lichtstrahlen, wenn auf die Horizontalebene 100 fielen.	Verhältniß des Lichts zur Finsterniß.
0° ..	1	100 ...	100 : 0
5° ..	0,9961947 ..	99 ...	99 : 1
10° ..	0,9848078 ..	98 ...	98 : 2 oder 49 : 1
15° ..	0,9659258 ...	96 ...	96 : 4 = = 24 : 1
20° ..	0,9396924 ..	94 ...	94 : 6 = = 16 : 1
25° ..	0,9063078 ..	91 ...	91 : 9 = = 10 : 1
30° ..	0,8660254 ..	87 ...	87 : 13 = = 7 : 1
35° ..	0,8191521 ..	82 ...	82 : 18 = = 9 : 2
40° ..	0,7660444 ..	77 ...	77 : 23 = = 7 : 2
45° ..	0,7071068 ..	71 ...	71 : 29 = = 5 : 2

Durch eine genaue Nachahmung dieser Verhältnisse des Lichts zur Finsterniß (Schatten) würden die Neigungsgrade der Bergabdachungen zwar aller Orten gleichmäßig bestimmt werden, allein die Schwierigkeit, diese fast unmerklichen Abstufungen des Schattentons in der Zeichnung richtig zu treffen, oder beim Gebrauch richtig zu schätzen, wozu, da man Licht und Finsterniß an und für sich nicht zweckmäßiger, als durch Weiß und Schwarz, aus deren Mischung die Schattentöne entstehen, bezeichnen kann, schon ein außerordentlich gebildetes Auge gehören würde, welches man in diesem Grade kaum von guten Zeichnern, durchaus aber nicht von einem jeden, der von Terrainauf=

nahmen Gebrauch machen will, verlangen kann. Ferner müßte eine Terrainaufnahme, wollte man die Böschungswinkel durch so äußerst zarte Abstufungen der Schattentöne bezeichnen, mit so großer Eleganz ausgeführt werden, daß schon des Zeitaufwandes wegen, der hierzu unumgänglich erfordert würde, für militairische Operationen während des Krieges kein Gebrauch davon zu machen sein dürfte, da es hier meist darauf ankömmt, in möglichst kurzer Zeit das Bild eines oft sehr ausgedehnten Terrains zu liefern. Selbst die im Frieden und bei aller Muße verfertigte Zeichnungen dieser Art, würden im Kriege, wo die Karten eine solche Deutlichkeit haben müssen, daß sie zur Noth auch bei einem Wachtfeuer gelesen werden können, und daß nicht jeder Einfluß der Witterung sie unbrauchbar und undeutlich macht, wenig nützlich sein; hierzu kommt noch, daß Kopien den Originalaufnahmen, bei der großen Schwierigkeit, die feinen Nuancen der Schattentöne genau nachzuahmen, selten ganz gleichen würden, woraus zuletzt, wenn Kopien selbst, wie dies oft nöthig sein kann, nachgezeichnet und diese wieder und so fort kopirt werden, ein Terrainbild entstehen würde, welches in Bezug auf die Böschungswinkel, der Natur sehr unähnlich, und daher unbrauchbar, ja, im Kriege selbst gefährlich sein würde.

Diesem allen nach würde es nöthig sein, zur Darstellung der Böschungswinkel im Grundriß, von den wahren Wirkungen des Lichts auf dieselben abzugehen und eine Tonmischung anzunehmen, wodurch von 5 zu 5° mindestens, die Winkel mehr markirt würden, wenn nicht die Wirkung, welche das Licht auf polirten Flächen für's Auge hervorbringt, ein Mittel an die Hand gäbe, wodurch die Abstufungen der Tonmischungen, von 0 bis 45° weit bestimmter werden, als solches bei erleuchteten glanzlosen Gegenständen der Fall ist. Wenn nun gleich, wie jeder weiß, die Oberfläche der Berge weder glänzend noch polirt ist, so ist es doch vorzuziehen, daß man sie nach den Gesetzen der Beleuchtung, welche hierbei statt finden würden, darstellt, als daß man sie ganz gesetzlos, durch blos conventionelle Schattenmischungen bezeichnet.

Nach katoptrischen Lehren werden die auf polirte Flächen fallenden Lichtstrahlen in einem eben so großen Winkel, als in welchem sie einfallen, wieder zurückgeworfen (reflectirt).

Nimmt man nun eine glänzend geschliffene Kugelfläche a b, *F.* 44. an, auf welcher von c, d, e, und f, untereinander parallele Lichtstrahlen cg, dh, ei und fk fallen, so werden diese, von den Einfalls- oder Zurückstrahlungspunkten g, h, i und k, nach l, m, n und f geworfen, so daß die einfallenden Strahlen cg, dh, ei und fk, mit der Kugelfläche gleiche Winkel, wie die zurückgeworfenen Strahlen gl, hm, in und kf bilden, also W. cgh = W. lga, W. dhi = W. mhg und W. eik = W. nih; fk fällt, als die Kugelfläche rechtwinklig treffend, in sich selbst zurück.

Fällt man auf die Kugelfläche, in den Einfalls- oder Zurückstrahlungspunkten g, h und i Perpendikel go, hp, und iq, welche man Einfallsperpendikel nennt, und die bei einer Kugelfläche, rückwärts verlängert, durch den Mittelpunkt der Kugel r gehen, so sind die Winkel, welche die einfallenden Strahlen mit ihrem Einfallsperpendikel bilden (Einfallswinkel), gleich den Winkeln, welche mit denselben Perpendikeln die zurückgeworfenen Strahlen bilden (Zurückwerfungswinkel), also W. cgo = W. ogl, W. dhp = W. phm, und W. eid = W. din.

Bei dieser Beleuchtung erscheint dem senkrecht über der Kugelfläche angenommenen Auge der Punkt k, auf welchen der Lichtstrahl wie fk senkrecht fällt und demnach in sich selbst zurückgeworfen wird, am hellsten; je größer hingegen die Winkel werden, welche die einfallenden, mit den zurückgeworfenen Strahlen, bilden, um so schwächer wird die Kugelfläche erleuchtet scheinen, so daß bei g, wo der Lichtstrahl cg im Winkel von 45° die Kugelfläche trifft, und demnach so zurückgeworfen wird, daß der zurückgeworfene Strahl gl, mit dem einfallenden Strahl cg einen rechten Winkel bildet, wonach gl horizontal fortgeführt, nirgend das senkrecht beschauende Auge erreichen kann, die Kugelfläche lichtlos erscheinen wird.

Hieraus geht hervor, daß bei beleuchteten polirten Flächen, nach obigen Annahmen, der Schatten zum Licht sich verhalte, wie der Einfallswinkel + dem Zurückwerfungswinkel : 90° — dem Einfallswinkel + dem Zurückwerfungswinkel.

Nimmt man nun an, ab F. 45. sei die Neigungslinie einer polirten schiefen Ebene gegen den Horizont ac, de der aus d senkrecht einfallende Lichtstrahl, welcher bis zum Horizont ac verlängert gedacht, bei f mit demselben rechte Winkel bildet, ge der Einfallsperpendikel, und eh der zurückgeworfene Strahl; so verhält sich der Schatten zum Licht der in ba geneigten Ebene wie $z + y : 90° - z + y$. Da nun $o = v$ und $o + x = v + y = R$: so ist $x = y$, nun ist $y = z$ also $2x = y + z$, also Schatten zum Licht $= 2x : 90° - 2x$, das ist $= x : 45° - x$. Es verhält sich also nach obigen Voraussetzungen, bei schief gegen den Horizont geneigten Ebenen, der Schatten zum Licht, wie der Böschungswinkel zu seinem Erfüllungswinkel zu 45°.

Hiernach ergeben sich für die Böschungswinkel von 5 zu 5 bis 45° nachstehende Verhältnisse von Schatten und Licht.

Böschungsgrade.	Verhältniß von Schatten und Licht, oder von der Menge des Schwarzen zur Menge des Weißen in der Mischung.
0°	0 : 45
5°	5 : 40 = 1 : 8
10°	10 : 35 = 2 : 7 = 1 : $3\frac{1}{2}$
15°	15 : 30 = 3 : 6 = 1 : 2
20°	20 : 25 = 4 : 5
25°	25 : 20 = 5 : 4
30°	30 : 15 = 6 : 3 = 2 : 1
35°	35 : 10 = 7 : 2 = $3\frac{1}{2}$: 1
40°	40 : 5 = 8 : 1
45°	45 : 0.

Diese Wirkung der Beleuchtung, wonach die horizontalen Ebenen im höchsten Licht (weiß) und die im Winkel von 45° gegen den Horizont geneigten, im tiefsten Schatten (schwarz) dem senkrecht beschauenden Auge erscheinen, ist ganz vorzüglich für die Bergzeichnung brauchbar; da, wie mehrmal schon bemerkt wurde, erdige Berghänge nicht unter größeren Winkeln als 45° gefunden werden. Alle übrigen steilern Abhänge sind felsig, und bedürfen, da sie weder für den Anbau noch für den Krieg von unmittelbarem Nutzen sind, keiner genauen Bezeichnung der Böschungswinkel, da auch ohnedies aus dem die Felsen umgebenden Terrain, und aus der Horiz.-Proj. derselben, der Böschungswinkel, wie weiter unten ausgeführt werden soll, zu entnehmen ist.

Für den Anbau eines Berghanges sowohl, als für die Benutzung eines solchen zu militairischen Bewegungen, macht es im Ganzen keinen Unterschied, ob derselbe um 1 bis 2° steiler oder flächer bezeichnet wurde, als er wirklich ist; dieses gilt ganz besonders für die steileren Böschungen von 20 bis 45°, wobei es in der Regel vollkommen genügt, wenn die Böschungswinkel nur von 5 zu 5° mit Genauigkeit dargestellt werden. Wenn man nun, wie in obiger Tabelle geschehen ist, das Verhältniß des Schwarzen zum Weißen in der Mischung, für die Winkel von 5 zu 5 bis 45° nach den, aus den vorhergegangenen Betrachtungen, sich ergebenden Resultaten auszieht, so ergeben sich neun Abstufungen von Weiß bis Schwarz, welche in kurzer Zeit, selbst bei geringen Anlagen zum Zeichnen, eingeübt, und sehr leicht geschätzt werden können, wie meine Erfahrung, bei einem mehrjährigen Unterricht, mir zur Genüge lehrte.

Bergstriche und deren Anwendung.

§. 84. Unter den Mitteln, welche man, um diese Abstufungen der Schattentöne darzustellen, wählen könnte, ist wohl nicht leicht ein zweckmäßigeres zu finden, als die von Lehmann eingeführten Schraffirstriche, welche man, da sie nicht wie die bei jedem anderen Zeichnen üblichen Schraffirstriche, übereinander gekreuzt werden, Bergstriche nennt. Diese Schraffirart hat vor der gekreuzten besonders deshalb den Vorzug, weil durch die Richtungen der Bergstriche die Neigungslinien mit dargestellt werden können; wenn man erstere so führt, daß sie sämmtliche Horizontalen rechtwinklig schneiden. Ferner geht aus dieser Schraffirart das Verhältniß des Schwarzen zum Weißen deutlicher hervor, und ist auch selbst leichter darzustellen, als mit den gekreuzten Strichen, denn so, wie sich die Breite der Bergstriche zur Breite ihrer Zwischenräume verhält, so verhält sich im Ganzen stets das Schwarze zum Weißen in der Mischung, oder Schatten und Licht, wie die Darstellung dieser Verhältnisse durch Bergstriche in der Scala F. 46. zeigt; während mit gekreuzten Strichen eine solche einfach mathematische Genauigkeit in der Darstellung des Schattentons nicht möglich wäre, und dies demnach dem bloßen Gefühl des Zeichners überlassen bleiben müßte, wobei im Ganzen auf wenig Genauigkeit zu rechnen sein dürfte. Eine Darstellung der Schattentöne in der sogenannten Tuschmanier, mit dem Pinsel ausgeführt, würde, wie einleuchtet, noch größere Unbestimmtheiten erzeugen, als die gekreuzte Schraffirmethode; auch würde hierdurch das Lesen der Pläne deshalb sehr erschwert werden, weil die Zeichnungen den Kupferstichen nicht ähnlich sein würden, es müßten denn letztere geschabt, oder in der sogenannten Schwarzenkunst-Manier ausgeführt werden, was jedoch aller übrigen Gegenstände des Bodens wegen, welche besonders scharf begrenzt dargestellt werden müssen, unthunlich sein würde.

Die Anwendung dieser Bergstriche ist folgende: Nachdem in der Zeichnung die Form eines Berges, wie z. B. Pl. I. der Haarhäuser Weinberg, durch Horizontalen x x.... bestimmt, und die Neigungslinien, von den Kuppen bis zum Fuße, in den Entfernungen von etwa 2 bis 4''' mit Bleistift angegeben wurden, fängt man von den höchsten

Punkten des Berges an, mit der Feder die Bergstriche, in den Richtungen der Neigungslinien, also überall rechtwinklig auf die Horizontalen zu zeichnen, wobei man durch das Verhältniß der Breite der Bergstriche, zur Breite ihrer Zwischenräume aller Orten den Winkel der Böschung bezeichnet. Dieses Verhältniß ist am leichtesten zu treffen, wenn man sich wie *F*. 47. in sehr großem Bilde zeigt, den Raum zwischen a c und b d, als von der linken Grenzlinie der Breite eines Bergstrichs a c, bis zur linken Grenzlinie der Breite des zunächstfolgenden b d, und so fort, in neun gleiche Theile, wie durch die Linien 1. 1', 2. 2'. . . . getheilt denkt. Hat man nun z. B. den Winkel von 5°, wo sich nach obiger Tabelle der Strich zum Zwischenraum wie 1:8 verhalten muß, darzustellen, so zeichnet man den Strich so fein, daß er, wie zwischen a und b nur $\frac{1}{9}$ der Breite dieses Raums einnimmt. Hat man den Winkel von 10° darzustellen, so giebt man dem Strich wie bei e eine Breite die $\frac{2}{9}$ des ganzen Raums einnimmt. Soll der W. von 15° dargestellt werden, so erhält der Strich wie bei f $\frac{3}{9}$ oder $\frac{1}{3}$ der ganzen Raumbreite. Für die Darstellung von 20° $\frac{4}{9}$ derselben, wie bei g; für 25°, $\frac{5}{9}$ wie bei h; für 30°, $\frac{6}{9}$ oder $\frac{2}{3}$ wie bei i; für 35°, $\frac{7}{9}$ wie bei k; und für 40°, $\frac{8}{9}$ wie bei l. 45° wird wie in der Scala F. 46, gleich 40° gezeichnet und schachbrettförmig durchrissen, da durch eine vollkommen schwarze Anlage die Neigungslinien nicht bezeichnet würden, und die Harmonie der Zeichnung durch ganz schwarze Flecke widrig gestört würde; wie denn auch auf einer solchen Anlage der Anbau wie Wein, Wald rc. nicht mehr bezeichnet werden könnte.

Die Bergstriche, welche durch ihre Richtungen die Neigungslinien bezeichnen, sind demzufolge, theils gerade, theils gebogen, untereinander parallel oder nicht, wie dies unter dem Paragraph über die Richtungen der Neigungslinien bei den verschiedenen Bergtheilen, angegeben wurde; diesemnach können sie, da durch das Verhältniß der Breiten des Strichs und Zwischenraums der Böschungswinkel bezeichnet werden soll, nicht überall, wie in F. 46. Rechtecke bilden, welches nur allein bei einer stät geböschten Wand der Fall ist, weil hier die Neigungslinien parallel laufen, und der Böschungswinkel ununterbrochen derselbe bleibt; doch kann man auch bei solchen Hängen, wo die Horizontalen nur geringe Bogen bilden, wie z. B. an den meisten Stellen der nördlichen und südlichen Hänge der Schloßleite Pl. I, und wo also die Neigungslinien nach dem Fuße zu nur wenig divergiren, die Bergstriche zwischen zweien Horizontalen als parallel annehmen, so daß auch bei solchen Hängen, wenn sie stät geböscht sind, die Bergstriche als Rechtecke gezeichnet werden können. Ist hingegen der Hang concav oder convex geböscht, so müssen die Bergstriche keilförmig gezeichnet werden, und zwar im erstern Falle oben breiter als unten, wie z. B. in den nördlichen und südlichen Hängen des Haarhäuser Weinbergs, und im letztern Falle unten breiter als oben, wie im südlichen Hange des Lachenberges. Ebendasselbe gilt auch von den gebogenen Bergstrichen.

Bei den Theilen, wo die Bergstriche entweder nach dem Fuß oder nach der Kuppe zu stark divergiren, müssen sie insgemein, sie seien gerade oder gebogen, keilförmig gezeichnet werden, wie bei Rücken, Mulden u. dergl. denn, wenn auch diese Partien stät geböscht wären, so würden doch die dann durchgängig gleich großen Böschungswinkel durch Bergstriche, welche unter einander divergiren, und in sich gleiche Breiten hätten, nicht dargestellt werden, weil hierdurch die Verhältnisse der Striche zu den Zwischenräumen, die bei stäten Böschungen überall gleich sein sollen, ungleich sein würden. An Stellen, von welchen die Bergstriche ausgehen, wie von den höchsten Punkten der Kuppen, oder wo sie zusammenfallen, wie in den tiefsten Punkten der Aftergründe, oder wo der Fuß sanft in den Horizont übergeht, müssen die Bergstriche ganz spitz zugeführt werden u. s. f., wie sich das durch die Lage der

Striche, und die damit darzustellende Böschungswinkel von selbst ergiebt.

Zwischenhorizontalen.

§. 85. Die Bergstriche, welche vom höchsten Punkt einer Kuppe aus, von Horizontale zu Horizontale, bis zum Fuße hin so gezeichnet werden, daß die Horizontalen die Linien der Strichabsätze bilden, würden, wollte man sie aller Orten ohne Unterbrechung von einer Horizontale zur andern führen, an den Stellen, wo die Böschungswinkel klein, und demnach die Horizontalen sehr weit von einander entfernt sind, eine solche Länge erhalten, daß es erstens schwierig sein würde, mit einem Federzuge rein und scharf die Richtung derselben anzugeben; zweitens: würden diese langen Striche, besonders bei den Rücken, wo sie am meisten vorkämen, so bedeutend unter einander divergiren, daß man genöthigt sein würde, um das Verhältniß des Schwarzen zum Weißen darzustellen, den Strichen nach der Seite hin, wo sie divergiren, eine so große Breite zu geben, daß hierdurch die Harmonie der Zeichnung gestört, und die Bezeichnung des Anbau's auf den Bergen unkenntlich gemacht würde. Es ist demnach nöthig, zwischen so weit voneinander entfernten Horizontalen die Bergstriche ein oder mehreremale, je nachdem die Entfernungen der Horizontalen groß sind, abzusetzen, zu welchem Zweck man, um die Richtungen der Bergstriche zu bestimmen, zwischen zweien so weit entfernten Horizontalen noch eine oder mehrere zeichnet, und diese so weit führt, als der Zweck es erfordert; siehe Pl. I.

Diese Horizontalen, welche sich in der Zeichnung von den ersteren größtentheils dadurch unterscheiden, daß sie nicht in ihren Anfang zurückkehren, werden Zwischenhorizontalen, und erstere alsdann Haupthorizontalen genannt.

Wenn zwei Haupthorizontalen an allen Orten so weit von einander entfernt sind, daß durchgängig zwischen beiden eine Zwischenhorizontale nöthig wird, welche alsdann, sind die Entfernungen der Haupthorizontalen überall nur wenig verschieden, ebenfalls wie die Haupthorizontalen in ihren Anfang zurückkehrt; so kann man doch in diesem Falle bei einer ausgeführten Zeichnung nicht im Zweifel bleiben, ob dies eine Haupt- oder Zwischenhorizontale sei; da der, durch die Bergstrich- und Zwischenraumbreiten dargestellte Böschungswinkel mit den Entfernungen der Horizontalen im bestimmten Verhältniß steht; so daß, wenn die senkrechten Entfernungen aller Haupthorizontalen als einander gleich angenommen werden, bei gleichen Böschungswinkeln, in einer Terrainpartie, auch sämmtliche horizontale Entfernungen der Horizontalen einander gleich sein müssen; was aber der Fall nicht sein würde, wollte man eine Zwischenhorizontale für eine Haupthorizontale nehmen, da alsdann diese horizontale Entfernung im Vergleich mit den übrigen, bei gleichen Böschungswinkeln, nur die Hälfte oder einen andern aliquoten Theil, je nachdem ein oder mehrere Zwischenhorizontalen gelegt wurden, von letztern seyn würde.

Die Form der Zwischenhorizontalen wird durch die Neigungslinien bestimmt, deren Lage, wie früher gezeigt wurde, durch die Form der Haupthorizontalen gegeben ist. Man legt demnach die Zwischenhorizontalen, nachdem die Form eines Berges, durch die Haupthorizontalen verzeichnet, und die Neigungslinien angegeben worden sind, an allen Orten, wo die Haupthorizontalen so weit von einander entfernt sind, daß die Bergstriche zwischen diesen abgesetzt werden müssen, rechtwinklig durch die Neigungslinien.

Schönheit und Correktheit einer Bergzeichnung.

§. 86. Hinsichtlich der Schönheit und Correktheit einer Bergzeichnung hat man besonders auf nachstehende Regeln zu achten.

Erstens. Die Entfernungen der gleichnamigen Grenzlinien der Bergstriche müssen durchgängig, wo die Neigungslinien als parallel zu betrachten sind, für die Bezeichnung aller Winkel von 0 bis 40° gleich groß angenommen werden; wie die Scala F. 46. zeigt. Dieses, was man einerlei Maaßstab im Schraffiren halten, zu nennen pflegt, trägt nicht nur zur Schönheit, sondern auch zur Deutlichkeit der Zeichnung ungemein viel bei. Wo die Bergstriche untereinander bedeutend divergiren, muß man suchen, die mittelsten Entfernungen derselben so zu halten, daß sie dem, bei der Zeichnung angenommenen Maaßstab im Schraffiren gleich sind.

Zweitens. Dieser Maaßstab im Schraffiren richtet sich nach der Größe des Maaßstabes der Aufnahme, so daß die Strich- und Zwischenraumbreiten durchgängig um so größer angenommen werden müssen, je größer der Maaßstab der Aufnahme ist. Hierbei ein richtiges und schönes Verhältniß zu treffen, ist eigentlich Sache des Geschmacks, der durch das Kopiren guter Aufnahmen gebildet werden muß. Im Ganzen kann man jedoch dabei als Regel annehmen, daß der Maaßstab im Schraffiren so gehalten werden müsse, daß die Zeichnung ein getuschtes Ansehen gewinnt, wenn man das Auge so weit davon entfernt, als nöthig ist, um den Zusammenhang des Terrains im Ganzen beurtheilen zu können. Da man nun, um diesen Zusammenhang zu überschauen, das Auge um so weniger von der Zeichnung entfernen darf, je kleiner der Maaßstab derselben ist, so müssen auch die Bergstriche und Zwischenräume im Durchschnitt um so feiner gehalten werden, je kleiner der Maaßstab der Aufnahme ist, weil sonst die Zeichnung dieses getuschte Ansehen nicht haben würde. Daß ferner der Maaßstab im Schraffiren sich nach dem Maaßstabe der Aufnahme richten müsse, ist besonders auch deshalb nöthig, weil auf den im Bilde dargestellten Unebenheiten des Bodens, sämmtliche Gegenstände des Anbau's bezeichnet werden müssen, die im Bilde um so kleiner erscheinen, je kleiner der Maaßstab desselben ist. Wollte man nun die Terrainunebenheiten mit zu starken Bergstrichen bezeichnen, so würden die meisten Gegenstände des Anbau's nicht mehr mit der nöthigen Deutlichkeit darauf dargestellt werden können. Ebendasselbe gilt für die Planschrift, welche, des geringen Raumes sowohl, als der Schönheit der Verhältnisse wegen, ebenfalls um so kleiner gehalten werden muß, je kleiner der Maaßstab der Aufnahme ist, so daß diese auf unverhältnißmäßig starken Bergstrichen, auch alle Deutlichkeit verlieren würde.

Es ist ein nicht seltener Irrthum vieler Zeichner, welche glauben, es trage zur Schönheit einer Zeichnung besonders bei, wenn diese mit ganz feinen Schraffirstrichen ausgeführt werde; so findet man denn oft Pläne in ganz großem Maaßstabe, die mit den feinsten Strichen gezeichnet sind, so daß der Beschauer von reinem Geschmack, ein ängstliches Gefühl nicht unterdrücken kann, wenn er bedenkt, welche Zeit und Mühe hierauf nicht nur unnütz, sondern zum Nachtheil der Schönheit einer Zeichnung verschwendet wurde. Diese zu feinen Striche geben der Zeichnung jederzeit, wenn sie auch mit der größten Delikatesse angewendet wurden, ein ängstliches und unkorrektes Ansehen, während die Anwendung eines verhältnißmäßigen Schraffirmaaßstabes der Zeichnung diejenige Freiheit, Reinheit und Bestimmtheit giebt, ohne welche wahre Schönheit nicht denkbar ist. Es ist diesemnach selbst besser, die Bergstriche eher etwas zu stark, als zu schwach zu zeichnen, wenn nur dadurch die Deutlichkeit der Schrift und des Anbau's in der Zeichnung nicht verliert.

Da außer den bekannten Plänen von Lehmann bis jetzt keine vorhanden sind, welche in dieser Hinsicht als Muster eines guten Geschmacks dienen könnten, so dürfte dem angehenden Zeichner anzurathen sein, daß er gute Kupferstiche, welche Köpfe oder geschichtliche Gegenstände darstellen, in dieser Beziehung aufmerksam betrachte; wie z. B. den meisterhaft gestochenen Johannes nach Dominichino von Müller, oder die besten Blätter von Raphael Morghen nach Raphael Sanzin's Compositionen u. a. Hierbei würde jeder leicht fühlen und einsehen, daß die außerordentliche

Schönheit solcher Blätter unmöglich durch feine Schraffirstriche hätte erreicht werden können.

Drittens: Dürfen die Absätze der Bergstrichreihen nicht in die Augen fallen, deshalb müssen diese Strichreihen so ineinander gefügt werden, daß weder weiße Ränder stehen bleiben, noch durch die Zusammenfügung schwarze Ränder entstehen, so daß das Auge in der angemessenen Entfernung von der Zeichnung durchaus keine Horizontalen bemerkt. Ferner müssen die Bergstriche scharf begrenzt werden, weil dies eines Theils zur Schönheit der Zeichnung unumgänglich nöthig ist, und weil anderntheils es ohnedem nicht möglich sein würde, ein genaues Verhältniß der Strich- und Zwischenraumbreiten anzugeben.

Zuletzt müssen die Bergstriche so genau in den Linien der Neigung geführt werden, daß ein jeder Strich (außer bei Bergkanten und Kämmen) in seiner Richtung nach oben zu verlängert, den höchsten Punkt der Kuppe trifft.

Tonmischungen für die Böschungswinkel von 2 zu 2, von 0 bis 20°.

§. 87. Wenn es bei den steileren Berghängen, welche sich unter einem Winkel zwischen 20 und 45° abböschen, insgemein für unseren Zweck genügt, wenn nur die Winkel von 5 zu 5° dargestellt werden, so ist dies doch nicht bei den Böschungswinkeln, besonders von 0 bis 15° der Fall, wo von irgend einer guten Zeichnung, vorzüglich wenn sie eine flache Gebirgsgegend oder Hügelland darstellt, eine genauere Bezeichnung der Böschungswinkel, nämlich die von 2 zu 2° verlangt werden kann. Hierauf ist um so mehr zu achten, da diese flacheren Berghänge, selbst im Hochgebirge bei weitem den größten Theil des Bodens einnehmen. Bei Hügelland, wo sich die Abhänge, außer bei den Grundrändern, selten steiler, als im Winkel von 10° gegen den Horizont neigen, würde eine Darstellung dieser Neigungswinkel durch zwei Tonmischungen, als die wodurch 5 und 10° ausgedrückt werden, nur ein sehr ungenügendes Bild geben; denn wenn gleich in ebenomischer Hinsicht für den Anbau, oder in militairischer für Truppenbewegungen, es keinen wesentlichen Unterschied macht, ob ein Berghang 2° steiler oder flacher ist, als er in der Zeichnung dargestellt wurde, so ist doch eine genauere Bezeichnung dieser flachen Bergpartieen in militairischem Betracht, besonders in Bezug auf verdeckte Stellungen, dominirende Punkte u. dergl. nöthig, da überhaupt diese flacheren Gegenden für taktische Operationen die wichtigsten sind.

Wenn man nun die Böschungswinkel von 0 bis 20°, von 2 zu 2° durch die Mischung von Schwarz und Weiß bezeichnen will, so erhält man, da nach dem Vorhergegangenem sich das Schwarze zum Weißen in der Mischung verhalten muß, wie der damit zu bezeichnende Böschungswinkel zu seinem Erfüllungswinkel zu 45°, nachstehende Verhältnisse für die Strich- und Zwischenraumbreiten; welche in der Scala F. 48. bildlich dargestellt wurden.

Böschungsgrade.	Strichbreiten	Zwischenraumbreiten.	Verhältniß der Striche z. d. Zwischenr. in kleineren Zahlen.
2°	2	43	1 : 21.
4°	4	41	1 : 10.
6°	6	39	1 : 6½.
8°	8	37	1 : 4½.
10°	10 . . .	35	1 : 3½.
12°	12	33	2 : 5½.
14°	14	31	2 : 4½.
16°	16	29	4 : 7.
18°	18	27	2 : 3.
20°	20	25	4 : 5.

Darstellungsart felsiger Partien.

§. 88. Felsenberge werden wie die erdigen Bergabhänge von 40° Böschung gezeichnet, und so durchrissen, daß sie ein Bild von den, durch die Steinmassen unterbrochenen Neigungslinien der Hänge geben, wie Pl. I. der südliche Fuß des Wachsenburg- und der nordöstliche Fuß des Mühlberger Schloßberges.

Felsensteine u. dergl. werden ihrer Form nach auf den Horizont projektirt, und eben wie die Felsenhänge bezeichnet, nur mit dem Unterschiede, daß man horizontale, oder nur wenig von der horizontalen Ebene abweichende Flächen weiß läßt, und die übrigen Abschüssigkeiten um so dunkler, vermittelst der durchrissenen Bergstriche bezeichnet, je steiler sie sind; so daß man hierbei nicht nur die Tonmischung für den Winkel von 40°, sondern auch die übrigen Mischungen der Scala anwendet.

Da es hierbei jedoch nicht auf große Genauigkeit ankömmt, weil die Felsensteine nur hinsichtlich ihrer Größe und Lage, nicht aber hinsichtlich ihrer Form bis auf das kleinste Detail, für unsere Zwecke, Interesse haben, so genügt es stets, wenn man das Einzelne derselben nach dem Augenmaaße einzeichnet.

Viertes Kapitel.

Darstellung der Böschungswinkel, nach der im Preußischen Staat gegenwärtig eingeführten Scala.

§. 89. Im Preußischen Staat ist gegenwärtig durch Sr. Exzellenz den Herrn Generallieutenant von Müffling eine Scala zur Bezeichnung der Böschungswinkel bei topographischen Vermessungen eingeführt, welcher ganz die bisher entwickelten Gesetze der Beleuchtung zum Grunde liegen, und die nur in sofern von der Lehmannschen Scala verschieden ist, als nach ihr die Böschungswinkel nicht wie bei dieser durch reine Schraffustriche, sondern zur größern Bestimmtheit, von 5 zu 5° noch durch besondere Karaktere bezeichnet werden, wie F. 49. zeigt.

Die Anwendung dieser Scala ist besonders bei militairischen Vermessungen von unverkennbarem Nutzen; denn vermittelst derselben wird es erstens möglich, daß auch weniger geübte Zeichner, als die Anwendung der Lehmannschen Scala erfordert, ein brauchbares Bild einer Gegend liefern können; da, wenn es diesen auch nicht gelingt, das richtige Verhältniß der Mischung von Schwarz und Weiß zur Bezeichnung der Böschungswinkel auf das genaueste zu treffen, es doch aus den angewendeten Karakteren stets noch ersichtlich bleibt, welchen Winkel der Böschung sie bezeichnen wollten.

Zweitens: sind Pläne vermittelst dieser Scala ausgeführt, für ungeübte Leser, wenn sie nur die Karaktere kennen, brauchbarer, als die Lehmannschen, und somit gemeinnütziger.

Drittens: können beim Kopiren, durch Mangel an richtiger Schätzung und Nachahmung der Tonverhältnisse, keine Fehler in Darstellung der Neigungswinkel, wenigstens der von 5 zu 5° entstehen, wie dies bei der Lehmannschen Scala so leicht der Fall ist; denn, wenn nur überall die Karaktere beibehalten werden, so giebt auch die ungeübteste Hand, wie oft auch Kopien wieder nachgezeichnet werden mögen, ein brauchbares Bild des dargestellten Terrains.

Wie richtig alles dies für die Praxis, und besonders bei Aufnahmen im Kriege ist, leuchtet ohne Weiteres ein.

Wenn vermittelst dieser Scala es leichter ist, eine brauchbare Terrainaufnahme zu liefern, als durch Anwendung der Lehmannschen; so ist es doch schwieriger erstere als letztere anzuwenden, wenn zugleich Schönheit und richtige Darstellung der Tonverhältnisse von der Zeichnung verlangt werden, da beides durch eine Mischung von geraden, geschlängelten, starken, feinen und abgerissenen Strichen weit schwerer, und wohl nie in dem Grade zu erreichen sein möchte, als mit einfachen Schraffirstrichen. Wenn diesemnach die Schönheit einer Situationszeichnung, nach der Müfflingschen Scala dargestellt, der Schönheit einer solchen vermittelst der Lehmannschen Scala ausgeführt, wohl um einiges nachstehen dürfte, so wiegt diesen unwesentlichen Umstand die allgemeinere Brauchbarkeit der ersteren doch vollkommen auf, da bei einer topographischen Zeichnung nicht Delikatesse, sondern Wahrheit und möglichst allgemeine Brauchbarkeit erster Zweck ist.

Die Böschungen, welche zwischen den Winkeln von 5 zu 5° fallen, werden hier, wie bei der Lehmannschen Scala, durch die ihnen zukommende Mischung von Schwarz und Weiß unterschieden, so daß z. B. der Neigungswinkel von 8° mit den Karakteren von 10° bezeichnet wird, daß aber das Schwarze zum Weißen in der Mischung bei ersterem sich wie 1 : 4½, bei letzterem hingegen wie 1 : 3½ verhält; so der Winkel von 12° mit den Karakteren für 15°, jedoch mit dem Unterschied, daß bei ersterem das Schwarze zum Weißen sich verhalte wie 2 : 5¼, bei letzterem aber wie 1 : 2 u. s. f.

Die Müfflingsche Scala ist, den damit angestellten Versuchen nach, nur bei Plänen in größeren topographischen Maaßstäben füglichst anwendbar, bei Plänen hingegen in kleineren Maaßstäben, wie, wo z. B. die Größe des Bildes, zur Größe der in demselben dargestellten Terraingegenstände, sich wie 1 : 100000 und darüber verhält, kann diese Scala nicht mehr gut angewendet werden, da hierbei, um die Schrift und die Gegenstände des Anbau's leserlich zu erhalten, die Karaktere so fein gezeichnet werden müßten, daß dadurch die Deutlichkeit derselben verloren gehen würde, und somit der Vorzug, welchen diese Scala vor der Lehmannschen hat, verschwände. Da übrigens von Reductionen im Maaßstabe von 1 : 100000 und darüber, eine solche Genauigkeit in Bezug auf das Detail der Unebenheiten des Bodens nicht mehr verlangt werden kann, als von Aufnahmen in großen Maaßstäben, und es hierbei nur noch darauf ankömmt, die Böschungswinkel der Abhänge im Allgemeinen, so wie nur die Hauptformen des Terrains im Bilde deutlich darzustellen, so kann hier die Lehmannsche Scala auch von solchen Zeichnern angewendet werden, welche die Fertigkeit nicht besitzen, vermittelst die-

dieser jeden Böschungsgrad mit vollkommenster Genauigkeit darzustellen.

Aus diesen Gründen wird auch gegenwärtig im Preußischen Staat, bei Reduktionen im Maaßstab von 1 : 100000 und darüber, die Lehmannsche Scala angewendet.

Fünftes Kapitel.

Darstellungsart der in topographischen Plänen außer den Unebenheiten des Bodens zu bezeichnenden Gegenstände.

§. 90. Der Major Lehmann erklärt sich in seinem Werke über Situationszeichnen gegen den Gebrauch der Farben zur Bezeichnung der Gewässer, des Anbau's, und aller derer Gegenstände des Bodens, die nicht zu den natürlichen Unebenheiten desselben gehören, weil seiner Meinung nach die Farben, bei topographischen Zeichnungen angewendet, der Schönheit derselben Abbruch thun; welches auch wohl ziemlich unbestritten der Fall sein dürfte, und zwar ganz besonders, wenn die Farben ohne Geschmack und Gefühl für Harmonie, ja selbst ohne die nöthige Fertigkeit in Behandlung derselben, wie dies meist geschieht, gebraucht werden. Es ist jedoch nicht zu verkennen, daß die vermittelst Farben bezeichneten Gegenstände des Anbau's rc. weit mehr in die Augen leuchten, als wenn sie nach den Lehmannschen Vorschriften durch Karaktere mit schwarzer Tusche dargestellt werden, wonach die Pläne durch Anwendung der Farben eine größere Deutlichkeit und sonach Brauchbarkeit gewinnen.

In den, nach Lehmann's Vorschriften hierüber gezeichneten Plänen entschwinden mehrere Gegenstände des Anbau's, besonders wenn sie sich auf steilem Terrain befinden, dem Auge fast gänzlich, wie Heidestücke, Weinanpflanzungen u. dergl., so daß man mit einem Plane, vorzüglich wenn er in einem nicht ganz großen Maaßstabe ausgeführt ist, lange bekannt sein kann, bevor man an solchen Stellen die Bezeichnung des Anbau's entdeckt. Man sehe in dieser Beziehung Lehmanns sonst vortrefflichen Plan vom Plauenschen Grunde, so wie seinen Plan im kleinsten topographischen Maaßstabe. Dann ist es besonders bei weniger correkt gezeichneten Plänen oft zweifelhaft, ob Brücken oder auch andere Bauwerke von Stein oder Holz sind. Ob mit Rändern bezeichnete Wege Dämme oder Hohlwege vorstellen sollen, geht aus der Zeichnung derselben nirgend unmittelbar hervor, und kann nur von dem Terrainkenner aus der Form und Beschaffenheit des Bodens, worüber sie führen, abgenommen werden.

Außer dem Vorzug der Deutlichkeit, welcher aus der Bezeichnung des Anbau's 2c. vermittelst Farben hervorgeht, ist noch ein anderer, nämlich der einer großen Zeitersparung besonders bei militairischen Aufnahmen nicht unwichtig, da man mit Farben in einer Stunde mehr solcher Gegenstände des Anbau's bezeichnen kann, als nach den Lehmannschen Vorschriften in einer Woche möglich sein würde, wollte man diese auch nur mit einiger Schönheit ausführen. Man nehme z. B. die Lehmannsche Manier, Gewässer zu schraffiren, an; welch einen Aufwand von Zeit erfordert diese Darstellungsart! und wie schwer ist sie zu erlernen, denn es gehört bestimmt eine längere Zeit dazu, sie einzuüben, als selbst zur Einübung der Bergzeichnung nöthig ist. Ferner wäre, um diese Manier allgemein anzuwenden, nöthig, bei jeder Aufnahme den Stromstrich und die Wassertiefen aufzusuchen; eine Sache, die nicht von jeder topographischen Aufnahme gefordert wird, und im Ganzen auch hierzu nicht nöthig ist, da der Terrainkenner aus dem Lauf und der Größe eines Flusses, mit Hülfe der Flußufer und des nebenliegenden Terrains, auf den Stromstrich und die Wassertiefen mit großer Zuverlässigkeit schließen kann; auch ist dies im Kriege nur hauptsächlich in Bezug auf Durchfuhrten, Ritte und Brückenschlagen zu wissen nöthig, wo alsdann solche Stellen bei der Veränderlichkeit der Wassertiefen, des Stromstrichs und der Ufer, doch besonders untersucht werden müssen.

Eine etwanige Einwendung, daß topographische Zeichnungen, mit Hülfe der Farben ausgeführt, den Kupferstichen oder Steindrücken nicht ähnlich seien, und daß bei diesen doch Karaktere für den Anbau ꝛc. ꝛc. angewendet werden müßten, ist nicht von Gewicht, da das Koloriren solcher Abdrücke mit äußerst geringem Zeit- und Kostenaufwand bewerkstelliget werden kann, besonders wenn man wie in Pl. I. die Wälder unkolorirt läßt, was der Deutlichkeit des Plans durchaus keinen Abbruch thut.

Aus diesen Gründen werden gegenwärtig bei den durch den Staat veranlaßten topographischen Vermessungen allgemein die Gewässer und der Anbau mit Farben bezeichnet, und zwar nach folgenden Grundregeln, und in nachstehender Art.

Man kolorirt im Allgemeinen die Gegenstände des Anbau's ꝛc. so, wie sie dem Auge erscheinen, wenn dasselbe von oben herab eine Strecke Landes übersieht, abgesehen jedoch von dem veränderlichen Farbenspiel, welches durch verschiedene Beleuchtungen, besonders bei glänzenden Gegenständen entsteht, wie denn eben so wenig von dem reflectirenden Licht, wodurch die Farbe eines Gegenstandes sich mit der eines andern vermischt, wenn das zurückgeworfene Licht des einen auf den andern fällt, hier die Rede sein kann.

So wendet man denn insgemein die natürlichen Farben der Gegenstände rein und ungemischt, wie sie von oben herabgesehen im Ganzen erscheinen, zur Bezeichnung derselben bei topographischen Plänen an; da es hierbei jedoch besonders, um die möglichst deutlichste Unterscheidung der verschiedenen Gegenstände zu thun ist, so hat man sich nie ganz streng an diese Grundregel gebunden, da mehrere Gegenstände des Anbau's beinahe ein und dieselbe Farbe haben, wovon die herrschendste die grüne ist, und da es hiebei auf eine malerische Darstellung nicht ankömmt.

In Plänen, welche hauptsächlich zum militairischen Gebrauch bestimmt sind, bezeichnet man nur solche Gegenstände des Anbau's, welche die freien Bewegungen der Truppen hemmen, und für diese in allen Jahreszeiten als Hindernisse zu betrachten sind, welche ohne bedeutende Schwierigkeiten und Zeitverlust, nicht weggeschaft werden können, wie Wald- Obst- Weinanpflanzungen u. derg.; dahingegen wird aller Getreide- und Gemüsebau nicht bezeichnet, weil er entweder den Truppenbewegungen kein Hinderniß ist, oder doch leicht fortgeschaft werden kann. Eben so hat es für taktische Operationen kein allgemeines Interesse zu wissen, aus welchen Holzarten ein Wald besteht, oder was für Obstbäume sich in den Anlagen finden ꝛc. Man bezeichnet daher Wald- und Obstanpflanzungen mit gleichen Farben und Karakteren, nur mit dem Unterschied, daß bei letzteren die Karaktere, welche die einzelnen Bäume darstellen, regelmäßig, in meist geraden untereinander parallelen Linien, wie die Obstbäume in der Regel angepflanzt sind, und bei ersterem unregelmäßig, in freien Gruppen, wie die Bäume in den meisten Wäldern stehen, bezeichnet werden. Bei den Wäldern unterscheidet man nur, ob sie dicht oder licht sind, und in welchem Grade dies der Fall ist, welches durch die mehr oder wenigere Dichtigkeit der Karaktere bezeichnet wird. Der Major Lehmann unterscheidet in seinen militairischen Plänen noch Nadel- und Laubholz, doch ist dies aus obigen Gründen nicht allgemein angenommen worden. Ferner bezeichnet man in militairischen Plänen solche Gegenstände mit Farben, welche bei Lagerungen, für Fouragirungen ꝛc. von Nutzen sein können; wie Wiesen, Hutweiden u. derg.

Bei dem Gebrauch der Farben für topog. Pläne ist, der Schönheit derselben wegen, besonders auf eine gewisse Harmonie der Farbentöne zu achten, welche einestheils in der richtigen Mischung dieser Töne, anderentheils aber, und zwar hauptsächlich, darin besteht, daß die Stärke und das Leuchtende eines Tons, sich zu den übrigen Farbentönen in der Zeichnung verhalte, wie der Gegenstand, welcher damit bezeichnet wird, sich hinsichtlich seines Hervorleuchtens zu den übrigen Gegenständen des abzubildenden Terrainabschnitts verhält. So z. B. fällt bei einer Landschaft nichts stärker in die Augen, als die Ortschaften und einzelnen Gehöfte, diese müssen demnach vor allen stark und leuchtend bezeichnet werden, und zwar wieder unter sich verschieden, nach Maaßgabe ihrer Größe, und des Materials ihrer Gebäude. Hiernächst leuchten die Gewässer stark in die Augen, doch mehr durch eine helle als dunkle Farbe, danach fallen die Wälder, besonders als Massen von einer dunkeln doch nicht zu starken Farbe auf. Die Wiesen erscheinen als leuchtende Flächen, jedoch nicht mit dem Glanze wie die Gewässer; Hutungen, Heideland, Sumpf, Moor u. dergl. erscheint in matten Farben und unterscheidet sich nur wenig von dem übrigen Boden. In diesen Verhältnissen nun, wie die Farben der Gegenstände in der Natur zu einander stehen, müssen sie auch in den Plänen zu einander gebracht werden. Wer das Gefühl für die richtigen Farbenmischungen, und für die verhältnißmäßige Stärke der Töne noch nicht genügend durch das Kopiren guter Pläne, oder auch durch Landschaftsmalen in Wasserfarben u. dergl. ausgebildet hat, der muß sich besonders hüten, die Töne nicht zu stark und schreiend aufzutragen, weil hierdurch die Harmonie des Ganzen weit mehr gestört wird, als wenn diese Töne zu schwach und zu matt aufgetragen werden. Dieser Theil des Planzeichnens wird, besonders bei militairischen Aufnahmen, meist auf das ärgerlichste vernachlässigt, so daß man sehr oft gut aufgenommene Pläne findet, wo die Unebenheiten des Bodens mit allem Fleiß gezeichnet wurden, wobei aber die Farben so unharmonisch und unrein aufgetragen sind, daß das Ganze einen höchst widrigen Eindruck macht, und der Plan hierdurch hinsichtlich der Schönheit als gänzlich verdorben zu betrachten ist.

Bei einigen Gegenständen des Bodens, wie den Wegen z. B. welche mit den Boden eine Farbe haben, muß man jedoch von dieser sich aus der Natur ergebenden Harmonie der Farben abweichen; da es nöthig ist, die Wege in einem Plane ihrer besonderen Wichtigkeit wegen, in die Augen fallend zu bezeichnen, doch darf man auch hier nur die Farben so stark austragen, daß eben der Zweck der Deutlichkeit erreicht ward, so daß sie das Bild des Ganzen nicht störend durchschneiden.

Im Preußischen Staat werden bei den topographischen Arbeiten gegenwärtig die Gegenstände des Landbodens nach den von dem Herrn Major v. Decker für diesen Zweck herausgegebenen Musterblättern gezeichnet. Um die hierin vorkommenden Farbentöne zu mischen, sind außer der schwarzen Tusche noch drei andere Tuschfarben, als: rother Karmin, Zinnober und Franzblau, ferner Gummigutti und Grünspan nöthig. Die erstern vier Farben werden, wie alle Tusche, in Wasser aufgerieben, der Grünspan hingegen wird am besten in Weinessig aufgelöst, und zum Gebrauch abgeklärt.

Die in militairischen Plänen mit Farben zu bezeichnenden Gegenstände des Bodens sind folgende, und werden in nachstehender Art dargestellt.

Städte. Die Straßen und Plätze werden mit schwarzer Tusche ausgezogen, und bleiben weiß; die hierdurch begrenzten Felder der Häuser werden, wenn sie zu Theilen der Stadt gehören, die meist von Stein gebaut sind, mit blassen Karmin angelegt, und mit einem etwas dunklern Schattenstrich versehen; gehören diese Felder zu meist aus Holz gebauten Stadtvierteln, so werden sie mit blasser schwarzer Tusche angelegt, und erhalten ebenfalls einen etwas dunkleren grauen Schattenstrich. Ausgezeichnete Gebäude werden mit einer Mischung von Zinnober und Karmin (Purpur) dunkel angelegt, und die Stadtmauern mit derselben Farbe ausgezogen.

Flecken, wie Mühlberg Pl. I. Die Straßen und Plätze werden mit einer Mischung von Gummigutti, Karmin und etwas Schwarz (Wegebraun) hell angelegt, die hierdurch und durch die äusseren Grenzlinien der Gärten gebildeten Felder, werden mit einer Mischung von Grünspan und etwas Gummigutti (Gartengrün) colorirt, und dabei die Kirchhöfe und großen Gehöfte, welche weiß bleiben, ausgespart; die Häuser werden, sind sie von Stein, mit Mittelpurpur, sind sie von Holz, schwarz ausgezeichnet. Sind die Häuser zusammenhängend, wie in Städten, so werden sie durch regelmäßig aneinandergereihte kleine Quadrate, die durch einen breiten Strich, der die Straße begrenzt, verbunden sind, dargestellt. Ausgezeichnete Gebäude bekommen Dunkelpurpur.

Dörfer werden wie Flecken, aber nie mit zusammenhängenden Häuserreihen gezeichnet.

Kirchen werden in Kreuzform, wie in Pl. I. dargestellt.

Einzeln liegende Gehöfte werden wie die Häuser in Dörfern gezeichnet.

Einzeln liegende Gärten mit Gartengrün angelegt.

Mühlen werden mit einer radförmigen Figur, wie in Pl. I. gezeichnet. Die Schrift giebt die Art der Mühlen an. Dasselbe gilt von Hammer- und Hüttenwerken. Bei kleinen Maaßstäben wird die Schrift abbrevirt, oder nur durch die Anfangsbuchstaben angegeben.

Gewässer werden mit Franzblau hell angelegt, und bekommen einen etwas dunklern Schattenstrich. Kleine Bäche und Gräben werden mit Dunkelblau ausgezogen.

Brücken werden, sind sie von Holz, gelb, sind sie von Stein, mit mittelstarkem Karmin angelegt.

Stege bleiben weiß.

Zug- Schiff- fliegende Brücken, Fähren rc. werden nach ihrer Grundform gezeichnet, und am besten noch durch Schrift kenntlich gemacht.

Chausseen, wenn sie von Stein sind, werden mit zwei Linien, einer schwachen und einer starken, welche letztere unten und rechts kömmt, mit der Reißfeder ausgezogen, mit blassem

Karmin angelegt und auspunktirt. Gewöhnliche Chausseen werden wie obige ausgezogen, und mit dunkler Wegefarbe angelegt.

Landstraßen, wie Pl. I. die von Mühlberg nach Arnstadt, werden wie gewöhnliche Chausseen gezeichnet, nur daß der Schattenstrich oben und links kömmt.

Feldwege bezeichnet man mit einer feinen schwarzen Linie, woneben unten oder rechts eine breitere mit Wegebraun kömmt.

Fußwege, mit einer punktirten Linie mit Wegebraun übergangen.

Dämme werden wie Chausseen gezeichnet, sind sie von Stein mit blas rothem Karmin, sind es Erd- oder Knüppeldämme mit dunkler Wegefarbe angelegt. Die Anlagen der Erhöhungen zu beiden Seiten, werden mit blaßer schwarzer Tusche, wobei die rechts oder unten liegende mit etwas stärkerer bezeichnet wird, angelegt, um sie in der Zeichnung von den Hohlwegen unterscheiden zu können, bei welchen die Ränder nach der Bergzeichnungslehre dargestellt werden. Um die Knüppeldämme von den Erddämmen zu unterscheiden, werden erstere noch der Breite des Dammes nach schraffirt.

Wiesen und Hutungen werden mit einer Mischung von Gummigutti und etwas Grünspan (Wiesengrün) siehe Pl. I. hell angelegt. Nasse Wiesen werden außerdem, wie Pl. I. im Teich, mit blauer Tusche durch wagrechte Striche in sägeförmigen Gruppen schraffirt.

Bruch wird wie nasse Wiese bezeichnet; nur die Schraffirung etwas dunkler, wobei noch das Gestrüpp auf denselben durch Gruppen kleiner senkrechter Strichelchen angegeben wird.

Moosbrücher werden wie Brücher behandelt, nur weitläufiger noch als nasse Wiesen schraffirt; außerdem werden die Gestrüppgruppen mit blaßer Wegefarbe unterstrichen.

Heiden werden mit sehr gelbem Wiesengrün angelegt, mit Gestrüpp bezeichnet, was blaß violett unterstrichen wird.

Weichland (Felder mit Sommerwasser) bleibt wie alle anderen Felder weiß, wird aber mit ganz blaßblauer Tusche und zwar mit dem Pinsel, wagrecht in der Art wie die nassen Wiesen schraffirt.

Weinberge werden wie in Pl. I., mit Gummigutti hell angelegt.

Wald, die Bäume werden mit einer Mischung von Schwarz und Karmin in länglich senkrechter Form bezeichnet, und erhalten nach unten zu einen schwarzen Punkt. Die mehr oder wenigere Dichtigkeit des Waldes wird durch dichtere oder lichtere Gruppen dargestellt. Plantagen werden durch regelmäßig schachbrettförmig gestellte Bäume bezeichnet. Junges Holz wird durch kleinere hellere und mehr in runder Form gezeichnete Bäume dargestellt.

Torfstiche, wie in Pl. I., werden hellgrau angelegt.

Sand, Kies, Lehmgruben, Steinbrüche 2c. werden mit einer Mischung von Gummigutti und etwas Karmin blaß angelegt.

Sechstes Kapitel.

Planschrift.

§. 91. Um die Namen der Gegenstände des Bodens auf topographischen Plänen anzugeben, bedient man sich gewöhnlich fünf romanischer Schriftarten, als der stehenden und liegenden Kapitalschrift, der stehenden und liegenden römischen Schrift, und der italischen Schrift. Diese Schriftarten sind einfach, bestimmt, schön und leicht einzuüben.

Die stehende Kapitalschrift wendet man bei allen größten und Hauptgegenständen des Bodens an, als: zu den Namen der Meere, Gebirge, Ströme, Städte, großen Waldungen und der etwanigen Ueberschrift des Plans.

Die liegende Kapitalschrift gebraucht man zu den Namen der Gebirgstheile und Zweige, der großen Flüsse, de

Marktflecken, der mittleren Waldungen, der stundenweit sich ausdehnenden Seen, Moräste, Brücher, Heiden....

Die stehende römische Schrift wendet man zur Beschreibung größter Berge, mittlerer Flüsse, Seen, Moräste, Brücher, der Dörfer und kleinern Waldungen .... an.

Die liegende römische Schrift gebraucht man, um mittele Berge, einzelne Gehöfte, kleine Flüsse, Seen, große Wiesen, Hutweiden, Gemeinde-Wälder, Chausseen... zu beschreiben.

Die italische Schrift verwendet man zu den Namen aller kleinsten Gegenstände des Landbodens, als: zur Beschreibung der Theile eines Berges, der untergeordnetsten Benennungen eines Waldes, eines See's, einer Wiese, der Hügel, der kleinsten fließenden und stehenden Gewässer, der Wege, Obstanlagen, Weinberge, Steinbrüche, Lehm-, Sandgruben u. dergl.

Die Größe der Planschrift muß mit der Größe des Maaßstabes der Aufnahme und der Größe der zu beschreibenden Gegenstände im Verhältniß stehen. Dieses Verhältniß zu treffen, ist eigentlich Sache des guten und ausgebildeten Geschmacks, so daß sich hierüber nicht viele Regeln geben lassen.

Die Schrift muß ebenfalls in Harmonie mit dem ganzen Plane und den einzelnen Gegenständen desselben gebracht werden; sie darf daher nicht so groß gezeichnet werden, daß sie bei einem Plane allein hervortritt und ins Auge fällt, so daß alles übrige dagegen wie in den Hintergrund schwindet; sie darf auch nicht so klein geschrieben werden, daß es erscheint, als verberge sie sich hinter den dargestellten Gegenständen, so daß man genöthigt wäre sie zu suchen. Die Schrift muß demnach so deutlich und in demselben Verhältniß in's Auge fallen, wie die durch sie beschriebenen Gegenstände im Plane selbst beim ersten Blick auffallen, und sich in dieser Beziehung zu einander verhalten. So schreibt man also die Namen der Wege, Gehöfte, Dörfer, Städte und aller übrigen Gegenstände des Bodens um so größer, je größer sie selbst sind, und je größer der Maaßstab der Aufnahme ist.

Da man nicht bei jedem militairischen Zeichner diesen richtigen Geschmack voraussetzen kann, so pflegt man bei vom Staate veranlaßten Vermessungen gewöhnlich ein bestimmtes Schriftmaaß für die fünf gebräuchlichen Schriftarten anzunehmen, welches dem jedesmaligen Maaßstabe der Aufnahme entspricht und für eine mittele Größe der zu beschreibenden Gegenstände sich eignet; wodurch wenigstens der allzugroßen Ungleichheit und Geschmacklosigkeit der Planschrift, bei den von verschiedenen Zeichnern gefertigten Sectionen vorgebeugt wird, da es hiernach nur noch dem Gefühl der Zeichner überlassen bleibt, die Höhe der Schrift für die Gegenstände, welche über oder unter der mittlern Größe sind, selbst zu bestimmen. Ein solches Normalschriftmaaß für die topographischen Arbeiten des Königl. Preußischen Generalstabes findet sich bei den von dem Herrn Major v. Decker für diesen Zweck herausgegebenen Musterblättern, und kann hier, wo es sich um allgemeine Lehren, nicht aber um Anwendung dieser auf bestimmte Arbeiten handelt, nicht füglichst aufgenommen werden. Bei diesen Vorschriften ist noch eine sechste Schriftart, die topographische Cursivschrift benannt, aufgenommen worden, welche ich jedoch hier ausließ, da sie sich von der italischen beinahe gar nicht unterscheidet.

Sämmtliche durch Kunst entstandene Gegenstände des Bodens, wie Ortschaften, Gehöfte, Kunststrassen, regelmäßig angelegte Forste, Gartenanlagen, Obstbaumpflanzungen, Bergwerke u. dergl. werden insgemein mit in gerader Linie fortlaufender Schrift bezeichnet, welche, mit nur seltenen Ausnahmen (wie z. B. bei Kunststrassen, wo man die Schrift mit der Straße parallel führt) dem obern und untern Sectionsrande gleichlaufend gezeichnet wird.

Die durch die Natur geformten Gegenstände des Bodens, wie Gebirge, Berge, fließende Gewässer, Wege, bei denen keine künstliche Anlage zum Grunde liegt u. dgl. werden hingegen meist durch in gebogener Linie laufende Schrift bezeichnet. Dieser Bogen wird so geführt, daß er sich der Form des zu beschreibenden Gegenstandes im möglichst schönsten Verhältniß anschmiegt; hierbei muß die Schrift stets so geführt werden, daß sie, wenn man den Plan gerade vor sich liegen hat, von der linken nach der rechten Hand gelesen werden kann, sie gehe von unten nach oben oder von oben nach unten schief durch den Plan; weil sonst der Plan gedreht werden müßte, wenn man die Schrift lesen wollte.

Bei Gegenständen des Bodens von großer Ausdehnung, besonders solcher, die sich bedeutend in die Länge ziehen, wie Gebirge, Flüsse, Wege u. dergl. werden die Buchstaben und Worte, welche zur Benennung gehören, so weit auseinander gerückt, daß der Name sich mindestens über den größten Theil des Gegenstandes verbreitet. Bei Gegenständen aber, die mehr auf einen Punkt concentrirt sind, wie kleine Ortschaften, einzeln liegende Gehöfte, kleine Berge, Steinbrüche u. dergl. werden die Buchstaben nahe an einander gezeichnet; so daß im Allgemeinen die Entfernung der Schriftzeichen von einander um so größer werden muß, je größer die Ausdehnung eines Gegenstandes ist und je weniger Buchstaben zur Benennung desselben erforderlich sind; doch darf durch ein zu weites Auseinanderrücken der Buchstaben keine Unleserlichkeit entstehen, so daß sehr weit sich erstreckende Gegenstände, wie z. B. fließende Gewässer, lieber an mehreren Orten beschrieben werden müssen.

Zur Schönheit einer Planschrift gehört zuletzt noch die Anordnung derselben; es ist hierbei nicht gleichgültig, welche Stellen auf oder neben den Gegenständen zum Schreiben der Namen derselben gewählt werden, daher man hierzu solche wählen muß, wo die Schrift möglichst wenig von anderen Gegenständen des Plans durchschnitten wird, auch nicht in dunkel bezeichnete Berghänge zu liegen kömmt, weil sonst die Reinheit und Deutlichkeit des Plans leiden würde. Bei Gegenständen, welche nach diesen allgemeinen Regeln es erlauben, daß die Schrift auf ihnen selbst angebracht werden kann, wie bei den meisten Bergen, Wäldern, Flüssen, Seen, Wiesen, Hutungen u. dergl. thut man dies, um Irrungen zu vermeiden, stets; wo aber die Gegenstände dieses nicht zulassen, wie bei Ortschaften, Gehöften, Steingruben ꝛc., da pflegt man die Schrift, (wenn es die nebenliegenden Gegenstände nur irgend erlauben), an der rechten Seite derselben, und so viel als möglich nach oben zu, zu zeichnen.

Auf die Schönheit der Schrift selbst, welche hauptsächlich in der richtigen Zeichnung der Buchstabenverhältnisse in sich und zu einander, so wie in der Schärfe der Ausführung besteht, ist ganz besonders viel zu geben, da die Planschrift immer sehr stark ins Auge fällt, wenn man den Plan im Ganzen betrachtet, und dieserhalb in der Regel durch eine schlechte Schrift die schönste Zeichnung gestört und verdorben wird, wo hingegen durch eine schöne Schrift, ein mittelmäßig und selbst schlecht gezeichneter Plan für das Auge sehr gehoben werden kann.

Anhang zum zweiten Theil.

Uebungen im Planzeichnen.

Erstes Kapitel.

Vorübungen.

§. 92. In den meisten Bildungsanstalten, wo Planzeichnen Gegenstand des Unterrichts ist, bedient man sich, wenn irgend nur die Zeit es erlaubt, als Vorübung zu diesem des freien Handzeichnens, da die in einem topographischen Plane vorkommenden Formen der Gegenstände in dieser Beziehung zu unbestimmt und unregelmäßig sind, als daß sie sich für die ersten Zeichnenübungen vollkommen eigneten; denn bei allen Uebungen im Zeichnen ist Bildung des Auges im richtigen Beurtheilen, und Bildung der Hand im richtigen Nachahmen der Formen erster und letzter Zweck, der um so besser erreicht wird, je regelmäßiger und bestimmter die Formen sind, welche dem Schüler zur Nachahmung vorgelegt werden; denn je weniger regelmäßig und bestimmt solche Formen sind, je weniger kann das noch nicht ausgebildete Auge sie richtig beurtheilen, und je weniger fallen demnach die Abweichungen von der rechten Form beim Nachbilden dem Schüler in die Augen. Geht man nun die Gegenstände der Natur, welche man gewöhnlich im Bilde darzustellen pflegt, durch, so findet man, daß die Form des menschlichen Körpers die regelmäßigste und bestimmteste ist, so daß sie sich diesemnach vor allen andern Formen der Naturgegenstände am besten eignet, einen Zeichner zu bilden. Die Form der Thiere ist ihrer natürlichen Bekleidung, ihrer Aehnlichkeit der verschiedenen

Gattungen und mehr dergl. wegen, schon weit weniger für allgemeine Zeichnenübungen geeignet; am wenigsten aber entsprechen diesem Zweck die Formen der todten Natur, und es ist demnach sehr fehlerhaft, den Anfänger nach Landschaften, Blumen oder dergl. zeichnen zu lassen. Hierdurch wird nie ein korrekter Zeichner gebildet werden, denn je unbestimmter die Formen sind, um desto weniger entstellen die Fehler den durch die Umrisse dargestellten Karakter des Gegenstandes.

Wenn in mehreren Schriften über Planzeichnen das Landschaftszeichnen als eine besonders zweckmäßige Vorübung empfohlen wird, so kann dies nur auf dem Wahn beruhen, als habe das perspectivische und malerische Landschaftszeichnen etwas mit der topographischen Darstellung einer Gegend gemein; was jedoch in keinem Stücke der Fall ist, wenn man diese beiden ihrem Zwecke nach ganz verschiedenen Darstellungsarten genau betrachtet, denn nicht die kleinste Regel, welche bei der einen gilt, kann bei der andern angewendet werden.

Wenn nun die Formen des menschlichen Körpers unter allen in der Natur die regelmäßigsten und bestimmtesten sind, so sind sie ihrer Mannigfaltigkeit und Schönheit wegen, auch zugleich die schwierigsten, und dieserhalb nicht füglich für die ersten Zeichnenübungen anzuwenden, da es bei einem jeden Gegenstande des Unterrichts nöthig ist, vom Leichteren zum Schwereren überzugehen. Da aber die übrigen Formen der Naturgegenstände sich, wie oben im Allgemeinen angeführt wurde, hiezu nicht eignen, so bedient man sich zu diesem Zwecke am besten solcher Formen, welche die Kunst hervorgebracht hat, und wobei eine besondere Regelmäßigkeit vorherrschend ist; und da die Umrisse dieser Formen aus geraden und gebogenen Linien, so wie aus Winkeln, welche diese Linien bilden, bestehen, so ist es dem Zwecke entsprechend, mit rein geometrischen Figuren den Anfang zu machen.

Man beginnt demnach die Uebungen mit dem Nachahmen der Länge und Richtung einer geraden Linie; geht hierauf zur Nachahmung zweier Linien und des Winkels, in welchem sie sich schneiden, über; zeichnet alsdann nach einfachen regelmäßigen geometrischen Figuren, und geht so fort zu immer zusammengesetzteren und schwierigern über; endlich übt man sich im Zeichnen der gebogenen Linie, und der freien Nachahmung der durch solche Linien mannigfach zu construirenden regelmäßigen Figuren.

Hat der Anfänger hierin einige Festigkeit erlangt, so sind für die ferneren Uebungen keine Formen zum Nachahmen mehr zu empfehlen, als die von antiken Gefäßen und architektonischen Verzierungen, welche unter allen Kunstbildungen die regelmaßigsten sind, und welche durch ihre Schönheit zugleich auf die Ausbildung des Geschmacks Einfluß haben. Hierbei fängt man ebenfalls wieder mit einfachen Formen an, und geht so stufenweise bis zu den zusammengesetzteren und schwierigern über.

Hat vermittelst des Nachbildens dieser Formen der Schüler einen solchen Grad von Fertigkeit erlangt, daß er mit dem Kopiren der Formen des menschlichen Körpers anfangen kann, so beginnt man diesen Unterricht mit den Theilen des Kopfes, geht hiervon zu den Theilen des Körpers über, und übt sich endlich im Nachbilden ganzer menschlichen Figuren in verschiedenen Stellungen und Situationen.

Wer die Fertigkeit erlangt hat, die Formen des menschlichen Körpers, als die für die Nachahmung schwierigsten in der Natur zu zeichnen, für den wird es ein leichtes sein, jeden anderen Gegenstand der Natur und Kunst, wenn er ihn auch nie früher sah, nachzubilden. Aus diesen und den oben angeführten Gründen, werden auf allen Akademien und guten Kunstschulen die Zeichner auf dem angegebenen Wege gebildet, da diese Grundlage, ohne Einseitigkeit und Mängel aller Art zu erzeugen, nie fehlen darf, welches Fach der bildenden Kunst auch später von den Schülern ausnahmsweise bearbeitet werden mag.

Es ist wirklich auffallend, wie in gewöhnlichen Zeichnenschulen der Unterricht immer noch meist in Landschaft-, Blumen-, Thierzeichnen u. dergl. ertheilt wird; da dieser Weg offenbar weit langsamer zur Einseitigkeit, als der hier beschriebene zur Allseitigkeit führt.

Wenn man diese Anfangsgründe des freien Handzeichnens nur als Vorübungen für das Planzeichnen ausschließlich betrachtet, so ist es nicht eben durchaus nöthig, daß man einen großen Grad der Fertigkeit darin erlangt habe, bevor man die Planzeichnenübungen selbst anfangen könne, da die in topographischen Plänen vorkommenden Formen von keiner großen Schwierigkeit sind; so daß man als zuverlässig annehmen darf, daß wer die Fertigkeit besitzt, einen mittelmäßig schweren Kopf gut zu kopiren, auch jede in einer Situationszeichnung vorkommende Form mit Genauigkeit werde nachbilden können.

Diese Stufe der Fertigkeit im freien Handzeichnen, dürfte man demnach in den Unterrichtsanstalten, wo Planzeichnen gelehrt wird, nur zu erreichen suchen, womit man alsdann die Vorübungen als genügend beendet betrachten könnte.

Ferner ist es bei den Vorübungen zum Planzeichnen nicht nöthig, die Schatten der nachzubildenden Gegenstände nachzuzeichnen, denn es genügt für diesen Zweck vollkommen an den Umrissen derselben, da diese Schatten auf die Planzeichnung durchaus keine Anwendung finden, weil die Art der Beleuchtung, durch welche die Schatten bei perspectivisch dargestellten Gegenständen entstehen, eine ganz andere ist, als diejenige, welche man bei topographischen Zeichnungen annimmt; ja es hat dieses sogenannte Schattiren bei den Vorübungen sogar zwei nicht unwichtige Nachtheile für die eigentlichen Planzeichnenübungen.

Erstens: gewöhnt sich der Anfänger hierdurch an ein blos oberflächliches Schätzen der Stärke des Schattentons, so wie an ein allmähliches Erreichen dieser Stärke durch öfteres Ueberschraffiren, was aber beim Bergzeichnen keinesweges genügend und anwendbar ist, da zuerst hierbei das Verhältniß des Schwarzen zum Weißen in der Mischung nicht blos oberflächlich, wie mit dem ungebildeten Auge des Anfängers, geschätzt, sondern mit möglichster Genauigkeit vermittelst der Strich- und Zwischenraumbreiten gemessen werden muß; und da zuletzt die Stärke des Schattentons nicht durch allmähliches Ueberschraffiren erreicht werden kann, sondern jeder Bergstrich als beendet betrachtet werden muß, so bald ihn die Feder verläßt.

Zweitens: wendet man beim freien Handzeichnen entweder schwarze Kreide oder Rothstein an, deren Behandlungsart eine durchaus andere als die der Feder ist, da die Kreide beim Schattiren stumpf, flüchtig und frei, die Feder hingegen scharf und bestimmt geführt werden muß. Zuletzt giebt sich der Anfänger beim Zeichnen mit Kreide nicht die Mühe, die Schattenformen sogleich mit der möglichsten Genauigkeit nachzuahmen, da es hier sehr leicht ist das Gezeichnete so lange zu ändern, bis es die nöthige Richtigkeit erhält. Alles dies ist jedoch beim Zeichnen mit der Feder nicht thunlich, da hierbei jeder Strich bleiben muß, oder doch nur mit großer Schwierigkeit und mit Gefahr, die ganze Zeichnung zu verderben, fortgeschafft werden kann.

Nach allem diesen erzeugen sich durch das Schattiren mit der schwarzen Kreide Angewöhnungen, welche beim Federzeichnen als Untugenden gelten, und die hernach erst mit Mühe beseitigt und abgewöhnt werden müssen. Diese Erfahrung habe ich an meinen Schülern bei einem mehrjährigen Unterricht in der Regel gemacht, und stets gefunden, daß selbst solche, welche früher nie gezeichnet hatten, bei nur einigen Anlagen hierzu, weit schneller die Fertigkeit erlangten, die Tonverhältnisse der Scala richtig zu zeichnen, als diejenigen, welche früher im freien Handzeichnen mit der Kreide sich geübt hatten, da man bei diesem Unterricht im Allgemeinen sehr früh, wie schon bei dem Zeichnen nach Gefäßen mit dem Schattiren anzufangen pflegt.

Dagegen fand ich jederzeit, daß diejenigen meiner

Schüler, welche im freien Handzeichnen früher gar keinen, oder nur einen schlechten Unterricht erhalten hatten, nie durch das Planzeichnen allein die nöthige Fertigkeit erlangten, einen Berg durch seine Horizontalen, oder sonstige bei einem Plane vorkommenden Gegenstände richtig zu entwerfen, da diese Formen durchaus nicht geeignet sind das Auge auszubilden. Eben so sind mir viele recht fertige topographische Aufnehmer bekannt, denen es, nachdem sie schon viele Jahre in diesem Fache gearbeitet haben, immer noch die größte Schwierigkeit ist, einen Plan nach ihren Feldarbeiten (Croqui's) zu entwerfen, oder, wie man dies zu nennen pflegt, in Blei zu legen, um denselben in's Reine zu zeichnen. Sie sind deshalb jederzeit genöthigt, dieses in Blei legen, vermittelst eines Kopirnetzes von äusserst kleinen Quadraten zu bewerkstelligen, und dann noch überall den Zirkel, und bei Reductionen einen Reductionsmaaßstab anzuwenden, so daß eine solche Procedur, die ein im freien Handzeichnen Geübter in einem Tage vollkommen richtig bewerkstelligen kann, denen, welche diese Vorkehrungen bedürfen, eine Woche und mehr Zeit raubt, um solchen Entwurf nur mangelhaft zu Stande zu bringen; denn durch den immerwährenden Gebrauch des Zirkels werden die gebogenen Linien der Horizontalen, so wie die Grenzlinien der Gewässer und aller übrigen Gegenstände des Bodens zerknickt, und es fehlt dem Entwurfe stets die Freiheit und Schönheit, welche diese Formen in der Natur haben. Dies nun trägt sich auch auf die Ausführung über, da der Entwurf die Grundlage derselben ist, und es kann demnach eine solche Zeichnung nie vollkommen schön ausfallen, da derselben die Freiheit fehlt.

Aus diesen Gründen halte ich es für nöthig, daß dem Planzeichnen das freie Handzeichnen, in der angeführten Art, und bis zu dem angegebenen Grad der Fertigkeit, als Vorübung vorausgehen müsse, sollen anders diese Uebungen überhaupt den Zweck haben, die Grundlage zur Ausbildung eines vollkommenen Planzeichners zu sein.

Zweites Kapitel.

Zeichnenmaterial.

§. 93. Der Vollständigkeit wegen wird es zweckmäßig sein, hier noch das Nöthigste über Zeichnenmaterialien zu sagen.

a) Papier. Zum Federzeichnen überhaupt kann man sich nicht gut eines anderen, als des sogenannten Velinpapiers bedienen, welches sich von anderen Zeichnenpapieren im Wesentlichsten dadurch unterscheidet, daß es nicht wie diese Drathstreifen hat. Das beste Velinpapier ist das englische, welches sich durch Stärke, durch eine äußerst reine und feine Masse, vorzüglich aber durch eine dem feinsten Pergament ähnliche Glätte und Farbe, so wie durch ein sehr richtiges Maaß des Leims auszeichnet. Die übrigen Velinpapiere sind um so besser, je mehr sie den Grad der Vollkommenheit dieser Eigenschaften des englischen erreichen. Schlechte Eigenschaften des Velinpapiers sind erstens: eine unreine Masse oder ein solcher Guß, so daß sich Flecken zeigen, wenn man dasselbe gegen das Licht hält. Zweitens: eine zu grobe Masse, welche sich durch die Rauheit des Papiers zeigt; diesen Fehler weniger in die Augen fallend zu machen, wird oft das Papier so stark geglättet, daß es einen spiegelgleichen Glanz und eine Glätte erhält, welche beim Zeichnen sehr störend ist, weil hierauf sowohl die Feder als der Stift ausgleitet. Drittens: Mangel an Leim, oder eine ungleiche Verbreitung desselben, welche durch die Ungleichheit der Papiermasse mit entsteht. Diesen Fehler findet man leicht, wenn man das Papier an irgend einer Stelle anfeuchtet, und alsdann gegen das Licht hält, wo man bald sieht, ob die Feuchtigkeit durchschlägt oder nicht, oder ob ersteres nur zum Theil der Fall ist. Viertens: zu viel Leim im Papier, wodurch es eine dem Zeichnen nachtheilige Härte erhält, und sonach die nothwendige Weiche und Nachgiebigkeit verliert, auch die Farben schlecht annimmt. Funftens: eine ins bläuliche fallende Farbe, welche der Zeichnung ein kaltes Ansehen giebt, und die Harmonie der Farben stört. Sechstens: eine zu geringe Stärke, wodurch das Papier nur sehr schwierig glatt und ungebrochen zu erhalten ist. Hiernach muß sich der angehende Zeichner eine Kenntniß des Papiers verschaffen, da eine schlechte Wahl desselben seiner Arbeit äußerst nachtheilig ist, ja dieselbe ganz unnütz machen kann.

b) Federn. - Die Zeichnenfedern müssen besonders gut und rein gezogen werden, damit sie weder zu weich noch zu hart ausfallen. Im erstern Falle kann man mit denselben nicht die nöthige Schärfe der Zeichnung hervorbringen, auch stehen bei zu weichen Federn meist die Spalten auseinander; im letztern Falle hingegen sind sie oft spröde, wo alsdann der Spalt leicht schief reißt; auch haben diese Art Federn meist die Untugend, beim Zeichnen zu spritzen, weshalb auch die sogenannten Glasposen hier nicht gut brauchbar sind. Fur das Planzeichnen in großen Maaßstäben, so wie für die Zeichnenübungen, ist eine mittlere Größe der Gänsefedern zu empfehlen, womit sich hierzu hinlänglich fein zeichnen läßt; besonders ist es dem Schüler sehr nachtheilig, Anfangs mit ganz kleinen Gänse- oder gar Rabenfedern zu zeichnen, weil diese die Hand eher unsicher machen und verkrüppeln, als ausbilden. Mehr fertige Zeichner können sich bei Plänen in mittlern Maaßstäben der sogenannten Eckposen bedienen, welche, wenn sie gut gezogen wurden, hierzu sehr geeignet sind; so wie bei Plänen in kleinsten Maaßstäben der Raben- oder auch Stahlfedern.

Um eine gute Zeichnenfeder für unseren Zweck zu schneiden, ist besonders ein sehr scharfes Messer nöthig, da die Feder so spitz als möglich zugeschnitten werden muß, ohne daß daran geschabt wird, weil durch letzteres die Feder an Schärfe verliert. Die Feder muß für die Bergstriche von der größten Breite so fein, als für die von der geringsten sein, da die breiten Bergstriche mit einem Federzuge nicht rein und schön gezeichnet werden können, so daß es nöthig ist, einen solchen Strich an beiden Seiten durch feine Linien zu begrenzen, und nachher auszufüllen. Die Spitze der Zeichnenfeder kann etwas schief abgekuppt werden, so daß, wenn die Federspitze auf dem Nagel des Daumens der linken Hand liegt, die Spitze des Federmessers alsdann vom Körper abwärts gekehrt ist. Die Posen können zum Zeichnen nur ein, höchstens zweimal geschnitten werden, sollen anders die Zeichnenfedern vollkommen rein und scharf sein, da sie nach hinten zu immer schlechter werden.

c) Bleistifte. Unter den Bleistiften sind die englischen die besten. Die Eigenschaften eines guten Bleies sind, eine feine, gleiche und dichte Masse, so daß man demselben die feinste Spitze geben kann, ohne daß sie beim Gebrauch leicht abbricht. Solche gute Bleie schneiden sich specksteinartig, haben einen gleichen Glanz, eine reine schöne Schwärze, und verwischen sich nicht leicht auf dem Papier. Schlechte Bleie sind grob, ungleich und unzusammenhängend, brechen der groben Körner wegen, welche sich in der Masse befinden, beim Zuspitzen wie beim Gebrauch leicht ab, und lassen sich überdem nie so fein spizzen, als die guten; ferner sind sie entweder zu weich, so daß sich kein scharfer Strich damit zeichnen läßt, in welchem Falle sie auch das Papier beschmutzen, indem sie sich verwischen; oder sie sind zu hart, und dringen alsdann in das Papier ein; zuletzt haben sie entweder keinen oder nur geringen Glanz, auch fehlt ihnen insgemein die reine Schwärze. Die Bleistiftstriche können mit elastischem Harz (Federharz, Gummi elasticum) weggerieben werden.

d) Tusche. Von den schwarzen Tuschen ist die chinesische die beste; diese löset sich auf dem Papier durch öfteres Uebergehen nicht auf, sie ist durchaus fein und saftig, und hat eine schöne ins Bräunliche fallende Schwärze; doch auch andere Tuscharten sind zum Planzeichnen sehr wohl zu brauchen, da besonders die Haupteigenschaft der chinesischen Tusche, daß sie sich nämlich auf dem Papier durch österes Uebergehen nicht auflöst, beim Planzeichnen sehr entbehrlich ist, und also die Tusche hierzu nur fein zu sein braucht, so daß, wenn sie im Wasser aufgerieben ist, sie durchaus saftartig bleibt, und sich keine Rußtheile oder Erdfarben zu Boden setzen, bevor sie eintrocknet, und daß sie ferner keine widrige ins Bläuliche oder Schmutzige fallende Schwärze habe. Die Feinheit und Farbe einer Tusche läßt sich auf dem Nagel des Daumens sehr gut prüfen, wenn man nämlich etwas davon auf demselben reibt, und mit einem Finger verwischt. Zum Federzeichnen muß die Tusche stets vollkommen schwarz eingerieben werden, jedoch nie so stark, daß sie in der Feder nicht mehr fließen könnte. Zu empfehlen ist die Tusche von Markwardt in Berlin.

e) Reiß= oder Zeichnenbretter. Diese müssen, sollen sie sich nicht werfen, aus mehreren Stücken sehr trockenen Holzes zusammengesetzt werden. Die beste Zusammensetzung ist die aus vier gleichen gleichschenklichen Dreiecken, so daß die Scheitelpunkte dergleichen Schenkel den Mittelpunkt des Brettes bilden. Doch auch andere, leichter zu bewerkstelligende Zusammensetzungen, wie durch starke Querleisten, genügen insgemein, und besonders, wenn das Zeichnenbrett nur im Zimmer gebraucht werden soll, wo es den Einflüssen der Witterung nicht so ausgesetzt wird, als Bretter, welche im Freien gebraucht werden.

Die Zeichnenbretter müssen von einer Holzart verfertigt werden, welche keine starken und harten Adern hat, im Ganzen fein ist und eine gleichmäßige und sammtartige Weiche hat, wenn das Holz bearbeitet und geglättet worden ist. Von den gewöhnlichen Holzarten z. B. ist das Lindenholz hierzu sehr brauchbar. Bei den Reißbrettern zum Planzeichnen, dürfen die etwanigen Querleisten nicht von verschiedener Höhe sein, wie dies bei gewöhnlichen Zeichnenbrettern der Fall zu sein pflegt, denen man eine so hohe Leiste giebt, damit sie eine schiefe pultähnliche Lage erhalten, wenn sie auf einen Tisch gelegt werden. Diese, durch eine hohe Leiste am Brett bewirkte, schiefe Lage desselben würde beim Bergzeichnen von der größten Unbequemlichkeit sein, ja dasselbe fast unmöglich machen, da man hierbei genöthigt ist, das Zeichnenbrett immerwährend zu drehen.

Das Aufspannen des Zeichnenpapiers auf das Brett geschieht in folgender Art: Man biegt die vier Ränder des Bogens etwa einen kleinen halben Zoll breit, nach der Seite des Bodens zu, auf welcher gezeichnet werden soll, um; feuchtet darauf die Seite des Bogens welche auf das Brett zu liegen kommt, mit einem in reines Wasser getauchten Schwamm an, und legt den Bogen glatt, und nach allen Seiten hin ausgezogen, so auf das Brett wie er aufgeleimt werden soll; bestreicht danach die umgebogenen Ränder mit heißem mittelmäßig starken Tischlerleim, und klebt sie dann der Reihe nach, so wie sie mit dem Leim bestrichen wurden, an das Brett. Hierbei muß der Bogen ebenfalls wieder nach allen Seiten hin, so ausgedehnt und gezogen werden, daß sich keine Falten in oder zunächst den umgebogenen Rändern ergeben, doch darf hierbei das Papier durchaus nicht gewaltsam ausgezogen werden, weil es sonst beim Trocknen leicht platzt.

Soll das Aufspannen gelingen, so muß ganz besonders der Leim so stark sein, daß er augenblicklich das Papier auf dem Brette festhält, ohne daß man erst genöthigt ist, durch vieles Andrücken und Streichen dieses zu bewirken; denn, bindet der Leim nicht genugsam, und springt demzufolge irgend eine Stelle des Randes vom Brette ab, so entsteht hier jederzeit eine Falte, welche sich insgemein durch den ganzen Bogen zieht.

Das Aufspannen mit Mundleim oder Buchbinderkleister ist nicht so sicher, als das mit Tischlerleim, weil bei ersterem das angefeuchtete Papier halb trocknet, ehe man bei einem großen Bogen die Ränder so stark leimen kann, daß sie auf dem Brette festkleben, und es kann demnach der Bogen nicht genugsam ausgezogen werden; bei letzterem hat man Mühe, die Ränder zum Festkleben zu bringen, und es geschieht hierbei oft, daß sie zum Theil wieder lossspringen, wo alsdann wie schon bemerkt der Bogen nie vollkommen glatt wird. Zwischen dem Zeichnenbogen und dem Brett pflegt man insgemein einen kleineren Bogen gewöhnliches Zeichnenpapier zu legen, weil es sich ohne solche Unterlage, besonders wenn das Brett hart ist, schlecht zeichnet.

f) Das Reißzeug. Von den in einem gewöhnlichen Reißzeuge befindlichen Instrumenten sind zu den Uebungen im Planzeichnen nur der Handzirkel, der Einsatzzirkel, die Reißfeder, der rechte Winkel und das Lineal nöthig. Den Bau dieser Instrumente, welche allgemein bekannt sind, halte ich nicht für nöthig hier speciell zu beschreiben; und werde ich demnach nur in der Kürze angeben, wie die Güte und Brauchbarkeit derselben erkannt werden könne.

g) Der Hand- und Einsatzzirkel. Zum Planzeichnen im Allgemeinen ist ein Handzirkel sowohl als Einsatzzirkel von mittlerer Größe, etwa von sechs Zoll Länge am bequemsten. Die Schenkel des Zirkels müssen so stark sein, daß sie weder federn noch sich leicht verbiegen können. Der Zirkel muß einen gleichförmigen Gang haben. Die Zirkelspitzen dürfen nicht dreikantig, sondern müssen kegelförmig geschliffen sein, weil erstere zu große Löcher in das Papier stechen. Ferner müssen beide Spitzen der Schenkel, wenn der Zirkel zusammengelegt ist, nur eine Spitze bilden, und dürfen also nicht auseinander stehen. Zuletzt muß, wenn der Zirkel so weit geöffnet wird, daß beide Schenkel in eine gerade Linie zu liegen kommen, die Linie von einer Zirkelspitze zur andern genau durch die Mitte des Charnier's gehen.

Der Einsatzzirkel, welcher sich von dem gewöhnlichen Handzirkel nur dadurch unterscheidet, daß die eine Zirkelspitze nicht eingelöthet ist, sondern vermittelst eines Zapfens in den Schenkel gesteckt, und durch eine Druckschraube festgehalten wird, muß ganz die Eigenschaft des ersteren haben. Er dient, um Kreisbogen mit Bleistift oder der Reißfeder zu verzeichnen, zu welchem Zweck an der Stelle der losen Zirkelspitze, die bekannten Einsatzstücke, als eine Hülse zum Bleirohr oder die Reißfeder eingesetzt werden können. Auch bedient man sich zuweilen, um große Entfernungen auf dem Papier messen zu können, einer verlängerten Zirkelspitze (Verlängerungsstück).

h) Die Reißfeder. Diese dient, um gleichmäßig starke Linien von verschiedener Breite ziehen zu können; sie besteht aus zwei Metallplättchen, welche am besten von sehr gutem Stahl gefertigt werden. Diese Plättchen sind durch eine Schraube verbunden, welche dazu dient, die Feder allmählich zu öffnen und zu schließen, so daß damit feine und starke Linien gezogen werden können. Die Plättchen müssen bei einer guten Reißfeder scharf zusammentreffen, so daß nicht ein Theil vor dem andern heraus steht; ferner dürfen sie nicht zu scharf und nicht zu stumpf sein, weil sie im ersteren Falle das Papier einschneiden, und im letzteren weder scharf begrenzte noch ganz feine Striche damit gemacht werden können. Die Schraube muß aus ganz engen Gängen bestehen, und gleichmäßig in die Mutter eingreifen. Wenn eine Reißfeder durch den Gebrauch stumpf geworden ist, so kann man sie auf einen solchen Stein, worauf man Federmesser schärft, wieder zuschleifen.

i) Der rechte Winkel. Die Brauchbarkeit eines rechten Winkels, welcher von Holz, Horn oder Metall, gefertigt werden kann, ist auf verschiedene Art zu prüfen. Die leichteste Methode hierzu dürfte nachstehende sein: Man legt die eine Kathete des Rechteck's genau an eine auf aufgespanntem Papier gezogene gerade Linie, und zieht mit einem fein geschnittenen Bleistift, längs der andern Kathete eine Linie bis zum Scheitelpunkt des rechten Winkels, so daß auf dem Papier zwei völlig gleiche Winkel entstehen müssen, wenn das Rechteck richtig ist. Um dies zu untersuchen, drehe man das Rechteck um, und lege es auf die andere Seite der längs der zweiten Kathete hingezogenen Linie, dergestalt, daß der Scheitelpunkt des Rechtecks genau auf den Scheitelpunkt des Winkels auf dem Papier, und die eine Kathete des Rechtecks genau an den einen Schenkel des Winkels auf dem Papier liegt. Fällt nun die zweite Kathete des Rechtecks genau in den andern Schenkel des auf dem Papier verzeichneten Winkels, so ist das Rechteck nach den Lehren der Geometrie richtig; divergirt aber der zweite Schenkel des Winkels auf dem Papier mit der zweiten Kathete des Rechtecks, so ist dieses unrichtig, und zwar spitz, wenn der Schenkel auf dem Papier vom Rechteck abwärts mit der Kathete divergirt, und stumpf wenn derselbe einwärts mit letzterer divergirt.

Worin die Brauchbarkeit eines gewöhnlichen guten Lineals, denn von solchem ist hier zunächst nur die Rede, besteht, ist allgemein bekannt, und bedarf deshalb keiner besondern Beschreibung.

Drittes Kapitel.

Gang der Planzeichnenübungen.

Vorbemerkung.

§. 94. Es ist in vielen Unterrichtsanstalten immer noch gebräuchlich, dem Anfänger im Planzeichnen zuerst Formen der Gegenstände des Anbau's, der Gewässer rc. zur Nachahmung vorzulegen, ehe man zu dem Bergzeichnen übergeht. Diese ersten Uebungen dürften jedoch nach den von mir oben angeführten Gründen zu wenigem nütze sein, denn wer im freien Handzeichnen bis zu der dort angegebenen Stufe sich geübt hat, der wird leicht alle diese Formen von Städten, Dörfern, Flüssen rc. mit Hülfe einiger Netzlinien richtig nachahmen können; und es bedarf daher alsdann keiner besondern Uebungen ausschließlich für diese Formen. Wer hingegen im freien Handzeichnen keine Fertigkeit vorher erlangte, der wird sie sich durch Kopiren dieser Gegenstände des Bodens nie zu eigen machen, da diese Formen ihrer Unbestimmtheit und Kleinheit wegen nicht geeignet sind einen Zeichner zu bilden; so daß es auch im letztern Falle besser ist, sogleich mit dem Bergzeichnen anzufangen, wobei der Anfänger durch das Entwerfen der Bergformen vermittelst ihrer Horizontalen, so wie durch das Angeben der Neigungslinien, sich allmählich eine solche Fertigkeit im Handzeichnen erwirbt, daß, wenn derselbe bis zum Kopiren von ganzen Plänen vorgeschritten ist, er mit Hülfe eines engen Netzes die Umrisse der übrigen Gegenstände des Bodens, wenigstens mit demselben Grad von Richtigkeit wird zeichnen können, als wenn er diese Gegenstände vorher besonders kopirt hätte; so daß die Zeit, welche auf das Nachahmen dieser Formen des Anbau's rc. ausschließlich verwendet wird, auf jeden Fall erspart werden kann.

Bergzeichnen nach Vorlegeblättern, Strichübungen.

§. 95. Der Anfänger muß sich zuvörderst eine Fertigkeit im Zeichnen der Bergstriche an und für sich, ohne Rücksicht auf eine bestimmte Strich- und Zwischenraumbreite zu verschaffen suchen. Man fängt hierbei am zweckmäßigsten mit feinen, geraden und durchgängig in sich gleich starken Bergstrichen an, und geht so allmählich zu immer stärkeren über. Diese Striche zeichnet man aus freier Hand, zwischen zwei, etwa einen kleinen halben Zoll voneinander entfernten, mit Bleistift gezogenen parallelen Linien, rechtwinklig auf diese. Die Bergstriche zu Anfang von der Länge eines kleinen halben Zolles zu zeichnen, ist sehr empfehlenswerth, weil durch das Einüben dieser Striche von geringerer Länge, die Hand nicht den nöthigen Grad von Freiheit und Sicherheit erhält; fehlerhaft hingegen würde es sein die Striche länger als einen halben Zoll zu zeichnen, weil diese der Anfänger nicht leicht ohne abzusetzen ziehen könnte, und weil solche bedeutende Länge auch bei dem größten Maaßstabe einer Aufnahme keine Anwendung finden würde.

Hat man im Zeichnen dieser, in sich gleich starken Bergstriche, einige Fertigkeit erlangt, so geht man zur Einübung der geraden keilförmigen Bergstriche über, wobei man ebenfalls bei den feineren anfängt und so bis zu den stärksten fortschreitet. Hierbei werden zuerst diejenigen, welche nach oben, und danach die, welche nach unten zu spitz sind, eingeübt. Die oben angegebene Länge gilt für alle Strichübungen.

Hiernächst übt man gebogene, in sich gleich starke Striche, von ebenfalls verschiedenen Breiten ein, wobei man zuerst solche, die von oben herab gezogen nach der linken Hand, und hernach solche, welche nach der rechten Hand zu sich wölben, zeichnet. Demzunächst übt man gebogene keilförmige Striche, ebenfalls ganz nach oben angegebener Art und Folge.

Die Bergstriche dürfen bei diesen Uebungen nie von der linken nach der rechten Hand zu gezeichnet werden, sondern stets von oben nach unten; weil ersteres, welches dem Anfänger meist bequemer scheint, beim Zeichnen eines Berges keine Anwendung findet.

Bei diesen ersten Uebungen hat der Anfänger dahin zu streben, daß er die Striche ohne Absatz vollkommen gerade, scharf begrenzt, und rechtwinklig auf die mit Blei gezogenen Parallelen zeichnen lerne. Bei den gebogenen Strichen muß die Sehne des Bogens ebenfalls diese Parallelen rechtwinklig schneiden. Die stärkeren Bergstriche, können wie schon früher einmal erwähnt, nicht mit einem Federzuge vollkommen scharf und richtig gezeichnet, sondern müssen durch zwei feine Linien begrenzt, und sodann ausgefüllt werden. Wenn durch das Zeichnen dieser einfachen Strichreihen einige Sicherheit der Hand gewonnen ist, so setzt man mehrere solche Strichreihen zusammen, zu welchem Ende man zuerst drei, danach vier, hierauf fünf u. s. f. gleichweit von einander entfernte parallele gerade Linien mit Bleistift zieht, auf welche die Bergstriche rechtwinklig gezeichnet werden. Hierbei fängt man mit der obern Strichreihe an, zeichnet dann die zweite, dann die dritte u. s. f. Bei diesen Uebungen hat der Schüler besonders darauf zu achten, daß die Strichreihen unter einander genau eine und dieselbe Richtung erhalten, so daß Striche zweier neben einander liegenden Reihen keine Winkel bilden, welches alsdann nie der Fall ist, wenn sämmtliche Bergstriche vollkommen rechtwinklig auf die Parallelen gezeichnet werden. Ferner ist darauf zu sehen, daß durch die Zusammensezzung dieser Strichreihen keine Absätze in die Augen fallen; welches stets der Fall ist, wenn entweder die Enden der Striche einer Reihe, durch den Anfang der Striche der zunächst darunter liegenden Reihe berührt werden, oder wenn zwischen dem Ende und dem Anfang der Striche zweier zunächst liegenden Reihen ein weißer Raum stehen bleibt; beides daher sorgfältig zu vermeiden, ist ein Hauptzweck dieser Uebungen.

Bei dem Zeichnen dieser zusammengesetzten Strichreihen fängt man ebenfalls wieder mit feinen in sich gleich starken Strichen an, und geht stufenweise bis zu den stärksten über; hiernach übt man diese Zusammensetzung mit keilförmigen Strichen, wobei man zuerst die oberste Strichreihe mit den feinsten und die unterste mit den stärksten, welche in der Zusammensetzung vorkommen, zeichnet; wonach man die oberste Strichreihe mit den stärksten und die unterste mit den feinsten auszeichnet. Weiter pflegt man auch zur Uebung die oberste und unterste Reihe mit den schwächsten, die mittelste hingegen mit den stärksten Strichen, oder auch umgekehrt zu zeichnen.

Nach diesem übt man die Zusammensetzung gebogener Bergstrichreihen, und zieht zu diesem Zweck mit Bleistift drei, vier, fünf oder mehr gerade Linien, welche sämmtlich nach ein und derselben Seite zu gleich weit von einander divergiren, so daß sie als Theile von Radien, welche zwischen zwei concentrischen Kreisen liegen und die am Mittelpunkt gleiche Winkel unter einander bilden, zu betrachten sind. Bei dieser Uebung befolgt man ebenfalls ganz die oben angegebene Ordnung und achtet besonders darauf, daß die Lagen sämmtlicher Strichreihen zu einander reine Bogen bilden, so daß die Strichlagen zweier neben einander liegenden Reihen sich nicht wellenförmig treffen.

Daß bei diesen Uebungen die einzelnen Striche einer unteren Reihe nicht genau in der Verlängerung der Striche einer oberen Reihe fortgeführt werden dürfen, wurde früher schon erwähnt, weshalb es sich hier nur darum handelt, die Richtungen der oberen Striche durch alle Reihen beizubehalten, da ersteres bei der Bergzeichnung keine Anwendung finden würde.

Uebung im Zeichnen der Scala.

§. 96. Nach den beschriebenen Strichübungen folgt unmittelbar die Uebung im Zeichnen der Scala, wobei der Schüler dahin zu streben hat, daß er die Fertigkeit erlange, die Verhältnisse der Striche und Zwischenräume zuerst für die Bezeichnung der Böschungen von 5 zu 5 bis 45° mit Genauigkeit darzustellen.

Man zieht zu diesem Zweck insgemein zwei, ebenfalls c. [illegible] kleinen halben Zoll von einander entfernte parallele Linien, theilt diese in neun gleiche Theile, und verbindet die gleichen Theilpunkte durch gerade Linien; so entstehen neun Fächer, in welchen die neun Tonmischungen für die Winkel von 5 zu 5 bis 45° so gezeichnet werden, wie F. 46. zeigt, so daß das Ganze einen gleichmäßigen Uebergang von Weiß zu Schwarz bildet.

Bei diesen Uebungen ist es ein gewöhnlicher Fehler der Anfänger, besonders solcher, die früher mit Kreide schattirten, blos die Tonverhältnisse des Vorlegeblatts, so wie ihnen diese im Ganzen in die Augen fallen, nachzuahmen. Bei einem solchen Verfahren aber kann der Schüler nie die Fertigkeit erlangen, diese Verhältnisse richtig darzustellen, weil diese Art zu zeichnen zu viele Täuschungen zuläßt, und derselbe nie die Sicherheit erlangen würde, jedes Tonverhältniß allein, ohne Verbindung mit den übrigen in der Scala genau anzugeben. Es ist daher nothwendig, daß man beim Zeichnen der Scala stets die Größenverhältnisse für die Strich- und Zwischenraumbreiten im Sinne habe, und sich lediglich übe, diese bei jedem Striche und Zwischenraume richtig anzugeben. Eben so muß auch bei allen ferneren Uebungen nach Vorlegeblättern verfahren werden, wo man an jedem Ort aus den Strich- und Zwischenraumbreiten den Böschungswinkel abzulesen und in der Kopie durch dieselben Breiten wieder zu geben hat; denn das bloße Schätzen des Tons im Ganzen führt zu keinem sichern Resultate. Bei Kupferstichen, welche immer matter werden, je mehr von der Platte abgezogen wurden, ist auf dieses Tonverhältniß im Ganzen gar nichts zu geben.

Es ist nöthig, bei diesen Uebungen so lange zu verweilen, bis der Anfänger eine solche Sicherheit im Darstellen der Strich- und Zwischenraumverhältnisse erlangt hat, daß diese schon mit einigem Nutzen angewendet werden könnten; da das Zeichnen der Scala Grundlage des Bergzeichnens ist, und eine zu flüchtige Behandlung derselben dem Ganzen sehr nachtheilig wird, und sich durch ein etwaniges längeres Zeichnen nach Bergtheilen und Bergen nur schwer ersetzen läßt.

Hiernach übe man die Scala F. 48. für die Böschungen von 2 zu 2 bis 20° ein, wonach es zweckmäßig sein dürfte, diese Scalen auch mit gebogenen Strichen darzustellen.

Uebung im Darstellen rein geometrischer Körper nach der Bergzeichnungsmethode.

§. 97. Nachdem die Scalen genügend eingeübt worden sind, ist es sehr instruktiv, rein geometrische Körper in orthographischer Horizontalprojection nach der Theorie der Bergzeichnung darzustellen, da diese Figuren ihrer Regelmäßigkeit und Bestimmtheit wegen sich besser für die erste Anwendung dieser Theorie eignen als die Theile eines natürlichen Berges. Diese Figuren sind außerdem noch besonders geeignet, dem Anfänger einen ziemlich deutlichen Begriff von den Regeln der Bergzeichnung beizubringen, da diese ersten Zeichnenübungen in den meisten Unterrichtsanstalten der Theorie vorangehen müssen, weil dieselbe erst in den oberen Klassen, wo man die nöthigen mathematischen Kenntnisse voraussetzen darf, wissenschaftlich gelehrt werden kann; so daß den Schülern der unteren Klassen die Hauptregeln nur in populäre Art begreiflich gemacht werden können, was übrigens um das ganz blinde Nachahmen so viel als möglich zu verhüten, nie verabsäumt werden darf.

Man wählt zu diesen Uebungen solche stereometrische Figuren, die einige Aehnlichkeit mit Bergtheilen haben; als: die gerade und schiefe drei= und mehrseitige Pyramide, den geraden und schiefen Kegel, den concav geböschten Kegel, den Kugel= und schiefen Kegelabschnitt. Diese sämmtlichen Figuren können unter verschiedenen Böschungswinkeln in mannigfacher Abwechselung gezeichnet werden.

Die Construction dieser Figuren nach den Lehren der Bergzeichnung ist zum Theil aus Lehmanns Werk, oder den von Dr. Netto herausgegebenen bekannten Vorlegeblättern zu entnehmen, und hat außerdem für den Mathematikkundigen keine Schwierigkeit, so daß eine besondere Beschreibung derselben hier füglichst wegbleiben kann.

Das Zeichnen nach einzelnen Bergtheilen.

§. 98. Nach diesen sämmtlichen Vorübungen fängt man einzelne Bergtheile nach Vorlegeblättern zu zeichnen an, wobei man mit den leichtesten beginnt, und stufenweise zu den schwierigern übergeht; etwa in nachstehender Ordnung. a) Bergwände, b) flät geböschte Hänge, c) convex geböschte Hänge, d) concav geböschte Hänge, e) Rücken, f) Kanten, g) Mulden, h) Schluchten, i) Kämme, k) Kuppen, l) Sättel, m) Aftergründe.

Von jeden dieser zwölf Bergtheile zeichnet man wieder zuerst die regelmäßigsten und einfachsten, welche die Natur hervorbringt, und geht stufenweise bis zu den unregelmäßigsten und zusammengesetztesten über.

Um die Formen dieser Bergtheile nach dem Vorlegeblatt richtig kopiren zu können, bedient man sich zu Anfang der sogenannten Hülfslinien. Man zieht nämlich auf dem Vorlegeblatt durch die ganze Länge der Figur mit Bleistift eine gerade Linie, so wie eine zweite, welche erstere rechtwinklig schneidet, durch die größte Breite derselben. Dieses Kreuz kopirt man zuerst, und trägt mit dem Zirkel, wo das Augenmaaß nicht zureicht, von dem Punkte aus, in welchem sich die Hülfslinien schneiden, sämmtliche Punkte auf, in welchen diese von Horizontalen oder Grenzlinien des Bergtheils durchschnitten werden. Vermittelst dieses Verfahrens werden in der Figur so viele Punkte genau bestimmt, daß das nunmehrige Kopiren der Form derselben dadurch ungemein erleichtert wird.

Wenn die zu kopirende Figur so groß oder so schwierig ist, daß durch zwei Hülfslinien nicht so viele Punkte in derselben bestimmt werden können, als der Anfänger zum richtigen Nachbilden der Form bedarf, so zieht man drei, vier und mehrere solcher Linien, wovon diejenigen, welche durch die Breite der Figur gezogen werden, stets die, welche durch die Länge derselben gezogen wurden, rechtwinklig schneiden müssen. Diese Linien bilden das sogenannte Kopirnetz, vermittelst dessen es sehr leicht ist, jede Figur richtig, wenn gleich nicht mit der nöthigen Freiheit, nachzuzeichnen.

Im Laufe der Uebungen müssen diese Hülfslinien immer weniger angewendet werden, je mehr der Zeichner Sicherheit gewinnt; wenn gleich sie beim Planzeichnen nie gänzlich weggelassen werden können.

Vermittelst dieser Hülfslinien oder Kopirnetze werden nun zuerst mit Bleistift die Begrenzungslinien der vorliegenden Bergtheile, hiernach die Haupt- und dann die Zwischenhorizontalen kopirt, wonach zuletzt die Neigungslinien in Entfernungen von etwa acht zu acht Bergstrichen angegeben werden. Dieser Neigungslinien bedarf man bei zunehmender Sicherheit im Federzeichnen immer weniger, und kann sie zuletzt gänzlich fortlassen. Der Entwurf sammt dem Hülfsnetz muß stets so leicht wie möglich mit dem Bleistift gezeichnet werden, damit diese sämmtlichen Linien nach vollendeter Zeichnung mit Leichtigkeit weggerieben werden können, so daß die Federzeichnung selbst dadurch nicht angegriffen wird, welches immer der Fall ist, wenn man mit dem Federharz auf der vollendeten Zeichnung viel zu reiben genöthigt ist. Bei dem Anfänger wird, wenn er sich nicht leicht zu zeichnen bemüht, durch das Berichtigen der Fehler des Entwurfs das Papier insgemein so aufgerieben und schmutzig, daß es unmöglich wird, diesen mit der Feder rein auszuzeichnen.

Wenn der Entwurf der Figur vollendet ist, so fängt man von dem höchsten Punkt oder der höchsten Horizontale derselben an, mit den Bergstrichen sie auszuzeichnen.

Dieser Theil der Uebungen kann in den unteren Klassen noch dahin benutzt werden, den Schülern über die Formen der Horizontalen bei den verschiedenen Bergtheilen, und wie demnach in der Zeichnung letztere aus ersteren zu erkennen sind, eine populäre Belehrung zu geben.

Das Zeichnen nach ganzen Bergen und Bergpartien.

§. 99. Zu den Uebungen im Nachahmen der Berge und Bergpartien nach Vorlegeblattern bedient man sich des ganzen Kopirnetzes, welches aus gleichen Quadraten oder Rechtecken besteht, und mit Bleistift, oder wenn es zum ferneren Kopiren bleiben soll, mit schwarzer oder rother Tusche auf das Vorlegeblatt gezogen wird. Auch gebraucht man hierzu, besonders wenn das Vorlegeblatt durch die Netzlinien nicht leiden soll, ein Kopirnetz von rothen Seidenfäden, welche auf einen Rahmen gespannt werden, und wohinter das Vorlegeblatt so befestigt wird, daß die Netzfäden dicht auf demselben anliegen.

Dieses Netz nun wird mit Hülfe des Lineals, Rechtecks und Zirkels zuerst construirt, und dann nach dem Augenmaaße in demselben die Begrenzung des Berges oder

der Partie nachgezeichnet; hierauf werden die Schluchten, Kanten, Kammlinien und Felsmassen angegeben, wonach die Haupthorizontalen, von der höchsten an abwärts, und hierauf in derselben Folge die Zwischenhorizontalen kopirt werden; demzunächst werden die Neigungslinien in schon angegebenen Entfernungen vorgezeichnet, und hierauf vom höchsten Punkt der höchsten Kuppe an, von Horizontale zu Horizontale abwärts der Entwurf mit der Feder, vermittelst der Bergstriche ausgeführt. Die etwanigen Felsenpartien werden, nachdem die Erdhänge beendet wurden, ausgezeichnet.

Diese Uebungen müssen, um das bloß mechanische Nachzeichnen zu verhüten, mit steter Hinweisung auf das Erkennen der Bergtheile, der höhern und niedern Punkte, so wie auf das Lesen der Böschungsgrade betrieben werden.

Planschrift-Uebungen.

§. 100. Bevor man zu dem Kopiren ganzer Terrainabschnitte und Pläne übergehen kann, ist es nöthig, sich eine Fertigkeit im Zeichnen der Planschrift zu erwerben. Worauf es hinsichtlich der Schönheit bei derselben hauptsächlich ankömmt, ist schon früher in dem Kapitel über Planschrift angeführt worden, und es bleibt demnach hier nur anzugeben, wie die Uebungen am zweckmäßigsten behandelt werden.

Nach Vorlegeblättern, worauf die Alphabete der fünf beim Planzeichnen gebräuchlichen Schriftarten im großen Maaße gestochen sind, zeichnet man die Buchstaben mit Hülfe zweckmäßig gezogener Netzlinien zuerst mit Bleistift nach, und zieht, wenn diese korrigirt worden sind, sie mit der Feder scharf aus. Bei der stehenden und liegenden Kapitalschrift bedient man sich zu Anfang fünf gleich weit von einander entfernter paralleler Hülfslinien, zwischen welchen die Buchstaben des Alphabets gezeichnet werden, so daß die Entfernung der oberen von der unteren Hülfslinie die Höhe der Buchstaben, die mittelste Linie die Mitte derselben, und die zweite und vierte Linie die Mitte der zwei Hälften bezeichnet. Ferner kann noch zu Anfang bei der stehenden Kapitalschrift die Breite der Buchstaben so wie die Eintheilung dieser Breite durch Hülfslinien, welche erstere rechtwinklig schneiden, angegeben werden, so wie bei der liegenden Kapitalschrift durch Hülfslinien in der Lage der Buchstaben.

Bei der stehenden und liegenden römischen Schrift zieht man zu Anfang vier solcher Hülfslinien, wovon die Entfernung der zwei mittelsten die Höhe der kleinen Buchstaben; die Entfernung der ersten von der dritten Hülfslinie die Höhe der großen Anfangs-, so wie derjenigen langen Buchstaben, welche über die gewöhnliche Schrifthöhe nach oben zu hinausreichen, und die Entfernung von der zweiten zur vierten Linie die Länge der Buchstaben angiebt, welche zur Hälfte unter der dritten Linie, auf der die Schrift im Ganzen steht, gezeichnet werden. Auch hierbei kann die Breite wie oben durch Netzlinien bestimmt werden. Ganz dem ähnlich ist das Verfahren bei den Uebungen in der italischen Schrift.

Nachdem auf diese Weise einige Fertigkeit erlangt worden ist, läßt man die Hülfslinien bei den ersten vier Schriftarten bis auf drei, welche bei der Kapitalschrift die Höhe und Mitte der Buchstaben, und bei der römischen die Länge der großen über die gewöhnliche Schrifthöhe hinaus ragenden Buchstaben, so wie die der kleineren angeben, weg; so daß die zur Hälfte unter der Schriftlinie liegenden Buchstaben nach dem Augenmaaße bestimmt werden. Bei der italischen Schrift bedient man sich zuletzt nur einer Linie, auf der die Schrift steht.

Hat man weiter durch das Vorzeichnen der Buchstabenverhältnisse mit der Bleifeder eine genügende Fertigkeit und Sicherheit erlangt, so übt man sich, die Buchstaben sogleich mit der Feder zu zeichnen. Hiernach können diese Alphabete immer kleiner gezeichnet, und zuletzt Namen der Gegenstände des Bodens in geraden und gebogenen Schriftlinien, so wie Planüberschriften u. dergl. damit ausgeführt werden, wobei besonders mit auf die gleichen Entfernungen der Buchstaben und Worte von einander zu sehen ist.

Als Musterblätter für diese Schriftübungen sind das schon erwähnte Schriftmusterblatt des Hrn. Major v. Decker und diejenigen Kupfertafeln in Mädlers Kalligraphie, welche die genannten Schriftarten enthalten, zu empfehlen.

Uebungen im Gebrauch der Farben.

§. 101. Da bei dem Kopiren nach Lehmannschen Plänen es von keinem Nutzen sein würde, die Gegenstände des Bodens so nachzuahmen, wie sie in denselben bezeichnet sind, weil diese Darstellungsart, wie oben bemerkt wurde, keine Anwendung mehr findet; so ist es besser, diese sogleich mit Farben so zu bezeichnen, wie sie gegenwärtig in topographischen Zeichnungen dargestellt werden. Ehe jedoch die Farben von einem Anfänger in einer Planzeichnung angewendet werden können, sind Vorübungen in dieser Beziehung unumgänglich nothwendig.

Die Behandlung der Farben beim topographischen Zeichnen ist im Ganzen sehr einfach, und beschränkt sich hauptsächlich nur auf die Fertigkeit, eine begrenzte Fläche gleichförmig, das heißt ohne Flecken, anzulegen. Das Gelingen bei diesem Anlegen nun hängt lediglich von der Fertigkeit ab, den Pinsel so schnell führen zu können, daß die Farbe unter demselben in Fluß bleibt, weil, wenn der Pinsel eine schon getrocknete Stelle wieder berührt, diese jederzeit dunkler wird, als die Anlage im Ganzen ist.

Um diese Pinsel- und Farbenbehandlung zu üben, zeichne man auf aufgespanntem Papier Figuren von ganz willkührlicher Form, und lege diese mit schwacher schwarzer Tusche an. Zu diesem Anlegen bedient man sich der großen gewöhnlichen Haarpinsel, weil die kleineren nicht Farbe genug fassen, und so durch das öftere Eintauchen Zeit verloren geht, wodurch die Anlage leicht unter dem Pinsel trocknet, und demnach fleckig wird; auch spitzen sich in der Regel die großen Pinsel so fein zu, daß man die kleinsten Figuren damit anlegen kann. Mit solchem Pinsel man, an einem Stock befestigt, zieht man beim Anlegen zuerst die obere Linie der Figur von der linken nach der rechten Hand nach, fährt dann schnell mit dem Pinsel an derselben innerhalb der Figur zurück, und zieht sogleich eine zur linken Hand liegende Grenzlinie nach, hierauf füllt man den Raum zwischen diesen Grenzlinien rasch mit langen und breiten Pinselstrichen aus, zieht hiernach eine zur rechten Hand liegende Grenzlinie ganz, oder wenn sie zu lang ist, nur zum Theil aus, fährt mit dem Pinsel eben so schnell wieder an der innern Grenze des bereits angelegten zurück, und füllt abermals den zwischenliegenden Raum aus; darauf geht man wieder einer linken Grenzlinie mit dem Pinsel nach, und fährt so in der Behandlung fort, bis die Figur durch das Nachziehen der untersten Grenzlinie geschlossen wird. Hierbei streift man gewöhnlich, bevor man die Anlage beendet, den Pinsel auf dem Rande des Tuschnapfes oder auf einem nebenliegenden Papier ab, damit so am Ende der Figur der Pinsel die überflüssige Farbe aufnehmen könne; welche sich sonst setzt und die Anlage unrein macht, weil dadurch die Figur an der untern Grenzlinie dunkler wird, als die Anlage derselben im Ganzen ist.

In dieser Art übt man sich zuerst an einfachen und kleinern Figuren, und geht, wenn diese gelingen, zu immer zusammengesetztern und größeren über, wobei man zuletzt besonders mehrarmige Figuren, in der Gestalt sich theilender Flüsse und dergl. zeichnen und anlegen muß, weil diese nicht selten vorkommen, und unter allen am schwierigsten sind, indem man hierbei gleichzeitig mehrere Arme anzulegen hat, und demnach, wenn die Farbe unter dem Pinsel nicht trocknen soll, stets von einem zum anderen überspringen muß, wobei eine äußerst schnelle Behandlung des Pinsels nöthig ist, wenn die Anlage gelingen soll.

Ferner legt man solche Figuren zuerst mit blasser Tusche, und danach mit immer stärkerer an, weil das Anlegen um so schwieriger wird, je stärker die Tusche ist, da erstens starke schneller als schwache trocknet, und da zweitens das geringste Ueberfahren der Grenzlinien, oder Stehenlassen des weißen Papiers innerhalb derselben um so mehr in die Augen fällt, je stärker die Tusche ist; denn daß keines von beiden geschehen darf, versteht sich von selbst. Noch ist zu bemerken, daß der Pinsel um so mehr mit Farbe angefüllt werden muß, je größer die Figuren sind.

Wer hiernach die Fertigkeit erlangt hat, eine dreiarmige Figur etwa von solcher Größe, daß sie auf einen gewöhnlichen Bogen Schreibpapier bequem gezeichnet werden könnte, mit mittelmäßig starker schwarzer Tusche egal und mit genauer Beibehaltung der Grenzlinien anzulegen, der wird jede in einer topographischen Zeichnung vorkommende Figur mit den dazu bestimmten Farben vollkommen gut anlegen können, weil die Behandlung der hierbei anzuwendenden Tuschfarben meist leichter ist, als die Behandlung der schwarzen Tusche.

Bei den gemischten Farben, so wie bei denen, welche ein großes specifisches Gewicht haben, wie z. B. Zinnober, ist noch zu bemerken, daß diese beim jedesmaligen Eintauchen mit dem Pinsel umgerührt werden müssen. Die breiten und starken Linien, welche man mit Farbe an der einen Seite längs den Flüssen zu ziehen pflegt, so wie die, welche man an zwei Seiten der Fächer, welche die Häusermassen der Städte bilden, ziehet, werden mit trockenem Pinsel, das heißt mit einem solchen gezogen, der nur wenig Farbe enthält, oder auch mit einer breit geschnittenen Feder, wenn diese Linien, welche man uneigentlich Schlagschatten zu nennen pflegt, nur schmal sind. Die flammenförmigen Figuren, welche bei Heide, Moosbrüchern und Weichland auf die Anlage gemalt werden, muß man mit einem ganz trockenem Pinsel behandeln.

Einzeln liegende Gehöfte, Häuser in Flecken und Dörfern, öffentliche Gebäude in Städten werden mit spitz geschnittenen Federn, Bäume hingegen mit stumpf geschnittenen gezeichnet.

Bei großen Gewässern in großem Maaßstabe gezeichnet, pflegt man den dunkelfarbigen Strich an der einen Seite zu verwaschen, damit er nicht grell und störend in die Augen falle. Dieses Verwaschen wird durch einen zweiten Pinsel bewerkstelligt, der an's andere Ende des Pinselstocks gesteckt und mit reinem Wasser mäßig angefüllt wird. Sobald nämlich die dunkelfarbige Linie oder ein Theil derselben gezogen ist, dreht man den Pinselstock schnell um, und fährt mit dem voll Wasser gesogenen Pinsel längs der innern Grenze derselben hin, streicht darauf einen Theil des Wassers auf dem Glasrand schnell aus dem Pinsel, und nimmt das überflüssige Wasser auf der Zeichnung mit demselben auf, weil sonst die Farbe ungleich in das Wasser überfließt.

Um die Farben rein auf die Zeichnung zu tragen, ist es nöthig, Tuschnäpfe, Pinsel, Farben und Papier zuvor sehr sorgfältig vom Staube oder sonstigen Unsauberkeiten zu reinigen, weil ohne diese Sorgfalt die leichten Farben, welche man bei topographischen Zeichnungen meist nur anwendet, sogleich schmutzig und trübe erscheinen.

Das Kopiren ganzer Terrainabschnitte und Pläne.

§. 102. Bei dem Kopiren einzelner Terrainabschnitte so wie ganzer Pläne beobachtet man nachstehende Ordnung. In dem Kopirnetz zeichnet man zuerst mit Bleistift die Grenzlinien sämmtlicher Gewässer, Moräste, Brücher und Wiesen, weil mit der Form und Lage dieser Gegenstände die Form des Bodens in seinen Hauptumrissen bestimmt wird. Hiernach entwirft man die Ortschaften und einzelnen Gehöfte, so wie die Wege, Brücken, und was sonst zur Passage gehört; wonach die Grenzlinien der Wälder und sämmtlicher Gegenstände des Anbau's vorgezeichnet werden.

Wenn diese Ordnung beim Vorzeichnen der genannten Gegenstände gleich nicht unumgänglich nöthig ist, um einen Plan richtig zu kopiren, so ist sie doch dem angehenden topographischen Zeichner sehr zu empfehlen, wenn er nicht bloßer

Kopist werden will, und wenn durch das Kopiren mit dahin gewirkt werden soll, daß derselbe eine klare Ansicht der Gegenstände eines Planes im Einzelnen, so wie im Zusammenhange gewinne.

Dieses aber kann nicht wohl durch ein unordentliches Kopiren, wo man allerlei verschiedenartige Gegenstände, wie sie am bequemsten zur Hand liegen, durcheinander entwirft, erlangt werden, weil ein solches Verfahren in der Regel zum gedankenlosen Nachahmen bloßer Formen verleitet, ohne dieselben verstehen zu lernen. Soll aber das Erlernte einst nutzbar ins Leben treten, so muß nicht nur die Hand und das Auge, sondern auch der Verstand in dieser Hinsicht geübt werden.

Diesen Entwurf nun, nachdem er genau berichtigt worden ist, zeichnet man mit der Feder bis auf die kleinen fließenden Gewässer, welche in der Zeichnung nur die Breite eines Federstrichs haben, scharf und rein aus, wobei es gut ist, ebenfalls wieder die erste Ordnung zu beobachten. Hiernach werden die Netzlinien, so weit sie in die ausgezeichneten Figuren fallen, bis auf diejenigen, welche Wald einschließen, mit Federharz rein abgerieben, und mit Farben angelegt. Die vorgezeichneten kleinen Gewässer werden, wenn sie in Wiesen oder Wegen liegen, welches letztere in Dörfern meist der Fall ist, mit Wiesengrün oder Wegebraun übergangen, und danach mit dunkelblauer Tusche mit der Feder ausgezogen. Eben so werden in den Dörfern die gewöhnlichen kleinen Bauernhäuser mit dem Gartengrün übergangen, und danach mit rother oder schwarzer Tusche, je nachdem sie von Stein oder Holz sind, mit der Feder auf die grüne Anlage gezeichnet.

Um die nöthige Harmonie der Farben hervorzubringen, ist es zweckmäßig von den lichtesten bis zu den dunkelsten Farben allmählig überzugehen; so daß man also mit dem Anlegen der größeren Gewässer und der Wiesen anfängt, und mit den öffentlichen Gebäuden der Städte, den Häufern der Dörfer, und den einzeln liegenden Gehöften die Farbenanlage beendet.

Hiernach zeichnet man die Ufer der Gewässer und Ränder der Hohlwege aus, und geht dann zu dem Entwurf der Unebenheiten des Bodens über, wobei dieselbe Ordnung, wie sie in dem Paragraph über das Kopiren der Berge und Bergpartien angegeben wurde, beobachtet wird.

Um ein anschauliches Bild von der Körperform des Ganzen zu erhalten ist, bei dem Kopiren der Unebenheiten anzurathen, daß der Schüler zuerst sämmtliche Kuppen des Haupthöhenzuges im Plane nachzeichne, und die Abhänge zu beiden Seiten dieses Höhenzuges bis zur ersten Horizontale, welche den Anhängen dieser sämmtlichen Kuppen gemein ist, ausführe, hiernach eben so die Kuppen der Zweige, welche von dem Haupthöhenzuge ausgehen, behandle, und dann erst die einzelnen Terrainabschnitte, wie sie durch Schluchten, Gründe und Thäler begrenzt werden, ausführe. Durch dieses Verfahren wird sich dem Schüler das Relief des Ganzen mehr vor die Augen stellen, als wenn er gleich von Anfang an einen Terrainabschnitt nach dem andern auszeichnet.

Bei Bergen, worauf sich Terrassen befinden, müssen diese vor den Hängen ausgezeichnet werden, weil es schwierig sein würde, mit den Bergstrichen der Hänge die Anlage dieser Terrassen auszusparen, und weil sie auf die schon ausgeführten Berghänge nicht rein gezeichnet werden können.

Nachdem so die Unebenheiten des Bodens ausgezeichnet worden sind, wird der Plan nach den gegebenen Regeln beschrieben, und hierauf der Wald, die Obstbaumpflanzungen und einzelnen Bäume gezeichnet, welche Bezeichnung, wenn sie mit baumähnlichen Karakteren, wie die gegenwärtig gebräuchlichen sind, ausgeführt werden soll, durchaus bis zuletzt bleiben muß, weil man sich beim Zeichnen dieser willkührlichen Baumgruppen leicht nach dem ausgezeichneten Terrain und der Schrift richten kann, es aber nicht wohl möglich sein würde, auf solchen Baumgruppen die Bergformen und die Schrift mit Deutlichkeit auszuführen. Nachdem so die Zeichnung beendet worden, werden sämmtliche Bleistiftlinien mit Federharz abgerieben.

Wenn der Schüler die Fertigkeit erlangt hat, einen Plan nach der Lehmannschen Scala brauchbar zu kopiren, so ist es an der Zeit, die vom Herrn Generallieutenant von Müffling eingeführte Scala zu üben, und vermittelst dieser einige Terrainabschnitte zu zeichnen. Warum diese Uebung und Anwendung der Müfflingschen Scala nicht früher anzurathen sei, wurde bereits in dem Kapitel über dieselbe auseinandergesetzt.

Das Kopiren ganzer Pläne muß, wenn es in die oberen Klassen fallt, wo die Theorien des Terrains und der Bergzeichnung bereits wissenschaftlich vorgetragen wurden, mit steter Hinweisung auf diese, in der Art wie bei der Theorie des Terrains Beispiele aus dem Plane I. genommen wurden, betrieben werden; weil hierdurch am besten die Gesetze, unter denen sich die Unebenheiten der Erdoberfläche bilden, versinnlicht werden können. Es darf daher der Schüler keinen Gegenstand der natürlichen Bildungen des Bodens zeichnen, ohne sich Rechenschaft zu geben, oder in schwierigen Fällen vom Lehrer unterrichtet zu werden, durch welche Zusammenwirkung von Kräften derselbe gebildet, und warum er unter diesen Einflüssen so, wie er sich im Plane darstellt, und nicht anders gebildet werden konnte. Ohne solche Erklärungen der Pläne wird der Schüler beim ersten Unterricht im Aufnehmen in den Terrainbildungen nur ein Chaos erblicken, welches ihn mit verwirrt, weil er die Ordnung in denselben nicht zu erkennen vermag; denn erst auf dem Felde den Nutzen der Terrainkunde lehren und anschaulich machen zu wollen, dürfte wohl sehr fehlerhaft sein, da es hier dem in dieser Beziehung ungeübtem Auge weit schwerer wird, den Zusammenhang des Ganzen aufzufassen, als im Plane, wo derselbe leicht mit einem Blick übersehen werden kann.

Ferner müssen bei dem Kopiren der Pläne Aufgaben zur Befestigung der Bergzeichnungstheorie gelöst werden; als z. B. die geometrische oder trigonometrische Bestimmung der Höhen verschiedener Punkte über andere Gegenstände des Bodens; der wahren Entfernung zweier Punkte auf den schief geneigten Flächen; das Entwerfen der Profile, das Bestimmen der Gesichtsfelder einzelner Punkte; die Bestimmung des Winkels, in welchem Wege und Schluchten ansteigen; das Gefälle der Waldbäche u. dergl.

Folgende Beispiele mögen zeigen, wie bei diesen mathematischen Aufgaben und deren Lösungen nach einem vorliegenden Plane verfahren werden müsse.

Aufgaben im Gebiet der Bergzeichnungslehre.

§. 103. a) Aufg. Es soll nach Pl. I. die Höhe des Kaff über die Brücke a, welche über den Schielgraben führt, gefunden werden.

Aufl. Man zieht a C, und nimmt sie als Grundlinie des unten verzeichneten Profils a' C', nimmt dann von a aus in a C die horizontalen Entfernungen der Haupthorizontalen, von einer zur andern ab, und trägt sie von a' nach C' so wie sie aufeinander folgen; hierauf trägt man in a' den Böschungswinkel bis zur ersten Haupthorizontale, welcher hier 1° ist auf, und construirt das Böschungsdreieck $a'\beta\gamma$. In C' errichtet man einen Perpendikel C' b auf a' C', zieht aus β, $\beta\delta$ parallel mit a' C', und trägt von δ nach b die senkrechten Entfernungen der Horizontalen auf, welche nach der vorhergegangenen Theorie, aus der horizontalen Entfernung zweier zunächst liegenden Horizontalen und dem Böschungswinkel zwischen diesen leicht gefunden werden können, wenn sie nicht bereits bekannt sind. In vorliegendem Plane beträgt die senkrechte Entfernung der Horizontalen 5 Ruthen, wonach der auf dem Plane befindliche Böschungsmaaßstab construirt ist. Hiernach zieht man aus den Theilpunkten von a' C' Parallelen mit C' b und aus den Theilpunkten von C' b Parallelen mit C' a', bis die zwei und zwei zusammengehörigen

Linien sich schneiden, wonach sämmtliche in dem Profildurchschnitt a C liegende Böschungsdreiecke durch die zwei Katheten und den rechten Winkel bestimmt sind, so daß also nur noch die Hypotenusen zu ziehen übrig bleiben. Zuletzt wird das von der höchsten Horizontale bis zur Kuppe gehende Böschungsdreieck a b c, wie $\alpha\beta\gamma$ durch Auftragung des aus der Zeichnung sich ergebenden Neigungswinkels construirt, und C b ist, wie nach vorhergegangenen Beweisen der Theorie erhellt, die gesuchte Höhe von C über a, welche hier mit dem Maaßstab der Aufnahme gemessen 48 Ruthen beträgt.

Auf noch kürzerem Wege kann obige Aufgabe gelöst werden, wenn man nur die Böschungsdreiecke $\alpha\beta\gamma$ und a b c construirt, die gefundene Höhe dieser addirt, und hierzu die senkrechte Entfernung der Horizontalen, mit ihrer Anzahl multiplicirt nimmt.

Wenn aus unbestimmt gezeichneten Plänen die Haupthorizontalen nicht mit Sicherheit herauszufinden sind, so ist es sicherer, beim Entwerfen der Profile sämmtliche Böschungsdreiecke vermittelst der aus dem Plan sich ergebenden Böschungswinkel, wie $\alpha\beta\gamma$ und a b c zu construiren. In diesem Falle läßt man dann die Horizontalen ganz unberücksichtigt, indem man die Grundlinien der Böschungsdreiecke so groß nimmt, als man die, in die Profillinie fallende Böschung, ohne merkliche Fehler zu begehen, für stät nehmen kann.

b) Aufg. Die wahre Entfernung von a nach C soll gefunden werden.

Aufl. Man construirt das Profil a' C' a, wie vorhin beschrieben, mißt die Hypotenusen der Böschungsdreiecke durch den Maaßstab der Aufnahme, und addirt die gefundenen Größen; so ergiebt sich die gesuchte wahre Entfernung von a' nach C' = a' a + 190 Ruthen, während die horizontale Entfernung a' C' hier 185 Ruthen beträgt.

c) Aufg. Der Höhenunterschied des Kaff- und Wandersleber Schloßberges soll gefunden werden.

Aufl. Man messe die Höhen C und D über irgend

einen hierzu geeignet liegenden Punkt der Aufnahme wie z. B. *a*, so ergiebt sich daraus der Höhenunterschied. In vorliegendem Fall ziehe man *a* D und construire danach das Profil *a'* D' so ergiebt sich hier die Höhe des Wandersleber Schloßberges über die Brücke *a* = 30 Ruthen, wonach der Kaff, der nach der Aufl. der Aufg. a, über *a* 48 Ruthen Höhe hat, um 18 Ruthen höher als der Wandersleber Schloßberg ist.

Bem. Da der Profildurchschnitt *a* D die Neigungslinien schiefwinklig schneidet, so sind die Neigungswinkel des Profils nach der Theorie kleiner, als die Böschungswinkel, durch die das Profil gelegt ist. Den Unterschied beider Winkel findet man nach dem Vorhergegangenen leicht vermittelst des Böschungsmaaßstabes, durch die Länge einer Neigungslinie zwischen zweien Horizontalen im Profildurchschnitt, und der Länge des Profildurchschnitts zwischen eben diesen Horizontalen. So z. B. ist der Böschungswinkel von der untersten, bis zur nächst darüber liegenden Horizontale im Profildurchschnitt *a* D = 8°; der Neigungswinkel des Profils hingegen hier nur 7°.

Bei Profilconstructionen, wo der Profildurchschnitt die Neigungslinien schiefwinklig schneidet, und wo die Haupthorizontalen in der Zeichnung nicht mit Zuverlässigkeit erkannt werden können, kann der Neigungswinkel des Profils nach dem Winkel, in welchem die Profillinie die Neigungslinien schneidet und dem Winkel der Böschung leicht berechnet werden. In des Hrn. Dr. Netto's orthographischer Horizontalprojection findet sich eine für diese Fälle bereits berechnete Tabelle.

Um obige Aufgabe zu lösen, hätte auch der Profildurchschnitt in gerader Linie von C nach D gelegt werden können.

d) Aufg. Der Unterschied der wahren Entfernungen der Punkte C und D von *a* soll gefunden werden.

Aufl. Die Profile *a'* C' und *a'* D' werden wie beschrieben construirt, wonach sich hier die wahre Entfernung von *a* nach C = 190 Ruthen und die von *a* nach D = 103 Ruthen ergiebt; wonach also *a* C 12 Ruthen länger als *a* D ist.

e) **Aufg.** **Es soll bestimmt werden, ob vom Thurme des Mühlberger Schlosses über das Wandersleber Schloß hin der Lachenberg gesehen werden könne.**

Aufl. Man construirt in der Vertikalebene $\beta\gamma$ das Profil $\beta'\gamma'$ und zieht von der Höhe des Auges über dem Thurm des Mühlberger Schlosses a dicht über das Wandersleber Schloß hin die gerade Linie a b, so ergiebt sich hierdurch, daß, da die Gesichtslinie a b über den Lachenberg hinaus geht, derselbe in dieser Richtung vom Thurm des Mühlberger Schlosses aus nicht gesehen werden könne.

f) Aufg. **Der Winkel, in welchem der Weg nach dem Wandersleber Schlosse ansteigt, soll gefunden werden.**

Aufl. Man verfährt hierbei ganz so, wie bei der Aufsuchung des Winkels, in dem ein Profildurchschnitt, welcher die Neigungslinien schiefwinklig schneidet, ansteigt, indem man nämlich die Länge des Weges von einer Haupthorizontale bis zur nächsten mit dem Zirkel abnimmt und auf einen für die senkrechten Abstände der Horizontalen des Plans construirten Böschungsmaaßstab, den Neigungswinkel für die abgenommene horizontale Länge des Weges sucht.

Nach diesem Verfahren findet man den in Rede stehenden Weg wechselnd unter dem Winkel von 11 bis 7° ansteigend.

Ganz in derselben Art wird verfahren, wenn der Neigungswinkel einer Schlucht, das Gefälle eines Gebirgsbachs u. dergl. bestimmt werden sollen.

Bem. Zur Prüfung der erlangten Kenntnisse in der Terrainkunde ist nichts geeigneter, als das Entwerfen von Terrainabschnitten nach Dictaten; wobei mit den speciellsten Terrainbeschreibungen angefangen werden muß, während man dann nach und nach zu bloßen Andeutungen der allerwesentlichsten Theile übergeht.

Das Zeichnen der Berge nach Gypsmodellen.

§. 104. Das Zeichnen nach modellirten Bergen in einem großen Maaßstabe ist als Uebergang vom Kopiren zum Aufnehmen sehr unterrichtend; der Schüler wird hierdurch auf die anschaulichste Art über die Darstellung eines

Bergkörpers im Planbilde belehrt; er wird durch seine Arbeit selbst mehr zum Nachdenken darüber angehalten, als beim bloßen Kopiren; er gewöhnt sich so allmählig nach einem Bergkörper zu zeichnen, da er die Modelle leichter überschauen und verstehen kann, als wirkliche Berge in der Natur, so daß es in jedem Falle ein zu starker Sprung sein dürfte, vom Kopiren sogleich zum Zeichnen nach der Natur übergehen zu wollen.

Um die Form der Bergmodelle in der Zeichnung richtig darzustellen, ist es zu Anfange nöthig, Horizontalen, und um diese in der Horizontalprojection genau wiedergeben zu können, Netzlinien auf die Modelle zu ziehen, welches sich am leichtesten vermittelst einiger einfachen Instrumente, deren Beschreibung zunächst folgt, bewerkstelligen läßt.

F. 50. ist ein Instrument, in Form eines offenen Kastens, worin die Modelle befestigt werden. a als der Boden desselben, besteht aus einem Brett, mindestens von der Größe eines Quadratfußes, und von der Stärke eines halben Zolles, so daß es sich nicht leicht werfen kann. Dieses Brett muß durchgängig von gleicher Stärke, und an beiden Seiten sorgfältig bearbeitet sein, so daß diese reine, untereinander parallele Ebenen bilden. Die Seitenwände des Kastens b, c, d, e, müssen vollkommen gleiche Höhe, am besten drei Zoll, über der oberen Fläche des Bodens a, untereinander haben, so daß die oberen Ränder derselben f g, g h, h i und i f in einer Ebene liegen, die der Ebene a parallel ist. Die Stärke dieser Seitenwände muß ebenfalls gleich sein, und etwa einen halben Zoll betragen. Durch die Mitte der Länge dieser Seitenwände gehen Holzschrauben k, l, m und n, welche etwas über den dritten Theil der Länge der Seitenwände haben müssen, so daß, wenn letztere, wie hier angegeben, etwas über einen Fuß beträgt, diese etwa fünf Zoll lang sein müssen. Mit den Schrauben sind am vorderen Ende derselben Brettchen o, p, q, r, von etwa 4 Zoll Länge, 1½ Zoll Höhe und ½ Zoll Stärke, durch einen Zapfen, wie bei s ersichtlich dergestalt verbunden, daß die Zapfen sich in den Brettchen, welche dicht auf dem Boden des Kastens anliegen, drehen, wenn die Schrauben ein- oder auswärts bewegt werden, so daß also durch dieses An- oder Abschrauben die Brettchen wagrecht vor- und zurückbewegt werden können. Die Schrauben gehen durch die Mitte der Länge sowohl als der Höhe der Brettchen o, p, q, r, weil diesen hierdurch der größte Halt und Nachdruck gegeben werden kann, und müssen demzufolge in gleicher Höhe über dem Boden des Kastens durch die Seitenwände desselben geführt werden. Die Schraubenzapfen wie s dürfen nicht über die inneren Seitenflächen der Brettchen vorstehen.

F. 51. ist der Stift, womit die Horizontalen gezogen werden; a a ist ein genau gearbeitetes Holz in Form eines rechtwinkligen Parallelepiped's, dessen Grundfläche b einen halben Zoll im Quadrat enthält, und dessen Länge 6 bis 8 Zoll größer sein muß, als die Diagonale g i des Kastens F. 50. c c ist eine von Messing gearbeitete Hülse, welche den Stock genau umschließt, und an der Mitte desselben befestigt ist. d d ist eine kleinere Hülse, welche an die Mitte von c c so gelöthet ist, daß die Seitenwände beider sich rechtwinklig schneiden. Durch d d wird der Stift e f gesteckt, welcher ebenfalls von Messing von e bis g in Form eines rechtwinkligen Parallelepiped's, dessen Grundfläche bei e etwa 2 Linien im Quadrat beträgt, gearbeitet ist, und der in der Hülse d d genau passen muß, jedoch so, daß er sich ohne Schwierigkeit auf- und abschieben läßt. Die Spitze des Stifts ist von g bis f abgerundet, und darf bei f nicht scharf sein. An der äußeren Seitenfläche dieses Stifts ist ein senkrechter Einschnitt h i von der Breite einer starken Linie ausgearbeitet, welcher bis zum oberen Ende des Stifts geführt werden kann, mindestens aber eine Länge von 3 Zoll haben muß. Die Länge des ganzen Stifts beträgt etwa 6 Zoll. Dieser Stift kann in der Hülse d d durch eine Druckschraube k festgestellt werden.

F. 52. ist das Lineal, vermittelst dessen die Netzlinien

gezogen werden. a ist ein Lineal von 1 Fuß 4 bis 6 Zoll Länge, 4 Zoll Breite, und etwa 4 Linien Stärke; auf dem einen Rande bc desselben ist eine Leiste d, 2 Zoll hoch und 4 Linien stark, vollkommen senkrecht befestigt, so daß also, wenn das Lineal a horizontal liegt, die Leiste d vertikal steht.

F. 53. ist das Instrument zum Ziehen der Netzlinien. Der Theil a ist aus einer starken Messingplatte 5 bis 6 Zoll lang, und etwa 9 Linien breit gemacht; der untere abgerundete Theil muß stumpf sein. Der zweite Theil b, das Heft, wird von Holz nach der Figur im Verhältniß derselben gefertigt.

Der Gebrauch dieser Instrumente ist folgender: Um auf einem Bergmodelle Horizontalen und Netzlinien zu ziehen, legt man dasselbe in den Kasten F. 50. zwischen die Brettchen o, p, q, r, und schraubt diese so weit vor, bis sie die Ränder des Modells berühren, und so dasselbe festhalten. In den senkrechten Einschnitt hi des Stifts ef F. 51, legt man einen Streif starkes Zeichnenpapier, auf welchem vorher die senkrechten Entfernungen der Horizontalen, wie 1, 2, 3, 4 u. s. w. bezeichnet wurden; dieses Papier muß so breit sein, daß es den Einschnitt hi vollkommen ausfüllt, und etwas gedrängt hinein geht, so daß es sich in demselben nicht verschieben kann; ferner muß es eine Länge von etwa 2 bis 3 Zoll haben, je nachdem die senkrechte Entfernung des höchsten Punkts im Modell über den niedrigsten in demselben groß ist.

Bem. Bei dem Zeichnen nach Modellen ist es in der Regel dem Zweck angemessen, als mittele Größe der senkrechten Entfernungen der Horizontalen eine pariser Linie anzunehmen; bei durchgängig sehr flachen modellirten Bergpartien kann der pariser Zoll alsdann in mehr als zwölf, und bei durchgängig steilen in weniger als zwölf Theile getheilt werden; so daß im ersteren Falle alsdann die senkrechten Entfernungen der Horizontalen um etwas kleiner, im letzten aber um etwas größer als eine pariser Linie werden.

Der mit dem eingetheilten Papierstreifen versehene

Stift wird nun in die Hülse dd gesteckt, und das Holz aa mit derjenigen Fläche, welche nach der Spitze des Stifts zu liegt, auf den obern Rand der Seitenwände des Kastens fghi F. 50. gelegt, so daß also die Spitze des Stifts nach dem Modell im Kasten zu fällt. So nun sucht man zuvörderst den tiefsten Punkt im Modell auf, welches derjenige ist, den die Spitze des Stifts da berührt, wo sie am tiefsten herabfällt, wenn das Holz aa mit der genannten Fläche auf dem oberen Rande der Kastenwände stets fest anliegend, so fortbewegt wird, daß der in der Hülse dd lose steckende Stift die Grenzlinie des Berges (Fuß) berührt. Wenn dieser tiefste Punkt gefunden ist, schraubt man den Stift, während das Holz auf dem Rande des Kastens gehalten wird, mit der Druckschraube k fest, und sieht nach, welch ein Theil des im Einschnitt hi liegenden Papiers mit dem unteren Rande der Hülse dd zusammenfällt. Trifft dieser untere Rand genau mit einem Theilstrich zusammen, so wird die Schraube losgelassen, und der Stift so weit aufwärts geschoben, bis der Rand der Hülse den nächsten Theilstrich nach der Spitze des Stifts zu deckt, und durch die Druckschraube abermals festgestellt. Fällt der untere Rand der Hülse nicht genau mit einem Theilstrich zusammen, so muß diese Differenz bei allen übrigen Theilstrichen bis zum Anfang der Spitze des Stifts herab genau bemerkt werden, was am besten mit einem feinen Bleistift auf den über den Einschnitt vorstehenden Rändern geschieht. Wenn so nun der Stift um einen Theilstrich aufwärts geschoben und festgestellt ist, wird die Spitze desselben, während das Holz aa stets, wie vor beschrieben, fest auf dem Kastenrand fortbewegt wird, an der Oberfläche des Modells so hingeführt, daß sie auf derselben eine leise Spur zurückläßt, bis sie in den Punkt, von welchen sie ausgeführt wurde, wieder zurückfällt. Diese durch den Stift auf der Oberfläche des Bergmodells bezeichnete Spur ist eine Horizontale, denn sie ist in allen Punkten gleich weit von der Ebene entfernt, welche man sich durch den oberen Rand des Kastens gelegt denkt, in welcher das Holz, an dem der Stift befestigt ist, fortbewegt wurde, so daß demnach die Spitze des Stifts auf der Oberfläche des Modells eine Linie beschreiben mußte, die in einer Ebene liegt, welche mit der, die durch den oberen Rand des Kastens geht, parallel ist. Nun ist letzter nach der Construction des Kastens parallel mit dem Boden desselben, auf dem das Modell liegt, also ist auch die Ebene des Bodens parallel mit der Ebene, welche man sich durch die Linie gelegt denkt, die der Stift auf dem Modell bezeichnete. Steht nun der Kasten horizontal, so sind auch alle drei genannte Ebenen horizontale; daß es jedoch hierbei nicht auf eine genaue Horizontirung des Kastens ankömmt, leuchtet leicht ein, denn die in beschriebener Art auf dem Modell verzeichnete Linie ist stets eine Horizontale in Beziehung auf dasselbe, wenn auch der Kasten schief gestellt wäre, nur muß die Grundfläche des Modells fest auf dem Boden des Kastens anliegen.

Diese so zunächst dem Fuß des Berges verzeichnete Horizontale übergeht man auf dem Modell mit Bleistift, weil sie sonst leicht verwischt würde, und schiebt nun den Stift bis zum folgenden Theilstrich, der nach der Spitze zu liegt, höher. Mit dieser Stellung des Stifts beschreibt man ganz in angeführter Art die zweite Horizontale, und fährt so bis zur höchsten Horizontale zunächst der Kuppe fort; welche sämmtlich mit Bleistift ausgezogen werden.

Um diese Horizontalen richtig und sauber nach vorgeschriebener Art zu ziehen, ist einige Uebung erforderlich, weil man zu Anfang entweder leicht mit dem Stift an einzelnen Stellen zu tief einschneidet, oder die Fläche des Holzes, welche bei der Fortbewegung auf dem oberen Rande des Kastens stets fest anliegen muß, durch Verdrehung derselben in eine schiefe Lage zur Fläche des Kastenrandes bringt; wodurch der Stift gehoben wird, und sonach an dieser Stelle eine Linie bezeichnet, welche mit dem übrigen

Theil derselben nicht in einer Ebene liegt. Diese Fehler müssen sorgfältig vermieden werden, was übrigens keine Schwierigkeit hat, wenn der Stift sehr leicht an dem Modell herumgeführt wird.

Auf den Stift e f F. 51. könnten auch die Theilstriche für verschiedene (etwa drei) Höhen der Horizontalen unmittelbar eingeschnitten werden; welches der Eintheilung vermittelst eines Papierstreifens vorzuziehen wäre, weil letzterer sich leicht verschiebt, so sorgfältig er auch in den Einschnitt h i gepaßt wurde, und wodurch, wenn dies nicht sogleich bemerkt wird, grobe Fehler entstehen. Auch würde man dadurch der Mühe überhoben, diese Papierstreifen anzufertigen, welche, da sie durch die Druckschraube verletzt werden, insgemein nur bei einem Modell gebraucht werden können. Daß hiernach der Einschnitt h i als unnütz und hinderlich fortbliebe, versteht sich von selbst.

Wenn die Horizontalen auf dem Modell angegeben sind, werden die Netzlinien gezogen; zu welchem Zweck zuerst der obere Rand des Kastens f g h i F. 50. in gleiche und so große Theile getheilt wird, als die Seiten der Netzquadrate werden sollen. Um diese Eintheilung auf dem Kastenrand für jedes Modell und für jede Größe dieser Quadrate oder Rechtecke brauchen zu können, ist anzurathen, daß man auf dem Rand f g h i ganz kleine Theile, etwa von einer Linie bezeichne, wo alsdann beim Ziehen der Netzlinien deren so viel als zweckmäßig für die Entfernungen dieser Linien genommen werden können. Auch läßt sich vermittelst dieser kleinen Eintheilung des Kastenrandes leicht eine Größe für die Seiten der Rechtecke im Netz finden, welche genau in die Länge der Ränder des Modells aufgeht.

Beim Ziehen der Netzlinien wird das Lineal a F. 52. mit dem Rande b c, über welchem die Leiste d angebracht ist, an zwei mit gleichen Ziffern bezeichnete Theilstriche der gegenüberliegenden Ränder des Kastens F. 50 gelegt, und auf dem Rand desselben festgehalten. Hierauf führt man das Instrument F. 53. mit dem unteren Ende des klingenförmigen Theils a längs dem Lineal, so über das Modell hin, daß die bogenförmige Spitze von a eine Spur auf demselben zurückläßt, wobei die eine Fläche der Klinge stets dicht an die äußere Fläche der Leiste d F. 52. anliegen muß. Eine in dieser Art, über das Modell hin, gezogene krumme Linie, liegt in einer Vertikalebene, wenn man wie oben, den oberen Rand des Kastens, auf welchem das Lineal a angelegt wird, in einer Horizontalebene liegend annimmt; denn die Leiste d F. 52. ist auf dem Lineal a nach der Construction rechtwinklig, also vertikal, wenn a horizontal ist, und es liegt demnach die in beschriebener Art auf dem Modell gezogene krumme Linie, in der Verlängerung der äußeren Fläche der Leiste d F. 52. also in einer Vertikalebene, und ist nach der Projectionslehre, in der Horizontalprojection eine gerade Linie.

In dieser Art nun werden sämmtliche Netzlinien auf das Modell gezogen, wobei ganz besonders darauf zu achten ist, daß bei Führung des Instruments F. 53. die Fläche a stets dicht an der äußeren Fläche der Leiste d F. 52. gehalten wird, weil bei der geringsten Abweichung hiervon auf dem Modell eine Linie entsteht, die nicht in der Verlängerung der äußeren Fläche der Leiste d F. 52. liegt. Diese Netzlinien werden ebenfalls wie die Horizontalen mit Bleistift nachgezogen.

Wenn so das Modell, um danach zu zeichnen, vorgerichtet worden ist, wird es aus dem Kasten genommen. Auf das Zeichnenblatt werden nun die Netzlinien gezogen, wozu man die Entfernungen vom Kastenrande, nicht vom Modell abnimmt; hiernach werden der Fuß, die Schluchten, Kanten und Kammlinie, und danach die Horizontalen gezeichnet.

Das auf dem Zeichnenblatt gezogene Netz ist die Horizontalprojection des auf dem Modell gezogenen Netzes, wenn, wie hier die Entfernungen der Netzlinien des ersteren, gleich den Entfernungen der Vertikalebenen, in welchen letztere liegen, sind.

Die Horizontalen können mit Hülfe dieses Netzes meist nach dem Augenmaaße eingezeichnet werden, wenn man das Modell senkrecht so vor sich hin stellt, daß das Auge rechtwinklig demselben gegenüber steht; denn so gestellt, und in solcher Entfernung vom Auge entrückt, daß man die auf das Modell fallenden Sehstrahlen als Parallelen betrachten kann, erscheinen nach der Projectionslehre die auf dem Modell gezogenen Netzlinien als gerade Linien, gleich der Horizontalprojection derselben auf dem Zeichnenblatte. Eben so erscheinen in der angeführten Stellung des Modells die Horizontalen, Schluchten, Kanten und Kammlinien dem Auge in der Horizontalprojection.

Da jedoch das Modell, um danach zu zeichnen, nicht sehr weit vom Auge entfernt werden darf, weil sonst die darauf gezogenen Linien undeutlich erscheinen würden; so sind bei Modellen, welche mehr als etwa vier bis fünf Zoll im Quadrat einnehmen, die Sehlinien nicht mehr als Parallelen zu betrachten, und muß alsdann das Auge beim Zeichnen der Horizontalen ꝛc. der Partie im Modell, nach welcher eben gezeichnet wird, so gegenüber gestellt werden, daß die hierselbst einige Quadrate einschließenden Netzlinien als gerade Linien erscheinen.

Wenn der Anfänger bei dieser Art des Verfahrens in einigen Partien, wie z. B. in sehr steilen und zerrissenen Hängen Schwierigkeiten finden sollte, um die wahren Entfernungen der Horizontalen, auf ihre horizontalen Entfernungen zu reduciren, so kann derselbe die horizontalen Entfernungen an solchen Stellen vermittelst eines Böschungsmaaßstabes F. 24. leicht finden.

Man construire hiezu einen Böschungsmaaßstab F. 24; trage von a nach c die senkrechte Entfernung der Horizontalen a p, wie sie im Modell angenommen wurde, auf, und ziehe aus p mit a b parallel p q. Um nun die horizontalen Entfernungen der Horizontalen zu finden, nehme man mit dem Zirkel die wahren Entfernungen derselben vom Modell ab, setze hiermit die eine Zirkelspitze in a und bemerke, welchen Punkt die andere in pq trifft. Wäre dies z. B. u, so wäre die horizontale Entfernung pu, denn pau wäre das Böschungsdreieck zwischen beiden Horizontalen in der mit dem Zirkel abgenommenen Neigungslinie, da au hiervon die wahre Entfernung, ap die senkrechte Entfernung, und W. upa = R, ist. In dieser Art würde an allen Orten zu verfahren sein, wo die Reduction der wahren Entfernungen der Horizontalen, auf die horizontalen Entfernungen derselben, nach dem Augenmaaß, für den Anfänger Schwierigkeiten hätte.

Wenn so der Berg in den Schluchten, Kanten, Kammlinien und Horizontalen entworfen ist, werden die Neigunslinien, und danach die nöthigen Zwischenhorizontalen mit Bleistift vorgezeichnet.

Beim Auszeichnen findet man die Winkel der Böschungen im Modell am leichtesten, vermittelst desselben Böschungsmaaßstabes F. 24; indem man ebenfalls mit dem Zirkel die wahren Entfernungen der Horizontalen vom Modell abnimmt, hiermit die eine Zirkelspitze in a setzt, und bemerkt, welchen Punkt in pq die andere trifft. Wäre dies z. B. v, so wäre der Böschungswinkel 10°, denn das Böschungsdreieck pav ist durch pa der senkrechten Entfernung, durch av der wahren Entfernung, und durch den allen Böschungsdreiecken gemeinen, rechten Winkel vpa gegeben. Nun ist W. pva = W. vab als Wechselwinkel und W. vab nach der Construction 10°, also W. pva = 10°.

Wenn, wie bei converen oder concaven Berghängen, der Böschungswinkel zwischen zweien Horizontalen, in einer Neigungslinie nicht gleich ist, so ergiebt sich die Abweichung von der stäten Böschung durch die Böschungswinkel zunächst über und unter diesen Horizontalen. Es sei z. B. bei einem converen Hang der Böschungswinkel zwischen zweien Horizontalen im Ganzen 15°, der zunächst darüber liegende 10° und der zunächst darunter liegende 20°; so würde man in der Zeichnung den ersten etwa mit 8° anzufangen, und mit 12° zu beenden, den zweiten mit 13° anzufangen und mit 17° zu beenden, so wie den dritten mit 18° anzufangen, und mit etwa 22° zu beenden haben.

Als Vorübung zum Zeichnen der Berge nach der Natur ist es sehr unterrichtend, wenn man beim Zeichnen nach Modellen, die senkrechten Entfernungen der Horizontalen, im Verhältniß der nach und nach erlangten Fertigkeit im Zeichnen, immer größer annimmt, also immer weniger Horizontalen legt, und endlich diese ganz wegläßt, so daß man zuletzt blos mit Hülfe der Netzlinien nach dem Modell zeichnet.

Hierbei ist in folgender Art zu verfahren. Die Form des Berges wird im Netz zuerst durch die Linien des Fußes, der Schluchten, Kanten, Kämme, Rücken, Mulden, Terrassen, so wie durch die höchsten Punkte der Kuppen, der tiefsten Punkte der Sättel, und aller übrigen vor- oder einspringenden außerwesentlichen Theile des Berges entworfen. Wenn der Anfänger Schwierigkeiten darin findet, die höchsten Punkte der Kuppen, so wie die höchsten Linien der Rücken genau zu bestimmen, so darf derselbe nur das Modell wagrecht, mit dem Auge in gleicher Höhe halten, wobei sich diese Punkte und Linien sehr deutlich markiren. Hiernach werden die Neigungslinien in der Zeichnung angegeben.

Das Zeichnen der Neigungslinien nach einem Modell hat insgemein für den Anfänger viele Schwierigkeiten, wenn die Richtungen derselben nicht wie bei den ersteren Uebungen durch Horizontalen bestimmt wurden; jedoch werden diese Schwierigkeiten bald gehoben, wenn der Schüler sich erstens die Unterschiede der Richtungen der Neigungslinien bei den verschiedenen Bergtheilen wohl einprägt; wenn er zweitens die Regel stets im Auge behält, daß sämmtliche Neigungslinien (außer bei Kanten und Kämmen) so geführt werden müssen, daß die Verlängerung derselben, nach oben zu, den höchsten Punkt der Kuppe trifft, von der die Partie abhängt, und daß sämmtliche

Neigungslinien, die bis zum Fuße des Berges hinab geführt werden, die Grenzlinie desselben mit dem Landhorizont rechtwinklig treffen müssen, falls diese nämlich in einer Ebene liegt, welche als horizontal angenommen werden kann, wie dies bei isolirten Bergen meist der Fall ist. Dasselbe gilt auch bei den meisten Säumen und Terrassen (siehe Terrainlehre).

Die Abweichungen der Neigungslinien von den regelmäßigen Richtungen muß der Schüler bei den ersteren Uebungen nach Modellen, wo vermittelst der Horizontalen diese genau bestimmt wurden, sorgfältig studiren, und diese ersteren Uebungen hauptsächlich als Mittel für diesen Zweck betrachten, weil die Richtigkeit einer militairischen Terrainaufnahme, wobei im Allgemeinen auf dem Felde nie wirkliche Horizontalen abgesteckt werden können, hauptsächlich davon abhängt, daß der Aufnehmer die Neigungslinien überall richtig anzugeben wisse, und wozu dieses Zeichnen nach Modellen ohne Horizontalen die zweckmäßigste Vorübung ist.

Um die nach dem Augenschein gezeichneten Neigungslinien berichtigen und die gemachten Fehler dabei einsehen zu lernen, ist dem Anfänger anzurathen, daß er mehrere Modelle, die er früher schon mit Hülfe der Horizontalen zeichnete, nun ohne diese blos entwerfe, die nach dem Augenschein gezeichneten Neigungslinien nach ersteren verbessere, und so fortfahre, bis er im Stande ist, diese Linien ohne wesentliche Fehler anzugeben.

Daß bei diesem Verfahren nicht wohl die strenge Genauigkeit der Darstellung erreicht werden kann, als wenn Horizontalen auf dem Modell angegeben werden, ist sicher; jedoch wird der geübte Zeichner auch nach dieser Methode das Modell so richtig darstellen lernen, daß die Abbildung für alle taktische Zwecke vollkommen genügen würde.

Wenn die Neigungslinien in der Zeichnung angegeben sind, werden durch dieselben Horizontalen gelegt, weil diese beim Auszeichnen einestheils der Strichabsätze wegen schon nöthig sind, und weil anderentheils vermittelst dieser, sich der Böschungswinkel an allen Orten ergiebt, wenn derselbe nur in einer Neigungslinie des Modells gemessen wurde, falls nämlich die Neigungslinien richtig angegeben sind. Auch dürfen die Horizontalen der Höhenbestimmungen wegen nie fehlen, weil sie, wie angeführt, diese Berechnungen ungemein erleichtern.

Um die Horizontalen in einer durch die Neigungslinien entworfenen Bergpartie einzuzeichnen, mißt man den Böschungswinkel einer Neigungslinie des Berges, wozu man der Leichtigkeit wegen diejenige wählt, welche auf dem Körper die geradlinigste ist, so daß der Böschungswinkel derselben als stät angenommen werden kann.

Um den Böschungswinkel einer solchen Neigungslinie im Modell zu finden, ist die leichteste Methode folgende: Man construirt ein rechtwinkliges Dreieck, von welchem die Hypotenuse die Neigungslinie im Modell, und wovon die Grundlinie die Horizontalprojection derselben ist. Erstere wird vom Modell, letztere von der Zeichnung mit Sorgfalt abgenommen. Der Winkel, den im rechtwinkligen Dreieck beide Linien bilden, ist der gesuchte Böschungswinkel der Neigungslinie, wie aus allem Vorhergegangenem ohne weiteren Beweis erhellt. Dieser Winkel wird am leichtesten mit dem gewöhnlichen Transporteur unmittelbar gemessen.

Wenn in einem Modell sich keine Neigungslinie findet, die von der Kuppe bis zum Fuße als stät angenommen werden kann, so müssen in derjenigen des Modells, welche dieser Eigenschaft am nächsten kömmt, Abschnitte bezeichnet werden, zwischen welchen die Böschungswinkel der Linie als stät genommen werden können.

Diese Punkte werden dann in der Zeichnung mit Hülfe des Netzes genau angegeben und danach so viele rechtwinklige Dreiecke construirt, als Abschnitte in der Neigungslinie vorkommen, wobei wie oben verfahren wird, und wodurch sich die verschiedenen Böschungswinkel der Neigungslinie ergeben.

Wenn so der Böschungswinkel einer Neigungslinie gefunden ist, werden in der Zeichnung nach einem Böschungsmaaßstabe F. 24. die horizontalen Entfernungen der zu legenden Horizontalen in derselben mit dem Zirkel aufgetragen.

Es habe demnach z. B. der Böschungswinkel dieser Linie 20°, und man habe p a als senkrechte Entfernung der zu verzeichnenden Horizontalen angenommen, so würde durch p u die Neigungslinie eingetheilt werden müssen. Aendern sich die Böschungswinkel in der Linie, so werden von Abschnitt zu Abschnitt die horizontalen Entfernungen, nach Maaßgabe der Böschungswinkel aufgetragen.

Von diesen Theilpunkten aus werden die Horizontalen rechtwinklig durch sämmtliche Neigungslinien des Berges geführt, so daß sie in den Punkt, von welchem sie ausgiengen, wieder einfallen müssen, wenn beide, Neigungslinien und Horizontalen richtig gezeichnet wurden.

Wenn letzteres nicht eintrifft, so muß untersucht werden, ob der Fehler in der Angabe der Neigungslinien, oder in der Führung der Horizontalen durch diese, und wo liegt; welches bei den ersten Uebungen ebenfalls am besten durch Vergleichung des Entwurfs, mit einer Zeichnung derselben Partie, welche mit Hülfe der Horizontalen auf dem Modell selbst gefertigt wurde, geschicht. Nach den Haupthorizontalen wurden die nöthigen Zwischenhorizontalen eingezeichnet.

Beim Auszeichnen eines auf diesem Wege entworfenen Berges verfährt man wie gewöhnlich, nur daß die Winkel der Böschungen nicht vom Modell, sondern von der Zeichnung abgenommen werden müssen, wo sich diese vermittelst des Böschungsmaaßstabes, aus den Entfernungen der Horizontalen, welches die horizontalen oder die Grundlinien der Böschungsdreiecke sind, ergeben.

Man erhält demnach an jedem Orte den Böschungswinkel, wenn man mit dem Zirkel die Entfernung der Horizontalen aus der Zeichnung abnimmt, hiermit die eine Spitze in p. F. 24. setzt, und bemerkt, welchen Punkt die andere in pq trifft; wäre dies z. B. v, so wäre die Böschung 10°.

Zur Berichtigung der Horizontalen und Neigungslinien ist dem Anfänger noch anzuempfehlen, daß er den Böschungswinkel einiger Neigungslinien der Partie, die möglichst in entgegengesetzten Richtungen laufen, in vorbeschriebener Art suche, und durch die horizontalen Entfernungen der zu legenden Horizontalen in der Zeichnung eintheile; wodurch sich bei dem Zeichnen der Horizontalen mehrere Haltpunkte ergeben, und so eine gewisse Kontrolle entsteht.

Dritter Theil.

Das Aufnehmen des Terrains

in Abschnitten, wobei die sphäroidische Gestalt der Erde nicht in Betracht kömmt; mit Hinweisung auf das genauere Verfahren bei größeren Landesvermessungen.

Erstes Kapitel.

Allgemeine Begriffe von Kartenbildern.

§. 105. Geographische Karten werden im Ganzen diejenigen genannt, in welchen die dargestellten Gegenstände des Bodens nur durch conventionelle Zeichen angegeben sind. Wenn diesen Karten nicht topographische Vermessungen zum Grunde liegen, so werden bei Anfertigung derselben die Lagen der Hauptgegenstände der Karte, durch Beobachtungen des Grades ihrer geographischen Länge und Breite bestimmt, und durch Verzeichnung der Meridiane und Parallelkreise in der Karte angegeben. Die Lagen der minder wichtigen Gegenstände dieser Karten werden insgemein nur durch oberflächliche Winkelmessungen von den Hauptstraßen aus, durch Bestimmung der Entfernungen, nach der Zeit, die zur Bereisung derselben nöthig war, und nach Beschreibungen der Landeseinwohner, bestimmt.

Diese geographischen Karten zerfallen in zwei Hauptabtheilungen, nämlich in generelle und specielle oder chorographische (General- und Special-) Karten. Erstere geben insgemein nur die allgemeine Gestalt und geographische

Lage eines Erdtheils, Landes oder Reiches, so wie die größten Gebirge, Ströme und Städte in denselben an. Sollen in diesen Karten sämmtliche Gebirge, große Flüsse, alle nur einigermaßen bedeutende Städte, Handels- und Reisestraßen mit Deutlichkeit angegeben sein, so muß sich die Größe des Kartenbildes zur Größe des darin dargestellten Landes wenigstens wie 1 : 2000000 verhalten.

Specialkarten nennt man solche, die einzelne Provinzen oder Kreise eines Staats, wie auch ganze Länder, in mehreren Abtheilungen, so darstellen, daß die merkwürdigsten Einzelnheiten des Landes mit Deutlichkeit daraus abzunehmen sind. Wenn diese Specialkarten sämmtliche namhaften Berge von einiger Bedeutung, sowie dergleichen Bäche, Wälder, Dörfer und Wege mit Deutlichkeit darstellen sollen, so ist das Minimum ihres Maaßstabes 1 : 200000.

Topographische Karten unterscheiden sich von den geographischen im wesentlichsten dadurch, daß sämmtliche Gegenstände des Bodens, ihrer wirklichen Form nach im Grundriß (also nicht blos durch conventionelle Zeichen) in ihnen dargestellt werden; wobei hauptsächlich eine genaue Darstellung der Unebenheiten des Bodens verlangt wird, während in geographischen Karten nur Gebirge und ausgezeichnete Berge, ihrer Richtung, Ausdehnung und ohngefähren Verschiedenheit der Höhe nach, angegeben werden, so daß die eigentliche Form derselben nicht unmittelbar daraus ersichtlich ist. Diese bis in's kleinste Detail genaue Darstellung der Unebenheiten des Bodens ist besonders, wie schon früher bemerkt, für den Militair von der größten Wichtigkeit, für welchen überhaupt fast ausschließlich nur topographische Vermessungen unternommen werden.

Daß die Methode, nach welcher topographische Karten entworfen werden, eine ganz andere ist, als die bei dem Entwerfen der geographischen übliche, versteht sich, nach den Anforderungen an erstere, von selbst. Die Theorie derselben wird den Gegenstand dieses Theils ausmachen.

Der kleinste für topographische Karten anzuwendende

Maaßstab ist 1 : 100000. In diesem Maaßstabe können die kleinsten zu bezeichnenden Gegenstände des Bodens, wie Hügel, Buschwerk, die kleinsten fließenden und stehenden Gewässer, einzeln liegende Gehöfte, Fußsteige, Brücken, Gärten, Wein-, Obstpflanzungen u. dergl. in allgemeiner Form dargestellt werden; jedoch kann man die Formen dieser Gegenstände, und namentlich die Unebenheiten des Bodens, nicht bis in's kleinste Detail genau einzeichnen, wie denn auch insgemein schon die kleinsten Gassen der Ortschaften auf Karten in diesem Maaßstabe nicht bemerkt werden können. Diese Karten, welche demnach die Formen der Gegenstände des Bodens nur im Allgemeinen angeben, können von dem Militair nicht wohl als Grundlage für eigentlich taktische Operationen gebraucht werden; dahingegen sind sie für strategische Calcule besser als topographische Karten im größeren Maaßstabe, weil sie eine leichtere Uebersicht einer großen Landesstrecke gewähren, als letztere. Man könnte diese Karten den geographischen analog, generell topographische nennen.

In topographischen Karten im Maaßstabe von 1 : 20000 bis 25000 können sämmtliche beachtungswerthe Gegenstände des Bodens bis in das kleinste Detail ihrer Form nach im Grundriß verzeichnet werden. Man kann diese daher speciel topographische nennen.

Topographische Aufnahmen im Maaßstabe von 1 : 10000 bis 1 : 12500 werden für militärische Zwecke nur deßhalb entworfen, um darauf nicht allein das Detail taktischer Operationen, sondern auch jeden Wachtposten mit Deutlichkeit angeben zu können. Bei Aufnahmen in diesen Maaßstäben, wenn sie für Staats- oder landwirthschaftliche Zwecke berechnet sind, können schon die Begrenzungen sämmtlicher Grundstücke genügend angegeben werden.

Aufnahmen in noch größerem Maaßstabe werden Pläne genannt, auch giebt man diese Benennung größtentheils schon den Aufnahmen im Maaßstabe von 1 : 10000, ja selbst denen im Maaßst. von 1 : 20000, wenn letztere nämlich nur einzelne Terrainabschnitte, etwa 1 bis 2 Quadratmeilen darstellen.

Wenn Karten, außer der Darstellung des Landes, noch einen besonderen Zweck haben, so werden diejenigen Gegenstände, welche hieher gehören, durch schickliche Bezeichnungen vorzüglich hervorgehoben, und die Karten werden alsdann nach ihrem besonderen Zweck benannt; so z. B. giebt es petrographische, hydrotechnische, hydraulische, Forst-, Cataster-, Cameral-, Producten-, Straßen-, Post-, Handels-, Reise-, Kriegsoperations-Karten u. m.

Zweites Kapitel.

Maaße.

§. 106. Um die unbekannte Ausdehnung einer Größe zu finden, können wir nicht anders verfahren, als daß wir sie mit einer bekannten Größe, welche man als Einheit annimmt (das Maaß), vergleichen, das heißt untersuchen, wie vielmal die bekannte Größe in der unbekannten enthalten ist, oder wie viel Theile der bekannten Größe die unbekannte enthält.

Wenn die Ausdehnung einer Größe durch wirkliche Auflegung des Maaßes bestimmt wird, so nennt man dies eine unmittelbare Messung; wird hingegen die Ausdehnung einer Größe nach den Lehren der Mathematik durch Construction oder Rechnung gefunden, so wird dies eine mittelbare Messung genannt.

Um eine Größe zu messen, ist es nach den Grundsätzen der Geometrie erforderlich, daß das Maaß mit der zu messenden Größe von einerlei Art sei, daher es Längen-, Flächen- und Körpermaaße giebt.

Da die Natur, deren Erzeugnisse auch in gleichen Gattungen mannigfach und veränderlich sind, uns keine feststehende Größe als ein Normalmaaß von selbst darbietet, so mußten die Maaße zu allen Zeiten willkührlich angenommen werden.

Unter diesen Umständen verfiel man natürlich zuerst darauf, die Maaße von Theilen des menschlichen Körpers zu entnehmen, welche die nächsten, bequemsten und den ersten Bedürfnissen entsprechendsten waren. So z. B. nahm man als gebräuchliche Maaße: die Länge von der äußersten Fingerspitze der einen Hand, bis zu eben derselben der anderen Hand, bei wagrecht und in einer Vertikalebene ausgestreckten Armen (Klafter), die Länge des ausgestreckten Arms (Elle), die Länge von der Spitze des Daumens bis zur Spitze des Mittelfingers einer ausgespannten Hand (Spanne) die Länge eines Schrittes, Fußes oder Schuhes; die Daumenbreite (Zoll) u. dergl. Diese Maaße mußten jedoch ihrer Unbestimmtheit wegen, als natürliche Folge der verschiedenen Körpergrößen der Individuen ungenügend erscheinen, so bald in einem Lande die Kultur sich zu verbreiten anfieng. So sahe man sich zuerst genöthigt, in jedem Lande, jeder Gemeinschaft bestimmte Größen als Maaße festzusetzen, welche im Ganzen von den obigen natürlichen Maaßen abgenommen wurden und deshalb ihre Namen behielten.

Wenn nun hierdurch dem Uebel der Maaßungleichheit in jedem für sich bestehenden Lande wohl abgeholfen werden konnte, so blieb doch immer noch eine Ungleichheit der Maaße im Ganzen, da jedes Volk, jeder Staat, ja oft jede Stadt, willkührlich angenommene eigene Maaße hatte; welches für den Handel, so wie für die Wissenschaften stets von großer Unbequemlichkeit war, und aus welchem Grunde wir über die Maaße der Alten in der größten Ungewißheit sind. Dieser Uebelstand, der bis auf den heutigen Tag noch nicht abgestellt ist, erzeugte die Nothwendigkeit, die Maaßgrößen der verschiedenen Länder durch Zahlenverhältniße zu einander zu bestimmen; zu welchem Zweck man in neueren Zeiten den von Mairan bestimmten pariser Fuß (pied du roi) als Normalmaaß annahm, nachdem man fast in allen Ländern den Fuß als Maaßeinheit, wonach die übrigen gebräuchlichen Maaße bestimmt wurden, festgesetzt hatte.

Dieser als Normalmaaß angenommene Pariser Fuß ist in 12 Zoll, jeder Zoll in zwölf Linien und jede Linie in 10 Punkte getheilt; so daß die ganze Fußlänge 144 Linien oder 1440 Punkte beträgt.

Da es für den Geodäten in vielen vorkommenden Fällen zu wissen nöthig ist, wie sich die in verschiedenen Ländern gebräuchlichen Fuße zum Pariser verhalten, so habe ich hier eine Tabelle beigefügt, worin die Größe dieser Fußmaaße nach pariser Linien angegeben ist. Vermittelst dieser Tabelle die Größen zu bestimmen, bedarf es demnach nur eines richtigen pariser Fußes.

Fußmaaße.	Länge in pariser Linien.	Fußmaaße.	Länge in pariser Linien.
In Amsterdam .	125,477.	In China . . .	141,7.
„ Ancona . .	173,2.	„ Chur . . .	155,5.
„ Anspach . .	132,92.	„ Constantinopel	314.
„ Antiochia . .	189,2.	„ Cremona . .	212,9.
„ Antwerpen .	126,5.	„ Dänemark .	139,13.
„ Aquila . . .	152,4.	„ Darmstadt .	127,6.
„ Augsburg . .	131,29.	„ Dortrecht . .	159,6.
„ Basel . . .	132,6.	„ Dresden . .	125,6.
„ Batavia . .	139,1.	„ Duderstadt .	128,5.
„ Baiern . .	129,38.	„ Durlach . .	129.
„ Bergamo . .	193,3.	„ Emden . .	129,5.
„ Bern . . .	131,50.	„ England . .	135,16.
„ Böhmen . .	131,4.	„ Eßling . . .	128.
„ Bologna . .	168,60.	„ Eyderstädt .	131,3.
„ Bordeaux . .	158.	„ Ferrara . .	177,9.
„ Brabant . .	126,6.	„ Florenz (Braccio)	258,45.
„ Braunschweig .	126,5.	„ Frankfurt a. M.	127.
„ Bremen . .	128,2.	„ Genf . . .	216,3.
„ Brescia . .	210,9.	„ Gibraltar . .	125,3.
„ Briel . . .	148,6.	„ Gießen . .	132.
„ Brugge . .	122,6.	„ Gotha . . .	127,5.
„ Brüssel . .	129.	„ Griechenland .	136,56.
„ Castilien . .	123,6.	„ Gröningen .	130.

Fußmaaße.	Länge in pariser Linien.	Fußmaaße	Länge in pariser Linien.
In Haag . . .	144.	In Pesaro . .	157.
„ Hamburg . .	127.	„ Piacenza . .	208,3.
„ Hanover . .	129,53.	„ Portugal(Baufuß)	150,1.
„ Harlem . .	126,7.	„ Prag . . .	133,6.
„ Heidelberg .	122,75.	„ Preußen . .	139,13.
„ Hildesheim .	124,45.	„ Regensburg .	139.
„ Holstein . .	133,76.	„ Rheinland . .	139,13.
„ Kalenberg . .	129,9.	„ Riga . . .	121,6.
„ Karlsruhe . .	129.	„ Rom (alter) .	130,66.
„ Krakau . . .	158.	„ „ (neuer) .	99,033.
„ Leipzig . . .	125,20.	„ Rostock . .	128,2.
„ Leiden . . .	139,183.	„ Rotterdamm .	138,35.
„ Lindau . .	128.	„ Rußland . .	238,56.
„ Lissabon . .	138,75.	„ Savoyen . .	120.
„ Livorno . .	202,2.	„ Schweden . .	131,587.
„ London . .	135,13.	„ Sicilien . .	107,3.
„ Lothringen .	129,2.	„ Spanien . .	125,3.
„ Löwen . . .	126,6.	„ Straßburg .	128,21.
„ Lukka . . .	261,5.	„ Toledo . .	122,6.
„ Lübeck . . .	128,70.	„ Trient . . .	162,2.
„ Lüttich . . .	127,5.	„ Turin . . .	227,70.
„ Mailand . .	176.	„ Tyrol . . .	148,1.
„ Mainz . . .	133,5.	„ Ulm . . .	129,53.
„ Manheim . .	128,65.	„ Utrecht . .	121.
„ Mähren . .	148,1.	„ Venedig . .	154.
„ Mecheln . .	123,9.	„ Verden . .	129.
„ Mecklenburg .	128,9.	„ Verona . .	154.
„ Middelburg .	133.	„ Vicenza . .	153,5.
„ Modena . .	281,2.	„ Warschau . .	132.
„ Namur . .	129,5.	„ Wien . . .	140,13.
„ Neapel . .	116,15.	„ Wismar . .	129.
„ Nürnberg . .	134,675.	„ Wilna . .	144.
„ Oldenburg .	131.	„ Wurtenberg .	127,8.
„ Osnabrück .	123,75.	„ Wurzburg .	130,5.
„ Ostende . .	121,9.	„ Zürch . . .	133.
„ Padua . . .	189,9.		

Da der in der Tabelle angeführte preußische Fuß, früher brandenburger oder rheinländische Fuß genannt = 139,13 pariser Linien, erst im Jahre 1816 als Normalfuß für die preußischen Staaten eingeführt wurde, so kommen noch häufig Ausnahmen vor, welche nach den alten, in den Provinzen und Städten der preußischen Monarchie, früher gebräuchlichen Maaßen bestimmt wurden; weshalb es in vielem Betracht nöthig ist, diese Maaße zu kennen.

In nachstehender Tabelle habe ich deshalb die Verhältnisse der beachtenswerthesten dieser Fußmaaße nach pariser Linien zusammengetragen.

Fußmaaße vor dem Jahre 1816.	Länge in pariser Linien.	Fußmaaße vor dem Jahre 1816.	Länge in pariser Linien.
In Aachen . .	128,5.	In Königsberg i. P.	136,402.
„ Berlin . . .	137,3.	„ Lithauen . .	144.
„ Breslau . .	126.	„ Mühlhausen .	124,5.
„ Cleve . . .	131.	„ Nordhausen .	129,75.
„ Cöln . . .	127,4.	„ Pommern . .	127,47.
„ Culm . . .	127,72.	„ Stralsund . .	129.
„ Danzig . .	127,15.	„ Thorn . . .	131,8.
„ Erfurt . .	125,1.	„ Trier . . .	181.
„ Halle . . .	132.	„ Wesel . . .	104,2.
„ Heiligenstadt .	125,5.	„ Wittenberg .	125,5.
„ Herford . .	131.	„ Worbis . .	127.

Das bei geodätischen Vermessungen gebräuchlichste Maaß ist noch gegenwärtig die Ruthe, deren Länge durch eine bestimmte Anzahl landesüblicher Fuße an jedem Orte bestimmt ist. Die preußische oder rheinländische Ruthe enthält 12 preuß. oder rheinl. Fuß, wobei jeder Fuß in 12 Zoll, jeder Zoll in 12 Linien, und jede Linie in 12 Scrupel getheilt ist; so daß demnach die Ruthe 12 Fuß = 144 Zoll = 1728 Linien = 20736 Scrupel hat.

Die zwölf preußische Fuß enthaltende Ruthe wird bei geodätischen Messungen der Bequemlichkeit des Rechnens wegen, in 10 gleiche Theile getheilt, welche man geometrische oder Feldfuße nennt. Jeder Feldfuß wird wieder in 10 Feldzoll, jeder Feldzoll in 10 Feldlinien, und jede Feldlinie in 10 Feldscrupel getheilt. Es ist demnach die preußische Ruthe = 10 Feldfuß = 100 Feldzoll = 1000 Feldlinien = 10000 Feldscrupel.

Die obigen Fuße, Zolle ... nennt man ihrer Eintheilung wegen, durch die Zahl Zwölf, Duodecimal-Fuße, Zolle ... (Duodecimalmaaß). Die Feldfuße, Zolle ... werden wegen ihrer Eintheilung durch die Zahl Zehn, Decimalfuße ... genannt (Decimalmaaß).

Das Duodecimalmaaß nennt man auch, um es von dem Decimalmaaß zu unterscheiden, Werkmaaß, also Werkfuß, Werkzoll ... Ueberall jedoch, wo blos von Fußen, Zollen .. die Rede ist, ohne daß dabei bemerkt wird, daß es Decimal- oder Feldfuße seien, versteht man die gewöhnlichen landesüblichen Fuße (Werkfuße) darunter.

Die Länge eines preußischen Feldfußes enthält nach obiger Eintheilung der Ruthe 166,950 pariser Linien.

Beim Schreiben der Maaßbenennungen bedient man sich der Kürze wegen folgender Zeichen.

Ruthe,	Fuß,	Zoll,	Linie,	Scrupel.
$^{\circ}$	$'$	$''$	$'''$	IV.

Für Duodecimal schreibt man dde, für Decimal dc; so daß z. B. $8^{\circ}\ 9'\ 4''\ 1'''\ 6^{IV\,dc}$ so viel heißt, als 8 Ruthen, 9 Fuß, 4 Zoll, 1 Linie, 6 Scrupel des Decimalmaaßes.

Länge mehrerer Ruthen nach den landesüblichen Fußen bestimmt.

Die Ruthe			Die Ruthe		
In Amsterdam hält	13	Fuß	In Leiden hält	12	Fuß
„ Anspach . . .	12	„	„ Leipzig . . .	15 1/6	„
„ Basel . . .	15	„	„ Mecklenburg .	16	„
„ Bern . . .	10	„	„ Mümpelgardt .	10	„
„ Braunschweig .	16	„	„ Nürnberg . .	16	„
„ Bruchsal . .	16	„	„ Oletzkoi . . .	15	„
„ Cassel . . .	14	„	„ Paris . . .	18	„
„ Colmar . . .	15	„	„ Pfalz . . .	16	„
„ Dänemark . .	12	„	„ Polen . . .	15	„
„ Durlach . .	16	„	„ Preußen . .	12	„
„ { England . .	16 1/2	„	„ Rheinland . .	12	„
„ { Cornwall . .	18	„	„ Schafhausen .	12	„
„ { Schaffordschire	24	„	„ Schweden . .	16	„
„ Giesen . . .	16	„	„ Weimar . .	16	„
„ Hamburg . .	16	„	„ Würtenberg .	16	„
„ Kalenberg . .	16	„			

Längen der vor 1816 in den preußischen Staaten gebräuchlichen Ruthen, nach den frühern örtlichen, so wie den gegenwärtig preußischen Werkfußen bestimmt.

Benennung der Ruthen.	Länge derselben nach den frühern örtlichen Füßen.	Länge nach den gegenwärtigen preußischen Werkfußen.
Die Alt-culmisch-polnisch-preußische, oder westpreußische	15	13,77
„ Neu-culmisch oder ostpreußisch-culmische	15	13,985
„ Markbrandenburger	15	15
„ Breslauer	15	13,762308
„ Cölnische	16	14,651419
„ Altcüstrinische Kammer-Ruthe		15,25
„ Danziger	15	13,564651
„ Erfurter	14	12,5882
„ Hallische	15	14,95
„ Heiligenstadter	16½	15
„ Lithauische	15	15,52623
„ Magdeburger	12	
„ Muhlhäuser	14	12,62785
„ große Neumärksche Landruthe		16
„ Nordhäuser	14	13,25
„ Pommersche	16	14,659
„ Soldinische		14,08
„ Teichgräber	15	15
„ Untereichsfelder	19	17 55
„ Worbisser		15

Das größte bei geodätischen Messungen gebräuchliche Längenmaaß ist die Meile; sie ist jedoch ebenfalls, wie alle früher erwähnten Maaße, ihrer Größe nach sehr verschieden; und es wird demnach ebenfalls nöthig, daß der Geodät die verschiedenen Meilenlängen, wie sie der Landesbrauch bestimmte, nach einer bekannten Maaßeinheit kennen lerne, um danach die nöthigen Reductionen vornehmen zu können.

Die geographische oder deutsche Meile ist die einzige,

welche nach dem Umfang der Erde bestimmt wurde; jedoch nicht mit vollkommener Genauigkeit, sondern unter der Voraussetzung, daß die Erde eine Kugel sei, deren Grade eines größten Kreises, gleich den mittlern Breitegraden wären. Die geographische oder deutsche Meile ist nach diesen Annahmen der fünfzehnte Theil eines Meridiangrades; nach der wahren (ellipsoidischen) Gestalt der Erde jedoch nur der fünfzehnte Theil eines Meridiangrades unter dem 45sten Grad der Breite.

Diese geographische Meile hält nach Klügel 23661 rheinl. oder preuß. ddc Fuß = 22869,6 pariser Fuß, nach französischen Angaben hingegen nur 23609,75 ddc Fuß.

Die bei militairischen und ökonomischen Messungen in Preußen gebräuchliche Meile hält 2000 preuß. Ruthen = 10000 Feldmesserschritte, da fünf derselben auf eine Ruthe gerechnet werden.

Längen der gebräuchlichsten Meilen und Wegemaaße nach Theilen eines mittlern Erdgrades und nach rheinl. oder preuß. Fußen bestimmt.

Benennung der Meilen.	Gehen auf einen Erdgrad	Halten rheinländische Fuße
Arabische	56,67	6263
Armenische (Farsang) = 30 griechischen Stadien = 3 römischen Meilen . . .	25,00	14197
Bairische | kleine	14,15	25300
„ | große	8,69	40800
Böhmische	16,12	22017
Burgundische	19,70	18016
Chinesische, neue (Li) . . .	193,40	1835
Dänische	14,79	24000
Deutsche, alte oder Germanische (Rosta) = 3 römischen Meilen	25,00	14197
Neue kleine	17,74	20000
Gemeine, geographische oder geometrische = 10000 geom. Schritt	15,00	23661

Benennung der Meilen.	Gehen auf einen Erdgrad	Halten rheinländische Fuße
Egyptische (Schönus) zu 60 egyptischen Stadien . . .	18,90 . . .	18779
Flandrische	17,74 . . .	20000
Französische, alte gallische Leuka oder Lewa = 1,5 römische Meile	50,50 . . .	7042
„ neue Landmeilen (Lieue) = 2400 geographischen Schritten	25,00 . . .	14179
„ kleine Landmeilen von 2000 Toisen	28,58 . . .	12418
„ große von 2500 Toisen . .	22,87 . . .	15523
„ Seemeilen	20,00 . . .	17745
Großbrittannische, alte brittische = 12 Quarantenen .	47,60 . . .	7456
Neue englische zu 1760 Yards	60,12 . . .	5135
„ Seemeile (Nauticmiles) .	60,0 . . .	5915
„ Leagues . . .	20,0 . . .	17445
Griechische (Stade Pythique) .	750,12 . . .	472,4
„ „ Olympique)	576,1 . . .	615,3
Hamburgische	14,79 . . .	24000
Hessische	11,29 . . .	31440
Holländische	19,00 . . .	18680
Indostansche (Kos)	42,70 . . .	8312
Jüdische, alte, Sabatherweg zu 2000 jüdisch biblische Ellen	100,80 . . .	3521
Kurbraunschweigische Polizei-Meilen	10,52 . . .	33737
Lithauische	12,44 . . .	28530
Londner zu 1666⅔ Yards .	73,0 . . .	4862
Neapolitanische	57,71 . . .	6141
Niederländische Stunden (Gehens)	19,67 . . .	18043
„ Seemeilen	20,0 . . .	17745
Nürnbergische	13,10 . . .	27000
Oesterreichische	7,48 . . .	47500
Persische	22,50 . . .	15774
Polnische = 1 Seemeile . .	20,0 . . .	17745
Portugiesische	18,0 . . .	19717

Benennung der Meilen.	Gehen auf einen Erdgrad	Halten rheinländische Füße
Preußische zu 1800 Danziger Ruthen	14,37 . . .	24700
Römische neue	74,705 . . .	4744
„ alte zu acht olympischen Stadien	75,50 . . .	4701
Russische (Werst) = 1500 Arschinen (Ellen) . . .	104,3 . . .	3402
Sächsische Polizeimeile = 16000 Dresdner Ellen	12,29 . . .	28878
Schlesische	17,18 . . .	20658
Schottländische	49,85 . . .	7119
Schwäbische	12 . . .	29560
Schweizerische	13,30 . . .	26688
Siamische	29 . . .	12235
Spanische oder Castilianische zu 5000 Varos	26,63 . . .	13328
Stadien oder Feldwege,		
1) griechische, olympische = 100 Orgy	600 . . .	591
2) Seestadien	750 . . .	473
3) Egyptische	1125 . . .	315
4) Römische	604,3 . . .	587
Türkische (Berri)	66,67 . . .	5323
„ Seemeilen	86,40 . . .	4179
Ungarische	13,33 . . .	26625
Westphälische	9,77 . . .	36300

Im Jahre 1793 wurde in Frankreich das erste und bis jetzt einzige Maaß eingeführt, welches nicht durch willkührliche Annahmen oder Voraussetzungen bestimmt, sondern von der Größe und Gestalt unseres Erdkörpers, als des einzigen Naturgegenstandes, dessen Form, so weit unsere Beobachtungen reichen, unveränderlich ist, oder doch nur durch eine Erdrevolution verändert werden kann, abgenommen wurde.

Dieses Maaß, der Mèter, ist der zehnmillionste Theil vom Quadranten eines Erdmeridians, der vom Pol bis zum Aequator geht. Die Länge dieses Meridianquadranten, wurde nach den Resultaten genauer Gradmessungen ausgemittelt, welche vorzüglich von der französischen Regierung, im letzten Jahrhundert, zu verschiedenen Zeiten und an verschiedenen Orten der Erde, zur Bestimmung der wahren Gestalt und Größe derselben veranlaßt wurden. Der genauen Bestimmung der Länge dieses Meridianquadranten liegen besonders die Gradmessungen zum Grunde, welche von Bouguer und Maupertuis in den Jahren von 1735 bis 1744, von ersterem unter dem Aequator in Peru, von letzterem zunächst dem Nordpol in Lappland, ausgeführt wurden; so wie die, in den Jahren 1792 bis 1799 von Mechain und Delambre bestimmte Länge des Meridianbogens, welcher von Dünkirchen bis Mont-Jouy bei Barcellona, also der größten Länge nach durch Frankreich geht; und der nach diesen Messungen über den zehnten Theil eines Meridianquadranten beträgt.

Nach diesen Gradmessungen, welche mit Newton's auf physikalischen Gründen beruhender Annahme über die Gestalt der Erde übereinstimmen, und nach welchen die Erdgrade vom Aequator aus nach den Polen hin immer größer werden, woraus sich die Gestalt der Erde als ein elliptisches Sphäroid erweist, dessen Axe kleiner als der Durchmesser des Aequators ist, (welches bei den früheren Gradmessungen der Cassini, Piccard rc. der Fall nicht war, was zur Zeit wahrscheinlich mit an den unvollständigen Instrumenten lag) ergab sich die Länge eines Meridianquadranten = 5130740 Toisen, und da die Toise 6 pariser Fuß hält, so ist demnach der Mèter als der zehnmillionste Theil vom Meridianquadranten $= \frac{6 \times 5130740}{10000000} = 3$ Fuß 0 Zoll 11 $\frac{296}{1000}$ Linien = 443,296 Linien des französischen Normalfußmaaßes.

Da zur Zeit, als der Mèter in Frankreich eingeführt wurde, die Messung des Meridianbogens von Dünkirchen bis Mont-Jouy noch nicht beendet war, so wurde später hiernach das Mètermaaß noch genauer bestimmt, wonach s gegenwärtig = 3,07844 pariser Fuß = 443,295936 pariser Linien beträgt.

Durch dieses Maaß, welches unabhängig von Zeit und Ort, nie verloren gehen, oder doch stets und überall auf der Erde wiedergefunden werden kann, sind alle übrigen Maaße, deren Verhältnisse zum Mèter ausgemittelt wurden, als constante Größen zu betrachten. Da nun die Verhältnisse sämmtlicher, in den kultivirten Ländern der Erde gebräuchlichen Maaße zum pariser Fuß bekannt sind, und das Verhältniß dieses zum Mèter auf das genaueste bestimmt wurde, so können hiernach alle diese Maaße, wenn nur ihre Verhältnisse bekannt bleiben, nie wieder, oder doch nur durch eine Erdrevolution verloren gehen.

Die Eintheilungen des mètrischen Längenmaaßes, wovon der Mèter die Einheit ist, sind:

Mètre's.	Pariser Maaß. Fuß, Zoll, Lin.	Rheinl. Maaß. Fuß, Zoll, Lin.
10000000 Quadrant des Meridians	30794580′ . .	31872489
100000 Decimalgrad des Meridians	307946′ . . .	318725′
10000 Myriamèter . .	30794′ . . .	31872′
1000 Kilomèter Milliare (Wegemaaß) . . .	3079′	3187′
100 Hecktomèter . . .	307′.11″.4‴ .	318′ 8″.8‴
10 Dekamèter . . .	30′.9″6,4‴ .	31′.10″8‴
1 Mèter	3′.11,29‴ . .	3′.2″3.‴
0,1 Decimèter . . .	3″.8,346‴ . .	3″.10‴
0,01 Centimèter . .	4,434‴	4,59‴
0,001 Millimèter . .	0′ 443‴	0,459‴

Andere Längenmaaße, wie die Elle, welche großentheils zwei landesübliche Fuß hält, die Klafter, die, deren sechse im Allgemeinen lang ist, so wie die bei dem Bergbau gebräuchliche Lachter, welche im Ganzen mit der Klafter von gleicher Länge ist u. a. werden bei geodätischen Vermessungen nicht angewendet, und gehören demnach die genaueren Verhältnisse derselben nicht hierher.

Um eine Fläche zu messen, muß man sich, der Geometrie nach, auch einer Fläche als Maaß bedienen, deren Ausdehnung nach Länge und Breite bekannt ist. Man hat im Allgemeinen als Flächenmaaß das Quadrat, als der für diesen Zweck einfachsten und entsprechendsten Figur angenommen. Bei geodätischen Messungen bedient man sich zum Flächen- wie zum Längenmaaße hauptsächlich der landesüblichen Ruthe. Eine Quadratruthe ist demnach das Flächenmaaß, welches eine Ruthe lang und breit ist; und so giebt es denn nach den in den Ländern üblichen Eintheilungen der Ruthe, Quadrat-Fuße, Zolle, Linien und Scrupel. Der Geometer bedient sich hier eben wie beim Längenmaaße der Decimaleintheilung der Ruthe. Die Quadratmeile ist die größte Einheit eines geodätischen Flächenmaaßes.

Beim Schreiben setzt man für Quadratruthe, Fuß... vor dem Ruthen- oder Fußzeichen... ein Quadrat, und bezeichnet die Decimal oder Duodecimaleintheilung der Ruthe wie beim Längenmaaße.

Das preußische oder rheinische Flächenmaaß nach der Duodecimaleintheilung.

□°	□'	□''	□'''	□^{IV}
1.	144.	20736.	2985984.	429981696.
	1	144.	20736.	2985984.
		1	144.	20736.
			1	144.

Nach der Decimaleintheilung.

□°	□'	□''	□'''	□^{IV}
1	100	10000	1000000	100000000
	1	100	10000	1000000
		1	100	10000
			1	100

Es sind demnach

□'d°			□'ddc	
1000	preußisch.	=	144	preußisch.
10000□''	"	=	20736□''	"
1000000□'''	"	=	2985984□'''	"
100000000□^{IV}	"	=	429981696□^{IV}	"

Die Franzosen haben bei ihren Flächenmaaßen den Mèter als Einheit angenommen, und es giebt demnach Quadrat-Mèter, Decimèter, Centimèter, Millimèter.

Ihre größeren Flächenmaaße sind durch den Quadratmèter bestimmt, und sind: das Are, Deciare und Centiare.

Das Are ist die Einheit des Flächenmaaßes von 10000 Quadratmèter, ein Quadrat, dessen Seite 100 Mèter beträgt.

Ein Deciare ist der zehnte Theil des Are, enthält demnach 1000 Quadratmèter, und ist ein Rechteck, dessen eine Seite 100, die andere 10 Mèter hält.

Ein Centiare ist der hundertste Theil des Are, enthält demnach 100 Quadratmèter, und ist ein Quadrat, dessen Seite 10 Mèter lang ist.

Die bei ökonomischen Messungen gebräuchlichen Flächenmaaße, wie Morgen, Acker, Joch, Mannwerk ꝛc. gehören nicht hieher.

Mehreres über die Verhältnisse der in den verschiedenen Ländern üblichen Maaße, siehe: Eytelwein, Vergleichung der Maaße und Gewichte; Vega, logarithmisch trigonometrische Tafeln.

Verwandlung oder Reduction der Maaße.

§. 107. Es ist bei Vermessungsgeschäften oft nöthig, eine im bekannten Maaße gegebene Größe in einem anderen bekannten Maaße auszudrücken; welches man die Maaße verwandeln oder reduciren nennt.

Dem Verfahren hierbei liegt die Lehre von den Proportionen zum Grunde, und es ist demnach eine sehr leichte arithmetische Procedur, wenn, wie nach den vorigen Tabellen, das Verhältniß des zu verwandelnden Maaßes zu dem gesuchten Maaße, oder, das Verhältniß eines jeden dieser beiden Maaße zu einem dritten bekannt ist.

Es sei z. B. eine Länge gleich 642 preußischen Feldfußen, und man will diese in preußischen Werkfußen ausdrücken; so setzt man, da 10 Feldfuß gleich 12 Werkfuß sind, die Proportion

$10'^{dc} : 12'^{ddc} = 642'^{dc} : X.$

$X = \frac{642 \cdot 12.}{10} = 770,\ 4'^{ddc}$ preuß.

Wenn man das zweite Glied der Proportion mit dem ersten dividirt, und den Bruch als Decimalbruch berechnet, so heiß dieser Decimalbruch der Reductionsfactor, welcher alsdann mit dem dritten Gliede der Proportion multiplicirt das vierte Glied giebt. z. B. Eine Länge halte 718 preußische Werkfuß, man will wissen, wie viel pariser Fuß sie halte.

Da nach den Tabellen der preußische Fuß 139, 13 solcher Theile enthält, deren der pariser Fuß 144 hat; so sind 14400 preuß. Fuß = 13913 pariser Fuß; setzt man nun die Proportion

$14400^{\text{preuß.}'} : 13913'^{\text{parif.}'} = 718'^{\text{preuß.}} : X.$ so ist 1 Fuß preuß. $= \frac{13913}{14400} = 0{,}966180555$ Fuß paris. = dem Reductionsfactor zur Verwandlung der preußischen Werkfuße in pariser Fuße; $718'^{\text{preuß.}}$ sind demnach $= 718 \cdot 0{,}966180555 = 693{,}717638490$ Fuß pariser.

Oder eine Länge hält 2716 Wiener Fuß; wie viel sind dies Dresdener.

Nach den Tabellen hält der Wiener Fuß 140, 13 pariser Linien; der Dresdener 125, 3 pariser Linien. Es sind demnach 12530 Wiener Fuß = 14013 Dresdener Fuß; also: $12530'^{W.} : 14013'^{D.} = 2716'^{W.} : x.$ da nun der Wiener Fuß $= \frac{14013}{12530} = 1{,}11832\ldots$ Dresd. Fuß = dem Reductionsfactor zur Verwandlung der Wiener Fuße in Dresdener; so ist $x = 2716 \cdot 1{,}11832 = 3037{,}35712$ Dresd. Fuß.

Wenn man viele nach einem Maaße bestimmte Größen durch ein anderes Maaß auszudrücken hat, so kann diese Rechnung sehr erleichtert werden, wenn man die nöthigen Reductionsfactoren für die ersten neun vielfachen, wie in nachstehenden Tafeln, vor der Rechnungsoperation bestimmt.

Reductionsfactoren zur Verwandlung der preußischen und französischen (alten und neuen) Normalmaaße unter einander.

Preuß. Fuße.		Pariser Fuße.		Mèter
1	=	0,966180...	=	0,313833...
2	= =	1,962361	= =	0,627707
3	= =	2,898541	= =	0,941560
4	= =	3,864722	= =	1,255414
5	= =	4,830902	= =	1,569267
6	= =	5,797083	= =	1,883121
7	= =	6,763263	= =	2,196968
8	= =	7,729444	= =	2,610828
9	= =	8,695625	= =	2,824681

Pariser Fuß.		Preuß. Fuß.		Mèter.
1	=	1,035003...	=	0,324839...
2	= =	2,070006	= =	0,649678
3	= =	3,105009	= =	0,974518
4	= =	4,140012	= =	1,299357
5	= =	5,175016	= =	1,624197
6	= =	6,210019	= =	1,949036
7	= =	7,245022	= =	2,273876
8	= =	8,280025	= =	2,598715
9	= =	9,315029	= =	2,923554

Mèter.		Preuß. Fuß.		Pariser Fuß.
1	=	3,186199...	=	3,078444...
2	= =	6,372398	= =	6,156888
3	= =	9,558598	= =	9,235332
4	= =	12,744797	= =	12,313776
5	= =	15,930997	= =	15,392220
6	= =	19,117196	= =	18,470664
7	= =	22,303396	= =	21,549108
8	= =	25,489595	= =	24,627552
9	= =	28,675795	= =	27,705996

Reductionsfactoren zur Verwandlung der Preußischen Feldfuße, Werkfuße und Pariser Fuße unter einander.

Preuß. Feld-Fuße.		Preuß. Werk-Fuße.		Pariser Fuße.
1	=	1,2	=	1,159416...
2	=	2,4	=	2,318833
3	=	3,6	=	3,478249
4	=	4,8	=	4,637666
5	=	6	=	5,797083
6	=	7,2	=	6,956499
7	=	8,4	=	8,115916
8	=	9,6	=	9,275233
9	=	10,8	=	10,434749

Pariser Fuß.		Preußischer Feld-Fuß.
1	=	0,862502...
2	=	1,725005
3	=	2,587508
4	=	3,450010
5	=	4,312513
6	=	5,175016
7	=	6,037518
8	=	6,900021
9	=	7,762524

Preuß. Werk Fuß.		Preuß. Feld-Fuß.
1	=	0,833333...
2	=	1,666666
3	=	2,499999
4	=	3,333333
5	=	4,166666
6	=	4,999999
7	=	5,833333
8	=	6,666666
9	=	7,499999

Preuß. Feld-Zoll.		Preuß. Werk-Zoll.
1	=	1,44
2	=	2,88
3	=	4,32
4	=	5,76
5	=	7,2
6	=	8,64
7	=	10,08
8	=	11,52
9	=	12,96

Preuß. Werk-Zoll.		Preuß Feld-Zoll.
1	=	0,694444...
2	=	1,388888
3	=	2,083333
4	=	2,777777
5	=	3,472222
6	=	4,166666
7	=	4,861111
8	=	5,555555
9	=	6,249 999

Gebrauch der Reductionstafeln.

Aufg. Eine Länge hält 2197,632 Preuß. Werkfuße; wieviel enthält diese Mètres?

Aufl.

				2197,	632	
2	Preuß.	Fuß	=	0627	707	Mètres
1	. :	:	:	031	385.	
9	:	:	:	28	246..	
7	:	:	:	2	196...	
6	:	:	:	- - -	188....	
3	:	:	:	- - -	09.....	
2	:	:	:	- - -	0......	

Es sind also 2197,632 Preuß. Werkfuße = 689,731.... Mètres.

Man suche in der Tafel den Reductionsfactor für die erste Ziffer der Zahl 2197,032, also wie viel 2 Preuß. Fuß in Mètres betragen; man findet 0,627707. Diese Zahl schreibe man so unter die gegebene 2197,632, daß das erste Zahlenzeichen der gefundenen 0 unter dem ersten Zahlenzeichen der gegebenen 2 zu stehen kommt, ohne Rücksicht auf das Komma beider Zahlen. Hiernach suche man den Reductionsfactor für die zweite Ziffer der gegebenen Zahl 1; man findet 0,31385; diesen schreibt man so unter die erst gefundene Zahl 0,627707, daß die erste Ziffer der zuletzt gefundenen 0 unter die zweite Ziffer der erstgefundenen 6, also auch unter die zweite Ziffer der gegebenen 1 zu stehen kommt. Eben so sucht man für die dritte Ziffer der gegebenen Zahl 9 den Reductionsfactor, und schreibt ihn so, daß seine erste Zahl unter das dritte Zahlzeichen der gegebenen 9 zu stehen kommt. In dieser einfachen Art fährt man, wie das Exempel zeigt, fort, scheidet die Ganzen von dem Zähler des Bruchs, und addirt die gefundenen Zahlen zusammen, so giebt die Summe das verlangte Resultat.

Wenn bei der Eintheilung zweier Maaße eine gleiche Zahl zum Grunde liegt, wie z. B. bei dem pariser und preußischen Fuß, wovon jeder 12 Zoll, und jeder Zoll derselben 12 Linien hat, so können die in den Tafeln berechneten Reductionsfactoren auch für die Reduction der Zolle und Linien, in gleicher Art wie oben, ohne Abänderung gebraucht werden.

Beim Verwandeln der Flächenmaaße, welches bei topographischen Arbeiten nur selten vorkommen kann, verfährt man eben so, wie beim Uebertragen der Längenmaaße.

Drittes Kapitel.

Meßwerkzeuge und Geräthschaften, so wie deren Gebrauch im Allgemeinen.

§. 108. Um die Entfernungen und Lagen sämmtlicher Gegenstände des Bodens, von und zu einander, für die Darstellung derselben im Planbilde aufzunehmen, hat man nur nöthig, Linien und Winkel auf dem Felde unmittelbar zu messen, da aus diesen alle planimetrische Figuren bestehen. Hiernach zerfallen sämmtliche Meßwerkzeuge in Linien und Winkelmesser. Außerdem bedarf man noch Geräthe, mit welchen solche Linien und Scheitelpunkte der Winkel auf dem Felde markirt werden, welche die Natur nicht, oder doch nicht scharf bezeichnete; die aber bestimmt zu markiren, entweder unumgänglich nöthig, oder doch von Nutzen für die Messung sind.

Ich werde hier, dem Zwecke des Buches angemessen, nur von denjenigen Meßwerkzeugen und Geräthen ausführlich handeln, welche zur topographischen Aufnahme einer Landesstrecke, wobei die sphäroidische Gestalt der Erde nicht in Betracht kömmt, vorzugsweise gegenwärtig gebraucht werden. Instrumente und Geräthe hingegen, welche bei größeren Vermessungen Anwendung finden, werde ich nur in soweit berühren, als nöthig ist, dem Detailaufnehmer eine allgemeine Ansicht von dem genaueren Verfahren bei ausgedehnteren Messungen zu geben.

Nach Benzenberg beträgt der Fehler, welcher dadurch entsteht, wenn man bei der Karte eines Landes von 20 Meilen Länge und Breite, die Hauptdrecke als in einer

Ebene liegend betrachtet, noch keine 2 Secunden, und auf dem Papier bei einem großen topographischen Maaßstabe noch keine achtel Linie, und ist demnach hier völlig unmerklich; woraus zu entnehmen ist, welche große Landesstrecken ohne Berücksichtigung der sphäroidischen Form der Erde aufgenommen werden können.

Signale.

§. 109. Unter Signalen versteht man im Allgemeinen Zeichen verschiedener Art, welche irgend wo für einen gewissen Zweck gegeben oder aufgestellt werden. Man unterscheidet vorübergehende (momentane) von bleibenden Signalen. Erstere sind Feuerzeichen, Kanonenschläge rc.; die Feuerzeichen, wie Raketen, Meßlampen, sind bei großen Triangulationen oft angewendet worden, gehören aber nicht weiter hieher. Die bleibenden Signale, welche man bei topographischen Aufnahmen kleiner Erdstrecken (ich setze hier als Maximum zehn bis zwölf concentrirte Quadratmeilen) mitunter anwendet, sind Tannenbäume, welche von den Aesten und Nadeln bis zur Spitze oder dem Kopfende gereinigt werden, wo man nur so viele stehen läßt, als nöthig sind, um den Baum in der Ferne kennbar zu machen; oder man gebraucht hierzu Stangen von 20 bis 25 Fuß Länge und verhältnißmäßiger Stärke, an deren oberem Ende ein Strohwisch (Schaub) gebunden wird. F. 54. Diese Stangen oder Bäume müssen vollkommen gerade sein, und genau lothrecht so tief und fest in den Boden gesetzt werden, daß der Wind nicht vermögend ist, sie aus der lothrechten Stellung zu bringen, weil man sich beim Gebrauch derselben nach dem Kopfende richtet; da nun dieses den Punkt des Bodens bezeichnen soll, in welchem das Signal eingegraben ist, so müssen Vertikalebenen von allen Standpunkten umher, durch das Kopfende gedacht, auch durch den Punkt des Bodens gehen, in dem das Signal steht.

Wenn Signale an einem Waldrand, im Walde selbst (wo sie auf Bäumen befestigt werden müssen) oder so gestellt werden, daß Waldungen oder sonst dunkelfarbige Gegenstände des Bodens in geringer Entfernung von ihnen den Hintergrund bilden, so dürfen in dergleichen Fällen Tannenbäume nicht angewendet werden, weil diese aus der Ferne gesehen, ihrer dunklen Farbe wegen, die sich von dunklen Hintergründen nicht genugsam scheidet, unkenntlich sein würden, wogegen in solchen Fällen die am Kopfende mit einem Strohbund umwundenen Stangen, ihrer hellen Farbe wegen besonders hervorleuchten. Dahingegen sind die Tannenbäume besser als die Stangen, wenn sie in offenen Gegenden auf Höhen gestellt werden, weil sie hier ihrer dunklen Farbe wegen, von dem Luft- oder lichten Feldhintergrund scharf abschneiden, und dadurch natürlich weiter gesehen werden können, als die hellen Strohbündel.

Bei ausgedehnteren Vermessungen nimmt man zu Signalen große abgeschälte Baumstämme von 30 und mehr Fuß Höhe; unterstützt die lothrechte Stellung derselben durch Strebepfeiler; bringt am obern Ende ein laternenförmiges Gehäuse mit einem Dach versehen an, welches mit Stroh ausgefüllt wird; auch werden die Signale wohl so eingerichtet, daß man sich mit Meßinstrumenten darauf stellen kann; ja selbst so, daß die Instrumente gegen Sonnenschein, Regen und Sturm geschützt sind.

Die Höhe der Signale muß man im Ganzen nach der größten Entfernung, von welcher aus sie gesehen werden sollen, abnehmen; je größer diese ist, je höher müssen demnach die Signale sein. Delambre nimmt für die Höhe eines Signals wenigstens $\frac{2}{10000}$ dieser Entfernung über den Horizont des Auges an.

Meßfahnen.

§. 110. Meßfahnen (Packen, Jalons) werden gebraucht, um bei Detailaufnahmen solche Punkte des Bodens zu bezeichnen, die von einem anderen nahe liegenden Punkt (Standpunkt) aus, nicht, oder doch nicht mit Zuverlässigkeit gesehen werden können, wie z. B. Biegungen der Wege und Bäche, Punkte, wo sich Wege scheiden oder kreuzen, Gegenstände des Bodens, die hinter sanften Hügeln in niedrigem Gebüsch, Gärten u. dergl. liegen. Ferner bedient man sich bei kleinen topographischen Aufnahmen dieser Meßfahnen auch, um auf dem Felde gerade Linien (Grundlinien) abzustecken, wozu sie sich hier besser eignen, als die sogenannten Absteckestäbe, weil es, um mit letzteren eine Linie abzustecken, weit mehr Zeitaufwand erfordert; obgleich wohl vermittelst derselben, sie mit größerer Genauigkeit bezeichnet werden kann.

Die Meßfahnen sind Stangen von 12 bis 20 Fuß Höhe, und verhältnißmäßiger Stärke, die man jedoch so gering als möglich annimmt, um den Transport derselben nicht unnütz zu erschweren. An ihrem oberen Ende ist ein Fahnentuch von Leinwand oder Etamin von etwa 16 bis 20 Zoll Länge, und 10 bis 14 Zoll Breite befestigt. Dieses Fahnentuch wird gewöhnlich von zwei gleich großen Stücken, wovon das eine weiß, das andere roth ist, der Länge nach zusammengenäht. Diese beiden Farben wählt man, um das Tuch sowohl bei einem hellen als bei einem dunklen Hintergrund deutlich sehen zu können; denn die rothe Farbe erscheint gegen einen hellen Hintergrund, wo die weiße sich verliert, immer dunkler und markirt genug, um das Fahnentuch in den geringen Entfernungen, für welche es berechnet ist, deutlich sehen zu können. Ich halte es daher nicht für nöthig, auch dunkelfarbige Fahnen für helle Hintergründe besonders mit zu führen.

Die Stangen dieser Meßfahnen werden am unteren Ende mit einem eisernen Schuh versehen, um sie in die Erde stoßen zu können; auch häufig von Fuß zu Fuß abwechselnd mit rother und weißer Oehlfarbe angestrichen, um sie dem Auge in der Ferne kenntlicher zu machen.

Da die Richtung eines blos an der Stange befestigten Fahnentuches gänzlich vom Winde abhängt, so kann die Fahne, wenn der Wind in gleicher Richtung mit der Linie vom Standpunkt zur Fahne streicht, nicht gesehen werden; weshalb man häufig die Fahne der Länge nach an einen dünnen Stab befestigt, der vermittelst einer Schraube rechtwinklig mit der Fahnenstange verbunden werden kann. Der zunächst der Fahnenstange herabhängende Tuchzipfel wird alsdann mit einem Bande, welches an diesen genäht ist, an die Stange gebunden. Wenn diese einfache Einrichtung gleich obigen Uebelstand genügend hebt, so erzeugt sich dagegen durch dieselbe wieder eine andere Unbequemlichkeit, nämlich: da man häufig genöthigt wird, die Meßfahne von einem Gehülfen durch Baumzweige emporschieben zu lassen, so ist hierbei der Querstab, an den das Fahnentuch befestigt ist, hinderlich. Diesen Unbequemlichkeiten abzuhelfen, giebt der Hr. D. Netto eine Einrichtung der Meßfahnen an, die dem Zweck vollkommen entspricht; weshalb ich sie hier mit aufnehme.

Man lasse nämlich längs der Fahnenstange eine zwei Linien tiefe, und eben so breite Nuth a b F. 55 hobeln; am oberen Ende der Stange bei a eine Rolle anbringen; etwa 10 Zoll von hier abwärts zwei hölzerne Arme c d und c e so befestigen, daß sie in der Richtung der Stange auf- und niedergeklappt werden können. An diese Arme nagelt man, nachdem sie senkrecht zur Fahnenstange ausgebreitet wurden, ein Tuch an zwei sich gegenüberstehenden Zipfeln bei d und e auf der, der Nuth entgegengesetzten Seite der Stange fest; eben so wird der zunächst der Fahnenstange herabhängende Zipfel f an die Stange genagelt. Am vierten Zipfel des Tuchs a wird eine Schnur befestigt, diese über die Rolle bei a gezogen, und längs der Stange in die Nuth gelegt. Danach werden als Decke der Nuth einige Blechstreifen über dieselbe genagelt. Wenn nun nach dieser Vorrichtung, die über den Schuh der Stange herabhängende Schnur angezogen wird, so breitet sich das Tuch aus, denn der Zipfel a wird dadurch emporgezogen, womit zugleich die beweglichen Arme c d und c e in die zur Stange senkrechte Richtung gebracht werden.

Läßt man die Schnur los, so fallen die Arme, so wie der obere Zipfel des Tuchs, vermöge ihrer Schwere von selbst wieder herab und legen sich der Stange an. Diese Meßfahnen können demnach leicht durch Baumzweige empor geschoben und über diesen ausgebreitet werden; auch sind sie nicht das Spiel der Winde. Wenn diese Meßfahnen eine Weile ausgespannt ohne Gehülfen an einem Orte stehen sollen, so wird die Schnur straff angezogen um den Schuh der Stange befestigt.

Um den Transport der Meßfahnen zu erleichtern, werden die Stangen oft in der Mitte durchsägt, und an der durchsägten Stelle des untern Theils eine Blechfülle so angebracht, daß beim Gebrauch der obere Theil in diese gesteckt und befestigt werden kann. Auch ergiebt sich hieraus noch ein anderer Vortheil; wovon später.

Werkzeuge zum unmittelbaren Messen der Linien auf dem Felde.

§. 111. Um auf dem Felde die Entfernung zweier Punkte von einander durch unmittelbare Messung zu finden, bedient man sich der Meß-Stäbe, -Ketten, -Schnuren, -Bänder, -Rieme, -Zirkel, der Schritte von Menschen und Pferden, der Galopsprünge letzterer, der Umschwünge von Wagenrädern u. dergl.

Am genauesten wird eine Länge auf dem Felde vermittelst der Meßstabe gefunden; da aber solche Messung einen großen Aufwand von Zeit und Kosten verursacht, so werden die Meßstäbe nur in Fällen angewendet, wo die größtmöglichste Genauigkeit unumgänglich erfordert wird. In Fällen hingegen, wo diese größte Genauigkeit weder Hauptzweck noch wesentliches Erforderniß ist, wendet man größtentheils die Meßkette an; welche ich hier als dasjenige Werkzeug ausführlich beschreiben werde, welches am schicklichsten bei topographischen Aufnahmen kleiner Erdstrecken gebraucht werden kann.

Eine Meßkette wird in der Regel fünf landesübliche Ruthen lang verfertigt, sie ist aus Gliedern zusammengesetzt, welche die Länge eines Fußes nach der Decimaleintheilung haben, und so stark als eine große Schwanenpose sind, weil bei minderer Stärke des Eisendraths sich diese Glieder leicht verbiegen.

Die einzelnen Glieder hängen durch kleine Ringe von einem andern Metall (Messing insgemein) aneinander, so daß demnach der Decimalfuß der Gliederlänge von dem Mittelpunkt eines solchen Ringes bis zu dem Mittelpunkt eines nächsten angenommen werden muß, so daß die Glieder an und für sich um ein geringes kürzer als ein Decimalfuß sein müssen. So wie bei diesen Meßketten die Fuße durch kleine Messingringe markirt sind, eben so sind gewöhnlich, die ganzen, auch mitunter halben Ruthen durch größere Messingringe bezeichnet, denen man insgemein eine längliche (schnallenförmige, rhomboidalische) Form giebt. Bei diesen größeren Ringen pflegt man, um die Mitte derselben zu bezeichnen, einen Querriegel anzubringen. Wenn die halben und auch zugleich die ganzen Ruthen in der Meßkette besonders bezeichnet sind, so sind in der Regel die Ringe, welche die ganzen Ruthen markiren, größer als diejenigen, welche die halben Ruthen anzeigen. An jedem Ende einer solchen Meßkette befindet sich ein starker Messingring von etwa 2ddc″ im Durchmesser. Daß bei diesen Ringen von verschiedenen Durchmessern, die Kettenglieder unter einander nicht gleich sein können, versteht sich von selbst, denn, je größer der Durchmesser eines Ringes ist, an welchem unmittelbar ein Kettenglied hängt, um so kleiner muß demnach dieses Kettenglied selbst sein; so, daß immer vom Mittelpunkt eines Ringes bis zum Mittelpunkt des nächsten, die Durchmesser derselben seien gleich oder ungleich, eine Decimalfußlänge enthalten ist; so wie denn auch die ganze Kettenlänge — 5° von dem Mittelpunkt des einen Endringes bis zum Mittelpunkt des andern genommen werden muß.

Durch diese beiden Endringe werden die Kettenstäbe geschoben. Dieses sind gerade hölzerne Stäbe, von etwa

4' Länge, und solcher Stärke, daß die Endringe der Kette eben mit Leichtigkeit an ihnen auf= und abgeschoben werden können. Am untern Ende sind diese Stäbe mit einem spitzen eisernen Schuh versehen, womit sie in die Erde gestoßen werden können. Ueber dem Schuh, nahe am Ende des Stabes, ist ein Querbolzen, oder eine etwas hervorstehende Scheibe angebracht, damit der Endring der Kette hierauf ruhen, und nicht hinabgleiten könne.

Zur Meßkette gehören noch die Zeichen= oder Zählstäbe; es sind dies hölzerne Stäbchen von Fußlänge und der Stärke von einem halben Zoll; unten sind sie mit einem spitzen eisernen Schuh beschlagen, damit sie bequem in die Erde gesteckt werden können. Man gebraucht diese Stäbchen, um den Punkt auf dem Boden zu bezeichnen, in welchen nach einer angelegten Kettenlänge, der vordere Kettenstab eingesetzt wurde, damit beim fortgesetzten Messen der hintere Kettenstab genau in denselben Punkt eingesetzt werden könne; so wie denn auch vermittelst dieser Stäbchen die angelegten Kettenlängen gezählt werden (siehe weiter unten). Diese Stäbchen werden so wie die Kette, gewöhnlich in einer ledernen oder blechernen Kapsel, welche, damit sie über die Schulter gehängt werden kann, mit einem dazu geeigneten Riemen versehen ist, transportirt.

Wenn Meßketten im Gebirge, oder doch auf sehr unebenem Boden gebraucht werden sollen, ist es bequem, wenn sie eine solche Einrichtung haben, daß sie verkürzt werden können, weil man hier mit mit kürzeren Meßketten leichter horizontal messen kann. Diese besondere Einrichtung ist gewöhnlich folgende: Der Ring, welcher das Ende der dritten Ruthe in der Kette bezeichnet, wird eben so groß und stark gemacht, wie die Endringe der Kette; mit diesem Ringe hängen die anderen zwei Ruthen der Kette, durch eine Art von Karabinerhaken zusammen, welcher durch einen Druck geöffnet und ausgehakt werden kann, so daß alsdann die nur drei Ruthen lange Kette eben so, wie die fünf Ruthen lange zu gebrauchen ist.

Das Abstecken einer geraden Linie auf dem Felde.

§. 112. Jede Linie, welche auf dem Felde, sei es mit Meßstäben, Meßketten oder anderen oben angeführten Werkzeugen gemessen werden soll, muß zuvor auf dem Boden genau bezeichnet (abgesteckt) werden. Man gebraucht hierzu Signalstangen, Pikets und Absteckstäbe oder Meßfahnen. Die Signalstangen werden jedoch nur bei sehr langen Linien, als den Grundlinien einer Grad- oder Landesvermessung angewendet, da solche Grundlinien drei, vier und mehrere Stunden lang sein müssen, und da es nöthig ist, daß man hierbei von einem Endpunkt derselben den Gegenstand der Bezeichnung des anderen Endpunkts wenigstens mit Fernröhren scharf sehen könne; die Größe dieser Signalstangen wird alsdann durch die Länge der Linie bestimmt. Zwischen den Signalstangen, deren man insgemein nur zwei oder drei (welche dritte alsdann die ohngefähre Mitte der Linie bezeichnet) anwendet, steckt man die Linie durch kleinere Stangen (Pikets) und zwischen diesen gewöhnlich durch Absteckstäbe, welche 6 bis 7 Fuß lang, und etwa 1½ Zoll dick sind, ab. Als allgemeine Regel nimmt man an, daß die Absteckstäbe nicht wohl über 100 Schritt von einander entfernt sein dürfen, wenn man größtmöglichste Genauigkeit erzielt.

Bei kleineren Grundlinien, als bei solchen, worum es sich hier, dem Zweck des Buches gemäß, hauptsächlich handelt, kann man sich zum Abstecken derselben der Meßfahnen bedienen, wenn die Grundlinie nicht etwa über ¼ Stunden beträgt; denn in dieser Entfernung kann man mit Hülfe eines Taschenfernrohrs eine nach F. 55. verfertigte Meßfahne noch hinreichend deutlich sehen.

Das Abstecken einer Linie mit Meßfahnen geschieht in folgender Art. Nachdem die Endpunkte der Linie durch vollkommen lothrecht in den Boden gesetzte Meßfahnen bezeichnet wurden, tritt der Geometer etwa 30 bis 40 Schritte in der Verlängerung der bezeichneten Linie hinter eine dieser Meßfahnen, bringt hier das Auge genau in die

Vertikalebene der markirten Linie, und läßt durch einen Gehülfen etwa 150 bis 200 Schritt von der nächsten Fahne aus eine dritte lothrecht in die Linie einsetzen. Um hierbei nicht von der Vertikalebene der Linie abzuweichen, muß der Geometer genau an der einen Seite der vor ihm stehenden Meßfahne so vorbeivisiren, daß er von der am andern Ende der Linie stehenden Fahne nur eben die gleichnamige Seite der Stange erblickt; denn, wollte der Geometer das Auge in die Vertikalebene bringen, welche durch die Mitte der zwei Fahnenstangen geht, so würde die vordere die hintere völlig decken, wie weit auch immer das Auge in dieser Ebene zurückgebracht werden möchte, da diese Stangen von gleicher Stärke sind. Der Geometer läßt nun durch verabredete Zeichen die dritte Fahne so einrichten, daß er von derselben ebenfalls nur die Seite der Stange erblickt, welche denen, an die er vorbeivisirt, gleichnamig ist; hierbei tritt, wenn der Geometer rechts an den Stangen vorbeivisirt, der Gehülfe nach der linken Seite hin, hält mit ausgestrecktem Arm die Fahne lothrecht über dem Boden, und verändert nach den Zeichen des Geometers die Stellung derselben, bis er das Zeichen zum Einsetzen erhält. Wenn so durch die dritte Fahne ein Punkt in der Linie bezeichnet worden ist, so wird ganz in derselben Art eine vierte Fahne, in etwa gleicher Entfernung von der dritten, wie diese vom Anfangspunkt in die Linie eingesetzt, und so fortgefahren, bis man zu der Fahne, welche den Endpunkt bezeichnet, gelangt. Wenn bereits drei bis vier Fahnen in der Linie stehen, so daß der sich immer vergrößernden Entfernung wegen der Gehülfe die Zeichen des Geometers nicht mehr deutlich sehen kann, so tritt letzterer vorwärts, hinter eine in der Linie stehende Fahne, und folgt so, daß immer drei bis vier Fahnen zwischen ihm und dem Gehülfen bleiben, nach, weil sich, hätte er nur eine oder zwei Fahnen zwischen sich und dem Gehülfen, die etwa vorgefallenen Abweichungen zu leicht fortpflanzen würden.

Da die bedeutendsten Abweichungen beim Abstecken einer Linie von derselben gewöhnlich dadurch entstehen, daß der Gehülfe die Meßfahnen nicht vollkommen lothrecht in den Boden setzt, so befestigt man häufig am oberen Ende der Stange eine Schnur, an der eine Bleikugel hängt, um so die Stange sicherer als nach dem Augenmaaß lothrecht stellen zu können.

Wenn die Stangen der Meßfahnen, wie oben beschrieben, in der Mitte auseinander genommen werden können, so gewähren sie beim Abstecken den Vortheil, daß man über den unteren Theil dieser Stangen hinvisiren kann, so daß das Auge in der Vertikalebene steht, die durch die Mitte der Stangen geht.

Das Abstecken der Grundlinien bei größeren Vermessungen geschieht ganz nach denselben Regeln, nur daß hierbei von einem festen Standpunkt aus das Abstecken vermittelst eines Diopterfernrohres und durch telegraphische Zeichen geleitet werden muß, da, je länger eine Linie ist, je bedeutender solche Fehler werden müßten, die sich fortpflanzen, wenn der Bau der Linie nicht von einem Punkte aus geleitet würde. Um diese Fehler zu vermeiden, setzt man auch hierbei erst die Signalstangen, danach die Pikets und alsdann erst die Absteckstäbe.

Da, wie später dargethan werden soll, es vortheilhaft ist, wenn Grundlinien so gewählt werden, daß sie in der Vertikalebene zweier bleibenden Gegenstände, wie Thürme, einzeln stehende Gebäude, Bäume, Windmühlen 2c. liegen, so kömmt der Fall vor, daß man sich, um eine solche Grundlinie abzustecken, zwischen zweien Punkten einrichten muß, da nicht immer unmittelbar von einem solcher bleibenden Gegenstände aus das Abstecken der Linie geleitet werden kann; wie denn auch bei noch anderen Fällen es nicht selten erforderlich wird, daß man sich zwischen zweien Punkten des Feldes einzurichten wisse.

Das einfachste Verfahren hierbei ist folgendes: Es seien A und B, F. 56. zwei auf dem Felde markirte Punkte, und man wollte sich in die Linie AB einrichten. Zu diesem Ende gehe man mit einer Meßfahne und einem Gehülfen, der ebenfalls eine solche trägt, von einer Seite so weit gegen die Linie AB vor, bis man dem Augenmaaße nach glaubt, sich in derselben zu befinden. In a z. B. angekommen, meine man in AB zu stehen; um dies zu prüfen, schicke man den Gehülfen von a aus gegen einen der Endpunkte der Linie, wie hier nach B, richte denselben in einer der Linie AB angemessenen Entfernung, ohngefähr wie ab : AB, von a auf B ein; sieht nun der Gehülfe b, daß die Linie von b nach a über a hinaus verlängert, A nicht trifft, so richtet er a auf A im Punkt a' ein; sieht nun a', daß die Linie von a' nach b verlängert B nicht trifft, so richtet er b auf B in b' ein; hiernach richtet wieder b', a' auf A, und so abwechselnd fort ein, bis beide, da durch dieses Verfahren die Abweichung von der Linie AB, wie aus der Figur leicht ersichtlich, immer geringer wird, in AB stehen, wo die Fahnenstangen eingesetzt, und hiernach die Linie, wie oben, weiter abgesteckt wird.

Um dieses Verfahren abzukürzen, so richtet b, a wenn b a verlängert z. B. weit links bei A vorbeigeht, nicht gerade auf A, sondern eine der Differenz angemessene Strecke rechts seitwärts von A ein, wodurch sich a alsdann der AB mehr nähert als a'; in dieser Art wird wechselseitig fortgefahren, bis es sich nur noch um kleine Differenzen handelt.

Beim Aufnehmen kleiner Erdstrecken, und namentlich im Gebirge, findet man selten so große als horizontal anzunehmende Ebenen, die auch zugleich eine schickliche Lage hätten, um in ihnen eine Grundlinie messen zu können. Hier ereignet sich demnach nicht selten der Fall, daß eine solche über einen Hügel weggemessen werden muß, und es ist alsdann nöthig, da man von einem Endpunkt der zu messenden Linie den andern, des dazwischen liegenden Hügels wegen, nicht sehen kann, auf dem Rücken dieses Hügels eine Meßfahne in die Vertikalebene zu setzen, welche durch die bezeichneten Endpunkte der Grundlinie geht.

Diesen Punkt auf den Rücken des Hügels zu finden, gehe man mit einer Meßfahne und zweien Gehülfen, wovon ebenfalls jeder eine trägt, auf der Rückenlinie gegen AB F. 57. vor. In a angekommen, wo man dem Augenmaaß nach in AB zu stehen meint, schicke man die beiden Gehülfen b und c, den einen nach A, den andern nach B zu, so weit hinab, daß einer des andern Fahnentuch wenigstens noch sehen kann, wenn beide die Meßfahnen geschultert, oder gerad vor der Brust hochgehoben tragen. Nun richtet a, b auf A, und c auf B ein, und läßt sich hiernach von b oder c in bc einrichten; hiernach richtet a', b und c wieder auf A und B in b' und c' ein, läßt sich danach, wie a'', in bc einrichten, und fährt so fort bis a in a''' und b, c, in b'' und c'' angekommen sind. Dieses Verfahren kann wie das vorige dadurch abgekürzt werden, daß man die Gehülfen über die Punkte A und B dem Verhältniß der Abweichungen gemäß hinaus richtet.

Gebrauch der Meßkette.

§. 113. Um eine auf dem Felde abgesteckte Linie vermittelst der Meßkette mit der größten Genauigkeit, welche dieses Werkzeug geben kann, zu messen, muß, da die Kette nie bis zu einer vollkommen geraden Linie angespannt werden kann, vor der Messung genau untersucht werden, wieviel etwa zehn Kettenlängen, bei mittlerer Anspannung mit Meßstäben nachgemessen, betragen, und wieviel demnach bei einer solchen Länge an 50° fehlt. Denn da die Kette nach jeder Anspannung immer noch einen Bogen bildet, so kann natürlich die gerade Linie von der Schuhspitze des einen Kettenstabes, bis zu derselben des andern nicht vollkommen 5° betragen, wenn die Kette in sich nur fünf Ruthen lang ist; und es verhält sich demnach die vermittelst der Kette gemessene Linie zur Kettenlinie, wie die Sehne zu einem Bogen. Da aber dieser Bogen nach Anspannung der Kette nur sehr klein ist, so ist auch der Unterschied zwischen der Sehne und dem Bogen bei einer Kettenlänge nur ganz unbedeutend, allein bei einer langen mit der Kette gemessenen Linie darf er nicht außer Acht gelassen werden, wenn man anders diese Genauigkeit verlangt.

Das Messen mit der Kette geschieht in folgender Art: Es werden die Endringe der Kette an den Kettenstäben bis zum Querriegel hinunter geschoben, und bei jedem Kettenstab wird ein Gehülfe (Kettenzieher) angestellt. Der eine Kettenzieher setzt seinen Stab genau in den Anfangspunkt der abgesteckten Linie, von welchem aus die Messung beginnen soll, und setzt den Fuß vor denselben, damit er durch das Anspannen der Kette nicht aus der Stelle gerissen werden kann. Der andere Kettenzieher geht mit seinem Stabe, die Kette hinter sich herziehend, längs der abgesteckten Linie fort, bis die Kette gänzlich entfaltet ist. Ein dritter Gehülfe folgt diesem langsam nach, und hält darauf, daß die Kette sich in den Stellen, wo die Glieder derselben zusammenhängen, nicht verschlinge (Knoten mache, nach der Meßsprache). Der zweite oder vordere Kettenzieher stellt nun seinen Stab dem Augenmaaße nach in die abgesteckte Linie, und hält diesen mit ausgestrecktem Arm senkrecht auf dem Boden fest, indem er selbst seitwärts von der Linie tritt. Der erste oder hintere Kettenzieher, richtet jetzt, indem er über seinen Stab längs der abgesteckten Linie hin visirt, den Stab des anderen genau ein. Erhält der vordere Kettenzieher von dem hinteren das Zeichen, daß sein Stab in der Linie stehe, so drückt er ihn in den Boden, um diesen Punkt zu markiren; zieht darauf den Stab heraus, schiebt den Ring der Kette etwas aufwärts und spannt die Kette, indem er den Stab mit beiden Händen wagrecht nimmt, und die Kette vom Boden empor schnellt, an; zieht danach die ausgespannte Kette genau über den auf dem Boden markirten Punkt hin, und setzt seinen Stab nach Maaßgabe der nun gespannten Kettenlänge weiter vorwärts senkrecht in den Boden, hält ihn abermals wie früher mit ausgestrecktem Arm fest, indem er jedoch eben wie der hintere Kettenzieher einen Fuß vor den Stab setzt, und erwartet von dem hinteren das Zeichen, ob er in der Linie stehe oder davon abgekommen sei, welches letztere, falls es sich zugetragen, berichtiget wird. Der vordere Kettenzieher drückt nun den Stab in die Erde, zieht ihn wieder heraus, und bezeichnet diesen Punkt durch ein Markirstäbchen, welches er in die Vertiefung steckt, die die Schuhspitze des Stabes eindrückte.

Beide Kettenzieher gehen nun im gleichen Schritt, die Kette so hoch tragend, daß sie nicht auf dem Boden schleift, in der abgesteckten Linie vorwärts, bis der hintere Kettenzieher bei dem Markirstäbchen, welches der vordere zurück ließ, ankömmt; hier giebt er dem vorderen das Zeichen zum halten, zieht das Markirstäbchen aus der Erde, und verwahrt es in dem Kettenfutteral, welches er zu diesem Zweck, über die Schulter gehängt, mitnimmt; steckt den Kettenstab genau in die Vertiefung, aus der er das Markirstäbchen zog, und richtet nun des vorderen Kettenstab, indem beide ganz wie vor beschrieben verfahren, ein, während der dritte Gehülfe die etwanigen Knoten, welche sich beim Fortschreiten schlangen, entwirrt. Wenn des vorderen Stab, nach Anspannung der Kette, in der Linie steht, so bezeichnet er diesen Punkt eben wie vorher mit einem Markirstäbchen, und die Messung wird so bis zum Endpunkt der abgesteckten Linie fortgesetzt. Hier wird die Kette über das Endsignal, in der Verlängerung der Linie, hinaus gespannt, und so die Ruthen und Fuße vom hinteren Kettenstabe an bis zum Endpunkt der Linie gezählt. Wenn es sich nicht eben trifft, daß das Ende eines Kettenfußes mit dem Endpunkt der gemessenen Linie zusammenfällt, so werden von dem letzten Kettenfuße in der Linie ab, mit einem Fußmaaßstab, den der Geometer zu diesem Zwecke bei sich führen muß, die Zolle und Linien bis zum Endpunkt der Linie gemessen.

Da die Ruthen in einer Meßkette stets nach dem Decimalsystem eingetheilt sind, so giebt man auch gewöhnlich, der Leichtigkeit des Summirens wegen, dem vorderen Kettenzieher zehn Markirstäbchen, die er in dem dazu bestimmten Futteral über die Schulter gehängt trägt. Hat nun bei der elften Kettenspannung derselbe keinen Markirstab mehr, um den Endpunkt der Kettenlänge zu bezeichnen, so zeigt er dies dem Geometer an, welcher danach die von dem hinteren Kettenzieher gesammelten Markirstäbe diesem abnimmt, nachzählt, und dem vorderen zurückgiebt. Hiernach bemerkt der Geometer in seinem Manuale, daß, falls die Kette fünf Ruthen lang ist, funfzig Ruthen bereits gemessen seien. In dieser Art wird ebenfalls bis zum Ende der auszumessenden Linie fortgefahren.

Wenn man mit der Kette über Stellen hin zu messen hat, wo der Boden in der abgesteckten Linie sich senkt, so muß bei jeder Kettenspannung, an dem tiefer stehenden Stabe der Kettenring so weit aufwärts geschoben werden, daß die Sehne der Kette eine wagrechte Linie bildet. Hat man aber große Strecken auf bedeutend abschüssigem Boden zu messen, so ist es besser, wenn man bei jeder Kettenlänge den Winkel der Böschung beobachtet, und nachher die gemessene Linie durch Rechnung auf den Horizont reducirt.

Das einfachste Verfahren, um den Neigungswinkel der abgesteckten Linie zu finden, ist folgendes: Man bohre durch jeden Kettenstab in gleichen Entfernungen von den Querriegeln etwa zwei Fuß von jedem aufwärts ein Loch, ziehe durch diese Löcher eine mit der ausgespannten Kette gleich lange Schnur, und befestige die Enden derselben an die Kettenstäbe; die Mitte dieser Schnur bezeichne man durch einen Knoten. Ist nun die Kette und Schnur in der zu messenden Linie ausgespannt, so hänge man an die Mitte der Schnur einen gewöhnlichen Gradbogen, wie die Markscheider sich zu bedienen pflegen, und beobachte hieran den Winkel, in welchem sich die Linie in der Kettenlänge gegen den Horizont neigt, welcher sich, da die Schnur nach obiger Einrichtung mit der Sehne der Kettenlinie parallel läuft, unmittelbar an dem Gradbogen ergiebt. Diese sich ergebenden Resultate über die Abweichung der Linie von dem Horizont werden überall bemerkt, und demnach die Linie nach dem pythagoreischen Lehrsatz auf den Horizont reducirt. Nimmt man die unmittelbar gemessene Linie als Radius, so ist diese auf den Horizont reducirt gleich dem Cosinus des beobachteten Neigungswinkels.

Um sich diese Rechnungen zu erleichtern, wende man die in Netto's Handbuch der Vermessungskunde sich befindenden Reductionstafeln, um aus schief gemessenen Längen und deren Neigungen gegen den Horizont, den horizontalen oder vertikalen Abstand der Endpunkte dieser Linien zu finden, an.

Jede Linie muß, wenn von der Kettenmessung Genauigkeit verlangt wird, mehreremale, als zwei, drei auch wohl viermal gemessen werden, wonach man alsdann das Mittel aller dieser Resultate dadurch auszieht, daß man dieselben addirt, und die Summe durch die Zahl der Messungen dividirt. Der Quotient ist sodann das arithmetische Mittel dieser mehrfachen Messungen.

Dieses Mittel wird zuletzt dadurch berichtigt, daß man die bekannte Differenz der geraden Linie von der Kettenlinie abzieht, daß, falls man auf unebenem Boden maß, die Resultate der einzelnen Messungen bereits auf den Horizont reducirt waren.

Zuletzt ist bei dem Messen mit der Kette noch darauf zu achten, daß keine Erdtheile sich zwischen die Glieder und Ringe der Kette setzen, wodurch die Kette verkürzt würde. Ferner darf die Kette nicht zu gewaltsam und nicht ruckweise angespannt werden, weil sie sonst leicht springt. Dann muß, wenn die Kette eine Zeit lang gebraucht wurde, untersucht werden, ob sich die Glieder oder Ringe der Kette nicht etwa ausgeschliffen haben, u. dergl. Ein solcher Fehler, wenn er sich findet, muß alsdann in Rechnung gebracht werden. Endlich ist anzurathen, daß der vordere Kettenzieher, nachdem sein Stab eingerichtet ist, zuweilen über diesen, und den Stab des hintern Kettenziehers visire, um zu prüfen, ob dieser nicht von der Linie abgekommen sei; wodurch das Einrichten des hintern Kettenziehers controllirt wird.

Meßstäbe.

§. 114. Meß-Maaßstäbe, Meßstöcke, Meßruthen sind prismatische Körper von der Länge einer Ruthe, Klafter oder einiger Fuße des landesüblichen Maaßes; ihre Breite und Stärke muß mit der Länge derselben im guten Verhältniß stehen. Sie werden von Glas, Metall oder Holz gefertigt. Gläserne Meßstäbe würden, weil sie sich nicht werfen, und weil die Wärme sie nur sehr wenig ausdehnt, die besten sein; jedoch werden sie ihrer Zerbrechlichkeit wegen, und weil die Anschaffung derselben sehr kostspielig ist, nur äußerst selten angewendet. Metallene Meßstäbe werden häufiger gebraucht, weil sie nicht so kostspielig und zerbrechlich als die glasernen sind, obgleich die Wärme sie bedeutend mehr als diese ausdehnt; man wählt hierzu gewöhnlich Eisen, welches von den übrigen hier anwendbaren Metallen dem Einfluß der Temperatur am wenigsten ausgesetzt ist. Hölzerne Meßstäbe aus wohlgetrocknetem geradfaserigem Tannenholze geschnitten, mehreremale in siedendem Leinöhlfirniß getränkt, und nachher mit Oehlfarbe überstrichen, werden ihrer Leichtigkeit und Wohlfeilheit wegen, bei großen Vermessungen am meisten angewendet, da diese so zubereiteten hölzernen Meßstäbe, welche an den Enden mit messingenen Kapseln, in Form eines an einer Seite offenen Würfels, dessen Boden aus einer glashart gehärteten Stahlplatte besteht, auch dem Einfluß der Temperatur weniger als die eisernen ausgesetzt sind, und sich auch wie die Erfahrung gelehrt hat, bei sorgfältiger Zubereitung nicht werfen.

Daß man mit diesen hier angeführten Meßstäben eine Linie auf dem Felde mit weit größerer Genauigkeit, als mit der Kette messen kann, leuchtet von selbst ein, und sie werden daher bei Grundlinienmessungen für die Aufnahme ganzer Länder, so wie in allen Fällen, wo die größtmöglichste Genauigkeit nöthig ist, angewendet.

Jeder großen Landesvermessung muß ein Maaßstab zum Grunde liegen, welcher bis ins kleinste Detail genau berichtigt wurde. Diese Berichtigung wird am zuverlässigsten durch unmittelbare Vergleichung des Grundmaaßes mit dem französischen Normalmaaß, auf einem in der Pariser Sternwarte befindlichen Comparateur bewerkstelligt. Es befindet sich daselbst die bei der Peruer Gradmessung gebrauchte Toise, welche auf dem Comparateur in 10000 Theile getheilt ist; vermittelst eines Nonius (siehe Nonius oder Vernier) findet man 100000 Theile dieser Toise, und vermittelst eines Mikroskops können 1000000 Theile geschätzt werden. Mit diesem Comparateur muß ein Grundmaaß mehreremale verglichen, und danach so lange berichtigt werden, als dies ohne Gefahr, das Grundmaaß zu sehr zu verkürzen, geschehen kann. Die sich alsdann noch ergebende Differenz des Grundmaaßes mit dem Comparateur muß auf dem Grundmaaß bemerkt, und bei den Messungen in Rechnung gebracht werden. Die Vergleichungen des Grundmaaßes mit dem Comparateur müssen ferner bei ein und demselben Grad der Wärme, am besten bei 15° nach Reaumur (für welchen Wärmegrad die Peruer Toise berechnet ist) geschehen, und wird dann der Wärmegrad, in welchen die Vergleichungen angestellt wurden, ebenfalls auf dem Grundmaaße bemerkt. (Siehe Benzenberg, Handbuch der angewandten Geometrie.)

Nach einem in dieser Art berichtigten Grundmaaße werden alsdann die Meßstäbe, welche bei den Grundlinienmessungen angewendet werden sollen, ebenfalls vermittelst eines, nach dem Grundmaaße verfertigten Comparateurs, berichtigt.

Das Messen mit Stäben geschieht entweder über Brücken, welches lange, glatt gehobelte Bretter, mit Füßen versehen, sind, die unten spitz zulaufen, so daß sie in den Erdboden geschlagen werden können; oder über eigen hierzu bereitete Tische, welche horizontal, und vermittelst einer Schraube hoch und niedrig gestellt werden können. Diese Brücken oder Tische werden längs der abgesteckten Linie dicht an diese hin gebaut, so daß, wie die Messung fortschreitet, die hintern wieder weggenommen, und vorn angebaut werden; oder die Messung geschieht unmittelbar auf dem Erdboden, nachdem dieser vorher durch Erdwalzen geebnet wurde. Daß letzteres nicht überall möglich ist, versteht sich von selbst, auch kann da, wo der Boden die nöthige Beschaffenheit hierzu hat, doch mit der Messung nicht die Genauigkeit erlangt werden, als wenn sie über Brücken geschähe, da sich hierbei zu leicht Erdtheile zwischen die Enden der Meßstäbe setzen u. m.

Bei dem Messen mit Stäben werden gleich zu Anfang mehrere, fünf oder zehn Meßstäbe, mit den genau winkelrecht abgearbeiteten Enden in der Vertikalebene der abgesteckten Linie scharf aneinander gelegt; diese aneinander gelegten Maaßstäbe nennt man eine Lage, welche beim Fortgang der Messung bleibt, denn es wird immer nur erst der hinterste Meßstab der Lage weggenommen, wenn der vorderste derselben bereits eingerichtet ist, und so bis zum Ende der Linie fortgefahren. Um die Meßstäbe in die abgesteckte Linie genau einrichten zu können, werden an beiden Enden derselben Diopter (siehe unten Diopter) zum Umlegen angebracht, oder auch nur feine eiserne Stifte hierzu gebraucht, die senkrecht an den Enden der Stäbe eingeschraubt werden können. Das Horizontiren der Stäbe geschieht mit einer Wasserwaage (siehe Wasserwaage), oder wenn weniger Genauigkeit verlangt wird, mit einer Setzwaage. Sind die Brücken, wie gewöhnlich, vorher horizontirt worden, so fällt das Horizontiren der Stäbe wenigstens mit der Setzwaage weg. Wenn die zu messende Linie, auf weite Strecken von der Horizontallinie abweicht, so muß die schief gegen den Horizont gemessene Linie durch Rechnung wie bei den Kettenmessungen auf den Horizont reducirt werden, da das treppenartige horizontale Brückenbauen auf abschüssigem Boden viele Zeit raubt und leicht Unrichtigkeiten erzeugt.

Die Grundlinien werden mit Stäben ebenfalls zu österenmalen gemessen, und aus diesen Ergebnissen das arithmetische Mittel gezogen.

Soll die Messung auf das genauste geführt werden, so müssen noch, besonders bei metallenen Meßstäben, während dem Messen die Wärmegrade beobachtet, und die Ausdehnung der Stäbe hierdurch in Rechnung gebracht werden.

Das Meßband, so wie andere Mittel zum ohngefähren unmittelbaren Messen der Linien auf dem Felde.

§. 115. Meßschnüre, Bänder, Riemen, welche sämmtlich eben so wie die Kette gebraucht werden, kann man bei Grundlinienmessungen nur in Fällen anwenden, wo der Zweck der Aufnahme auch ohne ein genaues Grundmaaß erreicht wird; wie dies bei allen flüchtigen und besonders militairischen Aufnahmen im Kriege der Fall ist, die nur ein Bild der Gegend geben sollen, und wobei es nicht eben schadet, wenn das Grundmaaß auf einige hundert Ruthen um ein paar Fuße differirt.

Diese Werkzeuge sind deshalb so unzuverläßig, weil sie dem Einfluß jeder Witterung, besonders aber der Nässe, wodurch sie sich bedeutend ausdehnen, und beim trocknen verkürzen; ausgesetzt sind. Unter allen diesen Werkzeugen widerstehen noch die Meßbänder den Einflüssen der Witterung am meisten, weshalb man auch die Schnüre und Riemen (letztere sind aus Pergament geschnitten) wenig mehr anwendet.

Das Meßband, welches auch der Leichtigkeit wegen, womit es transportirt werden kann, sich zu militairischen Messungen kleiner Erdstrecken vorzüglich eignet, wird aus gewöhnlichem starken Zwirnband, welches die Breite eines guten Zolles hat, verfertigt. Dieses Band, welches zwei Fuß über die doppelte Länge, die man dem Meßbande geben will, haben muß, wird in siedendem Wasser abgebrüht, getrocknet, und alsdann doppelt zusammengenäht, wobei auch längs der Mitte des Bandes, oder besser noch im Zickzack von einem Saalband zum andern hin eine Nath geführt werden muß. Hiernach wird das Band etwa einen Monat lang in Leinöhlfirniß gelegt, danach an der Luft getrocknet, und nun nach Ruthen und Fußen eingetheilt. Die Theilpunkte können durch aufgenähte farbige Tuchspitzen am bleibendsten bezeichnet werden. Die Enden des Bandes werden an Kettenringe, welche einen, dem Bande gleich breiten, Ansatz haben müssen, befestigt, wozu der oben bemerkte Ueberschuß der Bandlänge dient.

Diesen Meßbändern pflegt man eine weit beträchtlichere Länge als den Meßketten zu geben, weil sie sich weit leichter anspannen und fortbringen lassen als diese, wodurch, da man sie 15 und mehr Ruthen lang machen kann, bei der Messung, im Vergleich zum Kettengebrauch, ungemein viel Zeit gewonnen wird. Die Messung mit diesen Bändern muß möglichst bei trockener Witterung geschehen.

Wenn bei ganz flüchtigen militairischen Aufnahmen die zur Arbeit angesetzte Zeit es auch nicht zuläßt, eine Grundlinie mit dem Bande zu messen, so muß solche durch Schritte der Menschen oder Pferde, oder noch flüchtiger durch Galoppsprünge der letzteren gemessen werden.

Man nimmt in der Regel fünf Schritte des Menschen auf die preußische Ruthe an; da aber die Schritte verschiedener Personen auch verschieden sind, so muß man, soll das Messen durch Schritte die möglichste Genauigkeit geben, die Schritte der Person, welche zum Abschreiten gebraucht werden soll, vorher messen. Zu dem Ende mißt man mit dem Bande eine gerade Linie von etwa zehn Meßbandlängen, läßt diese zu mehrerenmalen abschreiten, und zieht aus den Ergebnissen das Mittel. In derselben Art muß der militairische Aufnehmer die gleichmäßigen Galoppsprünge seines Pferdes messen, bevor er sie zu Distanzmessungen anwendet.

Ferner muß darauf gehalten werden, daß der Abschreiter seinen gewöhnlichen Schritt beibehalte, der durch die Gewohnheit in der Regel sehr gleichmäßig ist; denn ich fand jederzeit, wenn ich Landleute zum Abschreiten einer Distanz brauchte, daß diese alsdann, um es recht gut zu machen, ihren gewöhnlichen Schritt entweder verlängerten oder verkürzten, wodurch aber ihre Schritte gewöhnlich ungleich wurden, da sie keine Uebung in diesem künstlichen Schreiten hatten. Ein anderes ist es, wenn man sich hierzu eines gut exerzirten Soldaten bedienen kann, der die Distanz in ein und derselben Schrittart abmarschirt, wonach dann die Resultate, wenn eine Linie mehreremale abgeschritten wurde, wie ich immer fand, weit genauer stimmten, als wenn sie mit gewöhnlichen Schritten gemessen wurde.

Wenn der militairische Aufnehmer, während er eine Linie durch Galoppsprünge mißt, noch auf andere Gegenstände zu achten hat, so daß er dabei nicht wohl die Sprünge zählen kann, so muß die abgalloppirte Linie durch die Zeit gemessen werden, welche im Galopp darauf verbracht wurde. In diesem Falle muß der Aufnehmer mit einer Uhr, welche Secunden zeigt, versehen sein, und vorher gemessen haben, welche Länge sein Pferd bei gleichmäßigem Galopp in etwa einer Minute durchläuft.

So mangelhaft die Resultate einer in dieser Art gemessenen Linie auch immer ausfallen mögen, so sind sie doch stets zuverlässiger, als diejenigen, welche sich für diesen Zweck aus Specialkarten ergeben; indem nämlich mehrere militairische Schriftsteller für solche Fälle, wo es an Zeit gebricht, eine Grundlinie zu messen, vorschlagen, diese aus Specialkarten abzunehmen. In Specialkarten aber, und zwar in solchen, welche man gegenwärtig noch gut nennt, sind, wie jeder weiß, der sie untersuchte, die Entfernungen und Lagen der kleinen Ortschaften (Dörfer) so oberflächlich angegeben, daß man dabei um ganze Viertelstunden in den Entfernungen, und wohl um 20 Grad in den Richtungen fehlen könnte, besonders wenn diesen Karten nicht topographische Aufnahmen zum Grunde liegen; und doch könnten nur eben Entfernungen der Dörfer von einander zu Grundlinien für kleine militairische Aufnahmen aus ihnen genommen werden, da die Entfernungen der Städte, welche in der Regel etwas richtiger angegeben sind, hierzu nicht gebraucht werden können.

Ein anderes ist es, wenn dem Aufnehmer eine, nach genauen Vermessungen sorgfältig reducirte topographische Karte im kleinsten Maaßstabe zu Gebote steht, aus solcher wird er nicht nur eine Grundlinie, sondern auch zur Noth ein Netz für seine Arbeit abnehmen können.

So wenig Zeit übrigens auch immer dem militairischen Aufnehmer zum flüchtigen Entwurf eines Terrainabschnitts gegeben werden mag, so wird er doch immer so viele Zeit haben, um eine Grundlinie abzugaloppiren, da er ja überdies die aufzunehmende Gegend bereiten muß, wenn er nicht etwa nach blos perspectivischer Ansicht der Dinge Phantasiebilder zu Tage fördern will, wie sich dergleichen wohl zuweilen ereignet.

Winkelmeßinstrumente. Allgemeine Begriffe.

§. 116. Winkelmesser (Goniometer) nennt man alle diejenigen Meßinstrumente, womit bestimmt werden kann, in welchem Winkel die von zweien Punkten nach einem dritten hin gedachten geraden Linien sich schneiden; dieser dritte Punkt ist dann stets der Standpunkt des Instruments, da unmittelbar ein Winkel nur in seinem Scheitelpunkte gemessen werden kann. Liegen die Objecte, wohin die Schenkel eines Winkels gerichtet sind, auf der Erdoberfläche, so nennt man sie terrestrische, im Gegensatz von denen Winkeln, deren Schenkeln Himmelskörper zur Richtung haben, welche man astronomische nennt.

Terrestrische Winkel, die wir hier allein nur zu beachten haben, zerfallen, in Bezug auf die Lage der Ebene, welche man sich durch ihre Schenkel gelegt denkt, in drei Arten; als: in Horizontalwinkel, deren Schenkel in einer horizontalen Ebene liegen; in Vertikalwinkel, deren Schenkel in einer vertikalen Ebene liegen, und in schiefe Winkel, deren Schenkel in einer Ebene liegen, welche die horizontale sowohl als vertikale Ebene schiefwinklig schneidet.

Vertikalwinkel, deren einer Schenkel in horizontaler Richtung liegt, heißen Elevations- oder Depressionswinkel, je nachdem der andere Schenkel aufwärts oder abwärts gerichtet ist.

Hiernach sind zuerst die Winkelmesser verschiedenartig gebaut, so daß es Horizontal- Vertikal- und Schiefwinkelmesser giebt, oder auch solche, die eins mit dem andern vereinen.

Horizontalwinkelmesser haben sämmtlich die Einrichtung, daß man mit ihnen nicht nur Horizontalwinkel unmittelbar messen kann, sondern daß man vorzüglich alle schiefe Winkel unmittelbar auf den Horizont reducirt erhält. Da man nun in Karten alle Gegenstände des Bodens auf den Horizont projectirt darstellt, so geben diese Winkelmesser den Vortheil, daß man nicht nöthig hat, die gemessenen schiefen Winkel erst durch besondere Beobachtungen und Rechnungen auf den Horizont zu reduciren. Die Einrichtung, vermittelst welcher Horizontalwinkelmesser schiefe Winkel unmittelbar auf den Horizont reducirt geben, besteht darin, daß die oberen Flächen dieser Instrumente durch Wasserwaagen oder unbedeutendern Mitteln horizontal gestellt werden können, und daß auf diesen horizontirten Flächen nicht der Winkel gemessen wird, den die Schenkel desselben mit einander bilden, sondern derjenige, den die Vertikalebenen, welche man sich durch diese Schenkel gelegt denkt, machen; welches vermittelst Absehen (Dioptern) geschieht, die in die Linien der Schenkel gebracht, die Vertikalebenen derselben auf dem Winkelmesser bilden, und da dieser horizontal steht, den Winkel angeben, in dem diese Vertikalebenen sich treffen; und der die Horizontalprojection eines jeden in diesen Ebenen liegenden schiefen Winkels ist. Siehe: Projectionslehre.

Vertikalwinkelmesser sind den Horizontalwinkelmessern

entgegengesetzt, sie dienen nicht nur um Vertikalwinkel unmittelbar zu messen, sondern um die Vertikalprojection schiefer Winkel unmittelbar zu geben. Diese Projection wird dadurch erlangt, daß die Instrumente vertikal gestellt werden können, und daß die Winkel auf diesen vertikalen Flächen durch Ebenen gemessen werden, die senkrecht zu diesen Flächen stehen.

Schiefwinkelmesser messen jeden Winkel nur in der Ebene, in der seine Schenkel liegen, das heißt, sie messen den wahren Winkel.

Da man ferner einen Winkel auf dem Felde entweder durch Abstecken finden kann, indem man vom Scheitelpunkt aus die Richtung seiner Schenkel mit zum Linienmessen gebräuchlichen Werkzeugen markirt; oder denselben durch Zeichnung auf dem Papier bestimmen kann, (ichnographisch) indem man nämlich das Papier über den Scheitelpunkt des Winkels bringt, und die Richtung der Schenkel, von diesen aus, darauf verzeichnet; oder endlich vermittelst Werkzeugen (Dioptern), die vom Scheitelpunkt aus in die Richtungen der Schenkel gebracht, den Winkel ohne weiteres angeben; so sind ebenfalls hiernach die Winkelmesser in ihrem Bau und Gebrauch verschieden, da sie entweder für eine oder die andere Methode dieser Winkelmessungen eingerichtet sind.

Eben so ist ihre Einrichtung in Bezug auf die Art, wie mit ihnen die Größe eines Winkels nach Graden gefunden werden soll, verschieden, da man die Größe eines Winkels entweder durch den vom Scheitelpunkt aus beschriebenen Kreisbogen, oder durch die Sehne dieses Bogens, oder durch die halbe Sehne des doppelten Bogens oder Winkels (dem Sinus) finden kann. Hiernach theilen sich diejenigen Instrumente, deren Bestimmung ist, den Winkel in Graden ohne weitere Rechnung anzugeben, in Bogen und Sehneninstrumente. Letztere hingegen, welche beim Messen weder die Genauigkeit noch Bequemlichkeit der ersteren geben können, werden gegenwärtig, und besonders seitdem der Engländer Ramsden vermittelst einer neu erfundenen Theilmaschine kleine Kreise mit größter Genauigkeit und Feinheit theilte, nicht mehr allgemein angewendet.

Außer diesen hier angeführten Grundregeln für den Bau der Winkelmesser, erzeugte das mannigfache Bedürfniß noch mehrerlei Einrichtungen und verschiedenartige Constructionen derselben. S. z. B. wurde, um die größtmöglichste Genauigkeit bis auf einzelne Secunden beim Messen der Winkel zu erhalten, der Vernier oder Nonius (siehe diesen Paragraph) dabei angebracht. Um sehr weit entfernte Gegenstände des Bodens mit Deutlichkeit beobachten zu können, brachte man Fernröhre an, wonach solche Winkelmesser dioptrische genannt werden, weil die von entfernten Objecten kommenden Lichtstrahlen durch die Gläser gebrochen (refrangirt) werden. Im Gegensatz von diesen heißen Winkelmesser, auf denen keine Fernröhre angebracht sind, optische, weil hier die vom Object in das Auge des Beobachters fallenden Lichtstrahlen keine Brechung erleiden. Um ferner die Meßinstrumente an allen Orten zum Gebrauch stellen, ja um selbst an solchen Orten sie brauchen zu können, wo man ihnen keinen ruhigen Stand geben kann, wie auf einem sich fortbewegenden Schiffe, auf einem Pferde, Baume u. dergl. brachte man bei denselben Spiegel an, wodurch es möglich wurde, Winkel zu messen, indem man nur nach einem Object hin visirt, während durch Drehung des Instruments das andere Object sich im Spiegel zeigt, und von diesem in einen zweiten Spiegel zurückgeworfen (reflectirt) wird, welcher in der Vertikalebene des Schenkels steht, in welchen hin visirt wird, und zwar rechtwinklig zu derselben; so daß man demnach in ein und derselben Vertikalebene beide Objecte, deren Winkel mit dem Standpunkt gemessen wird, erblickt; das eine also optisch oder dioptrisch, je nachdem auf einem Spiegelwerkzeuge ein Fernrohr angebracht ist oder nicht; das andere hingegen katoptrisch oder katadioptrisch aus eben denselben Gründen; ersteres nämlich, wenn das reflektirte

Spiegelbild mit bloßen Augen, letzteres, wenn es durch das Fernrohr erblickt wird. Hiernach werden die Winkelmesser, auf denen Spiegel angebracht sind, katoptrische oder katadioptrische genannt.

Patentwinkelmesser zuletzt sind so klein gebaut, daß man sie in der Tasche mitführen kann. Ihre Einrichtung ist meist katoptrisch, da sie bestimmt sind, in freier Hand gebraucht zu werden.

Kreisinstrumente werden zu ganzen, halben, viertel, sechstel und achtel Kreisen construirt, und heißen danach ganze oder halbe Kreisinstrumente, Quadranten, Sextanten und Octanten.

Winkelmeßinstrumente, welche zum Abstecken der Winkel auf dem Felde gebraucht werden, sind besonders das Diopterkreuz, die Winkel- oder Kreuzscheibe, der optische Winkel, und das Faltonsche Spiegellineal.

Instrumente, welche die Einrichtung haben, Winkel durch Zeichnung auf dem Papier zu bestimmen, sind vorzüglich die Meßscheibe von Zollmann und der Meßtisch.

Instrumente, welche den Winkel messen und nach Gradtheilen angeben, sind hauptsächlich das Astrolabium, der Bordaische Repetitionskreis, der Repetitionstheodolith von Rößler, Schmalkalders tragbarer Patenttheodolith, der Spiegelkreis von Mayer, der Spiegelsextant von Hadley, der katoptrische auch katadioptrische Zirkel von Höschel, der katadioptrische Sector von Segner, der reflectirende Halbkreis von Douglas (Reflector), der katadioptrischgraphische Goniometer, Schmalkalders Höhenmesser, der Höhenquadrant, der Dendrometer, der Cathetometer und die Boussole.

Da ich nur eine Theorie des topographischen Aufnehmens kleiner Erdstrecken schreibe, so würde es überflüssig sein, wenn ich eine Beschreibung aller oben angeführten Winkelmesser hier aufnehmen wollte; indem es für den vorgesetzten Zweck genügt, wenn nur diejenigen Instrumente beschrieben werden, mit welchen man bei Aufnahmen weniger Quadratmeilen in allen Fällen ausreichen kann. Die Beschreibung derselben wird zugleich eine allgemeine Ansicht über den Bau und Gebrauch der Winkelmesser im Ganzen begründen.

Der Meßtisch.

§. 117. Der Meßtisch (Mensula praetoriana), von den Franzosen la planche oder la planchette genannt, wurde vor etwa zweihundert Jahren von Johann Prätorius, Professor der Mathematik zu Altdorf erfunden.

Die Grundidee des Erfinders ist, eine Fläche (Meßtischblatt) vermittelst eines Gestells (Statif) auf jeden, auch den abschüssigsten Boden horizontal stellen und bewegen zu können.

Der Zweck des Instruments ist, auf der horizontirten Fläche desselben die aufzunehmenden Figuren durch Verzeichnung der Schenkelrichtungen ihrer Winkel sogleich auf dem Felde in der Horizontalprojection construirt zu erhalten. Die großen Vortheile, welche dieses Instrument in allen Fällen, wo es Anwendung findet, vor anderen Winkelmessern gewährt, sind zu augenscheinlich, um verkannt werden zu können, da man hierdurch die besondere Construction der aufzunehmenden Figuren, so wie die hierzu nöthigen Reductionen und Berechnungen nach den mit andern Instrumenten gemessenen Winkeln gänzlich erspart; so wie denn auch die mit dem Meßtisch unmittelbar auf dem Felde construirten Figuren eine weit größere Genauigkeit geben, als diejenigen, welche nach vorhergegangenen Beobachtungen und Rechnungen verzeichnet werden, weil man in letzterm Falle weit mehr mit Werkzeugen zu thun hat, die, wie alle Instrumente, auch bei dem sorgfältigsten Bau, doch nie die strengste mathematische Genauigkeit geben können.

Ungeachtet aller dieser großen Vortheile wurde doch der Meßtisch erst in neueren Zeiten ganz gewürdigt, und der Gebrauch desselben, besonders bei topographischen Vermessungen, sehr vervollkommnet und erleichtert.

Den Bau des Instruments findet man sehr verschiedenartig, da die Idee des Erfinders durch mannigfache

Constructionen ausgeführt werden kann, wovon jedoch, wie natürlich, eine der anderen vorzuziehen ist, je nachdem sie dem Zweck am besten entspricht, und beim Gebrauch die größte Bequemlichkeit gewährt. Die Eigenschaften eines guten Meßtisches sind besonders; erstens: daß er sich mit der größtmöglichsten Leichtigkeit, und dem wenigsten Zeitaufwand auf jedem, auch dem unebensten Boden, wie z. B. an einem steilen Berghange horizontal stellen lasse; zweitens: daß er in diesem horizontalen Stand vollkommen fest stehe; drittens: daß die horizontirte Fläche um ihren Mittelpunkt, sowohl links als rechts herum bewegt werden könne, ohne daß dabei das Gestell im mindesten sich rücke, oder die Fläche aus ihrer horizontalen Lage gebracht werde; diese Drehung muß mit der größtmöglichsten Feinheit bewerkstelligt werden können, so daß man im Stande ist, das Meßtischblatt selbst um den Winkel von einigen Secunden zu drehen. Viertens: muß das ganze Instrument so leicht und tragbar, als unbeschadet der erwähnten Eigenschaften möglich ist, gebaut sein.

Die beste gegenwärtig bekannte Einrichtung der Meßtische ist diejenige, welche ihnen bei Gelegenheit der sächsischen Landesvermessung von dem dortigen Ingenieurcorps gegeben wurde, und die unter dem Namen der Lehmannschen bekannt ist; wahrscheinlich weil man in Lehmanns Schrift über den Gebrauch des Meßtisches zuerst die Abbildung eines solchen, nebst einer oberflächlichen Beschreibung desselben fand.

F. 58. ist eine Abbildung des Statifs eines solchen Meßtisches; a ist ein hohler Cylinder, an welchen drei Zungen oder Lappen bbb in gleichen Entfernungen von einander gelöthet sind. Diese Lappen greifen in die Ausschnitte an den oberen Theilen der Füße ccc ein, und werden vermittelst Bolzenschrauben ddd mit diesen zusammengehalten.

Dieser Einrichtung nach können die Füße des Statifs in den Richtungen der Lappen vor- und rückwärts bewegt werden, so daß man den einen hoch, den andern tief, und den dritten noch tiefer stellen kann, je nachdem die Unebenheit des Bodens, worauf der Meßtisch gestellt werden soll, es nöthig macht, ohne daß dabei der Cylinder a aus der lothrechten Richtung gebracht werden müßte. Durch das Anspannen der Bolzenschrauben d.. wird nach der Aufstellung das Bewegen der Füße verhindert. Der Cylinder a ist durch eine Platte e verschlossen, welche senkrecht auf ihrer Mitte einen Zapfen, in Form eines abgekürzten Kegels, trägt. Um diesen Zapfen kann ein anderer abgekürzter hohler Kegel f, welcher an seinem oberen Ende eine kreisförmige Scheibe g, und an seinem unteren Ende ein Kammrad h hat, welches letztere dicht auf der Scheibe e anliegt, bewegt werden; damit aber bei dieser Bewegung der Hohlkegel f nicht vom Zapfen geschoben werden könne, ist die Scheibe g mit dem Zapfen durch eine Schraube verbunden, deren Kopf i, welcher einen größeren Durchmesser als die Höhlung des Kegels hat, in die Scheibe g eingelassen ist.

In das Kammrad h greift eine Schraube ohne Ende k, welches anschaulicher in F. 59. dargestellt ist, ein, um dem Hohlkegel f die feinere Bewegung zu geben. Das Gehäuse der Schraube ohne Ende ist bei l um einen Zapfen beweglich, so daß es vermittelst der Druckschraube m, von dem Kammrade gelöst, und wieder mit demselben verbunden werden kann. Diese Einrichtung dient, um dem Hohlkegel f die grobe und feine Bewegung um seinen Zapfen geben zu können. Erstere Bewegung nennt man diejenige, wenn der Hohlkegel ohne Hülfe der Schraube k um den Zapfen gedreht wird, und muß hierzu die Schraube k vom Kammrade entfernt werden können. Letztere Bewegung ist diejenige, welche vermittelst der in das Kammrad greifenden Schraube k bewerkstelligt wird; denn wollte man mit der Schraube ohne Ende dem Hohlkegel auch die grobe Bewegung geben, so würde hierdurch einestheils viel Zeit verschwendet, und anderentheils die Schraube nebst dem Kammvom Kammrade, so wie das Verbinden beider, muß mit Sorgsalt bewerkstelligt werden, da eine ungeschickte Hand leicht die feinen Gewinde der Schraube oder die Zähne des Kammrades verletzt; es muß demnach die Lösung sowohl, als die Verbindung beider durch allmähliges Aus- oder Eindrehen bewirkt werden, nachdem die Druckschraube m in ersterem Falle gelöst wurde. Im letzteren Falle darf das Gehäuse durch die Druckschraube nicht eher gegen das Kammrad gedrückt werden, bis die Schraubengänge mit den Zähnen des Kammrades verbunden sind.

Um den oberen Theil des Statifs, den man den Kopf desselben nennt, vor Beschädigung oder Unreinigkeit zu schützen, da er der künstlichste Theil des Instruments ist, pflegt man ihn außer dem Gebrauch in einer eigens dazu angefertigten Kapsel zu verwahren. Deshalb wird oft der ganze obere Theil, bis auf den Cylinder a mit den Lappen, zum Abnehmen eingerichtet, wo alsdann die Platte e nicht auf dem Cylinder befestigt ist, sondern mit diesem, der hohl gearbeitet wird, durch einen Zapfen in Cylinderform, welcher unterwärts von der Scheibe e ausgeht, verbunden werden kann. Damit aber dieser Zapfen beim Gebrauch des Meßtisches sich im hohlen Cylinder a nicht drehe, wird er durch eine Druckschraube, welche durch den Cylinder geht, festgehalten.

Die Füße des Statifs, welche mit spitzen Schuhen beschlagen sind, haben unten Ansätze n n n, vermittelst welcher die Füße in die Erde getreten werden können. Sämmtliche Theile des Statifs mit Ausnahme der Füsse werden von Messing gearbeitet.

Das Meßtischblatt F. 60. muß ganz vorzüglich die Eigenschaft haben, daß es sich nicht wirft, deshalb wird es jederzeit aus mehreren Stücken zusammengesetzt. Eine Art der Zusammensetzung, die ich sehr bewährt fand, ist die aus vier gleichschenklichen Dreiecken, welche ich schon bei Gelegenheit der Reißbretter empfahl. Da aber diese massiven Bretter das Instrument erschweren, so setzt man auch die Meßtischblätter aus zwei etwa $\frac{3}{8}$ Zoll dicken lindenen Brettern zusammen, welche auf einem Blendrahmen von sehr trockenem Tannen- oder Kienholz so aufgeleimt werden, daß zwischen beiden ein hohler Raum bleibt, und daß die Holzadern des einen Brettes die des andern durchschneiden. Diese Zusammensetzung gewährt noch den Vortheil, daß die beim Arbeiten etwa abgebrochenen Nadelspitzen (siehe weiter unten) in den hohlen Raum hinabgedrückt werden können.

An der untern Seite des Meßtischblattes, genau um dessen Mitte, ist ein Kreis von Messing A vermittelst dreier Schrauben a a a, welche in den Metallkreis eingelassen werden können, befestigt. Dieser Kreis hat einen etwas vorstehenden Rand b b b, dessen innerer Durchmesser gleich dem Durchmesser der Scheibe g F. 58. ist. Durch diesen Metall-Kreis A F. 60. wird das Meßtischblatt mit dem Statif vermittelst dreier Schrauben, wie F. x verbunden. Damit beim Zusammensetzen die Schraubenmütter c c c der Kreisplatte A F. 60. die Schraubenmütter c′ c′ c′ der Scheibe g F. 58. genau decken, und damit dieses leicht und schnell bewerkstelligt werden kann, ist ein kleiner Stift d auf der Kreisplatte A F. 60. angebracht, welcher in eine gleich große Vertiefung d′ der Scheibe g F. 58. fällt, wenn die Kreismütter sich decken; so daß man beim Zusammensetzen nur darauf zu achten hat, daß der Stift d in die Vertiefung d′ gebracht wird, und daß der erhöhte Rand der Kreisplatte A F. 60. die Scheibe g F. 58. genau umschließt. Ferner ist längs des einen Randes der unteren Seite des Meßtischblattes eine Messingplatte B durch zwei Schrauben e e befestigt, welche dazu dient, eine Orientirboussole (siehe unten) damit zu verbinden; hierzu ist die Schraubenmutter f, und damit diese leicht mit der in der Platte der Boussole befindlichen Schraubenmütter zusammen gebracht werden könne, sind an der Platte B die Stifte g g angebracht, welche in Vertiefungen der Boussolenplatte fallen, wenn die Schraubenmütter sich decken.

Wenn das Meßtischblatt hohl gearbeitet ist, so muß doch die Mitte desselben durch eine Holzscheibe von der Stärke des Blendrahmens, und dem Durchmesser der Kreisplatte A ausgefüllt werden, damit die Schrauben a a a, womit die Platte am Meßtischblatt befestigt wird, Holz genug haben.

Dem Meßtischblatt kann man eine beliebige Größe, nach Maaßgabe der Arbeit, die damit unternommen werden soll, geben. Gewöhnlich haben die Meßtischblätter 16 bis 20 Zoll in der Länge und Breite, doch kann die Größe derselben auch bis auf 2 Fuß ausgedehnt werden, nur muß alsdann das Statif im Verhältniß stärker gebaut sein. Das ganze Instrument muß von solcher Höhe sein, daß, wenn es zum Gebrauch aufgestellt worden ist, man vor demselben stehend, bequem auf dem Meßtischblatte zeichnen kann. Es muß ferner, wie klein auch das Meßtischblatt angenommen wird, doch so stark gearbeitet sein, daß der Wind es nicht bewegen kann, wenn es auf hohen Punkten gestellt wird.

Ein in dieser Art gebauter Meßtisch steht, wenn die Schrauben genugsam angezogen wurden, vollkommen fest. Findet sich jedoch nach langem Gebrauch, daß das Meßtischblatt, des Anspannens der Schrauben ungeachtet, dennoch etwas bewegt werden kann, so hat alsdann die Schraube ohne Ende einen todten Gang bekommen. Diesem Fehler, welcher das Instrument zu genauen Arbeiten unbrauchbar macht, muß von einem Mechanikus abgeholfen werden.

Um die Abschleifung des Metalls, welche an vielen Stellen des Statifkopfes durch Reibung entstehen würde, zu verhüten, pflegt man diese Stellen zuweilen mit einer Mischung, aus reinem Wachs und Baumöhl geschmelzt, einzuschmieren.

Das Meßtischblatt wird zum Gebrauch mit starkem Velinpapier bespannt. Dieses Aufspannen geschieht in schon angeführter Art, nur daß die untere Seite des aufzuspannenden Bogens, statt mit Wasser, mit abgequirltem und geklärtem Eiweiß angefeuchtet werden muß, wodurch das Papier, nachdem die Ränder des Bogens auf den Rändern des Meßtischblattes angeleimt wurden, auf der Meßtischblattfläche so fest gehalten wird, daß es bei feuchtem Wetter keine Blasen werfen kann, die beim Arbeiten Fehler erzeugen würden.

Dieses Anfeuchten des Papiers mit Eiweiß hat außerdem noch den Nutzen, daß der Papierbogen, nachdem er vom Meßtischblatt abgeschnitten wurde, sich nicht so leicht wieder zusammenzieht, wie durch Aufspannen gedehntes Papier, welches mit Wasser angefeuchtet wurde.

Soll das Aufspannen, wenn der Bogen mit Eiweiß angefeuchtet wird, gelingen, so dürfen die Ränder desselben nicht eher angeleimt werden, bis der Bogen mit Tüchern vollkommen glatt gestrichen, überall auf dem Brette durch das Eiweiß festgehalten wird.

Zuletzt ist noch zu bemerken, daß vor jedem Aufspannen das Meßtischblatt, auf welchem in der Regel Eiweiß haften bleibt, abgewaschen werden muß, weil sich sonst das Eiweiß auf dem Brette so häuft, daß es den Bogen nicht wieder los läßt. Man kann also durch Verabsäumung dieser Kleinigkeit seine ganze Arbeit unnütz machen.

Um mit dem Meßtisch zu arbeiten, bedarf man noch mehrere Werkzeuge, als:

a) Die Einlothzange oder Gabel.

§. 118. Es ist in mehreren Fällen erforderlich, den Meßtisch so aufzustellen, daß ein auf demselben angegebener Punkt genau lothrecht über einen Punkt des Bodens, den man vorher markirt hatte, gebracht werde. Um dies zu bewerkstelligen, bedient man sich der Einlothzange F. 61. Dies ist nämlich ein Metallstab, welcher gabelförmig so gebogen wurde, daß beide Enden, bis auf eine kleine Differenz, wie die Figur zeigt, zusammentreffen, wenn sie bis zur Berührung aneinander gebracht werden. Der eine etwas kürzere Gabelzweig endet mit einer Spitze a, an dem andern ist da, wo die Spitze a beim Zusammendrükken der Gabel hintrifft, an der äußern Seite dieses Zweiges ein Ring b angebracht, in welchem ein Bleiloth c gehängt werden kann. Die Schraube d dient, die Zange zusammenzuklemmen und zu öffnen.

Um vermittelst dieses Werkzeugs einen Punkt des Meßtischblattes lothrecht über einen Punkt des Bodens zu bringen, stellt man den Meßtisch, nach dem Augenmaaße eingerichtet, ohne jedoch die Füße in den Boden zu treten, auf, schiebt die Gabel so an das Meßtischblatt, daß die Spitze a auf den in Rede stehenden Punkt desselben fällt; klemmt danach die Zange vermittelst der Schraube d zu, bis das Ende b die untere Seite des Meßtischblattes berührt. Trifft nun das herabhängende Loth c den auf dem Boden markirten Punkt, so steht der Meßtisch richtig, wo nicht, so muß die Stellung desselben hiernach verändert werden, bis das Loth genau über den auf dem Boden markirten Punkt hängt.

Dieses Werkzeug ist übrigens nur in den Fällen nöthig, wo kleine Figuren des Feldes im großen Maaßstabe mit größtmöglichster Genauigkeit gemessen werden sollen, wie z. B. der Catastergeometer bei Messungen der Grundstücke mit dem Meßtisch sich dieses Werkzeugs wird bedienen müssen. In Fällen hingegen, wo der Flächeninhalt der zu messenden Figuren so groß ist, daß der Flächeninhalt eines gewöhnlichen Meßtischblattes hierzu in gar keinem Betracht kömmt; so daß man annehmen kann, es verhalte sich der Flächeninhalt eines zu messenden Dreiecks zum Flächeninhalt des Meßtischblattes, wie der Flächeninhalt dieses auf dem Meßtisch construirten Dreieckes zu Null, ohne daß dadurch Fehler entstehen, wie solches bei der Netzlegung für topographische Vermessungen anzunehmen ist, kann man dies Werkzeug gänzlich entbehren. In diesen Fällen genügt zum Ueberfluß, wenn man durch einen Stein, den man, ihn unter einen solchen Punkt des Meßtischblattes haltend, herabfallen läßt, prüft, ob dieser Punkt lothrecht über dem auf dem Boden markirten liege.

b) Die Wasserwage oder Libelle.

§. 119. Da der Meßtisch eingerichtet ist, um die Horizontalprojection der Winkel zu messen, so muß das Instrument, wie alle Winkelmesser welche diese Bestimmung haben, genau horizontal gestellt werden können. Um dies zu bewerkstelligen, bedient man sich der Wasserwage (Libelle).

Die Wasserwagen, welche zum Horizontiren der Meßinstrumente gebraucht werden, sind zweierlei Art; als solche, womit Linien, und solche, womit Ebenen in eine wagrechte Lage gebracht werden.

Erstere findet man deshalb meistens bei Vertikalwinkelmessern, um Elevations- oder Depressionswinkel zu bestimmen, und auf Meßstäben angebracht, während letztere bei Horizontalwinkelmessern gebraucht werden.

Die zum Horizontiren der Linien gebräuchlichen Libellen werden ihrer Form wegen lange, die zum Horizontiren der Ebenen bestimmten, eben deßhalb, dosenförmige genannt. Erstere, welche beim Meßtisch keine Anwendung finden, sollen hier nicht weiter beschrieben werden.

Die dosenförmigen Libellen sind cylindrische, oben offene Büchsen von Medall a F. 62, wovon a a F. 63. das Profil, durch die Mitte der Büchse gelegt, darstellt. Man giebt ihnen eine Höhe von 1 bis 1½ Zoll, und einen Durchmesser von 3 bis 4 Zoll. Die obere Oeffnung einer solchen Büchse wird durch ein Glas b, welches unten etwas hohl geschliffen ist, hermetisch verschlossen. An der Seite dieser Büchsen, oder besser im Boden derselben, befindet sich eine Oeffnung, welche durch eine Schraube c F. 63. geschlossen werden kann. Durch diese Oeffnung wird die Büchse mit Weingeist, bis auf einen, ohngefähr einer Erbse großen, Raum angefüllt, und mit der Schraube c, unter deren Rand Leder gelegt wird, damit das Durchdringen des Weingeistes verhindert werde, geschlossen.

Stellt man nun diese Büchse, welche genau gearbeitet sein muß, (daß heißt: die Ebene, welche durch den Fuß derselben geht, muß mit der Ebene, welche durch den

Glasrand der innern concav geschliffenen Seite gelegt werden kann, parallel sein), auf eine vollkommene horizontale Ebene, so wird der von Weingeist leere Raum, welcher eine Luftblase von etwa zwei Linien im Durchmesser bildet, und als die leichtere Masse nach den Pricipien der Physik den möglichst höchsten Standpunkt nimmt, sich genau unter der Mitte des Glasdeckels wie bei d zeigen, weil nach obigen Voraussetzungen der Mittelpunkt der concav geschliffenen Glasseite der höchste Punkt des innern Raumes ist.

Stellt man hingegen die Büchse auf eine schief gegen den Horizont geneigte Ebene, so wird die Luftblase sich nach dem Punkt des Büchsenrandes ziehen, welcher bei der schiefen Stellung der höchste ist. Ist nun die Ebene, worauf die Büchse gestellt worden, beweglich wie das Meßtischblatt, so muß die Lage derselben nach dem Stand der Luftblase in der Libelle berichtigt werden; wobei man die Seite der zu horizontirenden Ebene senkt, welche die Libelle als die höchste angiebt, oder die entgegengesetzte erhebt. In dieser Art wird fortgefahren bis die Luftblase unter der Mitte des Glases einspielt.

Beim Horizontiren der Meßtischblattebene wird das Senken einer Seite derselben, durch mehr Auswärtsstellen oder Eintreten des an dieser Seite stehenden Statiffußes sehr leicht, und bei einiger Uebung äußerst schnell bewirkt. Das Erheben einer Seite des Meßtischblattes geschieht eben so leicht durch Einwärtsstellen des an dieser Seite stehenden Fußes.

Das Deckelglas der Wasserwaage darf nur sehr wenig concav geschliffen sein, so daß es wenigstens 36 Zoll Brennweite hat, weil bei einer stärkeren Höhlung, und also geringeren Brennweite die Lebendigkeit der Luftblase verliert, so daß sie bei einer um einige Secunden gegen den Horizont geneigten Stellung, sich nur unmerklich vom Mittelpunkt des Glases entfernen würde.

Um die Mitte des Glases ist gewöhnlich ein kleiner

Kreis a F. 62. eingeätzt, worunter die Luftblase einspielt, wenn die Libelle horizontal steht.

Um die Genauigkeit des Baues einer dosenförmigen Wasserwaage zu prüfen, horizontirt man vermittelst derselben eine Ebene; beschreibt hierauf mit Bleistift den Umfang vom Fuß derselben, und dreht sie in dieser Umfangslinie nach allen Seiten zu. Verläßt hierbei die Luftblase den Mittelpunkt des Glasdeckels, so ist sie nicht ganz genau gearbeitet, und muß alsdann ein solcher Fehler durch Abschleifen des Fußes an der zu hohen Seite aufgehoben werden.

c) Die Boussole.

§. 120. Um den Meßtisch, nachdem er genau über einen bestimmten Punkt des Bodens gestellt und horizontirt wurde, zu orientiren, das heißt, dem Meßtischblatt, vermittelst der Schraube ohne Ende, durch Horizontalbewegung eine solche Lage zu geben, daß die auf demselben bereits gezeichneten Linien, in parallelen Richtungen, mit den Horizontalprojectionen ihrer gleichnamigen Linien des Feldes zu liegen kommen, bedient man sich häufig der Boussole. Wenn gleich dieses Werkzeug, welches die Erfahrung von vielerlei Einflüssen abhängig zeigt, nicht an jedem Ort gleich zuverlässig ist, so ist es doch bei den Arbeiten mit dem Meßtisch nicht wohl entbehrlich, da es besonders bei der Aufnahme des Details von großem Nutzen ist. Bei der Netzlegung mit dem Meßtisch, wo Fehler in der Orientirung desselben den nachtheiligsten Einfluß auf die ganze Arbeit haben, darf man sich auf die Boussole nie allein verlassen, sondern die Orientirung des Meßtisches muß, wie später gezeigt werden soll, auf rein geometrischem Wege geprüft und berichtigt werden.

Boussolen nennt man im Allgemeinen die meist cylinderförmigen und mit einem Glasdeckel verschlossenen Gehäuse, welche eine auf einem Stift im Gleichgewicht schwebende Magnetnadel umschließen.

Die Magnetnadeln, deren Form im Ganzen schon

der Name bezeichnet, werden von feinem gehärtetem Stahl verfertigt; ihnen ist die magnetische Kraft mitgetheilt, so daß sie frei und im Gleichgewicht schwebend, alle nach einer Himmelsgegend, dem magnetischen Pol, hinzeigen.

Der Magnet ist ein Eisenerz, welches in allen reichhaltigen Eisengruben gefunden wird; er hat die Eigenschaft, Eisen, so wie auch im geringeren Grade, Kobalt und Nickel an sich zu ziehen und festzuhalten. Ferner dreht sich der Magnet, wenn er frei schwebend gehalten wird, mit zweien Punkten stets nach ein und denselben Weltgegenden hin, in welcher Lage er alsdann verharrt. Diese beiden Punkte, wovon stets der eine im Allgemeinen nach Norden, der andere nach Süden hin gerichtet ist, heißen die Pole des Magneten, so wie die gerade Linie, welche diese Punkte verbindet, die Achse desselben genannt wird. Diesen Polen ist zugleich die stärkste Anziehungskraft unter allen übrigen Punkten des Magneten eigen.

Wenn man zwei Magnete mit ihren ungleichnamigen Polen, als dem Nordpol des einen und dem Südpol des andern, einander nähert, so ziehen sie sich gegenseitig an und halten sich fest; nähert man sie aber mit ihren gleichnamigen Polen, als etwa den Nordpolen beider, so stoßen sie sich ab. Man nennt daher die ungleichnamigen Pole zweier Magnete ihre freundschaftlichen, hingegen die gleichnamigen ihre feindschaftlichen Pole.

Mit diesem Magnet kann man durch bloßes Bestreichen jedem Stücke Eisen oder gehärtetem Stahl, die magnetische Kraft mittheilen, so wie man mit solchem magnetisirten Stahl, den man einen künstlichen Magnet nennt, wiederum jeden andern Stahl magnetisiren kann; ohne daß hierdurch der magnetisirende natürliche oder künstliche Magnet von seiner eigenen Kraft verlöre.

Um einem Stahl die magnetische Kraft mitzutheilen, bestreicht man ihn gewöhnlich mit den Polen des Magnets, als den wirksamsten Punkten desselben. Hierbei zeigt sich wieder, daß der mit ein und denselben Pol eines

Magneten bestrichene Stahl jedesmal die Wirkung des dem magnetisirenden Pol entgegengesetzten zeigt; so daß z. B. das Ende eines Stahlstiftes, welches mit dem Nordpol magnetisirt wurde, die Eigenschaften des Südpols zeigen wird.

Die Magnetnadel, welche durch ihre lange und dünne Form sich am besten eignet, die Richtungen der magnetischen Pole zu beobachten, zeigt meist, daß diese nach Weltgegenden gerichtet sind, die mit dem Nord- und Südpol der Erde nicht zusammenfallen können, da die Magnetnadel mit der Mittagslinie eines Orts einen bedeutenden Winkel bildet. Man nennt daher die Linie, welche durch die Richtung der magnetischen Pole angegeben wird, die magnetische Mittagslinie, und den Winkel, in welchem sich diese mit der wahren Mittagslinie schneidet, die Variation oder Declination des Magneten. Ferner fand man, daß diese Variation an verschiedenen, weit von einander entlegenen Orten der Erde verschieden sei, und daß die Variation ein und desselben Ortes sich mit der Zeit verändere. Um den Grund dieser Verschiedenheiten und Veränderungen der Declination des Magneten zu erforschen, und den, besonders für die Schiffsahrt, so wichtigen Gebrauch desselben hiernach zu vervollkommnen, wurden an vielen Orten mehrfache Beobachtungen hierüber angestellt und gesammelt. Eine Frucht dieser Beobachtungen z. B. sind die nach ihrem Erfinder genannten Halleyschen Linien, welche auf Seekarten besonders angegeben sind, und welche die Variation der magnetischen Mittagslinien von den wahren an allen solchen Orten angeben, wo hierüber gleichzeitige Beobachtungen angestellt wurden.

Alle bis jetzt angestellten Untersuchungen sind jedoch nicht genügend gewesen, um danach mit Zuverlässigkeit die Gesetze zu folgern, von welchen die verschiedenen Variationen des Magneten, so wie die periodischen Veränderungen derselben abhängen. Die allen Beobachtungen entsprechendsten Hypothesen deuten auf einen großen Magnetkörper im Innern der Erde, welcher seinen Ort mit der Zeit ändert, und wodurch die Veränderungen der Variation erklärt werden. Für die magnetische Mittagslinie von Paris hat der D. Burkhardt Formeln geliefert, denen Beobachtungen von 1685 bis 1799 zum Grunde liegen, und nach welchen die Periode der Abweichung 360 Jahre beträgt. Diese Periode würde nach seinen Berechnungen im Jahre 1878, wo alsdann die Variation 27⅓ Grad betragen würde, abgelaufen sein. Im Jahre 1798 setzte de la Lande den magnetischen Nordpol unter dem 77° der Breite und dem 282° der Länge.

Außer den angeführten Eigenschaften der Magnetnadel findet man noch, daß dieselbe eine Neigung gegen den Horizont hat, welche man ihre Inclination nennt. Diese ist, nach den darüber angestellten Beobachtungen, ebenfalls in verschiedenen Gegenden der Erde verschieden, und an ein und denselben Orten der Veränderung unterworfen. Fast allgemein fand man in den nördlichen Gegenden der Erde, daß der Nordpol der Nadel sich gegen den Horizont zu senke, und zwar um so bedeutender, je höher nach Norden hinauf. In den südlichen Theilen der Erde fand man, daß der Nordpol der Nadel sich über den Horizont erhebe, so wie man in einigen Gegenden unter und zunächst dem Aequator, wie z. B. im indischen und stillen Meere unter dem 83ten und 277ten Längengrade gar keine Inclination der Nadel fand.

Außer diesen Einwirkungen auf die Magnetnadel im Ganzen, ist sie noch vielen besonderen örtlichen und momentanen Einflüssen unterworfen; so z. B. schwächt die Wärme die Kraft des Magnets. Eisenhaltiger Boden bringt Abweichungen der Nadel von der magnetischen Mittagslinie hervor, die oft, wie einzelne, jedoch seltene Erfahrungen zeigen, sehr bedeutend sind u. m. dergl. Wer sich genauer über den Magnet, über die damit angestellten Beobachtungen, und daraus gefolgerten Hypothesen, welches hier nicht weiter her gehört, unterrichten will, findet darüber in nachstehenden Werken Belehrung.

Silberschlag. Die Abweichung der Magnetnadel; befindet sich in den Memoires der Berliner Akademie der Wissenschaften vom Jahre 1787.

Journal de phys. 1792. B. VIII.

Bode. Anleitung zur Kenntniß der Erdkugel.

Gehler. Physikalisches Wörterbuch.

v. Zach. Monatliche Correspondenz. Jahrgang 1801.

Hube. Naturlehre.

Hansteen zu Christiania. Ueber den Magnetismus der Erde.

Die besondere Form der Magnetnadeln findet man sehr verschiedenartig; nach den darüber gemachten Erfahrungen ist jedoch die rechtwinklig parallelepipedische Form, ohne alle Verzierungen a a F. 64. die beste, weil die breiten Pole der Nadel eine größere Wirksamkeit äußern, als die fein zugespitzten. Die pfeilförmigen Nadeln, so wie alle diejenigen, auf denen Verzierungen angebracht sind, sind gänzlich zu verwerfen, weil hierdurch die Polarität der Nadel gestört wird. Als Zeiger auf den nicht zugespitzten Nadeln dient eine längs der Mitte der obern Fläche derselben eingeschnittene feine Linie.

Die Länge der Nadeln ist sehr verschieden, die größten haben selten über fünf Zoll. Die Nadeln müssen, nachdem sie gehärtet wurden, sehr dünn ausgearbeitet werden, damit das Gewicht derselben die Wirkung der Polarität nicht hindere, und damit der Stift, auf welchem sie im Gleichgewicht schweben, durch ihre Schwere nicht abgeschliffen werde.

Das Magnetisiren der Nadeln geschieht in Folge der oben angeführten Eigenschaften der Magnetpole, mit zwei Magneten, mit welchen gleichzeitig die beiden Hälften der Nadel, von der Mitte nach den Enden derselben zu, die eine mit dem Südpol des einen, die andere mit dem Nordpol des anderen Magneten bestrichen wird. Nach diesen Grundsätzen kann die besondere Art des Magnetistrens der Nadel in mannigfacher Weise geschehen, weshalb es hierüber vielerlei Vorschriften giebt.

Ich will deren nur eine erwähnen, welche sich mir als die beste bewährte, um der Nadel das Maximum magnetischer Kraft mitzutheilen: Man legt nämlich zwei künstliche Magnete mit ihren freundschaftlichen Polen auf einen Tisch so zusammen, daß beide in einer geraden Linie liegen; längs der Mitte dieser Magnetstahle legt man die zu magnetisirende Nadel, so, daß die Mitte derselben in die Berührungslinie der Magnetstahle fällt. Hiernach zieht man beide Magnete langsam, unter der Nadel, in der Richtung, in welcher sie liegen, auseinander, so daß die Nadel, die zuletzt nur noch an ihren beiden Enden von den Polen der Magnete gehalten wird, gleichzeitig von beiden herabfällt. Dieses einfache Verfahren wird so oft wiederholt, bis die Nadel die nöthige Lebendigkeit und Sicherheit durch das Maximum der magnetischen Kraft erhalten hat. Bei diesem Verfahren können die magnetisirenden Stahle verwechselt werden, nur muß, nach obigem, die Hälfte der Nadel, welche Anfangs mit dem Nordpol des einen Stahls magnetisirt wurde, auch nach der Verwechselung mit dem Nordpol des andern Stahls magnetisirt werden, so wie die andere Hälfte der Nadel mit dem Südpol des anderen Stahls.

Damit die Magnetnadel auf einem Stift frei schwebend gehalten werden könne, durchbohrt man die Mitte derselben, welche zugleich der Schwerpunkt der Nadel sein muß. Ueber dieser Oeffnung bringt man ein in Messing gefaßtes conisch ausgebohrtes Hütchen b von einer harten Steinart, wie Agat, Karniol oder Glas an; diese Höhlung des Hütchens darf oben nicht in einer Spitze enden, sondern muß kugelförmig abgerundet sein, weil sonst die freie Bewegung der auf einem Stift ruhenden Nadel durch das genaue Eingreifen des Stifts in die Spitze des Hütchens gehemmt würde. Ferner muß das Hütchen genau so gearbeitet sein, daß bei wagrechter Lage der Nadel der höchste Punkt der Höhlung mit den Spitzen der Nadel in einer Vertikalebene liegt, weil sonst die Nadel, welche auf einem Stift schwebt, der senkrecht im Mittelpunkt eines Kreises errichtet ist, nicht gleiche Theile desselben abschneiden würde.

Nadeln, welche bevor sie magnetisirt wurden, auf einem senkrechten Stift vollkommen wagrecht schwebten, zeigen gewöhnlich nach dem Magnetisiren die Neigung gegen den Horizont (Inclination). Diese muß alsdann durch Beschwerung der hierdurch emporgehobenen Hälfte der Nadel aufgehoben werden; welches man durch Siegellacktröpfchen, die nicht weit von dem Mittelpunkt der Nadel auf diese gegossen werden, zu bewerkstelligen pflegt.

Blau angelaufene Nadeln nehmen den Magnet leichter, als nicht angelaufene an, verlieren ihn aber auch schneller als andere, und sind deshalb nicht zu empfehlen.

Die Boussolen, deren man sich zum Winkelmessen bedient, bestehen aus einem cylinderförmigen Gehäuse von 4 bis 6″ im Durchmesser, und der Höhe von etwa 1½″; genau im Mittelpunkte, auf dem Boden dieses Gehäuses, ist der Stahlstift senkrecht errichtet, auf welchem die Magnetnadel schwebt. Innerhalb des Gehäuses befindet sich ein mit demselben concentrischer Kreis in gleicher Höhe mit der Magnetnadel, welcher in Grade, oder wie bei genaueren Boussolen in halbe und viertel Grade getheilt ist. Das ganze Gehäuse steht auf einer Messingplatte, und ist mit Diooptern verbunden, deren Visirebene genau durch die Achse des Stifts gehen muß, auf welchem die Nadel schwebt, so daß also diese Visirebene die Ebene des in Grade getheilten Kreises rechtwinklig schneidet. Mit diesen Boussolen werden die Horizontalprojectionen der Winkel gemessen, welche ein Object am Standpunkt mit der magnetischen Mittagslinie desselben bildet; indem man die Visirebene der Dioptern in die Vertikalebene bringt, welche durch den Standpunkt und durch das zu bestimmende Object geht. In dieser Stellung des Instruments zeigt die Spitze der Nadel auf dem Gradring alsdann den gesuchten Winkel. Um hierbei das Ablesen der Grade zu erleichtern, ist in der Regel der Gradring der Boussole so angebracht, daß die Visirebene der Diopterngenau durch die mit 360 und 180 bezeichneten Theilstriche des Ringes fällt.

Die Boussolen, welche man nicht zum Winkelmessen, sondern blos zum Orientiren braucht, haben diese Diopter nicht, auch findet man sie meist ohne Gradring, wie cc F. 64. Die zum Orientiren des Meßtisches gebräuchlichen Boussolen sind auf einer Messingplatte in Form eines Rectangels A F. 64. nahe dem einen Ende derselben angebracht. Das Gehäuse, etwa 1" hoch, hat 3 bis 4" im Durchmesser. Auf den innern Ring cc ist nur ein Strich e in der Richtung des Durchmessers eingeschnitten, auf welchen die Nadel einspielen muß, wenn der Meßtisch orientirt ist. Durch einen Schieber f, welcher sich an allen nur einigermaßen guten Boussolen findet, kann die Nadel arretirt werden, das heißt, man kann sie durch einen Druck dieses Schiebers vermittelst einer Feder vom Stift heben, und gegen den Glasdeckel drücken, in welcher Lage sie unbeweglich bleibt, bis der Schieber f wieder herausgezogen und dadurch die Feder losgelassen wird, wo alsdenn die Nadel wieder auf den Stift fällt. Diese Arretirung der Nadel ist nach jedem Gebrauch nöthig, weil sich sonst beim Tragen der Boussole durch die stete Drehung der Nadel der Stift sowohl, als die innere Höhlung des Hütchens bald abschleifen würde.

Die gewöhnlich beim Meßtisch gebräuchlichen Boussolen haben ferner noch die Einrichtung, daß sie um einen breiten Zapfen, welcher durch die Messingplatte A geht, gedreht werden können. Damit dieser Zapfen sich nicht aus der Platte A drehen kann, ist er unter dieser durch eine Schraube, deren Kopf breiter ist als der Zapfen, verwahrt. Zunächst dem einen Rande der Fußplatte A, welcher am weitesten von dem Gehäuse der Boussole absteht, sind zwei kleine Vertiefungen gg und eine Schraubenmutter h angebracht, welche dazu dienen, die Boussole an dem Meßtischblatt zu befestigen; die Vertiefungen g g, so wie die Schraubenmutter h F. 64. fallen dabei mit den Stiften e e des Messingplättchens B und der Schraubenmutter f F. 60. zusammen.

Ich halte es hier für nöthig, eine kurze Abschweifung von dem systematischen Vortrage zu machen, um den Gebrauch der Boussole in so weit zu rechtfertigen, als ich ihn später bei der Theorie des Aufnehmens anführen werde.

Orientirboussolen, wie F. 64. können nur eine sehr geringe Genauigkeit geben, und der Gebrauch derselben bei Meßtischoperationen ist mit mancherlei Unbequemlichkeiten verknüpft. So z. B. müssen diese Boussolen vor dem jedesmaligen Gebrauch, bei genauen Aufnahmen wenigstens, erst gestellt werden. Man orientirt zu diesem Ende den Meßtisch, wie später gezeigt werden soll, vermittelst einer möglichst langen, auf dem Meßtisch bereits gezogenen Linie, indem man diese in die Vertikalebene der ihr gleichnamigen des Feldes bringt, läßt hiernach die Nadel der an dem Meßtisch befestigten Boussole einspielen, und dreht alsdann das Gehäuse der Boussole herum, bis der auf dem Ringe c c eingeschnittene Strich e genau mit der Nord- oder Südspitze der Nadel zusammenfällt; wonach die Boussole, vermittelst der Schraube unter der Platte A festgestellt wird. Mit einer so gestellten Boussole läßt sich nun das Meßtischblatt an anderen Standpunkten dadurch orientiren, daß man dasselbe, nachdem es horizontirt wurde, vermittelst der Horizontalbewegung des Statifkopfes so lange dreht, bis die Magnetnadel wieder wie vor mit dem Theilstrich e zusammentrifft.

Diese Orientirboussolen können sich, obgleich sie durch die Schraube im Zapfen an die Platte festgedrückt werden, dennoch leicht verdrehen, welches einestheils durch den Druck des Schiebers f beim häufigen Arretiren der Nadel, anderntheils beim Tragen des Meßtisches von einer

Station zur andern, besonders bei Aufnahmen im Walde, wo der Träger mit dem Instrument leicht an einen Baumzweig u. dergl. streift, geschehen kann. Man ist hiernach selbst während einer täglichen Arbeit nie ganz sicher, ob die Boussole noch richtig stehe oder nicht, und daher genöthigt, an jedem Punkt, wo eine Untersuchung über die richtige Stellung derselben möglich ist, solche anzustellen. Wie leicht demnach grobe Fehler in der Arbeit entstehen können, wenn man sich auf eine solche Boussole verläßt, ist zu augenscheinlich, als daß darüber mehr zu sagen nöthig wäre.

Ferner kann das Stellen solcher Boussolen oft mit bedeutendem Zeitaufwand und nicht geringen Unbequemlichkeiten verbunden sein, wie bei Aufnahmen im Gebirge und in Waldungen, wo man selten auf Punkte kömmt, die eine freie Aussicht gewähren, und die zugleich eine solche Lage, oder diejenigen Eigenschaften haben, welche nothwendig sind, um den Meßtisch durch geometrische Construktion orientiren zu können. Es kann daher in einem solchen Terrain nöthig sein, Stunden weit zu gehen, blos um für die Arbeit des Tages die richtige Stellung der Boussole zu erlangen, und die, wie angeführt, im Laufe desselben doch wieder verdreht werden kann. Man pflegt zwar, um eine etwanige Verdrehung der Boussole sogleich bemerken zu können, auf der Platte A sowohl, als an der äußern Wand des Gehäuses, nachdem die Boussole gestellt wurde, Linien einzuschneiden, welche in der Verbindungslinie des Gehäuses mit der Platte zusammenfallen, um sich gegen ganz grobe Fehler sicher zu stellen; allein eine solche Aushülfe ist immer nur armselig, und kann bei Meßwerkzeugen, auf welche man sich in vielen Fällen ganz verlassen will, unmöglich gut geheißen werden.

Auch kann man mit Boussolen ohne eingetheilten Kreis, die etwanigen Differenzen der Variation, welche durch örtliche Einflüsse erzeugt werden können, nicht beobachten, um hieraus das Mittel für die Aufnahme des Details zu bestimmen.

Dieser und anderer Mängel wegen, welche überhaupt einer kleinen Boussole eigen sind, und da ich meinen Erfahrungen nach, nicht in die Meinung einiger Schriftsteller einstimmen konnte, welche die Boussole, auch bei topographischen Arbeiten mit dem Meßtisch gänzlich verwerfen, bediente ich mich bei meinen Arbeiten mit der Mensel einer größeren, etwa 4″ im Durchmesser haltenden, und mit einem in halbe Grade getheilten Kreis versehenen Boussole. Hiermit habe ich während zehn Jahren, besonders in Thüringen und den Rheinlanden, Gelegenheit gehabt zu beobachten, welche Genauigkeit man in Gegenden, deren örtliche Beschaffenheit auf den Magnet keinen, oder doch nur geringen Einfluß äußert, mit Hülfe der Boussole erreichen könne. Bei dem Netzlegen mit dem Meßtisch, wo man auf jedem Stationspunkt, der durch geometrische Construktion bestimmt wurde, genaue Beobachtungen über das Differiren der Nadel von der magnetischen Mittagslinie der Gegend auf das leichteste anstellen kann, habe ich in einem Flächenraum von 8 bis 12 concentrirten Quadratmeilen höchstens Differenzen von etwas über $\frac{1}{4}$ Grad gefunden, welches Maximum der Abweichung sich aber nur höchst selten ereignete. Dagegen habe ich unzählige Male den Meßtisch auf Standpunkten, welche durch Rückwärtseinschneiden bestimmt werden mußten, mit einer solchen Boussole so genau orientirt, daß die drei rückwärts gezogenen Linien sich vollkommen in einem Punkt schnitten. Hiernach habe ich bei dem Aufnehmen des Details sehr oft in Gründen oder Waldwegen, von der Länge einer halben Stunde, auf welcher Strecke ein schon durch die Netzlegung bestimmter Punkt sichtbar wurde, den Meßtisch lediglich durch die Boussole orientirt, und bei der endlichen Prüfung stets eine solche Genauigkeit gefunden, wie sie ohne Boussole, in Fällen dieser Art, wo man den Meßtisch nur durch sehr kurze Linien auf jedem Standpunkt orientiren könnte, gewiß nur durch die ängstlichste Sorgfalt, und dadurch, daß man in jedem Standpunkt eine Meßfahne zurückließe, und jeden nächsten vorher mit einer solchen markirte, erlangt werden könnte; denn wenn bei der letzten Art des Verfahrens sich irgendwo ein Fehler in der Orientirung der Mensel ereignet, so pflanzt sich dieser fort, weil danach der Meßtisch auf allen folgenden Punkten ebenfalls unrichtig orientirt sein wird, welches bei dem Gebrauch der Boussole der Fall nicht ist; denn wenn hier auch hinsichtlich der Orientirung auf einem Standpunkt nicht genau genug verfahren wird, so hat dies auf die Orientirung des Tisches im nächstfolgenden Standpunkt und so fort gar keinen Einfluß. Diese und viele andere sehr wichtige Vortheile, welche die Arbeit des Detailaufnehmens erleichtern und außerordentlich beschleunigen, wie z. B. daß man sich mit Hülfe der Boussole durch zwei Punkte, ja selbst im Laufe der Arbeit, durch einen Punkt und durch Abschreiten der Entfernung vom letztverlassenen Standpunkt bis zum gegenwärtig genommenen überall bestimmen kann, gewährt eine gute Boussole in Gegenden, deren Boden frei von Eisentheilen ist, oder doch deren nur so wenige enthält, daß ihre Wirkung auf die Magnetnadel keine groben Abweichungen erzeugt.

Diese größeren Boussolen, welche ich bei genauen topographischen Aufnahmen jedem empfehlen will, können ebenfalls an den Meßtischrand, welches immer am bequemsten ist, geschraubt werden. In diesem Falle müssen sie, um die Variation von der Mittagslinie der aufzunehmenden Gegend anzuzeigen, so gebaut sein, daß der Durchmesser des Gradringes, welcher durch die mit 360 und 180° bezeichneten Theilstriche fällt, genau parallel mit zwei einander gegenüber liegenden Rändern des Meßtischblattes ist, weil man bei allen geodätischen Messungungen die Mittagslinie als parallel mit den zwei zur Seite liegenden Sectionsrändern der Aufnahme anzunehmen pflegt. Oder man stellt auch eine solche Boussole unmittelbar an eine über das Meßtischblatt hin gezogene Mittagslinie; in welchem Falle die Ränder der Platte, auf der die Boussole befestigt ist, genau parallel mit den Durchmessern des Gradringes, welche durch die mit 360, 90, 180 und 270° bezeichneten Theilstriche gehen, sein müssen.

Wenn der Major Lehmann, in seinem Werke über den Gebrauch des Meßtisches, die Boussole gänzlich verwirft, so dürfte dies wohl seinen Grund in den Erfahrungen haben, welche derselbe bei seinen topographischen Arbeiten in einem der eisenhaltigsten Gebirge Europas, entweder unmittelbar, oder doch in Gegenden machte, welche von diesem Gebirge abhängen, und sonach zu dem Gebiet desselben gehören; denn die Arbeiten des Major Lehmann fielen, so viel mir bekannt ist, meist in die Gegenden des Erzgebirges. Daß man in einem so eisenhaltigen Gebirge, oder auch nur in der Nähe eines solchen, die Boussole nicht gebrauchen dürfe, ist nach allen darüber angestellten Versuchen genugsam entschieden; allein hieraus kann keinesweges folgen, daß die Boussole überhaupt ganz zu verwerfen sei; denn, wenn in nicht eisenhaltigen Gegenden der Einfluß des Bodens auf die Boussole wegfällt, so kommt bei einer Erdstrecke von etwa 10 Meilen im Quadrat die Verschiedenheit der Variation verschiedener Orte der Erde in gar keinem Betracht, da diese nach allen Beobachtungen hierüber bei einer so kleinen Erdstrecke nur einige Secunden beträgt. Noch weniger aber kann nach den bekannten Beobachtungen die Veränderung der Variation eines und desselben Ortes, in einem Zeitraume von etwa drei Jahren, in welchem die Aufnahme einer solchen Erdstrecke bequem beendet sein kann, Gegenstand der Beobachtung sein, da es sich hierbei ebenfalls nur um ein paar Secunden handelt, die unmittelbar an einer gewöhnlichen Boussole gar nicht bemerkt werden können.

Wenn nun die Gegenden, deren Boden keinen, oder doch nur unwesentlichen Einfluß auf die Polarität des Magnets haben, sich, wie man wohl annehmen kann, zu denen, welche hierauf wesentlich einwirken, wie 20 : 1 verhalten, so kann der Erfahrungen wegen, welche hierüber in letztern gemacht worden sind, der Gebrauch der Boussole im Ganzen unmöglich verworfen werden.

Wenn andere mathematische Schriftsteller, wie Mayer, Meinert ꝛc. die Boussole als Winkelmesser verwerfen, so mag dies seinen guten Grund haben, denn als solchen die Boussole genommen, hat man vor der Arbeit keine leichten und gewöhnlichen Mittel zu untersuchen, ob dieselbe auf den zu vermessenden Boden auch brauchbar sei; denn hierüber aller Orten erst ausreichende, besondere Untersuchungen anstellen zu wollen, würde oft mehr Zeit rauben als die Messung selbst, und dürfte auch nicht leicht Sache eines jeden Feldmessers sein, welche allein nur die Boussole als Winkelmeßinstrument bei der Ausmessung von Grundstücken anwenden.

Schließlich ist noch anzuführen, wie auf die leichteste Weise die Richtigkeit einer Boussole geprüft werden kann. Außer den schon bemerkten Gegenständen gehört zu einer guten Boussole eine sehr lebendige Nadel, ein genau eingetheilter Kreis, eine richtige Centrirung dieses Kreises durch den Stift, auf dem die Boussole schwebt, und ein Gehäuse von reinem Messing, welches durchaus keine Eisentheile enthält.

Um diese Eigenschaften zu prüfen, stellt man die Boussole auf eine horizontirte Fläche, entfernt aus der Nähe alles Eisen, und läßt die Nadel einspielen. Hiernach lenkt man die Nadel durch ein Eisen von ihrer Richtung ab, um zu sehen, ob sie danach genau wieder in denselben Punkt des Gradringes einspiele, auf den sie vorher zeigte, welches zu mehrerenmalen wiederholt wird. Zeigt nun die Nadel nach jedesmaliger Ablenkung immer wieder genau auf denselben Punkt, so hat sie die nöthige magnetische Kraft, und ist brauchbar; im Gegentheil aber liegt der Fehler entweder am Mangel magnetischer Kraft, oder es ist die Spitze des Stifts, auf dem die Nadel schwebt, oder auch das kugelförmige Ende der konischen Höhlung des Hütchens nicht ganz glatt geschliffen. Solche Fehler müssen alsdann beseitigt werden.

Ferner läßt man die Nadel, indem man die Boussole dreht, etwa von 5 zu 5° den ganzen Kreis durch genau einspielen, wobei man jedesmal untersucht, ob beide Spitzen der Nadel den Gradkreis nach der Eintheilung desselben genau halbiren. Findet sich dies durchgängig, so ist damit der Beweis, sowohl für die richtige Eintheilung des Gradringes, als für die genaue Centrirung desselben, so wie für die gute Form der Nadel geführt. Ergeben sich hierbei Abweichungen, so kann die Boussole zu genauen Arbeiten nicht gebraucht werden.

Ob das Gehäuse frei von Eisentheilen sei, findet man leicht, wenn man die Magnetnadel herausnimmt, sie auf einen Stahlstift, einer Nähnadel etwa, legt, und so, indem sie ruhig auf derselben in der Richtung der magnetischen Linie schwebt, allen Theilen des Gehäuses nähert; wird sie hierbei irgendwo von ihrer Richtung abgezogen, so ist das Gehäuse unbrauchbar, weil hierdurch dargethan ist, daß das Gehäuse nicht frei von Erztheilen ist, die der Magnet anzieht.

Ob die Platte, auf welcher eine Boussole steht, vollkommen rechtwinklig sei, eine Eigenschaft, die, wie angeführt, besonders bei Boussolen nöthig ist, die man beim Orientiren des Meßtischblattes unmittelbar auf dasselbe stellen will, findet man leicht, wenn man nach den oben angestellten Prüfungen die Boussole mit den vier Rändern ihrer Platte nach einander an eine auf dem Meßtischblatt gezogene gerade Linie stellt, und nachsieht, ob die Nadel bei diesen vier verschiedenen Stellungen, von den mit 360, 90, 180 und 270° bezeichneten Theilstrichen, genau dieselben Winkel nach ein und derselben Seite hin abschneidet.

Das Visir oder Diopterlineal, auch Alhidade genannt.

§. 121. Das Diopterlineal ist bestimmt, um Linien

auf dem Meßtisch zu ziehen, welche in den Vertikalebenen liegen, die durch den jedesmaligen Standpunkt des Meßtisches und den von diesen aus zu bestimmenden Objecten des Feldes gehen, so daß also die auf der Mensel gezogenen Linien die Schenkel der Winkel sind, welche die zu bestimmenden Objecte mit dem Standpunkt auf den Horizont reduzirt bilden; oder das Diopterlineal wird gebraucht, um eine auf dem Meßtisch bereits gezogene Linie in die Vertikalebene ihrer gleichnamigen Grenzpunkte des Feldes zu bringen. Diesen Bestimmungen zu entsprechen, hat das Diopterlineal folgende Construction.

Auf einem, am besten von Messing gefertigtem, Lineal a F. 65, welches die Länge der Diagonale des Meßtischblattes haben, etwa 1½″ breit, und 1½‴ stark sein muß, sind an den äußersten Enden desselben Diopteren (Absehen, Pinnacidien), b, c, angebracht. Diese Diopteren sind meist nach der in der Figur angegebenen Form ebenfalls von Messing gearbeitet, und ihre Flächen stehen senkrecht zur Fläche des Lineals, so daß die Mittellinien d e und f g der Diopterflächen in einer Ebene mit der einen Kante des Lineals e g fallen.

Diese Mittellinien der Diopteren sind zur Hälfte durch feine Einschnitte h i und k l durchbrochen, an welche man beim Visiren nach einem Gegenstand das Auge legt, und die daher Oculardiopteren heißen. Die anderen Hälften der Mittellinien sind durch straff gespannte Pferdhaare m n und o p markirt, zu welchem Zweck diese Hälften der Diopteren, wie in der Figur, so ausgeschnitten sind, daß sie Rahme bilden, längs deren Mitte die Pferdhaare gespannt sind. Diese Theile heißen Objectivdiopteren, weil beim Gebrauch die Pferdhaare auf die zu bestimmenden Objecte so gerichtet werden, daß sie solche schneiden oder decken.

Ein dieser Construction nach gebautes Diopterlineal entspricht vollkommen seiner Bestimmung, denn, legt man das Lineal a mit seiner unteren Fläche auf den horizontirten Meßtisch, so ist, nach der Construction des Werkzeugs, die Ebene, welche durch die Oculareinschnitte und Objectivsäden, so wie durch die eine Kante des Lineals geht, eine Vertikalebene, die man Visirebene des Diopterlineals nennt. Ist nun der Standpunkt des Meßtisches auf dem Meßtischblatt bezeichnet, und legt man an diesen Punkt die Kante eg des Lineals, indem man die Visirebene der Diopter in die Vertikalebene bringt, welche durch den Standpunkt und das zu bestimmende Object geht, und zieht in dieser Richtung des Werkzeugs, längs der Kante eg des Lineals eine Linie, so liegt diese in der Vertikalebene, in welche das Diopter gebracht wurde. Da nun ferner diese Linie in der horizontirten Ebene der Mensel liegt, so bildet sie mit einer zweiten, in derselben Art und von demselben Standpunkt aus, aber nach einem anderen Objecte hin gezogenen Linie, die Horizontalprojection des Winkels, den beide Objecte mit dem Standpunkte machen.

Eben so kann leicht eine auf dem Meßtisch bereits gezogene Linie, vermittelst des Diopterlineals, an einem zweiten Punkt, in die Vertikalebene ihrer Gleichnamigen des Feldes gebracht werden, wenn man, nachdem der Meßtisch in diesen Punkt gestellt wurde, die Kante eg des Diopterlineals an die Linie auf dem Meßtisch legt, und so vermittelst der Horizontaldrehung der Mensel die Visirebene der Diopter in die Vertikalebene der betreffenden Linie des Feldes bringt. Steht hierbei der Meßtisch zwischen zweien Richtobjecten des Feldes, so wird es nöthig, vor- und rückwärts visiren zu können, ohne das Diopterlineal jedesmal nach der entgegengesetzten Seite drehen zu müssen, welches sehr aufhalten würde, und wodurch leicht Fehler entstehen könnten; hierzu sind insgemein an jedem Diopter ein Oculareinschnitt und ein Objectivfaden angebracht, welches, außer für diesen Fall, nicht nöthig wäre. Man findet deshalb auch häufig Diopterlineale, welche längs der ganzen Fläche des eines Diopters einen Ocular-einschnitt, so wie längs der des anderen einen Objectiv faden haben, die aber für den Meßtischgebrauch nach obigem zu verwerfen sind.

An der Stelle der Oculareinschnitte findet man häufig in Entfernungen von etwa 4 bis 6''' Visirlöcher eingebohrt, welche von mehreren Schriftstellern den Einschnitten vorgezogen werden. Diese Visirlöcher müssen sehr klein sein, weil sonst die Visirebene nicht scharf genug bestimmt ist, da sie um den halben Durchmesser des Visirloches differiren kann, wenn man das Auge nicht genau in die Mitte desselben bringt, das heißt, es entsteht eine Parallaxe. Die kleinen Visirlöcher lassen aber meist den zu visirenden Gegenstand nur sehr undeutlich sehen, wodurch die Augen außerordentlich angegriffen werden, welche bei den Einschnitten, wie fein auch diese sein mögen, wie ich stets fand, weit weniger leiden, weshalb ich die Einschnitte den Visirlöchern vorziehe.

Da die Objectivfaden, auf welche die Witterung Einfluß hat, vermöge desselben auf dem Felde leicht reißen, so muß der Aufnehmer stets einige Pferdehaare bei sich führen, welche dann leicht an die Stelle des zerrissenen Fadens angespannt werden können. Man knüpft nämlich die Enden des Haars an zwei kleine Schrauben, welche über und unter dem Objectivausschnitt sich befinden, und spannt vermittelst eines Messers durch Umdrehung der Schrauben, das Haar vollends an. Anstatt der Pferdehaare bedient man sich zu Objectivfäden auch des ganz feinen Silberdraths, wodurch aber nichts gebessert ist. Auch pflegt man wohl in den Objectivausschnitt Glas einzusprengen, auf welchem statt des Fadens eine feine Linie eingeschnitten wird. Die Seiten solcher Gläser müssen vollkommen parallel sein, weil sonst eine Fehler erzeugende Strahlenbrechung entsteht. Diese Gläser, welche selten ganz richtig sind, und die Objecte undeutlicher als mit bloßen Augen gesehen, erscheinen lassen, dürften auch ihrer Zerbrechlichkeit wegen für die Praxis sich weniger eignen, als die Fäden, da bei Detailaufnahmen, wo die hier beschriebenen

Diopter meist nur gebraucht werden, man genöthigt ist, die Meßwerkzeuge den Händen eines Boten anzuvertrauen, der damit nicht selten steile Berge anklimmen und über Gräben springen muß; so daß es hier in keinem Falle rathsam ist, sich solcher Werkzeuge zu bedienen, welche leicht zerbrochen und nur durch einen Mechanikus wieder in Stand gesetzt werden können, weil man hierdurch Monate lang in der Arbeit aufgehalten werden könnte.

Damit die Diopteren leichter verpackt und beim Tragen nicht so leicht verletzt werden können, sind sie gewöhnlich durch Gelenke, wie q, mit dem Lineal so verbunden, daß sie auf dasselbe niedergelassen werden können. Auch findet man die Dioptern häufig nur auf das Lineal geschraubt, welche Einrichtung aber, wie leicht ersichtlich, weniger gut als erstere ist.

Die Richtigkeit eines Diopterlineals kann man leicht prüfen, wenn man dasselbe auf einen genau horizontirten Meßtisch stellt, und nach der scharfen Ecke eines großen massiven Gebäudes in der Nähe, am besten eines Thurms, richtet. Deckt oder berührt in dieser Richtung der Objectivfaden, indem man nach einander durch alle Visirlöcher, oder durch mehrere Punkte des Oculareinschnitts sieht, genau die Ecke des Gebäudes, und ist dies auch bei dem zweiten Objectivfaden der Fall, den man nach der Prüfung des ersteren, indem man das Lineal umwendet, nach derselben Ecke hin richtet, so kann man die Visirebene des Werkzeugs als eine senkrechte zur Fläche des Lineals betrachten, und das Instrument ist brauchbar. Findet sich hingegen, daß einer der Objectivfäden mit der Ecke des Gebäudes divergirt, so kann das Werkzeug zu genauen Arbeiten nicht gebraucht werden.

Es giebt ferner Diopterlineale, welche die Einrichtung haben, daß man mit ihnen zugleich Höhen- und Tiefenwinkel messen kann. Diese, unter dem Namen der Lehmannschen bekannt, sind jedoch bei topographischen Arbeiten entbehrlich, da die verschiedenen Höhenpunkte des aufzunehmenden Terrains sich aus den horizontalen Anlagen und den Winkeln der Böschung genugsam ergeben. Es könnten demnach diese Diopterlineale nur gebraucht werden, um die Böschungswinkel zu messen oder um Horizontalen abzustecken; da man sich aber für letzte Zwecke eines ungleich bequemeren Höhenmessers (wovon später) bedienen kann, so würden diese Lehmannschen Diopterlineale allenfalls nur zur Prüfung anderweitig schon gemessener Höhenpunkte gebraucht werden können.

Ich will daher von der Construction dieses Werkzeugs nur einen allgemeinen Begriff geben. Die Einrichtung ist folgende: das eine Diopter, welches längs seiner ganzen Mittellinie einen Objectivfaden hat, während das andere blos Ocularlöcher enthält, kann in einer Entfernung, gleich der Länge des Objectivfadens, der der Entfernung vom obersten bis zum untersten Ocularloche gleich ist, von der innern Fläche des Oculardiopters auf die Mitte des Lineals geschraubt werden; so daß in dieser Stellung die Visirebene des Werkzeugs ein genaues Quadrat bildet. An dem Objectivdiopter ist ein Schieber, in Form eines Rahmens mit einem horizontal gespannten Faden angebracht, welcher längs dem Objectivfaden, diesen rechtwinklig schneidend, auf- und abgeschoben werden kann. Ferner ist auf der innern Fläche des Objectivdiopters die Seite des Quadrats der Visirebene in hundert gleiche Theile getheilt, so wie in dieser Quadratseite auf der äußeren Fläche des Objectivdiopters die Tangenten von 0 bis 45° für den Radius gleich einer Seite der Visirebene eingeschnitten sind.

Soll mit diesem Werkzeug ein Höhenwinkel gemessen werden, so bringt man auf einem horizontirten Meßtisch die Visirebene der Dioptern in die Vertikalebene des zu messenden Winkels; sieht hiernach durch das unterste Visirloch des Oculardiopters, und schiebt den Horizontalfaden des Objectivdiopters aufwärts, bis er den Höhenpunkt schneidet, dessen Winkel mit dem Horizont des Standpunkts gemessen werden soll. Hiernach zeigen die äußern und innern Theilstriche am Objectivdiopter, welche mit dem Horizontalfaden zusammenfallen, die Tangente des gemessenen Höhenwinkels in Hunderttheilen des Radius. Eben so verfährt man beim Messen der Tiefenwinkel, nur daß hierbei durch das oberste Visirloch des Oculardiopters gesehen wird.

Soll dieses Diopterlineal zum Messen der Horizontalwinkel gebraucht werden, so wird daß Objectivdiopter, von der Mitte des Lineals ab, und am Ende desselben angeschraubt. Für diesen Gebrauch steht es jedoch dem Diopterlineal F. 65. nach, weil man mit demselben nicht wie mit diesem vor und rückwärts visiren kann, ohne es umzuwenden.

Das Diopterfernrohr (Perspectiv-Lineal).

§. 122. Das vorbeschriebene Diopterlineal F. 65. kann füglichst nur beim Aufnehmen des Details und bei der Netzlegung einer Terrainstrecke von höchstens drei Stunden im Quadrat gebraucht werden. Soll über einen größeren Flächenraum mit dem Meßtisch ein Dreiecksnetz gelegt werden, so wird es nöthig, sich hierzu des Diopterfernrohrs zu bedienen, da bei einer so ausgedehnten Erdstrecke die von den Standpunkten aus zu bestimmenden Gegenstände, ihrer größeren Entfernung wegen, häufig mit bloßen Augen gar nicht, oder doch nur sehr unbestimmt gesehen werden können. Auch können, wenn Objecte über eine Meile vom Standpunkt entfernt liegen, die Vertikalebenen, welche durch diese und den Standpunkt gehen, nicht mehr genau, vermittelst eines bloßen Diopterlineals angegeben werden, weil bei so großen Entfernungen der Objectivfaden die Gegenstände so bedeckt, daß es nicht mehr möglich ist, auf die senkrechte Mittellinie derselben zu visiren. Selbst bei kleineren Erdstrecken, wo das Diopterlineal bei der Netzlegung noch Anwendung findet, so wie selbst beim Aufnehmen des Details, muß dennoch der Vermesser ein Taschenfernrohr bei sich führen, weil die Deutlichkeit der Objecte so sehr von der Beleuchtung, von den Hintergründen und manchen andern Ursachen abhängt, so daß es leicht möglich ist, Gegenstände auch bei geringen Entfernungen zu verwechseln, wenn man nicht in zweifelhaften Fällen, vermittelst eines Taschenfernrohrs, sich der Richtigkeit derselben versichern kann.

Das Fernrohr a eines Perspectivlineals F. 66. dessen Länge sich im Ganzen nach der Länge des Lineals b, also der Diagonale des Meßtischblatt's richtet, kann, wenn das Lineal b auf einer horizontirten Fläche liegt, in einer Vertikalebene um einen Zapfen c, welcher in einem Pfannenlager der auf der Mitte des Lineals errichteten Säule d liegt, auf- und abwarts bewegt werden. Das Fernrohr a ist zum Lineal b so gestellt, daß eine Vertikalebene durch die Achse des Rohrs gelegt, mit der einen Kante des Lineals zusammenfallt. Im Fernrohre sind entweder zwei von Spinneweben gefertigte Objectivfäden gespannt, oder es befindet sich in selbigem ein planes und paralleles Glas, auf welchem statt der Fäden feine Einschnitte gemacht sind. Diese Fäden oder Einschnitte schneiden sich rechtwinklig in der Achse des Fernrohrs, so daß der eine in der Vertikalebene dieser Achse liegt. Auf der äußern Röhre des Fernrohrs sind zwei Diopter e f angebracht, welche hauptsächlich zum Rückwärtsvisiren bestimmt sind. Mit dem Zapfen c ist ein in Grade getheilter Quadrant g verbunden, welcher mit der Röhre des Fernrohrs durch Schrauben zusammenhängt. Am Fußgestell der Säule befindet sich ein Vernier h, wodurch die Theile des Quadranten in kleinere Theile, wie bald gezeigt werden soll, zerlegt werden können. Der Gradbogen g, so wie der Vernier h, dienen, um zugleich Höhen und Tiefenwinkel messen zu können. Um das Ocularglas i dem Objectivglase k, der Verschiedenheit der Augen wegen, nähern oder von demselben entfernen zu können, ist an der Röhre l des Ocularglases eine Zahnstange angebracht, welche in ein Getriebe greift, das durch den Kopf desselben m bewegt werden kann.

Mit einem, in dieser Art gebauten Werkzeuge, arbeitet

man eben so wie mit dem Diopterlineal; das heißt, man bringt es in eine solche Richtung, daß die Vertikalebene, welche durch den Standpunkt und das zu bestimmende Object fällt, durch die Achse des Fernrohrs geht, so daß der vertikale Objectivfaden des Werkzeugs die senkrechte Mittellinie des Objects deckt; wonach längs der Kante des Lineals, welche mit der Achse des Fernrohrs in einer Vertikalebene liegt, auf dem Meßtischblatt die Richtungslinie gezogen wird. Soll zugleich der Höhen- oder Tiefenwinkel des Standpunkts mit dem Object gemessen werden, so muß der Horizontalfaden ebenfalls den Höhen- oder Tiefenpunkt schneiden, so daß also der Durchschnittspunkt beider Fäden den Höhen- oder Tiefenpunkt deckt. Hiernach giebt der Gradkreis nebst dem Vernier den Elevations- oder Depressionswinkel an. Diese letzte Beobachtung ist jedoch, wie schon oben bemerkt, bei topographischen Aufnahmen entbehrlich, und könnte das Diopterfernrohr ohne Gradring zur Netzlegung mit dem Meßtisch vollkommen genügend gebraucht werden.

Werkzeuge, ganz wie das Diopterfernrohr construirt, die aber an der Stelle des Fernrohrs eine prismatische Stange haben, an deren Enden sich Dioptern befinden, werden Kippregeln genannt. Diese Werkzeuge haben, außerdem daß man mit ihnen Vertikalwinkel messen kann, vor den beschriebenen Diopterlinealen noch den Vorzug, daß man nahe, und sehr tief unter dem Standpunkt oder hoch über demselben liegende Objecte visiren kann. Da aber Fälle dieser Art, wobei die gewöhnlichen Diopterlineale nicht ausreichten, nur selten vorkommen, und man sich auch dann stets in anderer Art helfen kann, so können diese Kippregeln bei topographischen Messungen wohl entbehrt werden.

Der Nonius oder Vernier.

§. 123. Der Nonius, eine sehr wichtige Erfindung für die angewandte Mathematik, wird von einigen dem deutschen Mathematiker Werner, von anderen einem Franzosen Pierre Vernier und einem Portugisen Nunnez oder Nonius, welcher leztere gleichzeitig mit einem der ersteren auf diese Erfindung gefallen sein soll, zugeschrieben. Die Erfindung führt den Namen der Erfinder, und wird daher bald Vernier, bald Nonius genannt.

Der Zweck der Erfindung ist, Linien und Winkel in kleinere Theile zu theilen, als solches durch unmittelbare Theilung möglich ist, und der Grundgedanke besteht darin, daß man dies durch die Differenz ungleicher Theile zweier gleichen Maaße bewerkstelligen könne.

Es sei z. B. AB F. 67. ein in 10 gleiche Theile unmittelbar getheiltes Maaß, die Theile seien so klein, daß die Theilstriche nur mit Hülfe eines Vergrößerungsglases gezählt werden könnten, und sonach eine kleinere unmittelbare Eintheilung nicht mehr möglich wäre; so kann mit Hülfe eines zweiten Maaßes des Nonius diese feinere Theilung mittelbar, wie folgt, erlangt werden.

Man nehme ein zweites Maaß CD, welches genau die Länge einer beliebigen Anzahl Theile des ersteren AB enthält, theile CD in eine gleiche Anzahl Theile + oder — 1, so sind im ersteren Falle die Theile des Nonius CD kleiner, im leztern aber größer, als die des Maaßes AB, und es verhalten sich in beiden Fällen die Theile des Maaßes zu denen des Nonius wie 1 zu einem Bruch, dessen Zähler die Zahl der Maaßtheile von AB, welche zusammen gleich der Länge des Nonius CD sind, und dessen Nenner gleich der Zahl der Theile des Nonius ist.

Wäre demnach z. B. der Nonius CD der Länge von 4 Theilen des Maaßes AB gleich, und in $4 + 1 = 5$ Theile getheilt, so verhielte sich ein Theil ab des Maaßes AB zu einem Theil ac des Nonius CD wie $1 : \frac{4}{5}$, da $5 . \frac{4}{5} = 4$, und ist demnach die Differenz eines Maaß- und Noniustheiles in diesem Falle $= \frac{1}{5}$, die Differenz zweier Maaß- und Noniustheile $= \frac{2}{5}$, dreier $= \frac{3}{5}$ u. s. f.

Soll nun z. B. eine Linie ad gemessen werden, welche größer ist als 6, kleiner aber als 7 Theile des Maaßes

A B, so schiebt man den Nonius C D längs dem Maaße A B hin, bis das eine Ende desselben, der hier mit 0 bezeichnete Theilstrich, den man Index nennt, mit dem Endpunkt d der zu messenden Linie a d zusammenfällt. Hiernach zählt man vom Index aus die Theilstriche des Nonius bis zu den, welcher genau mit einem Theilstrich des Maaßes zusammenfällt; wäre dies nun wie in F. 67. der zweite Theilstrich des Nonius, welcher mit dem achten des Maaßes zusammenfällt, so ist a d = 8 Theile des Maaßes — 2 Theile des Nonius, da nun im angenommenen Fall die Differenz zweier Theile, des Maaßes und des Nonius = $\frac{1}{8}$ der Maaßtheile ist, so ist e d = $\frac{2}{8}$ von a b, also a d = $6\frac{2}{8}$ der Maaßtheile. Es ist demnach der mit dem Nonius gemessene Theil e d jedesmal ein Bruch eines Maaßtheiles, dessen Nenner die Zahl der Theile des Nonius, und dessen Zähler die Zahl des Theilstrichs ist, welcher vom Index aus gerechnet, genau mit einem Theilstrich des Maaßes zusammenfällt.

Wäre nun z. B. eine Toise, wie die Peruer auf der Pariser Sternwarte unmittelbar in 10000 Theile getheilt, und ein bei derselben angebrachter Nonius hielte 9 oder 11 solcher 10000 Theile der Toise, wäre aber selbst in 10 Theile getheilt, so verhielte sich im erstern Falle ein Theil der Toise zu einem Theil des Nonius wie 1 : 0,9, im zweiten Fall wie 1 : 1,1, in beiden Fällen aber wäre ihre Differenz = 0,1; wodurch also die Toise vermittelst des Nonius in 100000 Theile getheilt würde, wobei mit Hülfe eines Mikroskops, da es sich nur selten trifft, daß ein Theilstrich des Nonius, seiner ganzen Breite nach, vollkommen genau mit einem Theilstrich des Maaßes zusammenfällt, noch kleinere Theile abgeschätzt werden können.

Eben so wie beim Längenmaaße findet der Nonius auch Anwendung beim Winkelmaaße, indem derselbe bei einem zum Winkelmessen eingetheilten Kreis angebracht wird.

Es sei z. B. A B ein in gleiche Theile getheilter Kreis:

bogen, der Nonius CD halte 6 solcher Theile, sei aber in 6 — 1 = 5 Theilen eingetheilt, so ist ein Noniustheil = $\frac{6}{5}$ eines Kreistheiles, und die Differenz beider demnach $\frac{1}{5}$ eines Kreistheils. Soll nun der Bogen ab, welcher größer als 8, kleiner aber als 9 Theile des Bogens AB ist, oder was diesem gleich, der Winkel, welchen die Radien dieses Bogens ac und bc am Mittelpunkt c bilden, gemessen werden, so schiebt man den Nonius CD in die Richtung von C'D', so daß der hier mit 5 bezeichnete Theilstrich, oder dieses Ende des Nonius mit dem Punkt b zusammenfällt; so ergiebt sich, daß, da von 5 aus der zweite Theilstrich des Nonius mit dem zwölften des Kreisbogens zusammenfällt, ab = 12 Bogentheile — 2 Noniustheile sei. Da nun im angenommenen Fall zwei Noniustheile um $\frac{2}{5}$ eines Kreistheils größer als zwei Kreistheile sind, so ist db = $\frac{2}{5}$ eines Kreistheils und ad = 8 $\frac{2}{5}$ der Kreistheile.

Bei den Nonien, welche n — 1 Theile eines Maaßes halten, ist der mit 0 bezeichnete Theilstrich (Index) nicht am Anfangspunkt, wie bei denen, welche n + 1 Theile haben, sondern am Endpunkt des Nonius, weil sich vermittelst dieser Ordnung der durch den Nonius gemessene Theil db durch die Zahl des Theilstrichs als Zähler des Bruchs ohne weitere Rechnung ergiebt.

Wären nun z. B. die Theile eines Kreisbogens $\frac{1}{6}$ Grad = 10 Minuten, und man wollte mit Hülfe des Nonius die Winkel von 10 Secunden finden, so müßte man, da eine Minute = 60 Secunden ist, zu dem Bogen des Nonius entweder 59 oder 61 Theile des Kreises nehmen und diesen in 60 gleiche Theile theilen, wo alsdann die Differenz $\frac{1}{60}$ von 10 Minuten = 10 Secunden seyn würde.

Will man demnach ein mit einem Nonius versehenes Werkzeug brauchen, so hat man nur zu untersuchen, in welche Theile das Werkzeug unmittelbar getheilt ist, und wieviel solcher Theile zu dem Nonius genommen sind, woraus sich die messende Differenz ergiebt.

Fernröhre.

§. 124. Fernröhre dienen, um Gegenstände, welche ihrer großen Entfernung wegen dem bloßen Auge nur schwach und undeutlich erscheinen, als nahe, groß und deutlich erscheinen zu lassen. Sie bestehen im Ganzen aus Röhren, in welche zwei oder mehrere geschliffene Gläser so gefaßt sind, daß ihre Axen in der Axe des Rohrs, als einer gemeinschaftlichen graden Linie liegen. Dasjenige Glas, welches nach dem Objecte hin gerichtet wird, und die größte Brennweite hat, wird Vorder- oder Objectivglas genannt, und ist jederzeit ein an beiden Seiten erhaben geschliffenes (biconvexes) Glas (ganze Linse), welches die auf dasselbe fallenden Lichtstrahlen, welche man von entfernten Objecten als parallel betrachten kann, rückwärts in einem Punkt der Axe, dem Brennpunkt des Glases sammelt, und daher auch Sammlungsglas heißt. Die übrigen Gläser des Fernrohrs stehen nach dem Auge zu und heißen daher Augen- oder Ocularglӓser; von ihnen werden die Lichtstrahlen, welche aus dem Objectivglase kommen, aufgefangen, und wieder unter parallelen Richtungen in's Auge geführt.

Der Erfinder der Fernröhre ist nach Borellus, Zacharias Jansen, ein Brillenmacher aus Middelburg, weshalb die, nach der Theorie dieser ersten Erfindung construirten Fernröhre holländische, oder auch galiläische heißen, weil ziemlich gleichzeitig, im Jahre 1610, Galiläi dieselbe Erfindung machte und erklärte, nachdem er nämlich gehört, daß Jansen ein optisches Instrument verfertigt habe, wodurch man entfernte Gegenstände so groß und deutlich als in der Nähe sehen könne.

Diese Fernröhre sind aus einem biconvexen Objectiv- und einem biconcaven Ocularglase so zusammengesetzt, daß beide Gläser um die Differenz ihrer Brennweiten von einander abstehen. Das Ocularglas nimmt demnach die aus dem Objectivglase kommenden Strahlen auf, bevor sie hinter ihrem Brennpunkt divergiren können, und führt sie daher so in das Auge, daß das leuchtende Object aufrecht, wie mit bloßen Augen gesehen, erscheint. Die Vergrößerung ist bei allen Fernröhren um so stärker, je größer die Brennweite des Objectivglases, und je kleiner die Brennweite des Ocularglases ist. Das Gesichtsfeld der Fernröhre wird um so größer, je größer die Gläser sind, und je näher sie aneinander gestellt werden, wobei die Größe des Ocularglases durch die Größe des Objectivglases bestimmt wird, indem ersteres alle Strahlen aufnehmen muß, welche durch lezteres fallen. Da man aber bei den galiläischen Fernröhren dem Ocularglase nur eine Oeffnung von der Größe des Augensterns geben darf, weil bei dem biconcaven Glase, welches ein Zerstreuungsglas ist, die Strahlen aus dem Zerstreuungspunkt nahe vor dem Glase zu kommen scheinen, und sonach das Auge nicht mehr derselben fassen kann, als durch ein dem Augenstern gleich großes Ocular gehen, so sind diese Fernröhren zu geodätischen Beobachtungen unbrauchbar, weil das Gesichtsfeld hierdurch sehr eingeschränkt wird. Man bedient sich daher dieser Fernröhre gegenwärtig nur noch zu den sogenannten Operngucken, wozu sie ihrer Kürze wegen sich besonders eignen

Das zu Beobachtungen gebräuchliche Fernrohr ist das von Keppler erfundene astronomische (tubus coelestis), Dieses Fernrohr, welches man auf Meßinstrumenten gewöhnlich findet, ist aus einem biconvexen Objectiv-, und einem biconvexen Ocularglase so zusammengestellt, daß die Entfernung beider Gläser gleich der Summe ihrer Brennweiten ist. Dieser Zusammenstellung nach erscheint das Object dem Auge verkehrt, da die von demselben kommenden Strahlen, vom Brennpunkt des Objectivglases aus, der zugleich der Brennpunkt des Ocularglases ist, in divergenten Richtungen so auf das Ocularglas fallen, daß ein Strahl von einem, über der Axe der Gläser, liegenden Punkt des Objects das Ocularglas unter der Achse trifft; welche Erscheinung jedoch bei geodätischen sowohl als astronomischen Messungen gleichgültig ist. Die Vergrößerung ist bei den Kepplerschen, wie bei den galiläischen Fernröhren gleich dem Quotienten aus der Brennweite des Objectivglases, durch die des Ocularglases. Das Gesichtsfeld ist größer als bei dem galiläischen Fernrohre, weil das Auge die aus dem Ocularglase kommenden Strahlen, wie groß auch die Oeffnung desselben sein mag, in einer leicht auszumittelnden Entfernung vom Glase aufnehmen kann.

Um das Bild im kepplerschen Fernrohre aufrecht zu erhalten, ohne dabei das Gesichtsfeld, wie bei dem galiläischen zu beschränken, fügte der Pater Rheita dem kepplerschen Fernrohre noch zwei biconvere Oculargläser bei; wodurch das Bild wieder aufrecht erscheint, da die vom ersten Ocularglase ausgehenden Strahlen das zweite Ocularglas in parallelen Richtungen treffen, wie die Strahlen vom Object das Objectivglas, und sonach, da das zweite und dritte Ocularglas wieder um die Summe ihrer Brennweiten von einander abstehen, das, auf das zweite Ocularglas verkehrt fallende Bild im dritten wieder aufrecht erscheint. Bei den lezten beiden Ocularen nimmt man gewöhnlich die Brennweiten gleich an, da eine mehrfache Vergrößerung zu bewirken nicht der Zweck dieser Zusammenstellung ist. Die Entfernung des ersten und zweiten Oculars wird sehr kurz angenommen, um das Fernrohr nicht unnütz zu verlängern, da diese willkührlich bestimmt werden kann. Ein Fernrohr nach dieser Zusammensetzung wird Erdfernrohr (tubus terrestris) genannt, und gewöhnlich nur als Taschenfernrohr gebraucht, da es bei Beobachtungen mit Meßwerkzeugen wie schon bemerkt, gleichgültig ist, ob die Objecte aufrecht oder umgekehrt erscheinen.

Nach obigen Angaben würde man die Vergrößerung sowohl, als das Gesichtsfeld bei Fernröhren mit converen Ocularglasern so weit treiben können, als man wollte, wenn dieses nicht durch die Auflösung des Lichts in seine Farben, bei der Brechung desselben verhindert würde; wonach, da diese Lichtfarben unter verschiedenen Winkeln sich brechen, das Bild in veränderter Form und Farbe erscheint.

Hierdurch entsteht eine Undeutlichkeit, welche um so größer wird, je kleiner die Brennweite des Oculars zu der des Objectivs ist (weil die Brennpunkte der Gläser durch die Farbenzerstreuung unbestimmt werden, und jederzeit ein mit den sieben Lichtfarben umgebenes Bild zeigen) und je weiter die Oeffnungen der Gläser sind, weil die Farbenstreuung um so bedeutender wird, je spitzwinkliger die äußeren Strahlen eines von einem Lichtpunkte ausgehenden Strahlenkegels auf das Objectivglas fallen. Hiernach nimmt also mit der Vergrößerung und dem Gesichtsfelde eines Fernrohrs die Undeutlichkeit der Bilder zu, so daß ein gewisses Maximum dieser nicht überschritten werden kann.

Diesem Uebelstand abzuhelfen, erfand der Engländer Joh. Dolland im Jahre 1756 ein Mittel, die durch die Brechung des Lichts verursachte Farbenauflösung durch eine zweite Brechung wieder zu vereinen; indem er, den drei verschiedenen Flüssigkeiten des menschlichen Auges analog, welche ein farbenloses Bild auf der Netzhaut hervorbringen, das Objectivglas aus verschiedenen Glasarten als Kronglas (grünes Fensterglas) und Flintglas (englisches Kristallglas) zusammensetzte, so daß die Objectivgläser, entweder aus zwei biconvexen Krongläsern, zwischen welchen ein biconcaves Flintglas liegt, oder aus einem biconvexen Kronglase und einem biconcaven Flintglase bestehen.

Diese Fernröhre, welche demnach ein farbenloses Bild geben, eine bedeutendere Vergrößerung und ein größeres Gesichtsfeld zulassen, heißen nach ihrem Erfinder dollandsche, oder achromatische (farbenlose) Fernröhre, wie sie von ihm selbst genannt wurden; und werden gegenwärtig zu geodätischen sowohl, als astronomischen Beobachtungen allgemein angewendet, indem die kepplersche Theorie hierbei zum Grunde gelegt wird.

Diese jetzt so außerordentlich vervollkommneten Fernröhre sind dennoch bei der Vergrößerung beschränkt, da durch Dollands Erfindung die Farbenzerstreuung nur bedeutend vermindert, nicht aber gänzlich gehoben ist.

Alle Fernröhre sind zum Aus- und Einziehen eingerichtet, damit die, bei der gewöhnlich angenommenen Länge der Röhre, aus dem Ocular parallel kommenden Strahlen, dem Weitsichtigen convergirend, und dem Kurzsichtigen divergirend ins Auge gebracht werden können.

Mehreres über Fernröhre, siehe: Huygen's Dioptrik, Euler, recherches sur les lunettes à trois verres, qui renversent les objets, Kästner's Aufgabe von Smith's vollständigem Lehrbegriff der Optik, Lambert's Beiträge zum Gebrauch der angewandten Mathematik, Hube's Naturlehre, 3ter Band, Bürja's Katoptrik, Kästner's Anfangsgründe der Dioptrik u. m.

Der Feldmeßtisch mit den dazu gebräuchlichen Werkzeugen.

§. 125. Im Felde, so wie bei Manoeuvre's im Frieden, bedient man sich eines portativern Statifs und eines verhältnißmäßig kleinern Menselblattes; da oben beschriebener Meßtisch seiner Größe und Schwere wegen nicht wohl am Pferde befestigt mitgeführt werden kann.

Die Einrichtungen dieser Feldstative findet man sehr verschieden, besonders empfehlenswerth dürfte die in F. 69. sein. Eine aus Holz gearbeitete abgekürzte dreiseitige Pyramide a b, deren oberes Ende von a aufwärts abgerundet ist, bildet hier einen Zapfen, der mit einem Messingring beschlagen wird. Um diesen Zapfen dreht sich eine passende Messingdille c, an deren oberem Ende eine kreisförmige Messingplatte d gelöthet ist, an welcher das Menselblatt geschraubt wird. Um die Dille c ist ein Preßring e gelegt, wodurch die Dille an den Zapfen festgedrückt werden kann, wenn das Menselblatt orientirt worden ist. Am unteren Ende der Pyramide ist an jeder Seite derselben ein Fuß f angeschraubt, so daß die Bewegung eines jeden Fußes nur in der verlängerten Ebene der Seite der Pyramide, an der er befestigt worden, möglich ist. Das untere Ende eines jeden Fußes ist mit einem spitzen eisernen Schuh beschlagen. Die drei Füße können nach beschriebener Einrichtung aufwärts bewegt, und jeder an seine Pyramidenseite gelegt werden, so daß hierdurch das Statif besonders portativ wird.

Daß diese Feldstative den oben beschriebenen Lehmannschen sehr nachstehen, wenn es auf Genauigkeit bei der Arbeit ankömmt, ist leicht ersichtlich; denn erstens: haben sie nicht den festen Stand, zweitens, ist die Horizontirung, da die Absätze an den Füßen nicht wohl angebracht werden können, und drittens: die Orientirung, da die Schraube ohne Ende fehlt, schwieriger und nicht so genau zu bewerkstelligen, als bei den Lehmannschen. Dessenohnerachtet aber entsprechen sie ihrem Zweck, da Aufnahmen im Felde nur flüchtig behandelt werden können, und die Genauigkeit, welche man mit einem großen Meßtische erlangen kann, hier nicht wesentlich nöthig ist, und daher nie gefordert wird.

An der Stelle des Feldstativs, welches man leicht noch einfacher, nicht aber wohl zugleich eben so zweckmäßig einrichten kann, bedient man sich auch zur Noth, als des einfachsten Mittels, eines bloßen Stabes, welcher oben mit einem Messingring, und unten mit einem spitzen Eisenschuh beschlagen ist. Auf diesen Messingring kommt alsdann die Dille c mit der Scheibe d und dem Preßring e wie in F. 69. Ein solches Werkzeug kann auch der Infanterieofficier im Felde leicht mitführen, da der Stab überall herbeigeschafft werden kann, wenn nur der Ring und der Eisenschuh vorhanden sind.

Zur Horizontirung des Feldmeßtisches bedient man sich gewöhnlich eines Glas- oder Achatkügelchens von etwa 6 Linien im Durchmesser; denn mit der Wasserwaage dieses Werkzeug orientiren zu wollen, würde unnütze Pedanterie sein. Das Menselblatt wird hierbei als horizontal angenommen, wenn das Kügelchen nicht herabrollt, sondern da, wo es hingelegt wird, ruhig liegen bleibt. Durch

Aus= oder Einrücken der Füße, so wie durch tieferes Eindrücken derselben in die Erde, wird die Horizontirung hervorgebracht.

Die Orientirung wird, wie bei dem Lehmannschen Meßtisch, und bei der Detailaufnahme in den meisten Fällen mit Hülfe der Boussole bewerkstelligt, die ebenfalls an das Menselblatt geschraubt wird, aber hier verhältnißmäßig kleiner, als oben beschrieben, sein kann.

Zum Visiren bedient man sich eines kleinen Diopter oder auch hölzernen Lineals, lezteres von der Dicke eines halben Zolls, an dessen einer Kante, und zwar an jedem Ende derselben, eine Messingplatte in Messerklingenform angeschraubt ist, so daß beide Klingen in der Verlängerung der Ebene der Kante, an die sie befestigt sind, auf und nieder bewegt werden können. Man visirt beim Gebrauch an ihren innern Seiten vorbei.

Zu Markirnadeln gebraucht man die feinsten englischen Nähnadeln, welche man mit einem Siegelknopf versieht.

Die, wie in F. 69. gearbeitete Dille, mit dem Menselblatt und dem Preßring versehen, kann auch zugleich beim Krokiren zu Pferde, vermittelst eines in dieselbe passenden Zapfens, der in den Sattelknopf geschraubt wird, gebraucht werden. Ueber das Krokiren zu Pferde siehe Netto's katadioptrisches Visirlineal mit einer Mensel verbunden.

Schmalkalder's Höhenmesser.

§. 126. Dieser Höhenmesser von Schmalkalder, einem Deutschen, in England erfunden, eignet sich ganz vorzüglich zum Messen der Böschungswinkel, zum Abstecken der Horizontalen, so wie auch zur allgemeinen Ausmittelung überhöhender Punkte des Terrains, bei topographischen Aufnahmen.

Dies Instrument besteht aus einer cylinderförmigen Büchse F. 70. von etwa $2\frac{1}{2}''$ im Durchmesser, und $\frac{1}{2}''$ Höhe, an welcher ein Oculardiopter a und ein Objectivdiopter b, welche beide mit Charniren zum Umlegen versehen sind, sich befinden. Im Innern der Büchse ist ein Gradring c angebracht, welcher sich um eine, durch den Mittelpunkt desselben d gehende Achse, die senkrecht auf dem Boden der Büchse steht, dreht. Der Ring c ist durch Speichen e mit der um seinen Mittelpunkt gehenden Scheibe verbunden, und es befindet sich ein Gewicht f an denselben, welches bei vertikaler Lage der Büchse, senkrecht auf den durch den Nullpunkt der Theilung gehenden Durchmesser wirkt. Durch die Wand der Büchse geht eine Schraube g, welche in das Gewicht f eingreift, damit durch die Schwere desselben der Gradring nicht verbogen werde, während das Instrument nicht gebraucht wird. Soll dieses Instrument, wie hier hauptsächlich nur zum Messen, der Böschungswinkel gebraucht werden, so genügt vom Nullpunkt aus nach beiden Seiten hin eine Eintheilung bis 45° da steilere Winkel bei Erdhängen nicht vorkommen.

In dem Oculardiopter a' F. 71, welches, wie die Figur zeigt, zum Aufwärtsschieben eingerichtet ist, befindet sich in einem messingenen Gehäuse b ein rechtwinkliges Glasprisma, wovon F. 72. die Grundfläche zeigt. Die Seitenfläche der Hypotenuse a b schneidet die Seitenfläche a c, welche zum Theil an den Oculareinschnitt c F. 71. anliegt, unter einem Winkel von 45° und ist mit einem schwarzen Pigment bedeckt, wodurch sie zum Spiegel wird. Die untere Fläche c b des Prisma ist convex geschliffen, um eine Vergrößerung der Bilder zu bewirken. Dieser Construction des Prisma nach, erscheint ein in d sich wagrecht befindendes Bild dem Auge in e senkrecht und im vergrößerten Maaße; da die durch c b, wie hier, meist senkrecht gehenden Strahlen auf a b in dem Winkel von 45° fallen, und in demselben Winkel nach e geworfen werden. Man sieht sonach durch den Oculareinschnitt c F. 71. an dessen unterer Hälfte die Fläche a c des Prisma F. 72. anliegt, mit dem Faden des Objectivdiopters zugleich den Theilstrich des Gradringes mit seiner Gradzahl, welcher in der Visirebene unter dem Prisma liegt. Die Visirebene geht durch den Mittelpunkt des Gradringes. Das Instrument wird, um es außer dem Gebrauch vor Staub zu bewahren, mit einem Deckel geschlossen.

Um mit diesem Werkzeuge einen Elevations= oder Depressionswinkel zu messen, wird die Schraube g gelößt, wodurch der Gradring beweglich wird, beide Diopter werden aufgeschlagen und das Oculardiopter noch, wie in F. 71, auswärts geschoben. Man hält nun das Instrument vertikal und bringt die Visirebene der Diopteru in die Richtung des über oder unter der Horizontalebene des Standpunkts liegenden Schenkels des zu messenden Winkels; wonach die Gradzahl dieses Winkels im vergrößerten Bilde, durch den unteren Theil des Oculareinschnittes zugleich in's Auge fällt; wie aus der beschriebenen Construction des Instruments, ohne weiteren Beweis leicht ersichtlich ist, da der Gradring bei vertikaler Lage des Instruments, durch die Schwere des Gewichts, welche auf den, durch den Nullpunkt der Eintheilung gehenden Durchmesser senkrecht wirkt, in unveränderter Lage bleibt, während nur die Büchse mit den Diopteru auf= oder abwärts um den Mittelpunkt des Gradringes bewegt wird.

Um beim Gebrauch des Instruments den Gradring schnell in eine ruhige Lage zu bringen, ist an der innern Wand der Büchse eine Feder angebracht, welche vermittelst eines Drucks an dem Knöpfchen h das Schwanken des Ringes schnell aufhebt.

Sollen mit diesem Werkzeuge Horizontalen abgesteckt werden, so bringt man den Punkt des Feldes, durch welchen eine Horizontale geführt werden soll, mit dem Faden des Objectivdiopters, dem Einschnitt des Oculardiopters und dem Nullpunkt der Gradeintheilung in eine Ebene, wo alsdann der Objectivfaden an dem Hange des Berges, den man vom Standpunkt aus übersieht, die Horizontale angiebt, welche man hiernach durch Gehülfen abstecken läßt. In dieser einfachen Art fährt man fort bis sämmtliche Horizontalen abgesteckt sind.

Der Höhenquadrant.

§. 127. In Ermangelung eines Schmalkalderschen Höhenmessers, kann man zur Noth die Böschungswinkel mit dem gewöhnlichen Höhenquadranten messen.

Dieses Werkzeug F. 73. besteht aus einem glatt gearbeiteten Brett in Quadratform, dessen Seiten einen kleinen Fuß lang sind. Auf demselben ist aus a, von wo ein Pendel oder Loth herabhängt, ein Viertelskreis verzeichnet, und in Grade so eingetheilt, daß die Mitte des Bogens mit 45° und die beiden Enden mit 0° bezeichnet werden.

Soll hiermit der Böschungswinkel eines Hanges vom Fuß desselben aus gemessen werden, so bringt man das Auge, indem der Quadrant vertikal gehalten wird, hinter b in die Verlängerung der Kante bc, und richtet c nach dem oberen Rand des Hanges, wobei man ohngefähr um die Höhe des Auges vom Boden, über den Rand hinaus visirt; so zeigt der Pendel, welcher vermittelst seiner Schwere senkrecht fällt, den Winkel der Böschung, wie aus der einfachen Construction des Instruments leicht ersichtlich, unmittelbar an. Soll von einer Höhe der Böschungswinkel abwärts gemessen werden, so bringt man wie oben, das Auge hinter c und richtet d auf den Fuß oder einen Absatz, der etwa dazwischen liegt, ein, wo dann ebenfalls der Pendel, auf der anderen Seite des Bogens die Gradzahl unmittelbar angiebt.

Um hierbei den Pendel, nachdem er eingespielt hat, zu arretiren, muß man ihn behutsam mit dem Finger an das Brett drücken; wonach der gemessene Grad abgelesen wird.

Mit diesem Höhenquadranten lassen sich jedoch keine Horizontalen abstecken, da man hiermit nicht visiren und auch zugleich den Stand des Pendels beobachten kann. Man muß daher, in Ermangelung eines Schmalkalderschen Höhenmessers sich hierzu des Meßtisches bedienen, über dessen horizontirter Fläche weg, man entweder mit dem Lehmannschen Diopterlineal, oder auch allenfalls mit einem gewöhnlichen Diopterlineal, welches umgelegt wird, so daß die Visirebene horizontal ist, die Horizontalen abstecken kann; jedoch, wie leicht einzusehen, mit weit größerer Schwierigkeit, als vermittelst des Schmalkalderschen Höhenmessers.

Anmerkung. Wenn die größte Ausdehnung der aufzunehmenden Erdstrecke etwa über vier Meilen beträgt, so daß die Netzlegung nicht mehr füglich mit einem Meßtischblatte vollzogen werden kann, so bedient man sich gegenwärtig zum Messen der Winkel des Theodoliten, des Spiegelsextanten, oder auch wohl noch des Astrolabiums, wenn nicht die größte Genauigkeit der Aufnahme verlangt wird. Der Spiegelsextant ist besonders in waldigen Gegenden, wo man oft genöthigt wird, auf hohen Bäumen zu beobachten, brauchbar, da dieses Instrument, wie alle Spiegelwerkzeuge, keinen festen Stand nothwendig erfordert, und daher auch beim Messen auf Thürmen und hohen Gebäuden kostspielige und zeitraubende Vorrichtungen entbehrlich macht.

Zum Messen der Winkel bei Detailaufnahmen zu Pferde oder auf einem anderen schwankenden Standpunkt, eignen sich am besten der reflectirende Halbkreis von Douglas (Reflector) und das katadioptrische Visirlineal, verbunden mit einem Meßtisch ohne Statif von Netto.

Beschreibungen dieser Instrumente, die hier nicht mehr aufgenommen werden können, findet man in Netto's Handbuch der gesammten Vermessungskunde, Benzenberg's Handbuch der angewandten Geometrie, Schulz Montanus, systematischem Handbuch der gesammten Land- und Erdmessung, Decker, Beschreibung des Reflectors, und Netto über das Aufnehmen zu Pferde nach der Lehmannschen Theorie.

Drittes Kapitel.

Allgemeines Verfahren bei kleinen topographischen Aufnahmen, durch einige besondere Fälle versinnlicht.

§. 123. Die ersten Arbeiten bei einer jeden Aufnahme gehen dahin, die Lagen und Entfernungen der Hauptgegenstände der aufzunehmenden Gegend, als solcher, die am meisten in die Augen springen, zu einander, und zu einer, durch einen geeigneten Ort gedachten, Mittagslinie und Perpendikulare derselben zu bestimmen; da diese Hauptgegenstände erst festgestellt sein müssen, bevor man zu den untergeordnetern Gegenständen, und so abwärts bis zu den geringfügigsten schreiten kann, wenn anders nicht Unrichtigkeiten und Verwirrungen vorfallen sollen.

Die Methoden, welche man hierbei angewendet hat, sind verschiedener Art; allein sie sind ihrer Unzweckmäßigkeit halber, im Vergleich zu der jetzt allgemein üblichen, sogenannten Triangularmethode, sämmtlich der Geschichte verfallen, und gehören sonach nicht mehr hieher.

Um obigen Zweck durch die Triangularmethode zu erreichen, denkt man sich die Hauptpunkte der Gegend durch gerade Linien mit einander verbunden, so daß also eine vielseitige geradlinige Figur entsteht, die sich in beliebige Dreiecke zerlegen läßt; welche als die einfachsten Figuren der Geometrie am leichtesten zu messen sind. Diese Dreiecke können nun entweder durch ihre Seiten, oder durch ihre Winkel, wenn in diesem Falle nämlich bloße Aehnlichkeit verlangt wird, oder auch durch beides, wie die Geometkie lehrt, gemessen werden. Da aber das Messen der Linien einen ungemeinen Aufwand von Zeit und Kosten verursacht, und in den meisten Fällen, Terrainhindernisse halber, ganz unausführbar sein würde, so mißt man die Dreiecke durch ihre Winkel, weil diese Operation zur Noth an jedem Orte, und zwar mit äußerst geringem Aufwand von Zeit und Kosten, im Vergleich zur Linienmessung, geschehen kann. Würde es sich daher bei einer Aufnahme blos um ein Bild der Gegend handeln, ohne Rücksicht auf die Größe derselben, so könnte man mit bloßer Winkelmessung ausreichen, wenn nämlich einer Dreiecksseite eine willkührliche Größe gegeben, und alle übrigen durch Antragung der gemessenen Winkel hierzu verhältnißmäßig gemacht würden. Da aber bei den meisten Aufnahmen es sich vorzüglich auch um die Größe der aufzunehmenden Gegend, und also um ein Maaß handelt, vermittelst dessen man in der Aufnahme jede Entfernung der verzeichneten Gegenstände auffinden kann, so wird es nöthig, wenigstens eine dieser Dreiecksseiten unmittelbar zu messen; wodurch, wie aus der Planimetrie erhellt, die Größe sämmtlicher Dreiecke, welche mit dieser Linie in mittel- oder unmittelbarer Verbindung stehen, oder, wie man dies zu nennen pflegt, zum Dreiecksnetz gehören, bestimmt sind. Diese unmittelbar zu messende Linie nennt man die Grundlinie oder Basis der Aufnahme. Die Bestimmung der Dreiecke durch Winkelmessung nennt man trianguliren, so wie das Ergebniß hiervon, sei es durch Construktion (geometrisch), oder durch Rechnung (trigonometrisch) gefunden worden, das Dreiecksnetz oder auch blos das Netz der aufzunehmenden Gegend.

Die Größe dieser zuerst zu messenden Dreiecke wird durch die Größe der aufzunehmenden Erdstrecke bestimmt, so daß z. B. bei Aufnahmen ganzer Länder nur die höchsten, oder doch am weitesten sichtbaren Gegenstände, als Scheitelpunkte dieser Dreiecke, gewählt werden; wie die höchsten Kuppen der Gebirge, Hauptthürme großer Städte, Schlösser, die ihrer Lage wegen weit gesehen werden können u. dergl.; so daß hier die Dreiecksseiten gewöhnlich mehrere Meilen, ja selbst bis zu einem Erdgrad lang, angenommen werden.

Bei einer solchen Triangulirung muß auf die sphäroidische Gestalt der Erde Rücksicht genommen werden, weshalb die Dreiecke sphärisch berechnet werden müssen.

Bei diesen Arbeiten kann man nur die vollkommensten Winkelmesser, welche die Grade bis auf einige Secunden genau angeben, und mit den besten Fernröhren versehen sind, gebrauchen. Bei Aufnahmen einzelner Abschnitte eines Landes, Provinzen, Distrikte u. dergl., deren Flächeninhalt nicht viel über 200 Quatratmeilen beträgt, giebt man diesen Dreiecken eine Länge von 3 bis höchstens etwa 7 Stunden. Hierzu müssen dann schon zu Scheitelpunkten, Kuppen einzelner Berge, Dorfkirchen, einzeln liegende Gehöfte u. dergl. mit gewählt werden. Man mißt hierbei die Winkel mit kleineren Theodoliten oder selbst Spiegelsextanten, und hat, nach Benzenberg und anderer Erfahrungen, nicht mehr nöthig, die Dreiecke sphärisch zu berechnen, weil bei so kleinen Dreiecken der sphärische Ueberschuß so gering ist, daß er unmöglich aufgetragen werden kann.

Sind die Hauptpunkte der aufzunehmenden Landesstrecke bestimmt worden, so geht man zur Bestimmung der untergeordnetern Objecte über, welches ebenfalls durch Dreiecksmessung geschieht, und wobei mehrere Seiten der erstern Dreiecke als Grundlinien angenommen werden. Bei diesen Operationen, wo die Dreiecke ungleich kleiner als die erstern genommen werden müssen, bedient man sich schon geringerer Instrumente zum Winkelmessen; so daß man bei großen Landesvermessungen etwa die, bei der ersten Netzlegung über Provinzen ꝛc. als üblich genannten Werkzeuge in Anwendung bringt, während bei diesen schon Astrolabien und Reflectoren zur Noth als brauchbar erachtet werden können.

Durch dieses Verfahren entstehen bei jeder größeren Vermessung zwei, so wie bei den größten gewöhnlich drei Dreiecksnetze, bevor man durch geometrische Construktion, vermittelst des Meßtisches, gewöhnlich die geringsten Gegenstände des Bodens bestimmt, um hiernach das Detail der Gegend in seiner Grundrißform einzuzeichnen. Man nennt diese Dreiecksnetze gewöhnlich 1ter, 2ter und 3ter Classe oder Ordnung.

Recognoscirung einer aufzunehmenden Gegend.

§. 129. Um nicht planlos eine Aufnahme zu beginnen, wodurch man genöthigt werden könnte, Monate, ja Jahre lange Arbeiten als unbrauchbar zu verwerfen, ist es nöthig, die aufzunehmende Gegend zu bereisen, ehe man zur Messung selbst schreitet. Hierbei wählt man zuerst die zweckmäßigste Ebene zur Grundlinienmessung aus, und trifft die nöthigen Vorbereitungen, welche zum Abstecken dieser Linie etwa nöthig sein dürften, als: Herbeischaffung von Signalen, Stangen, Brettern u. dergl., um bei der Messung selbst durch Mangel an Materialien dieser Art nicht aufgehalten zu werden. Ferner wählt man die besten Dreiecke zur Netzlegung aus, worunter solche verstanden werden, die so viel als möglich gleichseitig sind, so daß man diejenigen schlecht zu nennen pflegt, welche einen Winkel unter 30° haben, da besonders bei geometrischer Construktion die Scheitelpunkte um so unsicherer bestimmt werden können, je schiefwinkliger die Schenkel sich treffen, und der Fehler, der durch das mechanische Verfahren bei jeder Winkelmessung entsteht, um so größere Abweichungen hervorbringt, je spitzwinkliger das Dreieck ist, in dem er vorkömmt. Ferner versteht man unter guten Dreiecken auch noch solche, deren Scheitelpunkte weite Aussichten gewähren, und eine bequeme Aufstellung der Winkelmesser zulassen. Gute Specialkarten thun bei der Wahl der Dreiecke vortreffliche Dienste; in Ermangelung solcher aber, ist es gut, mehrere Winkel der zu wählenden Dreiecke bei Besichtigung der Gegend mit einem Patentinstrument (wozu der Reflector sich besonders eignet) zu messen, weil das bloße Schätzen zu großen Irthümern verleitet, und hiernach ein Netz zu construiren, welches bei der eigentlichen Triangulirung von mannigfachen Nutzen ist. Dieses Verfahren ist besonders nöthig, wenn bei der Aufnahme einiger Quadratweilen die Netzlegung mit dem Meßtisch ausgeführt werden soll, weil in diesem Fall die unmittelbar gemessene Grundlinie, so auf den Meßtisch getragen werden muß, daß nicht Theile des aufzunehmenden Terrains über den Meßtischrand hinausfallen. Zuletzt ist bei Bereisung der Gegend nöthig, Signale da errichten zu lassen, wo es an scharf markirten Objecten, welche die erforderlichen Eigenschaften haben, um als Scheitelpunkte der Dreiecke gewählt werden zu können, durchaus fehlt, so wie anderweitige Vorrichtungen, wie später folgen wird, zu treffen. Wenn man durch die Lage der zu bestimmenden Objecte durchaus genöthigt wird, Dreiecke aufzunehmen, die einen Winkel unter 30° haben, so muß man alsdann um so größere Sorgfalt auf die Winkelmessung verwenden.

Zum vorläufigen Plan einer Triangulirung gehört noch die oberflächliche Orientirung der ausgewählten Dreiecke, welche am leichtesten dadurch bestimmt wird, daß man den Winkel, den eine Dreiecksseite mit der magnetischen Mittagslinie bildet, vermittelst einer Patentboussole mißt; und, um die Größe der Dreiecke oberflächlich zu bestimmen, eine solche Seite abschreitet oder abgaloppirt; wozu am besten die gewählte Grundlinie selbst genommen wird.

Grundsätze für die Wahl einer Vermessungsbasis.

§. 130. Die Basis einer Vermessung muß, erstens: möglichst in einer horizontalen Ebene gewählt werden, da die Messung derselben um so mehr erschwert wird, und um so größere Unrichtigkeiten erzeugt werden, je mehr sie auf unebenem und schiefgeneigtem Boden angenommen wird.

Zweitens: Muß die Basis wo möglich in der Mitte der aufzunehmenden Gegend liegen, weil die bei der Netzlegung unvermeidlichen Abweichungen von der streng mathematischen Genauigkeit um so mehr sich vergrößern, je weiter die Dreiecke des Netzes von der Grundlinie der Aufnahme abliegen.

Drittens: Die Basis darf nicht bedeutend kleiner genommen werden, als die mittlere Größe der Dreiecksseiten des Netzes erster Klasse, weil sonst die zunächst zu bestimmenden Dreiecke zu spitzwinklig ausfallen würden.

Viertens: Muß die Basis auch der Richtung nach so gewählt werden, daß die nächsten unmittelbar daran fallenden Dreiecke nicht zu spitzwinklig werden.

Fünftens: Müssen die Endpunkte der Basis, und wo möglich, auch ein Punkt in der ohngefähren Mitte derselben, eine freie Aussicht nach den zunächst zu bestimmenden Objecten gewähren, und die Aufstellung von Winkelmessern zulassen. Ferner ist es, besonders bei großen Landesvermessungen, um die Basis nach Jahren etwa, leicht wieder auffinden zu können, von Nutzen, wenn man zu Endpunkten der Grundlinie bereits vorhandene und bleibende Gegenstände, wie Thürme, große Gebäude ꝛc. wählen, oder doch die Basis in der Vertikalebene solcher Gegenstände annehmen kann. Auch ist es aus demselben Grunde gut, wenn ein Punkt in der ohngefahren Mitte der Basis in einer Vertikalebene zweier andern Gegenstände liegt, welche die Grundlinie in einem nicht zu spitzen Winkel schneidet. Denn die Steine, womit bei großen Vermessungen die Grundlinien markirt werden, gehen leicht durch Kriegsvorfälle ꝛc. verloren.

Wenn man genöthigt wird, die Basis von der Mitte der aufzunehmenden Gegend, weit entfernt, nach einer der Grenzen zu anzunehmen, so ist es nöthig, eine zweite Linie unmittelbar zu messen, wenn man anders von der Aufnahme Genauigkeit in den Maaßen verlangt. Eine solche zweite Grundlinie wählt man alsdann am besten in dem Grenzterrain, welches der ersteren gegenüber liegt. Durch dieses Verfahren entdeckt man leicht die bei der Triangulirung von der ersten Grundlinie aus vorgefallenen Unrichtigkeiten, und findet Mittel, solche bis zur beabsichtigten Genauigkeit bei der Aufnahme zu berichtigen. Bei großen Landesvermessungen werden gewöhnlich zwei auch drei Grundlinien unmittelbar gemessen, um sich so der Genauigkeit bei der Netzlegung Schritt vor Schritt mehr zu versichern.

Beispiele über die Wahl einer Basis.

§. 131. Soll P. I. das Terrain der drei Gleichen bei Mühlberg in der Ausdehnung, wie die Aufnahme zeigt, topographisch vermessen werden, so wird nach obigen Grundsätzen dem Geodäten sogleich einleuchten, daß die Basis AB in dem Wiesenplane, das Fegefeuer genannt, gemessen werden müsse; denn dieser Wiesenplan ist erstens: als vollkommen horizontale Ebene zu betrachten; er liegt zweitens, in der Mitte der Aufnahme und hat drittens: die nöthige Ausdehnung zur Grundlinienmessung für die Aufnahme vorliegenden Terrains. Es würde sonach bei diesen im Gebirgslande selten zusammentreffenden günstigen Umständen dem Geodäten nur noch die Richtung der Grundlinie zu bestimmen obliegen, welches ebenfalls hier sehr einfach ist; denn, da es erstes Augenmerk sein muß, die Wachsenburg, das Wandersleber und Mühlberger Schloß, als Punkte zu bestimmen, die in der Gegend am meisten hervorragen, und von denen aus man, ihrer Höhe und Lage wegen, am besten die weniger in die Augen fallenden Gegenstände des Terrainabschnitts bestimmen kann, so darf die Richtung der Basis AB nicht wohl anders als im Plan angegeben gewählt werden, weil durch jede andere Richtung derselben die Dreiecke ABD und ABE spitzwinkliger, und also zur Bestimmung der Punkte D und E unsicherer würden, während nur das eine Dreieck ABC, durch eine, mehr in der Richtung des Meridians laufende, oder westlich von diesem abweichende Grundlinie, wenn durch A der Meridian genommen wird, gewinnen würde. Allein diese Richtung würde ohnedieß auch Schwierigkeiten in der Messung veranlassen, weil man sie in dem einen Fall, um ihr die nöthige Länge zu geben, über den Gräfenborn, und im anderen Falle, um sie nicht zu östlich zu legen, ganz über Felder wegmessen müßte, welches nicht zu jeder Jahreszeit thunlich ist.

Um das dem Netz in Pl. II. zum Grunde liegende Terrain aufzunehmen, was die Wahl einer Basis schon bedeutend mehr als im vorigen Fall erschwert, da sich hier keine Ebenen fanden, deren Lagen und Ausdehnungen zur Messung einer Grundlinie geeignet waren. Hierzu kam noch, daß die Aufnahme in einer Jahreszeit unternommen wurde, wo die Felder bestellt waren, so daß in gänzlicher Ermangelung von geeigneten Wiesen- oder Hutungsplänen und brachliegenden Feldern, der Aufnehmer beim Messen einer Grundlinie lediglich auf Wege, Raine oder dergl. beschränkt war.

Unter diesen Umständen, und da es immer erstes Augenmerk sein muß, die Punkte der Gegend auf dem kürzesten Wege zu bestimmen, von welchem man die meisten Objecte des aufzunehmenden Terrains sehen kann, und die zugleich eine solche Lage haben, daß diese Objecte durch gut zu nennende Dreiecke bestimmt werden können, welche Punkte hier besonders, F, D und E sind, so wurde auf einem Wege eine Strecke CA, in der derselbe beinahe ganz gerade läuft, so daß die Felder nur äußerst wenig an einigen Stellen betreten wurden, und der in dieser Strecke die Neigungslinien beinahe rechtwinklig schneidet und so als horizontal angenommen werden konnte, mit der Kette gemessen, und hiernach die Linie ED als Basis der Aufnahme durch Rechnung bestimmt; da durch dieses Verfahren, besonders des spitzwinkligen Dreiecks CAD wegen eine größere Genauigkeit als durch geometrische Construction erlangt werden konnte. Von D und E aus ließ sich dann F durch ein vortreffliches Dreieck DEF bestimmen.

Beispiel über die mittelbare Bestimmung einer Grundlinie.

§. 132. Um die Entfernung der Punkte D und E zu finden, wurden sie zuvörderst mit etwa 16 Fuß langen Signalstangen, die an ihrem oberen Ende mit einem starken Strohbüschel umwunden waren, bezeichnet, da die Natur sie nicht genügend markirte. Hierauf wurde die Linie AC mit der Kette gemessen, welche nicht länger genommen werden konnte, da von C aus westlich das Signal D nicht mehr sichtbar war. Eben so konnte von B aus westlich das Signal E nicht mehr gesehen werden.

CA hielt, nach dem aus mehreren Kettenmessungen gezogenen Mittel im Rhl. Dec. Maaß 3073′ 7″; AB 2523′ 7″. Die Winkel, welche die Signalpunkte an den Endpunkten der Grundlinie mit dieser machten, wurden mit einem Astrolabium, dessen Nonien eine Minute unmittelbar zeigen, gemessen; wonach sich EAB = 59° 32′, DAB = 85° 38′, EBA = 58° 40′ und DCA = 64° 42′ fand. Hiernach ist W. BEA = 180° — (58° 40′ + 59° 32′) = 180° — 118° 12′ = 61° 48′ und W. CDA = 180° — (64° 42′ + 85° 38′) = 180° — 150° 10′ = 29° 50′. und also, um DE zu finden.

sin. 61° 48′ : 2523′ 7′ = sin. 58° 40′ : AE.

Log. 2523′ 7′ = 4020377
Log. sin. 58° 40′ = 0,9315374
10,3335751
Log. sin. 61° 48′ = 0,9451255
Log. 3884496 = 2446′

und sin. 29° 50′ : 3073′ 7′ = sin. 64° 42′ : DA

Log. 3073′ 7′ = 4876615
Log. sin. 64° 42′ = 0,9562081
10,4438696
Log. sin. 29° 50′ = 0,6967745
Log. 7470951 = 5585′ 9″

Ferner sind W. EDA und DEA = 180° — (85° 38′ + 59° 32′) = 180° — 145° 10′ = 34° 50′, und 5585′ 9″ + 2446′ = 8031′ 9″ : 5585′ 9″ — 2446′ . 3139′ 9″ = tang. ½ . 34° 50′ . 17° 25′ = tang. ½ DEA — EDA.

Log. 3139′ 9′ = 4969158
Log. tang. 17° 25′ = 9,4965152
9,9934310
Log. 8031′ 9′ = 9048183
Log. 9,0886107 = 6° 59′

Also W. DEA = 17° 25′ + 6° 59′ = 24° 24′ und W. EDA = 17° 25′ — 6° 59′ = 10° 26′.

Nun ist sin. 24° 24′ : 5585′ 9″ = sin. 145° 10′ : DE.

Log. 5585′ 9″ = 7470932
Log. sin. 145° 10′ = 9,7567815
10,5038747
Log. sin. 24° 24′ = 9,6160599
Log. 8878148 = 7723′ 5″

Also DE = 7723′ 5″ Rhl. oder Preuß. Dec. M. = 9268′ Rh. od. Preuß. Duod. M. = 8946 Pariser Fuß.

Orientirung der Basis.

§. 133. Wenn das erste Netz einer Aufnahme mit dem Meßtisch (geometrisch) gelegt werden soll, so muß, bevor die Grundlinie auf das Menselblatt getragen werden kann, der Winkel bekannt sein, den sie mit der Mittagslinie bildet. Diesen Winkel findet man sehr leicht, wenn in der Gegend der Aufnahme die zeitige Abweichung der magnetischen Mittagslinie von dem Meridian bekannt ist; denn in diesem Fall hat man nur den Winkel zu beobachten, den die Magnetnadel mit der Grundlinie, oder einer anderen, die mit erster in Verbindung steht, bildet; woraus sich alsdann der Winkel, in welchem die Grundlinie den Meridian schneidet (das Azimuth dieser) leicht giebt.

Daß man von diesem Verfahren keine große Genauigkeit zu erwarten hat, leuchtet bald ein; allein es wird in den meisten Fällen für topographische Aufnahmen einiger Quadratmeilen, wobei es von keinem Interesse ist, die Richtung des Meridians bis auf wenige Minuten genau zu wissen, genügen.

Wenn die Abweichung der magnetischen von der wahren Mittagslinie in der Gegend der Aufnahme nicht bekannt ist, so muß die Richtung des Meridians durch Beobachtungen der Culminationspunkte der Sonne, oder anderer hierzu geeigneter Sterne, im Zenith, gefunden werden.

Das einfachste und für topographische Meßtischaufnahmen genügende Verfahren hierbei, ist folgendes: Man stelle an einem sonnenhellen Tage einen Meßtisch genau horizontirt auf; beschreibe auf dem Menselblatte nach der Nordseite der Gegend zu (nämlich auf unserer nördlichen Halbkugel) mehrere concentrische Halbkreise F. 74. errichte in dem gemeinschaftlichen Mittelpunkt dieser Kreise A einen genau senkrecht stehenden, graden Stift, oder hänge genau über A ein Loth auf, beobachte nun die Eintritte der Endpunkte des Schattens vom Stift in die Kreise zwei bis drei Stunden vor und nach dem Mittag, und bezeichne diese Punkte a c e g i k h f d b mit feinen Strichen. Durch dieses Verfahren ergiebt sich die Richtung der gleich langen Schatten vor und nach dem Mittag, welche mit den gleichen (correspondirenden) Sonnenhöhen im Verhältniß stehen, und man hat hiernach nur nöthig, um die Richtung des Schattens zu finden, wenn die Sonne die größte Höhe über den Ort der Beobachtung erreicht hat, welche den Meridian angiebt, die Bogen a b, c d, e f, g h und i k zu theilen, und durch die Theilpunkte l m n o p und dem Mittelpunkt A eine Linie zu ziehen, welche, wenn die Beobachtung mit Genauigkeit vollführt wurde, eine Gerade sein muß. Diese Linie, nach N und S verlängert, bezeichnet, wie schon aus der mathematischen Geographie erhellt, die Richtung der Mittagslinie des Orts der Beobachtung. Sollten die Punkte l m n o p und A nicht genau in einer geraden Linie liegen, so hat man das Mittel davon anzunehmen.

Die Bestimmung des Meridians nach obiger Art wird um so richtiger werden, je länger der Tag ist, an welchem die Beobachtung angestellt wird, wie denn überhaupt correspondirende Sonnenhöhen am besten im längsten Tage (solstitium) genommen werden, weil an diesem die Veränderungen in der Abweichung der Sonne am unmerklichsten sind.

Sehr annähernd kann man den Meridian nach obiger Art finden, wenn man die Beobachtungen mehrere Tage lang wiederholt.

Bis auf eine Secunde und noch genauer, kann der Meridian eines Orts nur mit Hülfe guter Chronometer, die nach vorhergegangenen Beobachtungen correspondirender Sternhöhen, auf mittlere Stern- oder Sonnenzeit gestellt sind, und vermittelst eines Bordaischen Kreises oder eines Mauerquadranten gefunden werden; welches weiter auszuführen nicht mehr hieher gehört.

Beispiele über die Orientirung von Grundlinien.

§. 134. Beim Beginn der Aufnahme P. I. war die Abweichung der magnetischen von der wahren Mittagslinie nicht bekannt, weshalb der Meridian NS des Punktes A durch das Mittel aus mehreren correspondirenden Sonnenhöhen bestimmt wurde. Der Meßtisch stand bei diesen Beobachtungen in A, wonach, als NS gefunden war, die Abweichung der magnetischen Mittagslinie ns vom Meridian NS, so wie der Azimuthalwinkel der Basis AB vermittelst einer großen Boussole genommen wurde. Hiernach ergab sich W. nAN = $19\frac{1}{2}°$ und W. BAN = 37° 40′.

Bei der Aufnahme des Pl. II. war die Abweichung der Magnetnadel = $19\frac{1}{2}°$ westlich bekannt, und es wurde sonach, um die Basis ED zu orientiren, nur vermittelst einer großen Boussole der Winkel beobachtet, den die Magnetnadel in C mit CD bildet, wonach sich W. sCD = 2° fand. Wird nun durch C nach der bekannten Abweichung der Nadel der Meridian NS gezogen, und dieser so wie ED so weit verlängert gedacht, bis sie sich schneiden, so giebt dies den Azimuthalwinkel von ED, welcher = 180° — (W. SCF + W. DFC) ist; nun ist W. nCN = W. SCs als Scheitelwinkel = $19\frac{1}{2}°$, also W. SCD = $19\frac{1}{2}°$ — (W. DCs = 2°) = 17° 30′ und W. FCS = 17° 30′ + (W. DCF = 64° 42′) = 82° 12′. Da nun ferner W. CDA = 29° 50′ und W. FDA = 10° 26′, so ist W. CDF = 29° 50′ — 10° 26′ = 19° 24′, also W. CFD = 180° — (64° 42′ + 19° 24′ = 84° 6′) = 95° 54′; also der Azimuthalwinkel von DE = 180° — (W.

S C F = 82° 12' + W. D F C = 95° 54' = 178° 6') = 1° 54'.

Eben so wie in C, hätte auch die Abweichung der Nadel in B oder A, mit jeder, von diesen Punkten ausgehenden Linie, beobachtet werden können; es wurde jedoch C D als die längste, und aus diesem Grunde vortheilhafteste gewählt.

Construction der Transversalmaaßstäbe.

§. 135. Um auf dem Felde gemessene Linien nach einem bestimmten, für die Aufnahme angenommenen Maaße, in der Zeichnung aufzutragen, und wiederum Entfernungen aus der Zeichnung in diesem Maaße abnehmen zu können, bedient man sich der sogenannten Transversalmaaßstäbe.

Die Construction dieser Maaßstäbe ist folgende. Pl. I. z. B. ist, da er für den Unterricht bestimmt war, im größten topographischen Maaßstabe aufgenommen; so, daß die Entfernungen in der Zeichnung sich zu ihren gleichnamigen auf dem Felde, wie 1 : 10000 verhalten. Bei diesem Maaßstabe ist demnach 1d'' in der Zeichnung = 10000d'' = 1000d' = 100° auf dem Felde. Um nun einzelne Ruthen in der Zeichnung auftragen und wieder abnehmen zu können, wurde der auf Pl. I. befindliche Transversalmaaßstab construirt; nämlich: a b = 4d'' = 400° im Felde wurde in acht gleiche Theile, wovon sonach jeder 50° beträgt, getheilt; der Theil a c wurde wieder in fünf gleiche Theile, jeder demnach zu 10°, und die auf a b in a und b gefällten, von willkührlicher Länge anzunehmenden Perpendikel a d und b e in zehn gleiche Theile getheilt, und hiernach die Linien des Maaßstabes ausgezogen. Vermittelst der Transversalen d f, g h... wonach der Maaßstab genannt wird, werden nun einzelne Ruthen abgeschnitten, denn in den ähnlichen Dreiecken a d f und i d k verhalten sich a d : a f = d i : i k, und da d i nach der Construction 0,1 von d a ist, so ist auch i k 0,1 von a f. Alles weitere, so auch wie die Maaße mit dem Zirkel abgenommen werden müssen, lehrt der Augenschein.

Daß man nach einem so construirten Maaßstabe auch halbe und viertel Ruthen, so wie einzelne Schritte, funf auf die Ruthe gerechnet, nach dem Augenmaaße abnehmen kann, wenn man mit den Zirkelspitzen zwischen den, der Länge des Maaßstabes nach gehenden Parallelen bleibt, ist ebenfalls leicht ersichtlich.

Bem. Die gegenwärtig im preußischen Staat üblichen Maaßverhältnisse für topographische Aufnahmen sind fur die verschiedenen Zwecke, $1 : 12500 = 16^{d''}$ auf die Meile, welche 2000° hält; $1 : 25000 = 8^{d''}$ a. d. M. $1 : 50000 = 4^{d''}$ a. d. M. und $1 : 125000 = 1\frac{1}{3}^{d''}$ a. d. M. welcher letztere Maaßstab jedoch nicht mehr die Grundrißform aller Gegenstände zuläßt.

Das Auftragen der Grundlinien bei Meßtischoperationen.

§. 136. Beim Auftragen der Grundlinien muß besonders darauf geachtet werden, daß das zu legende Netz nicht die Grenze des Menselblattes überschreite; welches, wenn, wie in **Pl. II.** z. B. die aufzunehmende Gegend nach dem angenommenen Maaßstabe augenscheinlich um ein bedeutendes kleiner ist, als das Menselblatt, nach dem Augenmaaß geschehen kann; indem man einige der kürzesten Entfernungen, von der Grundlinie bis zu den Grenzen der Aufnahme schätzt; hiernach den Meridian zieht, und an diesen die Grundlinie in ihren Azimuthalwinkel, und ihrer bekannten Länge, die im Maaße der Messung verjüngt von dem dazu construirten Transversalmaaßstab abgenommen wird, aufträgt.

Wird jedoch das Bild der Aufnahme so groß, daß zu befurchten steht, es dürfte, bei einer nicht ganz angemessenen Lage der Grundlinie auf dem Menselblatte, an einigen Stellen uber die Grenzen dieses hinausfallen, wie etwa Pl. I., so muß ein mit Patentinstrumenten gemessenes Netz, was jedoch nur aus vier bis sechs von der Grundlinie aus gemessenen Hauptdreiecken bestehen darf, deren Scheitelpunkte zunächst den vier Grenzen des aufzunehmenden Terrains liegen, auf ein besonderes Blatt construirt werden; wonach alsdann leicht der Grundlinie auf dem Menselblatte die angemessene Lage gegeben werden kann; wenn, indem dieses Netz so auf das Meßtischblatt gelegt wird, daß keine der genannten Scheitelpunkte über die Grenzen der Meßtischblattfläche fallen, man den Punkt mit einer feinen Nadel durchsticht, durch den der Meridian gezogen, und in welchen der Azimuthalwinkel der Basis angetragen werden muß.

Der Meridian wird, wie allgemein angenommen, stets mit zwei sich gegenüberstehenden Meßtischrändern parallel gezogen.

Auflösung derjenigen Fälle, welche bei der Netzlegung mit dem Meßtisch vorkommen können.

§. 137. Wenn nach einer gegebenen Basis die verhältnißmäßigen Lagen und Entfernungen mehrerer Objecte zu dieser bestimmt werden sollen, so kann die Grundlinie in solcher Beziehung sechserlei Eigenschaften haben, die eben so viel verschiedene Meßtischoperationen nöthig machen; nämlich

1) Wenn die Basis in ihren beiden Endpunkten sowohl, als in ihrer ohngefähren Mitte, in einem Punkt, dessen Entfernungen von den Endpunkten bekannt sind, die Aufstellung des Meßtisches nach den oben angeführten Anforderungen gestattet.

2) Wenn der Meßtisch nur auf den beiden Endpunkten der Basis aufgestellt werden kann.

3) Wenn derselbe nur auf einem Endpunkt der Grundlinie gestellt werden kann.

4) Wenn der Meßtisch in keinem Punkt der Grundlinie, wohl aber in der Verlängerung derselben stationirt werden kann.

5) Wenn der Meßtisch in keinem, durch das Maaß bestimmten Punkt der Grundlinie, und auch nicht in deren Verlängerung, wohl aber in einem Punkt der Linie, dessen

Entfernungen von den Endpunkten dieser unbekannt sind, gestellt werden kann.

6) Wenn der Meßtisch weder in der Grundlinie, noch in der Verlängerung derselben, also nur seitwärts von derselben aufgestellt werden kann.

1ster Fall. F. 75. A C und in A C der Punkt B sind gegeben, und im verjüngtem Maaße a b c auf den Meßtisch getragen. X und Y sollen bestimmt werden; wozu man den Meßtisch in A, B und C stellen kann.

Man stellt zuerst die Mensel in A, so daß a senkrecht über A liegt; orientirt dieselbe durch a c, indem diese in die Vertikalebene von A C gebracht wird, und zieht hierauf von a die Visirlinien a x und a y nach X und Y. Hierauf stellt man den Meßtisch in B, so daß b senkrecht über B liegt; bringt a c in die Vertikalebene von A C und zieht aus b die Visirlinien b x und b y nach X und Y, so sind die Lagen von X und Y zu A B im verjüngten Maaße der Aufnahme auf der Mensel bestimmt; denn die Scheitelpunkte x und y der Dreiecke x a b und y a b liegen zu a b, ihrer gemeinschaftlichen Grundlinie, auf dem Meßtische, wie die Scheitelpunkte X und Y der Dreiecke X A B und Y A B zu ihrer gemeinschaftlichen Grundlinie A B auf dem Felde, da Dr: x a b ∾ Dr: X A B, weil W. x a b = W. X A B und W. x b a = W. X B A und Dr: y a b ∾ Dr: Y A B, weil W. y a b = W. Y A B und W. y b a = W. Y B A.

Wenn hierdurch gleich x und y zu a b mathematisch bestimmt sind, so ist es dennoch nöthig die Richtigkeit des mechanischen Verfahrens hierbei zu prüfen; welches dadurch geschieht, daß von einem dritten Standpunkt aus, x und y zum drittenmale geschnitten werden.

Man geht hierzu mit dem Meßtisch nach C, stellt c senkrecht über C, bringt c a in die Vertikalebene C A und zieht von c aus die Richtungslinien c x und c y nach X und Y. Gehen nun diese Linien genau durch die schon bestimmten Scheitelpunkte x und y, so ist hiemit der Beweis geführt, daß bei der mechanischen Operation kein

Fehler vorfiel; denn die hier ebenfalls wieder entstehenden ähnlichen Dreiecke (nämlich x b c ∾ X B C und y b c ∾ Y B C) controlliren die ersteren, indem sie x b und y b gemeinschaftlich haben. Sollten dagegen die drei, von a b c nach X und die drei nach Y gezogenen Linien, sich nicht genau in x und y schneiden, so muß im Laufe der Aufnahme durch einen vierten, und zur noch größeren Sicherheit fünften Schnitt ausgemittelt werden, in welchem Standpunkte etwa der Fehler vorgefallen sei, bis wohin x und y dann zur weitern Netzlegung nicht gebraucht werden können.

2ter Fall F. 76. A B ist gegeben und im verjüngten Maaße a b auf den Meßtisch getragen; nur die Endpunkte A und B lassen die Aufstellung des Meßtisches zu. X und Y sollen bestimmt werden.

Man stellt a über A und bringt a b in die Vertikalebene von A B; hierauf zieht man von a nach X und Y die Visirlinien a x und a y. Im zweiten Standpunkt B bringt man b über B, b a in die Vertikalebene B A, und zieht von b nach X und Y die Visirlinien b x und b y, so sind x und y mathematisch bestimmt, da wie oben △ x a b ∾ △ X A B und △ y a b ∾ △ Y A B. Um aber die Richtigkeit des mechanischen Verfahrens zu prüfen, nimmt man ein sogenanntes Seitenalignement, nach einem Punkte C, welcher so gelegen sein muß, daß, wenn man sich in demselben stationirt, das zur Bestimmung desselben nöthige Dreieck, so wie die zur Prüfung von x und y erforderlichen Dreiecke nicht zu spitzwinklig werden.

Der Standpunkt III. im Alignement von C hat diese Eigenschaften; man zieht also im Standpunkt II. von b nach C eine Visirlinie b c, stellt hierauf den Meßtisch in III., und bringt b c in die Vertikalebene von B C; hierauf legt man das Diopterlineal an a, visirt nach A, und zieht a c rückwärts bis sie b c, wie in c schneidet, so ist c auf der Mensel der Standpunkt III. des Tisches; denn △ a b c ∾ △ A B c weil W. a b c = W. A B c, und da hiernach, weil b c in B C liegt, a b parallel A B. W. b a c = W.

BAc, da ac die Verlängerung von Aa ist. Von c aus werden nun die Richtlinien cx und cy nach X und Y gezogen, welche, waren x und y richtig bestimmt, diese Punkte wie oben zum drittenmale schneiden müssen; indem die Dreiecke xbc ∾ XBc und ybc ∾ YBc sind, eine zu ab verhältnißmäßige Grundlinie bc und mit den Dreiecken axb und ayb, xb und by, so wie also auch beim richtigen Verfahren die Scheitelpunkte x und y gemein haben müssen.

3ter Fall F. 77. Nach der bekannten Grundlinie AB, auf deren einem Endpunkte B der Meßtisch nur gestellt werden kann, sollen X und Y bestimmt werden.

Man bringt in I. b über B und ba in die Vertikalebene von BA, zieht hierauf von b die Visirlinien bx und by nach X und Y und nimmt ein Seitenalignement bc nach C, welches, wie stets, die oben angeführten Eigenschaften haben muß. Hierauf stellt man die Mensel in II. dieses Alignements, bringt bc in die Vertikalebene von BC und bestimmt den gegenwärtigen Standpunkt, indem man das Diopterlineal an a legt, die Visirebene desselben in die Vertikalebene von Aa bringt und ac in dieser rückwärts zieht, bis sie bc in c schneidet. Nun liegt c zu ab wie c zu AB, denn △ abc ∾ △ ABc, weil wie oben W. abc = W. ABc und da ba parallel BA, W. bac = W. BAc ist. Von c aus werden nun nach X und Y die Visirlinien cx und cy bis sie bx und by schneiden, gezogen, so liegen mathematisch x und y zu bc und also auch, wie leicht erhellt zu ba, wie X und Y zu BA; denn, △ xbc ∾ △ XBc da W. xbc = W. XBc; eben so ist △ bcy ∾ △ BcY; da nun bc zu ba liegt wie Bc zu BA, so liegen auch x und y zu ab wie X und Y zu AB.

Um die Richtigkeit von x und y zu prüfen, nimmt man ein zweites Seitenalignement, welches im Standpunkt III. in der Richtung von cD die nöthigen Eigenschaften hat; welche in diesen Fällen immer dieselben sind, nämlich, daß die zur vorhabenden Operation erforderlichen

Dreiecke nicht zu spitzwinklig werden. Man zieht also in II. von c in der Richtung nach D, die Linie c d, stellt hierauf die Mensel in III, wobei man d c in die Vertikalebene von D C bringt, und bestimmt den Standpunkt auf der Mensel, indem man in der Richtung von b nach B die Linie b d rückwärts zieht, bis sie c d schneidet. Zur Prüfung, ob d durch diesen Schnitt richtig angegeben wurde, zieht man noch in der Richtung von a nach A die Linie ad rückwärts, welche, ist d richtig, genau diesen Punkt schneiden muß. Daß durch dieses Verfahren d zu b c und b a liegen muß, wie d zu B c und B A, geht aus der Aehnlichkeit der Dreiecke auf das einfachste hervor. Von d aus werden nun durch Visirlinien nach X und Y die Punkte x und y auf der Mensel durch den dritten Schnitt geprüft.

4ter Fall. In F. 78. ist A B gegeben, X und Y sollen bestimmt werden; man kann sich in keinem Punkt von A B, wohl aber in der Verlängerung von dieser stellen.

Man stelle den Meßtisch in C, der verlängerten Vertikalebene von A B dergestalt, daß a b in derselben liegt, verlängere a b rückwärts auf der Mensel, nehme in dieser Verlängerung c nach dem Augemaaße so an, daß sich b c zu a b verhalte, wie BC zu AB und ziehe von c nach X und Y die Visirlinien c x und c y. Hiernach nehme man ein Seitenalignement, welches in II. nach D zu, die erforderlichen Eigenschaften hat und ziehe von c nach D, c d.

In II. orientirt man den Tisch, indem man d c in die Vertikalebene von D C bringt, so ist a b c parallel A B C; denn, wenn gleich im Standpunkt I, c nur nach dem Augenmaaß angenommen wurde, so hat doch dies keinen zu bemerkenden nachtheiligen Einfluß auf die Gleichheit der Winkel a c d und A C D, weil die Entfernungen der Punkte A und D von C bei einer Netzlegung so groß sind, daß in den meisten Fällen die ganze Ebene des Meßtischblattes als Punkt betrachtet werden könnte; da man nun aber, im Angeben von c auf der Mensel, im schlimmsten Falle nicht über einen halben Zoll fehlen kann, so können, wenn auch A und D nur eine Viertelstunde von C entfernt wären, dennoch die von c ausgehenden Visirlinien, mit solchen, welche von einem Punkt aus, der nur einen halben Zoll von c entfernt liegt, nach denselben Objecten hin gezogen würden, als parallel genommen werden; so daß W. acd = W. ACD, W. acx = W. ACX und W. acy = W. ACY anzunehmen sind.

In II. bestimmt man zuerst, nachdem der Tisch wie oben orientirt wurde, den Standpunkt auf der Mensel, indem man die von a nach A und von b nach B gehenden Visirlinien rückwärts verlängert, bis sie sich wie in d' schneiden; wonach d' zu ab wie die Mensel zu AB liegt, da $\triangle$ abd' $\sim$ $\triangle$ ABd', weil, da ab nach oben parallel AB, W. bad' = W. BAd' und W. abd' = W. ABd'. Der Punkt d' wird nun wie hier nicht in cd treffen, wenn nicht etwa durch Zufall in I, c vollkommen richtig angenommen wurde. Um c zu berichtigen, zieht man nun von d' nach C, welcher Punkt mit einem Signal bezeichnet werden muß, die Visirlinie d'c' bis sie die verlängerte ab, wie in c' schneidet, welcher Durchschnittspunkt nun, wie aus der Aehnlichkeit der Dreiecke erhellt, zu ab und d liegt, wie C zu AB und d'. Von c' aus werden nun, durch obige Anführung gerechtfertigt, c'x' und c'y' parallel mit cx und cy gezogen, welches am vollkommensten bewerkstelligt wird, wenn man das Diopterlineal an cx so wie nachdem an cy legt, und beobachtet, welche Punkte des Feldes, in der Entfernung von etwa einer Viertelstunde, der Faden des Objectivdiopters schneidet, wie hier F und G; wonach man das Diopterlineal an c' legt, und nach F und G visirend c'x' und c'y' zieht, wodurch die aus dem falschen Punkt c gezogenen Linien cx und cy berichtigt sind, so daß diese jetzt weggewischt werden können.

Aus d' werden nun Visirlinien d'x' und d'y' nach X und Y gezogen, bis sie c'x' und c'y', wie hier in x' und y', schneiden, wodurch, wie die Aehnlichkeit der Dreiecke giebt, x' und y' : ab = X und Y : AB mathematisch bestimmt sind.

Zur Prüfung von x' und y' nimmt man ein Seitenalignement, hier nach E zu in III. vortheilhaft gelegen, orientirt die Mensel durch d'e', bestimmt und prüft e durch von a nach A und von b nach B rückwärts gezogene Visirlinien a e und b e, und zieht von e nach X und Y die Visirlinien ex' und ey'.

5ter Fall. F. 79 X. und Y sollen nach der gegebenen Grundlinie AB bestimmt werden; die Mensel kann in keinem, durch das Maaß bekannten Punkt dieser Linie, wohl aber in C, dessen Entfernungen von A und B unbekannt sind, gestellt werden

Man orientirt den Meßtisch in C, indem ab in die Vertikalebene von AB gebracht wird; nimmt hierauf c nach dem Augenmaaße an, und zieht von diesem Punkt nach X und Y die Visirlinien cx und cy. Hiernach nimmt man ein Seitenalignement, im vorliegenden Fall nach D zu angemessen gelegen, und ziehet cd.

Im Standpunkt II. bringt man cd in die Vertikalebene von CD, wonach, wie oben, ab parallel AB ist, und bestimmt den Standpunkt auf der Mensel durch von a und b in den Richtungen nach A und B rückwärts gezogene Linien ad' und bd'; so liegt d' zu ab wie d' zu AB, da △d'ab ∼ △d'AB. Jetzt berichtigt man den nach dem Augenmaaß angenommenen Punkt c, indem man von d' nach der in C zurückgelassenen Signalstange d'c' zieht, bis sie ab schneidet, welcher Durchschnittspunkt c' zu a, b und d', wie C zu A, B und d' liegt. Von c' aus zieht man, nach obiger Angabe, mit cx und cy Parallelen c'x' und c'y' und schneidet diese von d' aus durch Visirlinien d'x' und d'y' nach X und Y, so sind x' und y' mathematisch bestimmt.

Zur Prüfung nimmt man ein Seitenalignement, hier nach E zu vortheilhaft gelegen, und zieht d'e; orientirt hiernach die Mensel in III. durch ed', bestimmt und prüft den Standpunkt durch von a und b nach A und B rückwärts gezogene Linien ae und be, und schneidet von e aus durch Visirlinien nach X und Y, x′ und y′ zum drittenmal.

6ter Fall. F. 80. Die Beschaffenheit von AB, nach der X und Y bestimmt werden sollen, ist solcher Art, daß man sich weder in der Linie, noch in der Verlängerung derselben stellen kann. Man ist hiernach genöthigt, sich seitwärts AB wie hier in C aufzustellen, wo aber außer der Boussole, die bei einer Netzlegung nicht in allen Fällen genügende Resultate liefert, kein Mittel vorhanden ist, den Meßtisch zu orientiren. Um dennoch die Aufgabe zu lösen, stelle man den Meßtisch in I. so, daß nach dem Augenmaaß ab parallel AB ist; welches, wenn man die Boussole gar nicht anwenden will, am besten dadurch bewerkstelligt wird, daß man beobachtet, welch ein entfernter Punkt O in der Vertikalebene von AB liegt, hiernach die Entfernung von A nach C schätzt, und indem man das Diopterlineal an ab legt, diese so richtet, daß der Objectivfaden einen Punkt P schneidet, der dem Augenmaaße nach, so weit von O seitwärts entfernt liegt, als C von A. Hiernach werden in der Vertikalebene von a nach A, ac, und in der von b nach B, bc rückwärts gezogen, bis sie sich in c schneiden; von c zieht man nach x und y die Visirlinien cx und cy; nimmt ein Seitenalignement, für gegebenen Fall in der Richtung nach D entsprechend gelegen, an, und zieht von c nach D, cd, so sind die Winkel acx = AcX, xcb = XcB, bcd = BcD und dcy = DcY, wenn gleich c zu ab nicht liegt, wie C zu AB, da △ abc dem △ ABC unähnlich, weil ab nicht parallel AB ist; wenn nicht etwa durch Zufall der Meßtisch in C vollkommen genau orientirt wurde.

Im Standpunkt II. bringt man dc in die Vertikalebene von DC; legt hierauf das Diopterlineal an a, visirt nach A, und zieht in dieser Richtung ad rückwärts, bis sie cd wie hier in d schneidet; darauf zieht man von d nach B die Visirlinie dm, und verlängert cb, bis sie dm schneidet. Zieht man nun von a nach m eine Gerade, so ist diese parallel der Grundlinie AB, denn, Figur amcd ∾ Fig. ABCd, da △ acd ∾ △ ACd indem W. acd = W. ACd und W. cad = W. CAd weil ac parallel AC da cd in der Vertikalebene von CD liegt, und △ cmd ∾ △ CBd da W. mcd = W. BCd und W. mcd = W. BdC; da nun also in Figur amcd W. acd = W. ACd und W. mdc = W. BdC, ac : cd = AC : Cd und md : cd = Bd : Cd, so sind auch W. cam = W. CAB und W. dmc = W. DBa, so daß, da cd in der Vertikalebene von CD liegt, am parallel AB ist.

Legt man nun das Dioperlineal an am, und beobachtet, welchen, wenigstens eine Viertelstunde entfernten, Punkt N, der Objectivfaden schneidet; legt hierauf das Diopter an ab und dreht den Meßtisch, bis der Objectivfaden dasselbe Object N schneidet, so ist, da nach diesem Verfahren a′b′ mit der vorigen Richtung von am, also auch mit AB als parallel angenommen werden darf, der Meßtisch richtig orientirt. Jetzt bestimmt man durch, von a′ und b′ nach A und B rückwärts gezogene Linien a′d′ und b′d′ den Standpunkt des Meßtisches, als d′ : a′b′ = d′ : AB, denn △ a′b′d ∾ △ ABd′. Von d′ aus zieht man nach C, wo eine Signalstange zurückgeblieben sein muß d′c′, und um in dieser Linie den Punkt C, wo der Meßtisch in I. stand, ohne dahin zurückkehren zu müssen, zu bestimmen, bringt man in II. den Meßtisch wieder in die vorige falsche (convergirende) Lage, wobei die oben angegebene Verfahrungsart umgewendet wird, legt das Diopterlineal an ac und bemerkt, welchen weit entfernten Punkt E der Objectivfaden deckt. Hierauf bringt man den Meßtisch wieder in die berichtigte Lage, legt das Diopterlineal an a′ visirt nach E und zieht a′c′ rückwärts, bis sie d′c′, in c′, schneidet, so liegt c′ : a′b′ und d′, wie C : AB und d′; denn, denkt man sich den Meßtisch bei dieser Operation in den

Standpunkt I. zurück, so würden dort sämmtliche Visirlinien nach ihren gleichnamigen Objecten gerichtet sein, so daß also E im Standpunkt II. mit A im Standpunkt I. gleichbedeutend für vorliegenden Fall ist; so daß auf den im Standpunkt II. richtig orientirten Meßtisch, eine von a' nach E gezogene Visirlinie mit a' b' denselben Winkel machen muß, wie wenn sie im Standpunkt I, nach ebenfalls richtiger Orientirung der Mensel, von a' nach A gezogen wäre. In derselben Art werden nun die von c im Standpunkt I gezogenen Visirlinien c x und c y berichtigt, indem der Meßtisch in II. in die convergirende Lage gebracht, an c x und c y das Diopter gelegt, und beobachtet wird, welche entfernten Objecte, hier F, G, der Objectivfaden schneidet, alsdann den Meßtisch in die richtige Lage bringt, und von c' nach F und G Visirlinen c' x' und c' y' zieht, die nun von d' aus in den Vertikalebenen nach X und Y durch Visirlinien d' x' und d' y' geschnitten werden. Hiernach liegen x' und y' zu a' b' wie X und Y zu A B, wenn nicht durch den mechanischen Theil des Verfahrens Unrichtigkeiten erzeugt wurden; welches zu prüfen wieder ein Seitenalignement, hier nach A zu angemessen gelegen, genommen, und d' h gezogen wird.

Der Tisch wird nun in III. (nachdem, um Irrungen zu vermeiden, sämmtliche unrichtige Linien weggewischt worden sind) aufgestellt; durch d' h orientirt; der Standpunkt vermittelst zwei Schnitte, in den Richtungen von a' und b' nach A und B rückwärts durch a' h und b' h bestimmt und geprüft, und von h aus Visirlinien h x' und h y' nach X und Y gezogen werden, welche wie bei allen vorigen Fällen, lagen x und y bereits richtig, diese Punkte zum drittenmale schneiden müssen.

Das Rückwärtseinschneiden.

§. 138. In allen obigen Fällen (mit Ausschluß des letzteren) war zur Bestimmung des jedesmaligen Standpunktes, eine nach diesem hingezogene Linie, auf der Mensel nöthig, um den Meßtisch orientiren zu können.

Da es aber von der größten Wichtigkeit ist, jeden Standpunkt des Feldes, dessen Vortheile für die Aufnahme größtentheils erst erkannt werden können, wenn man ihn betritt, zu bestimmen, (wenn von ihm aus nur einige, bereits auf der Mensel angegebene Objecte gesehen werden können), ohne daß vorher nach solchem hin ein Alignement genommen wurde, (wodurch, wäre dies unumgänglich erforderlich, man genöthigt sein würde, alle Stationspunkte, vor dem Gebrauch derselben, auszuwählen, und den größten Theil derselben durch Signalstangen zu bezeichnen) so haben sich mit Auflösung dieses Problems schon seit Snellius (der ums Jahr 1614 es zuerst unter dem Namen des Problems der vier Punkte erfunden haben soll, wie durch Rechnung nach bereits bekannten drei Punkten des Feldes, auf einem vierten noch unbekannten Punkt, von welchem die drei bekannten gesehen werden, dieser bestimmt werden könne; welche Erfindung durch Pothenot 1692 bekannt gemacht wurde) viele Mathematiker, wie Lambert, Kästner, Cognoli, Mayer, Olbers, Delambre, Vega, Lehmann u. a. beschäftigt; wodurch eine Menge Auflösungen auf geometrischem und trigonometrischem Wege bekannt wurden.

Die hiervon für Meßtischoperationen noch am meisten praktischen sind die Methoden, durch Umtragung der Peripheriewinkel, durch Verzeichnung zweier excentrischer Kreise, die sich in dem zu bestimmendem Punkte schneiden, so wie vermittelst eines dreifüßigen Zirkels oder durchsichtigen Papiers. Alle diese Methoden stehen jedoch für unsern Zweck hinsichtlich der Praxis, der sogenannten Annäherungsmethode von Lehmann weit nach, da die Anwendung aller oben genannten, eine sehr zeitraubende Construction auf dem Felde nöthig macht, und durch die vielen hiermit entstehenden Linien das Menselblatt dermaßen füllt, daß die darauf verzeichneten oder noch zu verzeichnenden Gegenstände durchaus unkenntlich werden; so wie sie denn auch zum Theil ein vollständiges Reißzeug und andere Apparate erfordern, die der militairische Aufnehmer nicht immer bei sich führen kann.

Ich werde demnach in vorstehendem Kapitel nur über das Rückwärtseinschneiden, nach der, in unserer Zeit als die praktisch angemessenste, anerkannte Annäherungsmethode handeln; wer dagegen von meinen Lesern sich für die oben angeführten Methoden, welche, außer der Pothenotschen, die bei trigonometrischen Netzlegungen immer noch Anwendung findet, nur noch der Geschichte angehören, findet außer in den Schriften oben angeführter Mathematiker noch in Schulz Montanus syst. Handb. d. ges. Land- und Erdmessungskunst, so wie in Netto's Handbuch der gesammten Vermessungskunde, Befriedigung.

Die Annäherungsmethode.

§. 139. Wenn man F. 81. 82. 83 und 84. zwei ähnliche Dreiecke ABC auf dem Felde, und abc auf dem Meßtisch, in eine solche Lage bringt, daß ihre gleichnamigen (homologen) Seiten parallel laufen, durch ihre homologen Scheitelpunkte Aa, Bb und Cc gerade Linien zieht, und diese bis sie sich schneiden, verlängert, so wird der Durchschnit in einen Punkt d, und d wird zu abc wie D zu ABC liegen; denn, da ab parallel AB und bc parallel BC, so ist $\triangle$ ABD $\sim$ $\triangle$ abd und $\triangle$ BCD $\sim$ $\triangle$ bcd, und da AB : BC = ab : bc, so verhalten sich AD : ad = BD : bd = CD : cd, wonach der Durchschnitt von ad, bd und cd in einen Punkt d fallen muß, da sonach bd den Dreiecken abd und bcd gemein ist.

Hätte man hiernach ein in allen Fällen hinreichendes Mittel, den Meßtisch in jedem Standpunkt, von welchem aus drei auf der Mensel bereits bestimmte Punkte gesehen werden können, zu orientiren, so würde der Durchschnitt rückwärts gezogener Visirlinien durch die homologen Scheitelpunkte beider Dreiecke den jedesmaligen Standpunkt der Mensel auf dieser bestimmen; da hierzu aber, wie schon erwähnt, die Boussole nicht immer genügt, so muß ein Mittel gefunden werden, wodurch die etwa fehlerhafte

Lage des Meßtisches erkannt und berichtigt werden kann, welches sich im Folgenden ergiebt.

Sind die Seiten des mit a b c congruenten Dreiecks $\alpha\beta\gamma$ auf dem Meßtisch mit den homologen des Feldes A B C nicht in paralleler Lage, und man zieht durch ihre homologen Scheitelpunkte A α, B β, C γ die Linien A α, B β, C γ rückwärts verlängert, bis sie sich schneiden, so werden diese Durchschnitte nicht in einen Punkt, sondern in drei x, y, z fallen; denn, da $\alpha\beta$ nicht parallel A B und $\beta\gamma$ nicht parallel B C sind, so sind auch $\triangle$ A B x unähnlich $\triangle$ $\alpha\beta$x, so wie $\triangle$ B C z unähnlich $\triangle$ $\beta\gamma$z und es verhalten sich demnach nicht A x : αx = B x : βx, eben so wenig B z : βz = C z : γz; auch sind weder βz noch βx den Dreiecken $\alpha\beta$x und $\beta\gamma$z gemein.

Schneiden sich daher, nachdem der Meßtisch vermittelst der Boussole orientirt wurde, genannte Linien rückwärts verlängert nicht in einem Punkt, so geht hieraus hervor, daß der Meßtisch noch eine unrichtige Lage habe; wie aber aus dem Dreieck x y z, welches die zurückgezogenen Visirlinien bilden, zu entnehmen sei, um welchen Winkel und nach welcher Seite hin der Meßtisch corrigirt werden müsse, wird folgendes lehren.

Zieht man von den Scheitelpunkten eines Dreiecks A B C, nach einem willkührlich anzunehmenden Punkt d (der nur, aus später anzuführenden Gründen, nicht in der Peripherie des Kreises liegen darf, den man um $\triangle$ A B C legen kann), gerade Linien, und construirt zwischen diesen ein dem A B C ähnliches, und mit seinen homologen Seiten paralleles $\triangle$ a b c; so liegt nach obigem d : a b c wie D : A B C. Beschreibt man ferner aus d mit den Scheitelpunkten a, b und c des $\triangle$ a b c concentrische Kreise und zieht dβ in einem beliebigen Winkel zu b d; denkt sich hiernach das $\triangle$ a b c um D in dem Winkel von b d β gedreht, so wird dabei b den Bogen bβ, a den Bogen aα = m n, und c den Bogen cγ = o p beschreiben, welche einander ähnlich sind. Trägt man daher m n von a nach

α, op von c nach γ, und zieht $\alpha\beta$, $\beta\gamma$ und $\alpha\gamma$, so ist $\triangle\ \alpha\beta\gamma$ congruent dem $\triangle$ abc, aber in eine zu $\triangle$ abc convergirende Lage gebracht.

Werden nun die Geraden Aα, Bβ und Cγ gezogen, und rückwärts so weit verlängert bis sie sich schneiden, so werden diese Durchschnitte nach obigem nicht in einen Punkt fallen, sondern sich in drei Punkten xyz schneiden und dadurch ein Dreieck xyz bilden, welches man sehr geeignet das fehlerzeigende Dreieck nennt, weil vermittelst desselben der Punkt d und hiermit der Winkel bdβ gefunden werden kann, um welchen der Meßtisch gedreht werden muß, damit $\triangle\ \alpha\beta\gamma$ in die Lage des $\triangle$ abc komme.

Zieht man nämlich dα und dγ so ist zu erweisen, daß $\triangle Ad\alpha \sim \triangle Bd\beta \sim \triangle Cd\gamma$; denn $Ad:ad = Bd:bd = Cd:cd$, und da $ad = \alpha d$, $bd = \beta d$ und $cd = \gamma d$ als Radien ein und derselben Kreise, so verhalten sich $Ad : \alpha d = Bd : \beta d = Cd : \gamma d$; und da ferner W. $Ad\alpha$ = W. $Bd\beta$ = W. $Cd\gamma$, da diese ähnliche Bogen mn, bβ, op zum Maaß haben, so sind die Dreiecke Adα, Bdβ und Cdγ ähnlich, da sie zwei verhältnißmäßige Seiten, und einen von diesen eingeschlossenen gleichen Winkel haben; sonach sind auch die Winkel dAα, dBβ und dCγ gleich. Fällt man nun von d aus auf die Linien, welche das fehlerzeigende Dreieck xyz bilden, Perpendikel dh, di, dk, so sind diese als die Sinusse der Winkel bei A, B und C zu betrachten, wenn man DA, DB und DC als Radien annimmt. Da nun die Winkel bei A, B und C gleich sind, und sich bei gleichen Winkeln die Sinusse wie ihre Radien verhalten, so verhalten sich auch $dh:di:dk = DA:DB:DC$.

Entsteht also beim Zurückziehen der Visirlinien Aα, Bβ, Cγ ein fehlerzeigendes Dreieck xyz, so werden die Entfernungen von D nach A, B und C in einfachen Zahlenverhältnissen, wie etwa in F. 82. DC : DA : DB wie 4 : 5 : 6 geschätzt, und hiernach auf den gleichnamigen

Seiten der Visirlinien, wo d jederzeit liegen muß, d nach dem Augenmaaße so angegeben, daß die Entfernungen dk, dh und di auf die durch Cγ, Aα und Bβ rückwärts verlängerten Linien sich verhalten wie DC : DA : DB, nach obiger Annahme also dk : dh : di = 4 : 5 : 6. Hiernach steckt man eine Markirnadel in d, legt das Diopterlineal an dβ, und dreht den Tisch bis der Objectivfaden B schneidet, so ist, war d richtig angenommen, αβγ in die zu ABC parallele Lage abc gebracht. Um die Richtigkeit dieser Lage zu prüfen, zieht man nochmals durch die homologen Scheitelpunkte beider Dreiecke Visirlinien, welche nun, ist der Meßtisch richtig orientirt, rückwärts verlängert sich in d schneiden müssen. Wurde aber d nicht ganz richtig angenommen, so wird αβγ nach der Correction der Mensel, noch nicht die richtige Lage zu ABC bekommen haben, und die rückwärts verlängerten Linien werden abermals ein fehlerzeigendes Dreieck bilden, welches aber bedeutend kleiner als das erstere sein wird, so daß sich hiernach der Punkt d mit der größten Leichtigkeit ausmitteln läßt. Nach diesem wird in eben bemerkter Art eine abermalige Correction und Prüfung der Lage des Meßtisches vorgenommen.

Daß, wie oben bemerkt wurde, d jedesmal auf den gleichnamigen Seiten der Visirlinien, welche durch α β und γ nach A B und C rückwärts gezogen wurden, liegen müsse, leuchtet bald ein, wenn man sich αβγ in die zu ABC parallele Lage abc gebracht denkt, wo nun die durch a b und c gehenden Visirlinien, wie in F. 82. wo αβγ links gedreht werden muß, um in die Lage von abc zu kommen, sämmtlich an die linken Seiten von ersteren fallen, wonach auch d in welchen sie sich schneiden, an diesen linken Seiten liegen muß. Wäre aber zur Correction von αβγ eine Rechtsdrehung, wie in F. 83. nöthig, so würde d an den rechten Seiten der Linien, die das fehlerzeigende Dreieck bilden, zu finden sein; so daß also d jedesmal an den gleichnamigen Seiten der, das fehlerzeigende Dreieck bildenden, Linien liegt. Unter gleichnamigen Seiten der Visirlinien werden hier jedesmal die rechten oder linken Seiten derselben verstanden, wenn man vom Standpunkt aus nach dem einer jeden Seite zugehörigen Richtobjecte sieht, so daß bei dieser Stellung des Aufnehmers diejenige die rechte heißt, welche ihm zur rechten, und diejenige die linke, welche ihm zur linken Hand liegt.

Um noch genauer die Lage von d zum fehlerzeigenden Dreieck zu bestimmen, denke man sich durch die Richtpunkte A B C einen Kreis gelegt, und construire nach obiger Anführung, wie F. 81. 82. 83 und 84. für die verschiedenen Fälle, in welchen der Standpunkt D zum Dreieck A B C, und des um A B C beschriebenen Kreises genommen werden kann, genannte Figuren.

Der Standpunkt D kann nämlich, zu dem Richtdreieck A B C und dem um dasselbe beschriebenen Kreis, folgende Lagen haben.

1) In einer Dreiecksseite, oder in deren Verlängerung, welche Fälle aber hieher nicht gehören, da sie in §. 137, 4ten und 5ten Fall schon gelöset wurden.

2) In der Peripherie des Kreises durch A B C, welcher Fall aber nach angeführter Methode unauflösbar ist; da in solchem Standpunkt die von den Richtobjecten nach ihren gleichnamigen Punkten auf der Mensel gezogenen und rückwärts verlängerten Linien sich stets in einen Punkt schneiden, der Meßtisch sei orientirt oder nicht; weil, wie die Planimetrie lehrt, sämmtliche Peripheriewinkel, die auf gleichen Bogen stehen, gleich sind. So bliebe denn nur noch:

3) Der Standpunkt im Richtdreiecke A B C, wo nach F. 81. d im fehlerzeigenden Dreieck selbst zu finden ist, da auch kein anderer Punkt an den gleichnamigen Seiten der rückwärts gezogenen Visirlinien liegt.

4) Der Standpunkt außer dem Richtdreieck, aber innerhalb des Kreises, wo nach F. 82. d an der Seite der mittelsten Visirlinie liegt, welche dem fehlerzeigenden Dreieck abgekehrt ist; wie denn auch ebenfalls an keiner anderen

Seite des fehlerzeigenden Dreiecks d an den gleichnamigen Seiten desselben liegen könnte.

5) Wenn der Standpunkt D außer dem Kreise einem Scheitelpunkte des Richtdreiecks gegenüber liegt, wie in F. 83, wo d zum fehlerzeigenden Dreieck ebenfalls an der Seite der mittelsten Visirlinie liegen muß, die demselben abgekehrt ist; weil, sollen von d aus die verhältnißmäßigen Abstände dh : di : dk = DA : DB : DC sich ergeben, d nicht an der entgegengesetzten gleichnamigen Seite angenommen werden kann.

6) Wenn der Standpunkt D außer dem Kreise einer Seite des Richtdreiecks gegenüber liegt; wo nach F. 84. d an der Seite der mittelsten Visirlinie liegen muß, welche dem fehlerzeigenden Dreieck zugekehrt ist; oder, anders ausgedrückt, dem Scheitelpunkt des fehlerzeigenden Dreiecks gegenüber, der durch die beiden äußeren Visirliniën gebildet wird; weil, wie auch bald zu ersehen, an den anderen entgegengesetzten Seiten, d mit seinen verhältnißmäßigen Abständen von den das fehlerzeigende Dreieck bildenden Linien, nicht gefunden werden könnte.

Wenn oben angegeben wurde, daß d nach dem Augenmaaße, vermittelst des fehlerzeigenden Dreiecks und einer bloßen Schätzung der Entfernungen vom Standort nach den drei Richtpunkten gefunden werden solle, so erscheint dies gewöhnlich jedem, mit der Praxis dieser Annäherungsmethode, Unbekannten schwierig und wohl gar ungenügend; allein es ist in der Anwendung äußerst leicht, d nach angeführter Art zu finden; da, wenn mit einer guten Boussole der Meßtisch orientirt wurde, gewöhnlich nur ein ganz kleines fehlerzeigendes Dreieck entsteht, wenn nicht, wie in eisenfreien Gegenden sehr oft der Fall ist, die rückwärts verlängerten Visirlinien sich sogleich in einen Punkt schneiden. Nach einem so kleinen Dreieck läßt sich nun d mit solcher Leichtigkeit finden, daß selbst bei einem nur wenig geübten Aufnehmer höchst selten ein zweites fehlerzeigendes Dreieck nach der Correction der Mensel, bei Prüfung der richtigen Lage dieser entsteht.

Zuletzt wäre über die Wahl der Richtpunkte A B C zum Standorte noch folgendes zu bemerken.

1) Die Richtpunkte müssen zum Standpunkt eine solche Lage und Entfernung haben, daß sich die, nach denselben hin gezogene Visirlinien nicht zu spitzwinklig oder stumpfwinklig schneiden.

2) Ist es gut, wenn die Entfernungen vom Standpunkt nach den Richtpunkten hin nicht zu gleich sind, sondern, wenn entweder der mittelste Richtpunkt bedeutend weiter vom Standpunkt liegt, als die äußerern, oder wenn diese bedeutend weiter als der mittlere vom Standpunkt abliegen, weil hiernach d zu dem fehlerzeigenden Dreieck leichter zu finden ist, als wenn die Abstände zu gleich ausfallen.

3) Muß ein Richtpunkt des Richtdreiecks wenigstens eben so weit vom Standort abliegen, als die Objecte, welche vom Standort aus bestimmt werden sollen, da, wie früher schon angeführt wurde, lange Linien nicht wohl nach kurzen mit Genauigkeit bestimmt werden können.

4) Darf der Standpunkt nicht zu nahe an die Peripherie des Kreises gelegt werden, der durch die Scheitelpunkte des Richtdreiecks gedacht wird; weil nach obigem das fehlerzeigende Dreieck um so unsicherer wird, je näher es der Peripherie dieses Kreises zu liegen kömmt.

Die Wahl der Richtpunkte ist also nicht gleichgültig, und man kann demnach nicht überall, wo man drei auf der Mensel bereits bestimmte Objecte sieht, sich durch Rückwärtseinschneiden für alle Fälle bestimmen.

Bem. Man nennt das hier abgehandelte Verfahren die Annäherungsmethode, im Vergleich zu den übrigen bekannten Verfahrungsarten, bei welchen durch Construktion oder Rechnung der Standpunkt des Meßwerkzeuges gefunden wird; weil man dem praktischen Verfahren nach diesen Punkt hier durch Annäherung findet.

Netzlegung mit dem Meßtisch, durch Beispiele erläutert.

§. 140. Um in Pl. I. nach der auf den Meßtisch getragenen Grundlinie AB die Lagen der Hauptpunkte des aufzunehmenden Terrains zu bestimmen, wurde die Mensel zuerst in I. über A aufgestellt, und durch AB orientirt. Von A aus wurden, ohne dabei ins Kleinliche zu fallen, nach allen von hier aus sichtbaren und sich scharf markirenden Gegenständen des zu vermessenden Abschnitts, so wie auch nach einigen über die Grenzen dieses hinausliegenden Objecten Visirlinien gezogen; welche leztere oft zur Orientirung der Mensel nützlich werden können.

Da es meiner Erfahrung nach von wesentlichem Nutzen ist, wenn angehende Aufnehmer den Gang einer Vermessung auf einem Plane verfolgen, wenn sie die Gelegenheit nicht haben solchen auf dem Felde unter guter Leitung zu studiren, so werde ich hier die Netzlegung von Pl. I. und II. speciell durchnehmen.

Vom Standpunkt I. über A wurden folgende Visirlinien gezogen: Zur Bestimmung des Steinbruchs auf dem Rennberge AF, der Kuppe des Rennberges (Kaff) AG, des Thurms auf dem Wandersleber Schloß AD, der Hafergrützmühle an der Weide AL, des Felsenküppchens auf dem Lachenberge AH, der Krähenhütte auf dem Krähenhügel AK, der Torfscheuer auf Loofs Torfgraberei AM, der von A am meisten in die Augen springenden Kuppe des Lengenberges AN, des Hirtenhäuschens im Fegefeuer AO, der Kuppe des Galgenberges AP, der Kuppe des Blumenhügels AQ, der Kuppe des rothen Berges AR, der Mitte des Schlosses Wachsenburg, weil sich kein Thurm oder sonst hervorragender Punkt darauf befindet AE, der Holzhäuser Höhe AV, der Kuppe der Naumburg AX und des Mühlberger Schlosses AC. Außer diesen wurden von A aus noch Visirlinien nach folgenden untergeordnetern Objecten, die bei der Netzlegung unberücksichtigt bleiben konnten, die aber, da sie ganz zur Hand lagen, sogleich mit bestimmt wurden, gezogen; nämlich: Zur Bestimmung einer Warnungstafel auf dem Wege von Mühlberg nach der Torfgräberei Ac, einzeln stehender Bäume und Gruppen auf der Fegefeuerwiese Ad, Ae, Af, Ag, einer Kuppe zwischen dem rothen Berge und der Wachsenburg Ah, der Anfangs vom tiefen Wege über die Schloßleite nach Röhrensee Am, der Kuppe des Wolfsberges Ap, so wie ein Alignement Ai nach dem Thurm von Apfelstedt.

Hierauf wurde der Meßtisch am andern Ende der Grundlinie AB in II. über B gestellt, und durch BA orientirt. Von B aus wurden durch den zweiten Schnitt bestimmt: das Mühlberger Schloß durch BO, die Hafergrützmühle durch BL, die Warnungstafel durch Bc, die Torfscheuer durch BM, das Wandersleber Schloß durch BD, das Felsenküppchen auf dem Lachenberge durch BH, die Krähenhütte durch BK, die Kuppen des Lengen=, Galgen=, Rothen= und Wolfsberges durch BN, BP, BR und Bp, die Wachsenburg durch BE, die Kuppe des Blumenhügels durch BQ, die Bäume und Baumgruppen im Fegefeuer durch Bd, Be, Bf und Bg, das Hirtenhäuschen durch BO, die Kuppe der Holzhäuser Höhe durch BV, der Eingang des tiefen Weges durch Bm und die Kuppe der Naumburg durch BX.

Erste Visirlinien wurden von B zur Bestimmung nachstehender Objecte gezogen: des Jägerhauses Freudenthal Bl, der Kuppe des rothen Hüttenberges Bo, der östlichen Waldecke auf der Schloßleite Bn und der Mühle am Ausgang von Mühlberg nach der Torfgräberei Bz.

Hiernach wurde der dritte Standort dicht an der südöstlichen Seite des Thurms auf dem Wandersleber Schlosse genommen, weil von dieser Seite aus der bei weitem größte Theil der aufzunehmenden Gegend übersehen werden konnte. Dieser Standpunkt mußte neben dem Thurm gewählt werden, weil der Thurm selbst nicht mehr zu besteigen war. Der Meßtisch wurde hier durch DA orientirt, zu welchem Zweck in A eine Signalstange blieb, da D A welche durch die Axe des Thurms genommen wurde, auch durch III. geht. Die geringe Differenz von der Axe des Thurms bis zum Standpunkt, welche etwa fünf Schritt beträgt, wurde durch einen Schnitt von B rückwärts, wo ebenfalls eine Signalstange blieb, bestimmt, und durch einen Schnitt rückwärts vom Mühlberger Schloßthurm geprüft.

Von hier aus wurden zuerst folgende durch den zweiten Schnitt bereits bestimmte Gegenstände durch den dritten Schnitt geprüft: das Steinküppchen auf dem Lachenberge durch D H, die Krähenhütte durch D K, die Kuppen des Lengen-, Galgen-, Rothen- und Wolfsberges durch D N, D P, D R und D p, die Torfhütte durch D M, das Hirtenhäuschen durch D O, eine der Baumgruppen im Fegefeuer durch D g; wodurch, da alle dritten Schnitte bis hier genau stimmten, die andern bereits geschnittenen Gegenstände von geringerer Bedeutung ohne Prüfung als richtig angenommen werden konnten, da Irrungen in den Objecten bei der großen Nähe derselben nicht wohl möglich waren. Ferner wurden durch den dritten Schritt geprüft: die Wachsenburg durch D E, der Blumenhügel durch D Q, die Holzhäuser Höhe durch D V, die Kuppe der Naumburg durch D X, der Thurm des Mühlberger Schlosses durch D C und die Hafergrützmühle durch D L.

Durch den zweiten Schnitt wurden von D aus bestimmt: Das Freudenthal durch D J, die Kuppe des rothen Hüttenberges durch D o, die östliche Waldecke auf der Schloßleite durch D n und die Mühle am Ausgange von Mühlberg nach der Torfgräberei durch D z.

Erste Visirlinien wurden von D aus zur Bestimmung folgender Gegenstände gezogen: Der Kuppe des Haarhäuser Weinbergs D T, des Thurms von Haarhausen D S, des Thurms von Röhrensee D W, des Kirchthurms von Mühlberg D Y und des Rathhausthurmes von Mühlberg D a.

Um die Thürme von Mühlberg, Röhrensee und andere, besonders auf der westlichen Seite der aufzunehmenden Gegend liegende, Objecte zu bestimmen, mußte ein vierter Standpunkt genommen werden; wozu sich der Thurm des Mühlberger Schlosses seiner Höhe und Lage wegen am besten eignete. Der Meßtisch konnte auf den Thurm selbst gestellt werden, so daß also keine Correction des dreifach geschnittenen Punktes C nöthig war. Das Instrument wurde durch CB orientirt, und diese Orientirung durch CD und CA geprüft.

Von C aus wurden durch den zweiten Schnitt bestimmt: Die Thürme auf der Kirche und dem Rathhause zu Mühlberg durch CY und Ca, der Steinbruch und der Kaff auf dem Rennberge durch CF und CG, die markirteste Kuppe des Haarhäuser Weinberges durch CT und der Thurm von Röhrensee durch CW.

Erste Visirlinien wurden gezogen zur Bestimmung des Thurms von Holzhausen CU und als Alignement nach Ringhofen Cb. Ferner wurden von C aus mehrere Objecte, welche durch zu spitzwinklig sich schneidende Visirlinien bestimmt und geprüft waren, zum viertenmale geschnitten, wie ohne weitere Anführung aus dem Plane zu ersehen ist.

Um die Thürme von Haarhausen und Holzhausen zu bestimmen, so wie andere östlich liegende Punkte, die sehr spitzwinklig geschnitten wurden, zu prüfen, mußte noch ein fünfter Standpunkt genommen werden; wozu sich die Wachsenburg am besten eignete. Der Meßtisch mußte zu diesem Zweck, da er auf keinem Punkt des Schlosses selbst zu stationiren war, auf der Escarpe des verfallenen Burggrabens, dicht an der südöstlichen Seite der Burgmauer gestellt werden. Hier wurde er vermittelst einer guten Boussole auf das möglichst genaueste orientirt; hierauf von der Mitte des Schlosses durch E, Eq gezogen, und der Standpunkt q im verjüngten Maaße der Aufnahme, nach vorheriger Messung von Eq durch Schritte, auf die Mensel getragen, und durch Schnitte rückwärts vom Thurm von Röhrensee und den Kuppen der Holzhäuser Höhe und des Haarhäuser Weinberges corrigirt; so daß aus diesen Ergebnissen, deren Differenz, trotz der mangelhaften Mittel zur Bestimmung des Standpunktes, nur unbedeutend war, das mittlere Verhältniß genommen wurde.

Von q aus wurden nun durch den dritten Schnitt geprüft: der Thurm von Röhrensee durch q W und die Kuppe des Haarhäuser Weinberges durch q T. Zum viertenmale wurde die Holzhäuser Höhe, die zu spitzwinklig bestimmt und geprüft wurde, geschnitten. Durch die zweiten Schnitte q S und q U wurden die Thürme von Haarhausen und Holzhausen bestimmt. Erste Visirlinien wurden gezogen zur Bestimmung der Kuppe des Hölzchens q k, der Bäumchen am Wege von Holzhausen nach Haarhausen q l und der nordöstlichen Ecke des Gutes in Holzhausen q v.

Nach diesen Operationen war für Pl. I. das Geschäft der Netzlegung als beendet zu betrachten, da sämmtliche Hauptgegenstände bestimmt wurden; denn wenn gleich einige, wie z. B. die Thürme von Mühlberg, Haarhausen und Holzhausen noch nicht geprüft werden konnten, so sind sie dennoch als richtig anzunehmen, da von allen Standpunkten aus, wodurch genannte Objecte bestimmt wurden, andere zum Dreiecksnetz gehörigen Punkte durch den dritten und selbst vierten Schnitt geprüft worden sind, da ferner die Standpunkte selbst genügend geprüft waren, und da endlich Verwechselungen der Objecte bei den kleinen Entfernungen in Pl. I. nicht vorfallen konnten; so daß im Ganzen, wenn mehrere Objecte eines Dreiecknetzes bei der Prüfung richtig befunden wurden, andere, die unter denselben Umständen bestimmt sind, stets ohne weitere Prüfung als richtig angenommen werden können. Es würde daher hier eine ganz unnütze Pedanterie sein, wollte man noch einen sechsten und siebenten Standpunkt nehmen, um die nur durch zwei Schnitte bestimmten Gegenstände zum drittenmale zu schneiden, und zwar um so mehr, da man hierzu bei der Aufnahme des Details an schicklichen Punkten noch Gelegenheit genug findet.

Zur Aufnahme des Pl. II. stellte man sich, nachdem die durch Rechnung gefundene Grundlinie DE auf den Meßtisch getragen war, mit diesem in I über D auf. Der Tisch wurde durch DE orientirt, und von D aus folgende Visirlinien gezogen.

1) Zur Bestimmung von G, DG
2) " " " von H, DH.
3) " " " von J, DJ.
4) " " " von K, DK.
5) " " " von L, DL.
6) " " " von Q, DQ.
7) " " " von S und F, DS und DF.
8) " " " von R, DR.
9) " " " von a, b und c, Da, Db und Dc.

Der Standpunkt II. wurde über E genommen, der Meßtisch durch ED orientirt, und von E durch nachstehende Visirlinien bestimmt.

1) G durch EG.
2) H durch EH.
3) J und K durch EJ und EK.
4) Q durch EQ.
5) R durch ER.
6) S und F durch ES und EF.
7) a, b und c durch Ea, Eb und Ec.

Außerdem wurden von E zur Bestimmung nachstehender Objecte erste Visirlinien gezogen.

1) des Objects M, EM
2) des Obj. P, EP.
3) des Obj. O, EO.
4) des Obj. U, EU.

Der Standpunkt III. wurde in F. welcher Punkt nach obigem durch zwei Schnitte bereits bestimmt war, gestellt; die Orientirung geschah durch FD und FE. Von F wurden durch den dritten Schnitt geprüft:

1) G durch FG.
2) H durch FH.

3) J und K durch FJ und FK.

4) Q durch FQ.

5) R durch FR.

6) c und b durch Fc und Fb.

Durch den zweiten Schnitt wurden von F aus bestimmt.

1) L durch FL.

2) O durch FO.

3) P durch FP.

4) U jedoch nur sehr spitz, durch FU.

Erste Visirlinien wurden von F zur Bestimmung nachstehender Gegenstände gezogen.

1) des Obj. d, Fd.

2) des Obj. T, FT.

3) der Obj. Y, X, Z, FY, FX und FZ.

4) der Obj. V und W, FV und FW.

Um TU und V als Hauptobjecte der Aufnahme zu bestimmen, mußte man einen vierten Standpunkt wählen, dieser konnte nicht anders als in g angenommen werden, weil man nur von hier aus sämmtliche genannte Objecte sieht. Der Standpunkt IV. g konnte nur durch Rückwärtseinschneiden vermittelst des Richtdreieckes EFR bestimmt werden, wozu, da Fg und Rg sich sehr spitzwinklig schneiden mußten, noch das Object S zu Hüife genommen, und also g zum viertenmale durch Sg rückwärts geschnitten wurde.

Von g prüfte man durch den dritten Schnitt.

1) das Obj. U durch gU.

Durch den zweiten Schnitt wurden bestimmt,

1) T durch gT.

2) Y X Z durch gY, gX, gZ.

3) V und W durch gV und gW.

Diese nur durch zwei Schnitte bestimmten Punkte konnten ohne weitere Prüfung als richtig angenommen werden, da vom Standpunkt IV. U durch den dritten Schnitt richtig liegend befunden wurde. Wünschenswert blieb jedoch immer noch, wenigstens die Lage von V zu prüfen, da diese nur durch sehr spitzwinklig sich schneidende Linien FV und gV bestimmt werden konnte; allein diese Prüfung durfte bis zur Detailaufnahme verschoben werden.

Um das Object N, welches von keinem der bisher genommenen Standpunkte sichtbar war, und als ein Hauptobject bei der Netzlegung nicht wohl unberücksichtigt bleiben konnte, zu bestimmen, mußten wenigstens noch zwei Standpunkte genommen werden. Hierbei war es Aufgabe, diese Standpunkte möglichst so zu wählen, daß von ihnen aus auch das Object M bestimmbar wurde, wohin erst eine Visirlinie von E, Standpunkt II. gezogen werden konnte. Die Standpunkte hierzu waren nicht anders, als in V. und VI. zu wählen; e Standp. V. wurde durch Rückwärtseinschneiden vermittelst der Richtpunkte O R und S bestimmt, hiernach eine Visirlinie eN nach N gezogen, und durch eM, M geschnitten. Standpunkt VI. f wurde ebenfalls durch Rückwärtseinschneiden vermittelst desselben Richtdreiecks bestimmt, M durch fM geprüft, und N durch fN geschnitten; wonach, da M richtig befunden wurde, keiner weitern Prüfung bedurfte.

Außer den angeführten Visirlinien wurden von den drei ersten Standpunkten aus noch Alignements nach untergeordnetern Gegenständen der Aufnahme so wie nach anderen, die außer den Grenzen derselben lagen, für den Fall, daß von ihnen Gebrauch gemacht werden könnte, gezogen; die aber später nur in so weit angeführt werden sollen, als wirklicher Gebrauch von ihnen gemacht wurde. Die drei letzten Standpunkte waren zum Ziehen solcher Alignements nicht geeignet, da sie sich selbst durch keine hervorragenden Gegenstände markirten.

In der neunten Section, welche ganz mit Wald bedeckt ist, konnte von den genommenen Standpunkten kein Gegenstand bestimmt werden, weil kein solcher markirt genug heraustrat. Man hätte demnach um die Lage einiger Baume auf dem Rücken der Waldparthie anzugeben,

Signalstangen auf diesen anbringen müssen, was jedoch unterblieb, da uumittelbar am Waldrande viele Objecte bestimmt wurden.

Bem. Wenn viele, aus der Ferne sich wenig unterscheidende Gegenstände in einem kleinen Raum gedrängt zusammen liegen, so ist immer rathsam, nur eines, das markirteste dieser Gegenstände, bei der Netzlegung zu bestimmen; da aus der Ferne von verschiedenen Standpunkten aus, leicht Verwechselungen solcher Punkte vorfallen.

Eintheilung des Dreiecksnetzes in Sections, und Uebertragung der Punkte des Netzes in diese.

§. 141. Ist die aufzunehmende Gegend von solcher Ausdehnung, daß das Bild derselben bei der angenommenen Größe des Maaßstabes die Größe eines Menselblattes übersteigt, so muß das Detail derselben auf mehreren Meßtischblättern vermessen werden. Zu diesem Zweck theilt man das Dreiecksnetz in so viele Rechtecke, am gewöhnlichsten Quadrate, als die Aufnahme Meßtischblätter nöthig macht, oder als die etwa vorher bestimmte Größe der Sections erfordern. Die gegenüber stehenden Seiten dieser Rechtecke werden mit dem Meridian parallel und rechtwinklig gezogen, wie die Quadrate in Pl. II.

Zu Pl. II. z. B. wurde das Detail in neun Sections, und da die Aufnahme den Unterricht einer Divisionsschule zum nächsten Zweck hatte, im Maaßstabe von 1 : 10000 aufgenommen; das Netz des Ganzen hingegen auf einem großen Menselblatte im Maaße von 1 : 20000 gelegt, und hierauf in neun gleiche Quadrate getheilt.

Das Uebertragen der Punkte des Netzes auf die Menselblätter zur Detailaufnahme geschieht am leichtesten und sichersten dadurch, daß man von sämmtlichen Punkten des Netzes auf eine der Quadratseiten, die mit dem Meridian parallel laufen (also der nächsten östlichen oder westlichen), Perpendikel fällt wie z. B. Ez. hiernach die Entfernungen dieser Perpendikel von der nächsten nördlichen oder südlichen Sectionsseiten, wie z. B. yz, mit dem Zirkel abnimmt, und auf die zur Detailaufnahme bestimmte Mensel auf der das Sectionsquadrat schon verzeichnet sein muß, trägt. Hiernach errichtet man in diesen Punkten wie in z Perpendikel, nimmt aus dem Netz die Entfernungen der zu übertragenden Punkte wie E von z ab und trägt sie auf die kleineren Menselblätter über. Daß dieses Verfahren weit sicherer ist, als eine Uebertragung der Dreiecke des Netzes vermittelst des Transporteurs, wird jedem der angewandten Mathematik Kundigen ohne weiteres einleuchten, vorausgesetzt, daß man bei diesem Geschäft sich der besten Werkzeuge, wie eines guten Stangenzirkels, und eines auf das genaueste gearbeiteten rechten Winkels bedient. Wenn das Netz in einem anderen Maaßstabe gelegt wurde, als der zur Detailaufnahme angenommene, wie dies für Pl. II. der Fall war, so müssen die aus dem Netz überzutragenden Linien vermittelst zweier Transversalmaaßstäbe, wovon der eine das verjüngte Maaß des Netzes, und der andere das der Detailaufnahme giebt, reducirt werden.

Das Uebertragen der Alignements geschieht, indem man die jedesmaligen zwei Stücke der Sectionsseiten, die sie abschneiden, abnimmt, überträgt, und durch die Endpunkte eine Gerade zieht.

Eine trigonometrische Netzlegung, die bei allen größeren Aufnahmen, wo ein Menselblatt zu solcher nicht ausreicht, nöthig wird, unterscheidet sich von einer geometrischen in der Verfahrungsart, im Wesentlichsten nur dadurch, daß in den zu nehmenden Standpunkten die Winkel der Dreiecke nach Graden, Minuten und Secunden vermittelst eines Theodoliten, Spiegelsextanten, Astrolabiums oder anderer Winkelmesser gemessen, und die Seiten der Dreiecke durch Rechnung gefunden werden; wobei an der Stelle des Rückwärtseinschneidens die Pothenotsche Aufgabe in Anwendung gebracht wird. Sind die Dreiecke bekannt, und hat man den Azimuthalwinkel einer Dreiecksseite mit dem durch einen Hauptpunkt der Aufnahme gehenden Meridian, wie Pl. II. z. B. W. EFz gemessen, so können hiernach die Azimuthe sämmtlicher Dreiecksseiten des Netzes gefunden werden, welches besonders einfach ist, wenn die Ausdehnung der Aufnahme so gering ist, daß die sphäroidische Gestalt der Erde dabei außer Betracht bleiben kann, weil dann sämmtliche Meridiane als parallel betrachtet werden können.

Denkt man sich nun durch den Punkt der Aufnahme, wie F, Pl. II., durch welchen der Meridian gelegt wurde, einen Perpendikel auf diesen, und lassen sich die Azimuthe sämmtlicher Dreiecksseiten finden, wenn nur eines dieser Seiten gemessen wurde, so hat man, um die Abstände sämmtlicher Punkte von diesem Meridian und Perpendikel, wie z. B. E z und F z zu finden, nur nöthig, eben so viel rechtwinklige Dreiecke wie E F z, wovon jederzeit die Hypotenuse und der Winkel dieser mit dem Meridian bekannt sind, zu berechnen, und zu bemerken, ob die Punkte, wie E, östlich oder westlich von dem Meridian, auf welchem hier alles reduzirt wird, und ob nördlich oder südlich von eben diesem Perpendikel liegen.

Die so durch Rechnung gefundenen Abstände sämmtlicher Netzpunkte vom Meridian und Perpendikel eines Gegenstandes werden zur Detailaufnahme, vermittelst eines im Maaße der Aufnahme entworfenen Transversalmaaßstabes, auf die Menselblätter übertragen; nachdem die Sectionsgrenzen im Netz ebenfalls durch Rechnung bestimmt und hiernach auf die Meßtischblätter construirt worden sind.

Bem. Diejenigen, welche sich über trigonometrische Netzlegungen näher unterrichten wollen, verweise ich zunächst auf Schulz Montanus syst. Handb. der gesammt. Land- und Erdmeßkunst; auf den zweiten Anhang von Netto's Vermessungskunde, und auf Benzenbergs Handbuch der angewandten Geometrie.

Geometrische Netzlegung zweiter Ordnung in Beispielen.

§. 142. Selten sind die aus dem Netz des Ganzen auf die Sections übertragenen Punkte so ausreichend, daß man sogleich die Aufnahme des Details beginnen könnte; weshalb man meist genöthigt ist, durch eine zweite Netzlegung mehrere in der Section liegende Punkte zu bestimmen. Hierbei gelten dieselben Grundsätze, wie bei der ersteren, und das Verfahren ist diesem ganz gleich; weshalb ich in folgenden Beispielen nur Andeutungen geben werde.

In der Section 1. Pl. II. sind J, K und M bestimmt; H, C, E und N können als Hülfspunkte gebraucht werden. Zu bestimmen waren hier, vor der Detailaufnahme etwa noch, a, b, c, d, e, f und g. Hierzu wurden die Standpunkte am zweckmäßigsten in a und b, die sich durch Rückwärtseinschneiden sehr gut bestimmen ließen, und in E, der bereits bestimmt war, genommen.

In der Section 2. ist C gegeben, D, G, H und L können zu Hülfe genommen werden. Zu bestimmen waren hier etwa noch a, b, c, d, e, f, g und h. Hierzu wurden die Standpunkte am besten in a, b und c genommen, die sich durch Rückwärtseinschneiden vermittelst der gegebenen Punkte bestimmen ließen.

In der Section 3. sind G und D gegeben; es waren hier noch a, b, c, d, e, f, g, h, i und k zu bestimmen. Hierzu mußte man sich zuerst in D aufstellen, da G die Aufstellung der Mensel nicht zuließ, und da kein dritter Punkt der Section durch Rückwärtseinschneiden bestimmbar war, weil nur zwei Punkte G und D gegeben sind; so auch konnte man sich in der Verlängerung von DG nicht zweckmäßig aufstellen, weil diese zum größten Theil in einen Grund fiel. In D mußte man zur Orientirung der Mensel, da DG hierzu zu kurz war, sich eines Alignements bedienen, wozu DF rückwärts nach X verlängert gezogen wurde. Von D mußte ein Seitenalignement nach a zu genommen werden, in welchem durch einen Schnitt von G rückwärts der zweite Standpunkt bestimmt wurde. Dieser Punkt durfte jedoch nicht über die Mitte der Section hinaus verlegt werden, weil sonst der Schnitt von G zu spitzwinklig ausgefallen sein würde. Ein anderes Alignement mußte nach b genommen, und hierin der dritte Standpunkt ebenfalls durch einen Schnitt von G rückwärts bestimmt werden; da, wäre auch der zweite Standpunkt durch eine Meßfahne markirt worden, dieser doch nebst G und D nur ein schlechtes Dreieck gebildet haben würde, um sich danach im dritten Standpunkt rückwärts einzuschneiden. Von diesen drei Standpunkten aus war man im Stande, die übrigen im Netz zu bestimmenden Punkte der Section zu schneiden.

In der Section 4. sind E, O und e gegeben, da lezter für diesen Zweck auf dem Felde markirt wurde. Als Hulfspunkte konnten N, M, K, A und f dienen. In dieser Section waren nur etwa noch a, b, c, d und e zu bestimmen, wozu sich als Standpunkte E, O und e vortrefflich eigneten.

In der Section 5. sind A, L, S, F, V, g und das Alignement Fd gegeben. Als Hülfspunkte konnten noch D, W, X, Y, Z und U benutzt werden, so daß hier, bei so vielen Punkten, allenfalls eine zweite Netzlegung erübrigt werden kann.

In der Section 6. sind D, W, a, b und c gegeben. Als Hulfspunkte konnten G, V und X gebraucht werden. Es war hier besonders Aufgabe, einige Punkte a, b, c und d in einem tief eingeschnittenen Thale mit steilen Wänden zu bestimmen; die Standpunkte mußten demnach auf den Kämmen und Wänden des Thals genommen werden, weil diese hier allein nur zugleich bestimmbar waren, und Einsicht in das Thal gewährten. Die Punkte e, f und g, welche auf dem Plateau liegen, durften jedoch nicht unberücksichtigt bleiben. Hierzu wurde der erste Standpunkt am besten in c auf dem östlichen Plateau genommen; der zweite in einem Alignement von c nach a so weit abwärts, daß man das Thal übersehen konnte und doch die Punkte D, V und b oder wenigstens zwei von diesen nicht aus dem Gesichtsfelde verlor, da dieselben zur Bestimmung des zweiten Standortes dienen mußten. Einen dritten Standpunkt nahm man an demselben Hange, jedoch so weit nordöstlich als möglich. Dieser dritte Standpunkt konnte, besonders wenn der zweite auf dem Felde markirt wurde, durch Rückwärtseinschneiden bestimmt werden. Ein vierter Standpunkt wurde am besten auf dem Kamm des westlichen Thalufers in dem Alignement von c nach f genommen, der vermittelst dieses Alignements und eines Schnitts von V rückwärts bestimmbar war. Zuletzt konnte man sich noch in D stellen, um die von c aus gezogenen Visirlinien nach e, f und g zu schneiden.

In der Section 7. sind so viele Punkte P, Q, R, e. und f gegeben, daß bei dem ohnehin nur geringem Flächeninhalt des aufzunehmenden Terrains dieser Section (da ein großer See den meisten Raum derselben einnimmt), keine zweite Netzlegung nöthig war.

Dasselbe konnte auch bei der Section 8. gelten, wo F, T, U, X, Y, Z und als Hülfspunkte R und V gegeben sind.

In der Waldsection 9. war kein Punkt bestimmt worden, aber es sind die Hülfspunkte V, X, Y, U, a, b und c vorhanden, wonach einige Punkte in der Section selbst erst bestimmt werden mußten. Bei der Schwierigkeit in Waldgegenden Punkte von außen zu schneiden, muß man sich bei der Detailaufnahme gewöhnlich mit sehr wenigen Netzpunkten begnügen, weshalb man hier mit so großerer Sorgfalt das Detail zu vermessen hat. In vorliegendem Falle waren etwa nur zwei Punkte, der eine s im Walde, wo die meisten Wege zusammenkommen, und der andere u am südlichen Waldrande auf der Kuppe des Waldhanges zu bestimmen. Hierzu mußte man Meßfahnen, oder wenn diese nicht ausreichten, Signalstangen auf die Gipfel der zwei höchsten Bäume dieser Punkte befestigen lassen; hiernach den Baum c mit einem Patentinstrument (am besten einem Reflector) besteigen, und mit diesem die Winkel, welche s und u in c mit V machen, messen; wonach man den zweiten Standpunkt auf dem

Baume u nahm, und die Winkel, die V, c und s mit dem Standpunkt u machten, maß, nach welchen Ergebnissen sich die Dreiecke Vcu und cus auf der Mensel construiren ließen.

Detail-Aufnahme.

§. 143. Bei der Detailaufnahme werden sämmtliche im Plane darzustellende Gegenstände ihrer Grundrißform nach gemessen und verzeichnet. Um dies zu bewerkstelligen, muß man sämmtliche Gegenstände in solcher Nahe aufnehmen, daß man ihre Form bis ins nöthige Detail, mit Sicherheit zu erkennen vermag. Man ist deshalb genöthigt beinahe sämmtliche Gewässer, Wege, Gründe, Schluchten, Umgrenzungen der Wälder, Ortschaften, Gärten rc. mit Meßwerkzeugen selbst zu begehen und unmittelbar auf ihnen sie zu bestimmen; denn nicht immer liegen, indem man einen Weg, Waldrand rc. verfolgt, die zunächst dessen Seiten hinlaufenden Gegenstände so nahe, daß sie von den hier zu nehmenden Standpunkten mit bestimmt werden könnten, besonders wenn der Maaßstab der Aufnahme groß ist, und man demzufolge ein sehr treues Bild und die größtmöglichste Genauigkeit in den Maaßen verlangt. Bei flüchtigern militairischen Aufnahmen, und besonders im Kriege ist man jedoch aus Mangel an Zeit oft genöthigt, das Detail der Gegenstände aus größerer Ferne aufzunehmen. Um hierbei nicht gegen die Bildungsgesetze der Unebenheiten des Bodens und gegen die Wahrheit der Formen sämmtlicher Gegenstände zu sehr zu verstoßen, ist eine tüchtige Terrainkenntniß und ein durch genauere geodätische Messungen gebildetes Auge nöthig.

Bevor die Detailaufnahme unternommen wird, muß der, durch die letzte Netzlegung mit seiner Gegend schon bekannte Geodät einen Plan entwerfen, wie er mit den wenigsten Mitteln seinen Zweck erreichen werde. Hierzu gehört, daß er den Gang der Aufnahme so einrichtet, daß er nie nöthig hat, bereits durchschrittene Terrainabschnitte abermals zu betreten; daß er ferner die Gegenstände,

Wege, Bäche ꝛc. auf und an denen er arbeitet; so wähle, daß die zunächst den Seiten derselben liegende Objecte wo möglich mit verzeichnet werden können, und daß er hierzu so selten als thunlich sich zu stationiren habe.

Die hierbei mit der Mensel zu nehmenden Standpunkte werden überall, wo sich drei schickliche Richtpunkte finden, durch Rückwärtseinschneiden bestimmt, weil diese Methode am kürzesten und richtigsten zum Zwecke führt; auch können bei der Detailaufnahme für militairische Zwecke, wenn drei Richtobjecte nicht vorhanden sind, die Standpunkte in vielen Fällen blos vermittelst zweier Richtpunkte durch Schnitte rückwärts bestimmt werden, wenn man die Mensel mit einer guten Boussole orientirt.

Wo hingegen zwei Richtpunkte zur Bestimmung des Standortes eine zu schlechte Lage haben, oder wo nur ein Richtpunkt zur Seite des Gegenstandes, auf welchen operirt wird, vorhanden ist, muß stets ein Alignement von dem jedesmaligen Standpunkt nach dem zunächst zu nehmenden gezogen werden, in welchem dieser durch einen Schnitt vom seitwärts liegenden Object bestimmt wird. In allen Fällen, wo der Standpunkt nicht geometrisch geprüft werden kann, muß um so größere Sorgfalt auf den festen Stand der Mensel, der Horizontirung, Orientirung und des Angebens der Visirlinien verwendet werden.

In Fällen, wo nicht ein bereits auf der Mensel bestimmter Punkt auf dem Felde sichtbar ist, dessen Lage sich zur Festlegung des nächst zu nehmenden Standortes eignet, muß die gerade Linie von einem Standpunkt zum andern durch Schritte (was bei Detailaufnahmen für militairische Zwecke gewöhnlich ausreicht) gemessen, und nach dem Transversalmaaßstab im Maaße der Aufnahme auf das jedesmalige Alignement getragen werden. In diesen Fällen wird der Meßtisch jedesmal vermittelst des Alignements oder auch der Boussole orientirt, welche letztere Orientirung, wie ich schon in dem §. über die Boussole bemerkte, meinen Erfahrungen nach in den meisten Gegenden der ersteren vorzuziehen ist.

Obige Fälle, wo wegen Mangel an Aussicht, alle Linien von einem Standpunkt zum andern unmittelbar gemessen werden müssen, kommen besonders in Wäldern, tiefen und schmalen Gründen, Ortschaften und sehr angebauten Niederungen vor, daher man gern diese Gegenstände nicht eher aufnimmt, bis die Aufnahme der sie umgebenden offneren Gegend fertig ist, weil man von dieser aus gewöhnlich alle Eingänge, auch wohl mehrere Punkte, die in ihnen selbst liegen, mit Leichtigkeit bestimmen kann, wodurch insgemein viele Zeit erspart und richtiger gearbeitet wird.

Ueberhaupt ist als zeitersparend zu empfehlen, daß man, wo die Terraingegenstände es gestatten, immer erst die Umgrenzungen derselben aufnehme, bevor man zur Messung der inneren Theile schreitet. Dieses gilt besonders auch von den Bergpartien, wo es stets vortheilhaft ist, wenn man erst den Fuß und die Gründe, die einen Berg begrenzen, aufnimmt, bevor man das Detail der Kuppen, Rücken ꝛc. bestimmt; da erstere Partien nebst den Kammlinien, (die vom Fuß und den Gründen aus mit bestimmt werden können), die Form des Ganzen so bestimmt angeben, daß der Terrainkenner in vielen Fällen gar nicht nöthig haben wird, auf den Kuppen und Rücken noch besondere Standpunkte zu nehmen, oder doch mit sehr wenigen ausreichen wird.

Von allen Standorten werden Visirlinien nach den besonders markirten Punkten der zunächst liegenden Gegenstände gezogen, so daß in dieser Art alle Hauptbiegungen der Gewässer, Wege, Begrenzungen aller Art, alle einzeln liegende Gehöfte, Bäume und sonstigen Gegenstände, so wie die besonders aus- oder einspringenden Punkte der Unebenheiten des Bodens ꝛc. bestimmt und hiernach ihre Formen nach dem Augenmaaß, oder wenn dies für den Zweck nicht ausreicht, oder noch nicht genügend gebildet ist, durch unmittelbare Messung einiger Abscissen, Ordinaten und anderer Hülfslinien auf der Mensel verzeichnet werden. Bei dem Aufnehmen des Innern von Wäldern, Ortschaften und Niederungen, worin viele Wege und Gassen sind, ist der alleinige Gebrauch des Meßtisches sehr beschwerlich, weil man hier insgemein genöthigt wird, denselben an jeder Gassenecke, ja beinahe in jeder Gassenkrümmung aufzustellen, wodurch viele Zeit verloren geht. Es ist daher in diesen Fällen, besonders dem militairischen Aufnehmer, der Gebrauch eines Patentwinkelmessers anzurathen, wozu sich der Reflector am besten eignet; doch kann auch in Ermangelung eines solchen, eine kleine mit einem Diopter versehene Boussole gebraucht werden.

Mit einem dieser Instrumente werden nun alle Winkel, in denen die Gassen oder Wege sich schneiden, so wie, ihre Biegungen gemessen, die Längen und Breiten der Gassen und Plätze abgeschritten, und nach diesen Resultaten dem Augenmaaße nach ein Brouillon entworfen, worauf die gefundenen Größen der Linien und Winkel mit Zahlen bemerkt werden. Nach diesem Brouillon wird im Zimmer das Ganze auf der Mensel construirt, wo sich nach obigem Verfahren zum Anknüpfen und Prüfen der Figur mehrere Hauptpunkte bereits vorfinden.

Bei der Aufnahme von Wäldern im Gebirge, kann jedoch obige Methode nicht gut angewendet werden, weil man hier beim Aufnehmen der Wege zugleich die Unebenheiten des Bodens darzustellen hat, wozu sich nur allein die Mensel gut eignet.

Das Aufnehmen der Berge.

§. 144 Wenn man sich hinreichende Fertigkeit im Zeichnen nach modellirten Bergen erworben hat, so ist anzuempfehlen, folgende Schule im Aufnehmen der Berge durchzumachen, bevor man zur Vermessung ganzer Terrainabschnitte übergeht.

Man wähle einen in seiner Form einfachen, so viel als möglich isolirt liegenden Berg, wie z. B. der Haarhäuser Weinberg in Pl. I.; bestimme um diesen mit Schmalkalders Höhenmesser zwei bis drei Horizontalen in angemessenen senkrechten Abständen, und lasse die Punkte x x x... wo die Horizontalen bei den Aus- oder Einbiegungen der Berghänge am meisten vor oder eintreten durch einen Gehülfen mit Markirstäben oder anderen Zeichen bestecken, eben so werden die Kuppen, Kammlinien oder sonstigen vorspringenden Bergtheile markirt. Hiernach nehme man um den Fuß des Berges herum so viele Standpunkte z z z... als zum Schneiden der Markirstäbe nöthig befunden werden, messe eine dieser Entfernungen von einem Standpunkt zum andern z z unmittelbar (wenn nämlich ein bestimmtes Maaß hierbei beabsichtigt wird) und bestimme die anderen Standpunkte z z... durch die nach ihnen hin gezogenen Alignements, und durch Schnitte rückwärts von bereits geschnittenen Punkten der Horizontalen oder der übrigen markirten Bergtheile. Von diesen Standpunkten z z... werden sämmtliche bezeichnete Punkte x x... zwei und dreimal geschnitten, wonach die zu einer Horizontalen gehörigen durch gebogene Linien, wenn sie nicht in Kanten, Kämme oder Schluchten fallen, verbunden werden. Hiermit ist, wie die Theorie der Bergzeichnung lehrte, die Form des Berges bestimmt; denn man hat jetzt nur nöthig von den Kuppen aus die Bergstriche rechtwinklig durch die Horizontalen zu legen. Die Winkel der Böschungen ergeben sich aus den Entfernungen der Horizontalen am ganzen Berge, wenn nur diese Winkel in einer Neigungslinie von Horizontale zu Horizontale gemessen wurden; dieses geschieht von demjenigen Standpunkt aus, wo die Böschung vom Fuß bis zur Kuppe am meisten stät ist, und ebenfalls mit Schmalkalders Höhenmesser, am besten. Wenn man in dieser Art zu immer zusammengesetzteren Bergpartien übergeht, wobei man zuletzt nur eine oder nur einen Theil einer Horizontale legt, so wird sich das Auge im richtigen Angeben der Neigungslinien so bilden, daß der angehende Aufnehmer bald jede Bergpartie darstellen wird, ohne vorher Horizontalen darauf abgesteckt zu haben; denn, sind die Neigungslinien richtig angegeben, und ist der Böschungswinkel einer derselben bekannt, so können die Abstände der Horizontalen in dieser, wie bei dem Zeichnen nach Modellen vermittelst eines Böschungsmaaßstabes leicht bestimmt werden, wonach aus diesen die Horizontalen rechtwinklig durch die Neigungslinien gelegt werden.

Ein Theil einer Horizontale kann, ohne daß solcher vorher abgesteckt wurde, von einem Punkte z. B. z′ aus in folgender Art bestimmt werden. Man ziehe von z′ aus in verschiedenen Richtungen Visirlinien z′x.... nach sich markirenden Punkten des aufzunehmenden Berghanges, wozu unbedeutendes Strauchwerk, Steine, Maulwurfshaufen ꝛc. benutzt werden können, und messe die Neigungswinkel in den Richtungen dieser Visirlinien, so kann man hiernach vermittelst eines Böschungsmaaßstabes den Theil einer Horizontale $x^1 x^2 x^3 x^4 x^5$ legen; denn, hätte man z. B. die Neigung von $z' x^1 = 4°$, die von $z' x^2 = 6°$, die von $z' x^3 = 9°$, die von $z' x^4 = 7°$ und die von $z' x^5 = 3°$ gefunden, so hätte man nur von einem Böschungsmaaßstabe die horizontalen Entfernungen für 4°, 6°, 9°, 7° und 3° abzunehmen, und sie von z′ aus auf die betreffenden Visirlinien zu tragen, so lägen $x^1 x^2 x^3 x^4 x^5$ in gleichen senkrechten Entfernungen von z′, also unter sich in einer horizontalen Ebene, und bildeten demnach verbunden eine Horizontale des aufzunehmenden Berghanges.

Beispiel einer Detailaufnahme.

§. 145. Da der Aufnehmer von Pl. I. in dem zur Torfgräberei gehörigen Hause M wohnte, so wurde von hier aus die Aufnahme des Details angefangen.

Standp. 1. wurde durch Rückwärtseinschneiden vermittelst des Richtdreiecks A B D bestimmt, Form und Lage des Torfhauses, der Torfgruben, des Abzuggrabens, so wie der nächsten Wiesengrenze durch Visirlinien nach einigen Grenzpunkten dieser Gegenstände durch Abschreiten einiger dieser Linien und Schätzen der Uebrigen verzeichnet. Ferner wurden Visirlinien nach mehreren markirten Bäumen des Gräfenborns, der Weid, so wie nach einzelnen Bäumen und Baumreihen auf der Kelter- und Mehlwiese gezogen.

Standp. 2. wurde durch das Richtdreieck A C D bestimmt, der Fußweg von 1 nach 2 eingezeichnet, die Richtung des Weges von Mühlberg nach Apfelstädt angegeben, die Visirlinien von 1 nach den Bäumen am Gräfenborn, der Weid und der Kelterwiese geschnitten; wonach mit einer leichten Linie der Lauf des Gräfenborns und der Weid von der Brücke 3 bis zum Fuß des Krähenhügels angegeben wurde.

Standp. 3. wurde durch voriges Richtdreieck bestimmt, die Richtungen der Weid oberhalb der Brücke, und des Weges nach Freudenthal, so weit als diese keine Hauptbiegungen machen, angegeben, einige Bäume an der Weid und dem Gräfenborn zum drittenmale geschnitten, und hiernach diese Bache im Croquis ausgezeichnet. Ferner wurden Visirlinien nach einzelnen Bäumen des kleinen Bachs der sich im Baumgarten entspinnt, und nach den Grenzpunkten des Heidestücks auf dem Fuße des Wandersleber Schloßberges gezogen und hiernach die Neigunglinien des Wandersleber Schloßberges auf die Weid und den Weg nach Freudenthal angegeben.

Standp. 4. wurde, damit die ganze nördlich des Schielgrabens und der Weid liegende Bergpartie durch eine ununterbrochene Reihenfolge von Standpunkten aufgenommen werden konnte, am Hange des Rennberges unter dem Steinbruch F gewählt. Dieser Standp. wurde vermittelst des Richtdreiecks C D F bestimmt, die Richtung eines Theils der Terrasse von 4 nach 5 zu angegeben, Visirlinien nach dem Sattelpunkt zwischen F und G, nach mehreren markirten Punkten des Waldrandes, nach einigen Bäumen des Schielgrabens und den Brücken über diesen, so wie nach dem zunächst 4 liegendem Ende der untersten Terrasse auf dem Fuße des Rennberges gezogen; die Entfernung von 4 nach dem Seeberger Wege durch Schritte gemessen, und hiernach die Neigungslinien von der Kuppe F aus auf die obere Terrasse, und von dieser abwärts angegeben; wonach in der von 4 auf und abwärts gehenden Neigungslinie der Böschungswinkel gemessen und durch Zahlen im Croquis bemerkt worden.

Standp. 5. wurde durch das Richtdreieck ADY bestimmt, die Terrasse bis hier ausgezeichnet, und die weitere Richtung derselben nach 6 zu angegeben, die von 4 aus gezogenen Visirlinien geschnitten und andere zur weitern Bestimmung der Waldgrenze, der Felsen am südlichen Hange des Kaff, des Schielgrabens und der Terrassen am Rennberge gezogen. Hiernach wurde die Rückenlinie von den Kuppen F und G aus, nach dem nun geschnittenen Sattelpunkt zwischen diesen gezogen, und von derselben die Neigungslinien rechtwinklig auf die Terrasse geführt, da diese als in horizontaler Ebene liegend angenommen werden konnte; die Böschungswinkel der durch 5 gehenden Neigungslinie wurden gemessen, die Obstbaumpartien bei 5, die Waldgrenze, der Schielbach mit seinen Brücken, und der Weg von Seebergen mit seinen Linien so weit ausgezeichnet, als durch bereits geschnittene Punkte diese Gegenstände bestimmt waren.

Standp. 6. wurde durch das Richtdreieck FDC bestimmt, die Terrasse von 5 bis 6 ausgezogen, die von 4 und 5 aus gezogenen Visirlinien zum ersten und zweitenmale geschnitten, und hiernach der Waldrand, die Felsen, Terrassen, der Schielgraben bis zur Brücke, über welche die Landstraße nach Wandersleben führt, so wie diese selbst von 6 bis zur Brücke und der Weg von Seebergen bestimmter ausgezeichnet. Die Längen, Breiten und Entfernungen der Obstbaumpartien zwischen 5 und 6 wurden auf dem Wege von 5 nach 6 durch Schritte und Schätzungen bestimmt, und nach dem Maaße der Aufnahme eingezeichnet. Ferner wurden die Richtung der Landstraße von 6 nach Wandersleben zu, so weit sie ziemlich grade läuft, angegeben und von 3 aus die Neigungslinien durch die Terrassen gelegt, die Böschungswinkel gemessen und Visirlinien zur weitern Angabe der Waldgrenzen, des Schielgrabens und der Terrassen auf und am Fuße des Wandersleber Schloßberges gezogen.

Standp. 7. wurde durch das Richtdreieck FDC bestimmt, die Terrasse bis 7 ausgezeichnet, der Wasserriß durch Visirlinien und Abschreiten derselben, eben so der Kalksteinbruch und das Obstwäldchen darüber angegeben, die von 5 und 6 nach dem Schielgraben bis zur Vereinigung dieses mit der Weid, so wie nach der untersten Terrasse hin gezogenen Visirlinien geschnitten, andere gezogen, die Neigungslinien vom Wandersleber Schloß rechtwinklig durch die Terrasse gelegt, und der Böschungswinkel der durch 7 gehenden Neigungslinie gemessen. Die Ruine des Wandersleber Schlosses mit ihrem Wallgraben und dem nächsten Theil des Burgweges war bei der Netzlegung schon mit dem Reflector und durch Schritte aufgenommen worden, um ein zweites Besteigen der Burg bei der Detailaufnahme zu ersparen; eben so wurde bei dem Mühlberger Schloß und der Wachsenburg verfahren.

Standp. 8. war durch das Richtdreieck ACK bestimmbar; von hier aus wurden die zur Angabe der Terrasse und des Theils der Weid unterhalb 8 von 7 aus gezogenen Visirlinien geschnitten, die Weid bis zur Brücke 3 und die Terrasse gezeichnet; wonach die Begrenzung des Felsen über 8 und die Form der Wasserrisse links und rechts des Standpunktes durch Visirlinien und durch Abschreiten einiger derselben verzeichnet, und danach die Neigungslinien über, unter und zu den Seiten des Standpunkts angegeben, und die Böschungswinkel gemessen wurden.

Standp. 9. wurde durch das vorige Richtdreieck bestimmt, die zunächst liegende Wald- und Hutungsgrenze angegeben, die von 3 nach dem Heidestück unter 9, und nach dem kleinen Bach, der sich im Baumgarten entspinnt, gezogenen Visirlinien geschnitten, nach den Hauptkrümmungen des Weges von 3 nach Freudenthal und nach einigen Bäumen im Mordgarten Visirlinien gezogen, die Neigungslinien über und unter 9 angegeben, und die Böschungswinkel gemessen.

Standp. 10. wurde durch dasselbe Richtdreieck bestimmt; die Visirlinien nach dem Mordgarten und den Krümmungen des obengenannten Weges zum erstenmal, die nach dem Heidestück unter 9 und dem kleinen Bach gezogenen zum zweitenmale geschnitten; diese Gegenstände ausgezeichnet, die nächste Wald- und Hutungsgrenze, so wie der Baumgarten durch Abschreiten und Schätzen angegeben, und hiernach die Neigungslinien und Böschungswinkel bestimmt.

Standp. 11. ließ sich durch KDM bestimmen; hier wurde die Richtung des noch fehlenden Theils vom Burgwege angegeben, das Jägerhaus Freudenthal, so wie die bis 11 gehende Wald- und Hutungsgrenze ausgezeichnet, die Richtungen des von Freudenthal nach Mühlberg führenden Weges, so wie die Vereinigungspunkte desselben mit der Landstraße visirt, und die Neigungslinien so wie der durch 11 gehende Böschungswinkel angegeben.

Standp. 12. war durch dasselbe Richtdreieck bestimmbar; von hier aus wurden die Vereinigungspunkte des bei 11 vorbeiführenden Weges mit der Landstraße geschnitten, diese Wege ausgezeichnet, Visirlinien nach den kleinen mit Wald bedeckten Kuppen auf dem nördlichen Hange des Wandersleber Schloßberges und auf den beinahe östlichen des Kaff, so wie zur Bestimmung der Waldgrenze im Hasenwinkel und der Kuppe des Lachenberges gezogen, wonach die Neigungslinien und Böschungswinkel angegeben wurden.

Standp. 13. war durch GDH bestimmbar; die Landstraße wurde nach 6 zu ausgezeichnet, die nächsten Waldgrenzen des Kaff bestimmt, obige Kuppen geschnitten, und hiernach die Neigungslinien und Winkel von 13 aus, so wie die nach der Gegend des Standpunktes zu vom Kaff und Wandersleber Schloßberg abfallenden bestimmt.

Standp. 14. war durch GDJ bestimmbar; die Richtung des Weges durch 14. wurde auf- und abwärts angegeben, die Terrasse am Fuß des Lachenberges bestimmt, der Weg nach dem Steinbruch F mit dem Reflector und durch Schritte gemessen, wobei die Winkel der Neigungslinien des Rennberges mit diesem Weg nach Messungen der Böschungswinkel und der Winkel, in die der Weg ansteigt, gefunden wurden, welches Verfahren hier genügte, da die nördlichen Abdachungen dieser Bergpartie nicht weiter verfolgt werden sollten. Die zweite Kuppe und der Sattelpunkt des Lachenberges wurden durch Visirlinien von 14. und durch Winkelmessungen auf dem Wege nach dem Steinbruch zu bestimmt; eben so einige Waldgrenzpunkte über 14. Am südlichen Hange des Lachenberges wurden einige Böschungswinkel gemessen.

Standp. 15. konnte am besten durch das Richtdreieck DKM bestimmt werden; hier wurden die Straße nach Wandersleben und die Richtung des Weges nach Apfelstädt bestimmt, Visirlinien nach einigen Bäumen des Bachs, der hier entspringt, den Baumreihen auf der Wiese so wie zur Bestimmung der Wiesengrenze gezogen, die Terrassen, Neigungslinien und Böschungswinkel angegeben.

Standp. 16. wurde durch K und die Kuppe des Lachenberges bestimmt, die von hier aus westlich laufenden Terrassen durch Visirlinien und Schätzen derselben, so wie die Gärten am nördlichen Hange des Lachenberges verzeichnet, wonach die Neigungslinien angegeben wurden.

In ähnlicher Art wurde auf allen übrigen Standpunkten, wie sie im Plane von 17. auf dem Krahenhügel bis zu 59. unterhalb Röhrensee angegeben sind, verfahren, welches speciell zu beschreiben zu viel Raum einnehmen und zu ermüdend werden dürfte. Von nicht geringem Nutzen jedoch wird es für den sich Unterrichtenden sein, wenn er die angegebenen Standpunkte nach der Reihenfolge durchgeht und sich bei jedem derselben Rechenschaft giebt, warum er hier gewählt, wodurch er bestimmt wurde, und wie von ihm aus die aufzunehmenden Terraingegenstände auf dem kürzesten Wege und mit dem geringsten Zeitaufwand darzustellen sein dürften.

Die Ortschaften wurden mit dem Reflector aufgenommen; und nach dem hierbei entworfenem Brouillon im nächsten Standpunkt auf den Meßtisch construirt. Ist in dieser Art das Croquis der Aufnahme beendet, so werden die Horizontalen rechtwinklig durch die angegebenen Neigungslinien gelegt; wobei am zweckmäßigsten vom tiefsten Punkt der Aufnahme angefangen wird; so daß von diesem aus, in der auf ihn treffenden Neigungslinie, nach einem für gleiche Höhen construirten Böschungsmaaßstab, die horizontalen Entfernungen nach Maaßgabe der gefundenen Böschungswinkel aufgetragen und durch diese Punkte Horizontalen gezogen werden. In dieser Art schreitet man von Horizontale zu Horizotale bis zum höchsten Punkt der Aufnahme fort, wobei man zur nöthigen Prüfung in mehreren Neigungslinien, deren Böschungswinkel gemessen wurden, die Entfernungen der Horizontalen nach dem Böschungsmaaßstabe aufträgt, wie solches beim Zeichnen nach Modellen schon gelehrt wurde. Ist so das Croquis bis zum Auszeichnen vollendet, welches nun unmittelbar auf demselben, oder auf einem anderen Blatte, wohin es dann vermittelst eines Kopirnetzes übertragen werden muß, geschehen kann; so befolgt man bei der Auszeichnung ganz dieselbe Ordnung, welche in dem Paragraph über Kopiren ganzer Pläne angegeben wurde.

Das Aufnehmen a coup d'oeil.

§. 146. Das sogenannte Aufnehmen a coup d'oeil unterscheidet sich von dem eben beschriebenen nur darin, daß weniger Standpunkte genommen, und die meisten Entfernungen und Winkel blos nach dem Augenmaaß verzeichnet werden. Man arbeitet hierbei am besten mit einem kleinen Planchett, welches auf dem Sattelknopf des Pferdes befestigt werden kann, und orientirt dieses blos mit der Boussol. Der Reflector kann hierbei wichigte Dienste thun, besonders um vom Pferde herab einige Hauptdreiecke auf den Grund einer abgeschrittenen, abgaloppirten oder aus einer Specialkarte entnommenen Basis zu bestimmen. Soll eine Aufnahme a coup d'oeil nicht zu sehr von der Wahrheit abweichen, so muß der Aufnehmer ein, im Schätzen von Distanzen, Winkeln und Bergformen, sehr gebildetes Auge haben; welches der Officier bei Vermessungen im Frieden, wo die Zeit den Gebrauch vollständiger Meßwerkzeuge in den meisten Fällen erlaubt, sich anzueignen streben muß.

Ende.

MUEHLBERG
Freudenthal
Ried.
Maasstab v. 1:10000.
Rheinl. Ruth.

Pl: 1.

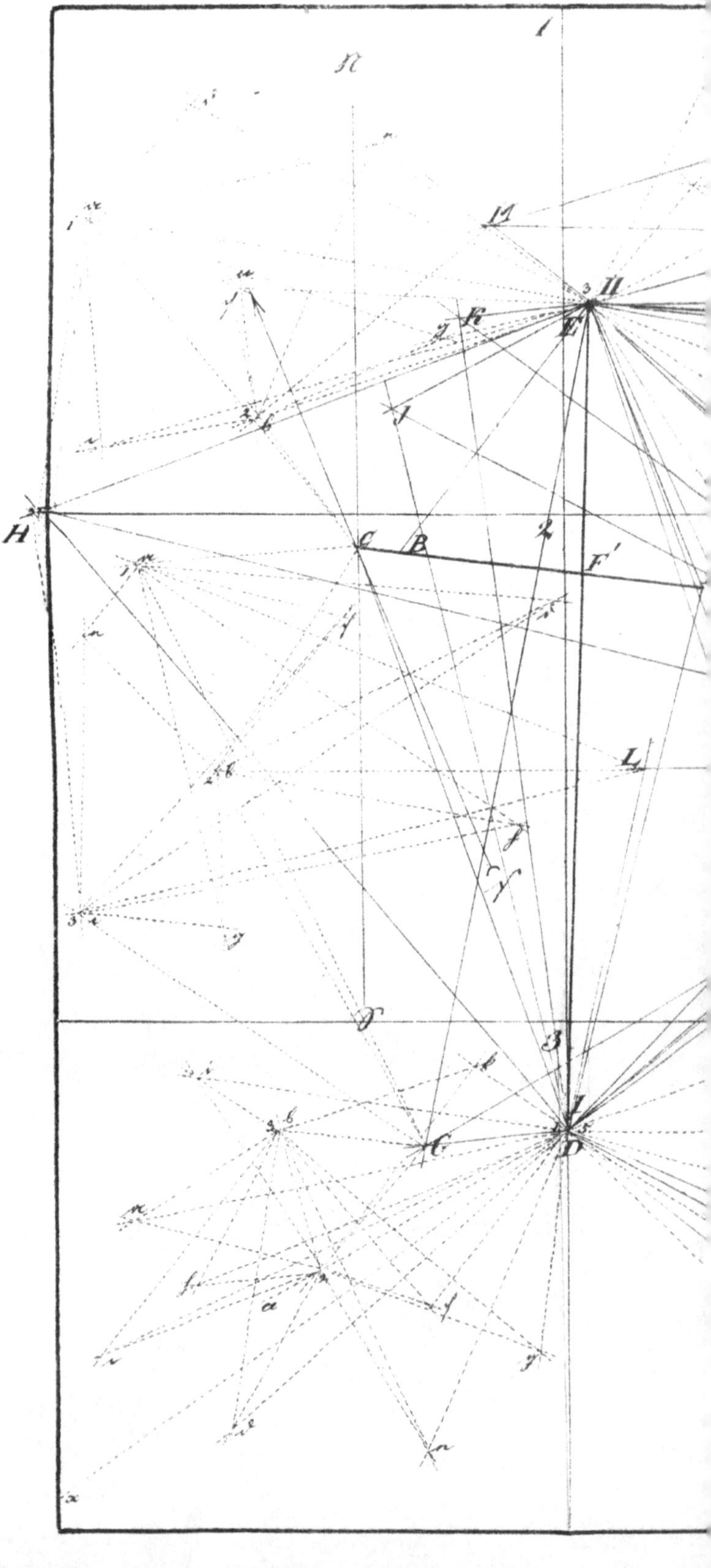

1
M
H
E
H
C
B
2
F'
L
3
D
G

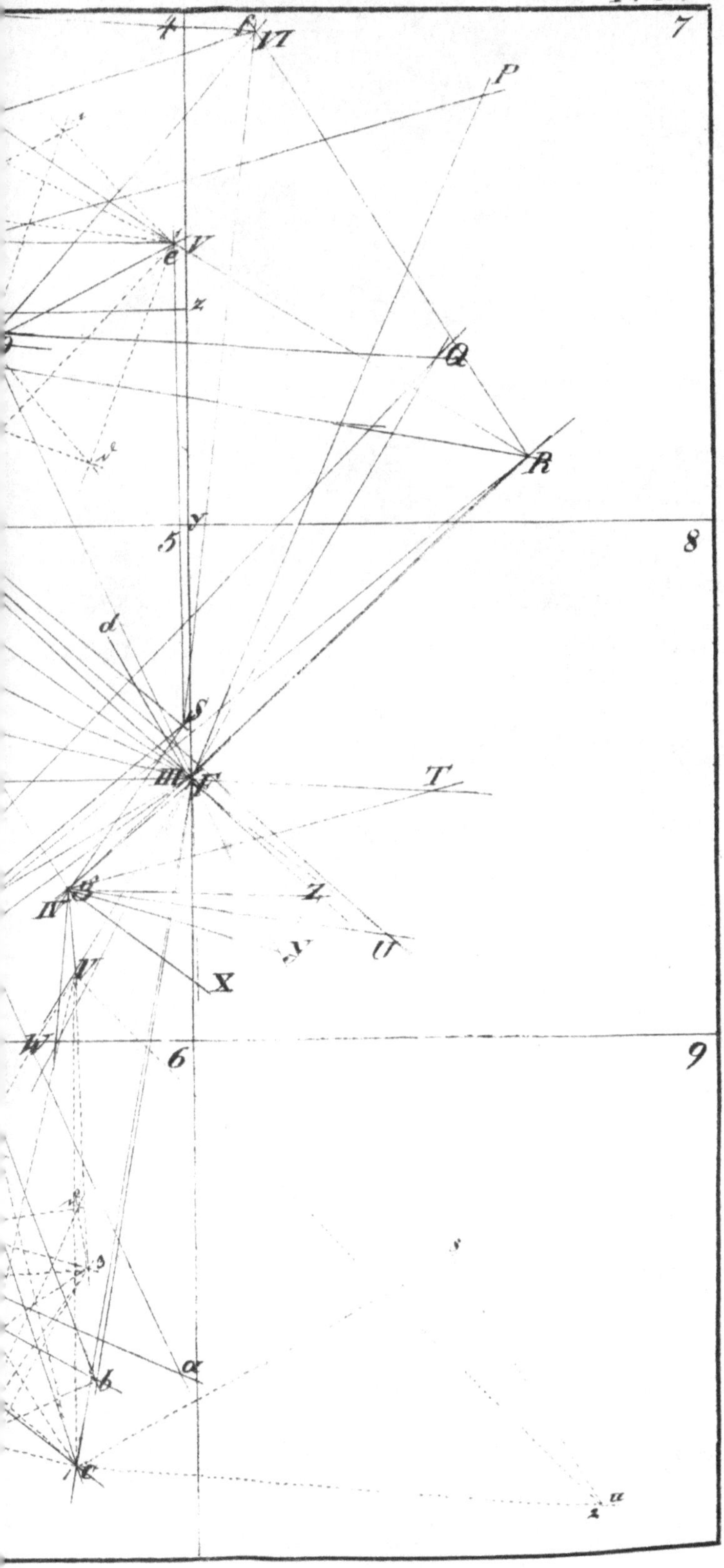
7
VI
P
V
Q
R
5
8
S
III
T
II
Z
U
X
6
9

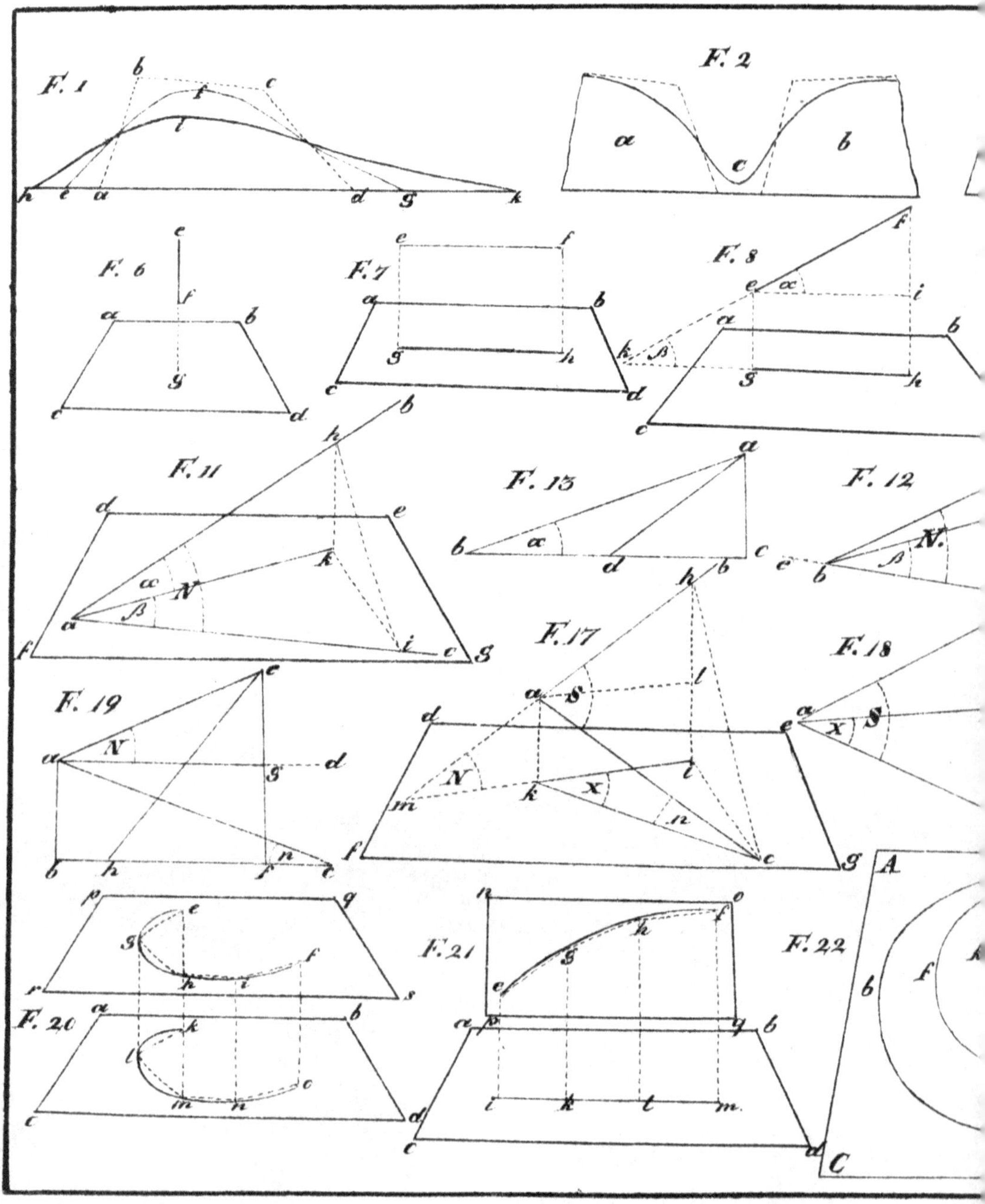
F. 1
F. 2
F. 6
F. 7
F. 8
F. 11
F. 13
F. 12
F. 17
F. 18
F. 19
F. 20
F. 21
F. 22

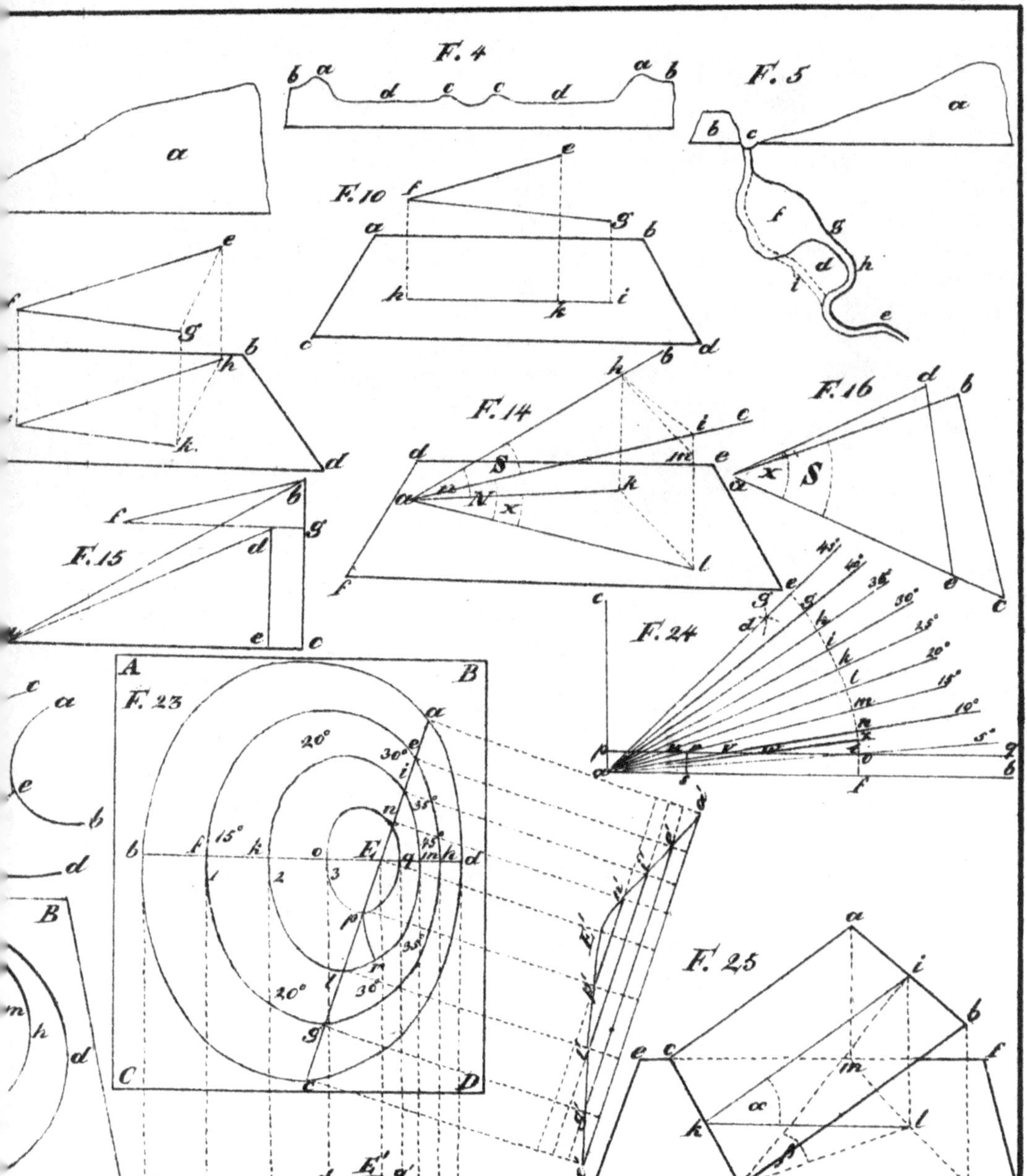
F. 4
F. 5
F. 10
F. 14
F. 15
F. 16
F. 23
F. 24
F. 25

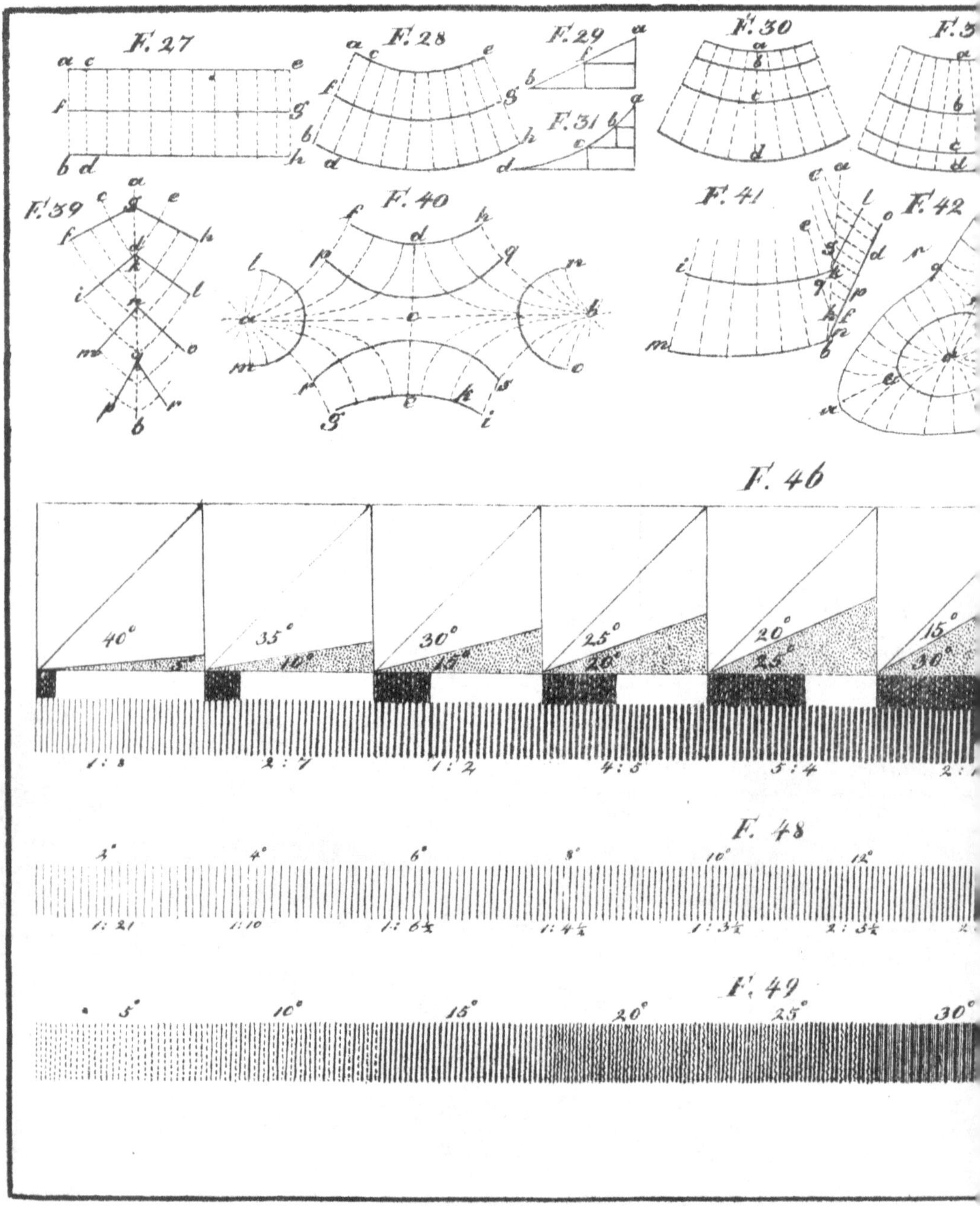

F. 27
F. 28
F. 29
F. 30
F. 31
F. 39
F. 40
F. 41
F. 42
F. 46
40°
35°
30°
25°
20°
15°
5°
10°
15°
20°
25°
30°
1 : 8
2 : 7
1 : 2
4 : 5
5 : 4
F. 48
4°
6°
8°
10°
12°
1 : 21
1 : 10
1 : 6½
1 : 4½
1 : 3½
2 : 3½
F. 49
5°
10°
15°
20°
25°
30°

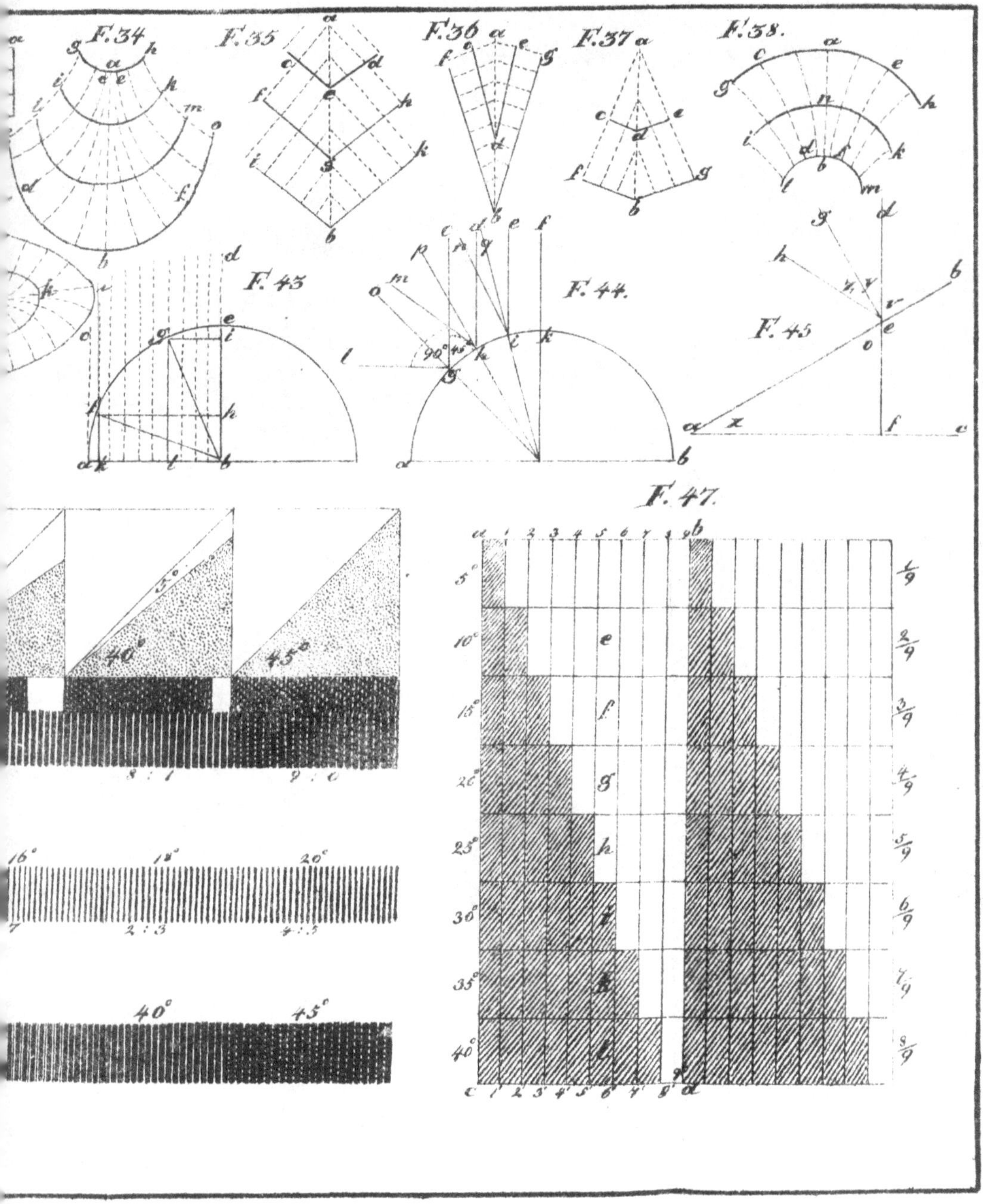
F. 34
F. 35
F. 36
F. 37
F. 38
F. 43
F. 44
F. 45
F. 47
90°
45°
5°
40°
45°
16°
18°
20°
40°
45°
5°
10°
15°
20°
25°
30°
35°
40°
1/9
2/9
3/9
4/9
5/9
6/9
7/9
8/9

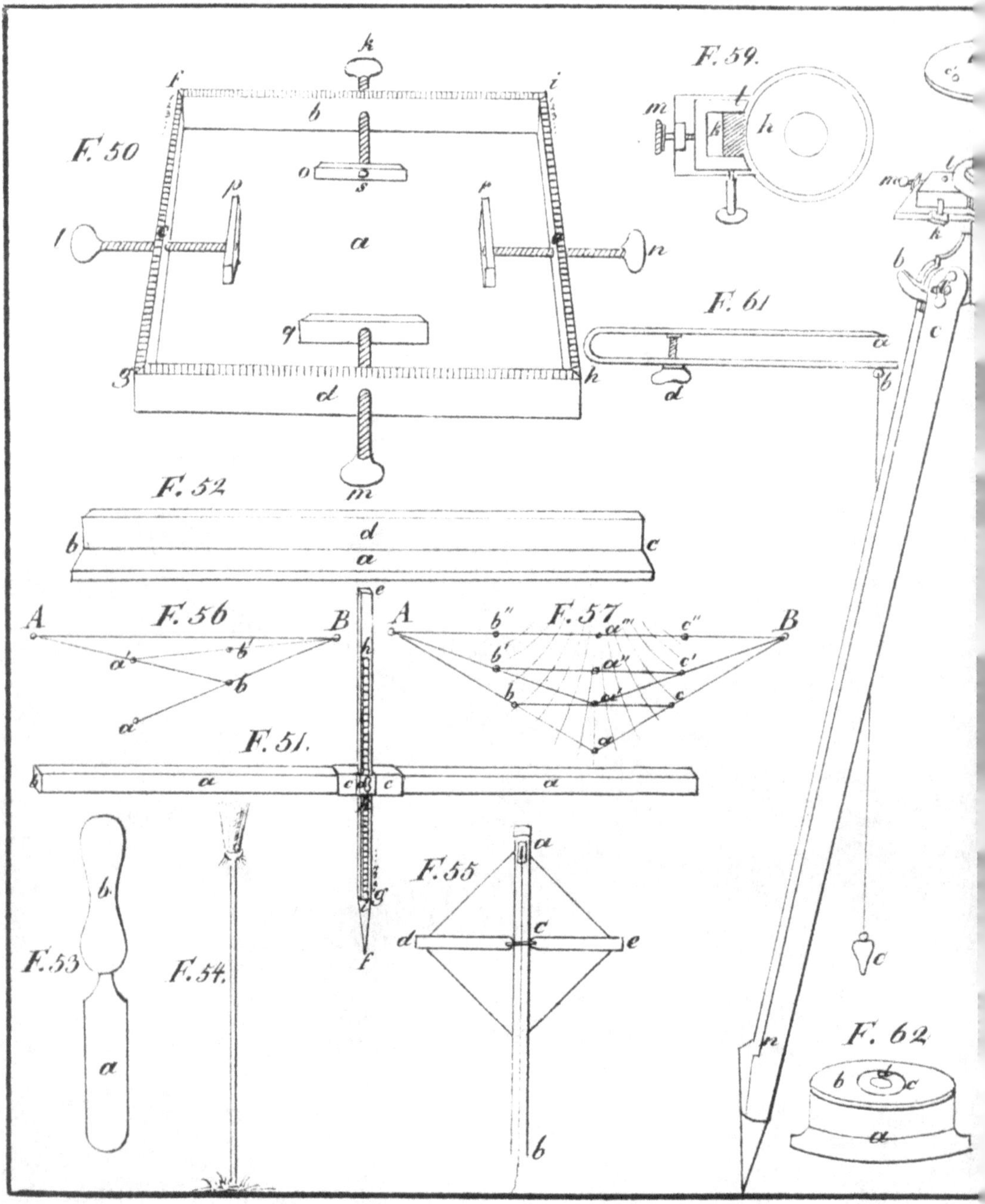
F. 50
F. 51.
F. 52
F. 53
F. 54.
F. 55
F. 56
F. 57
F. 59.
F. 61
F. 62

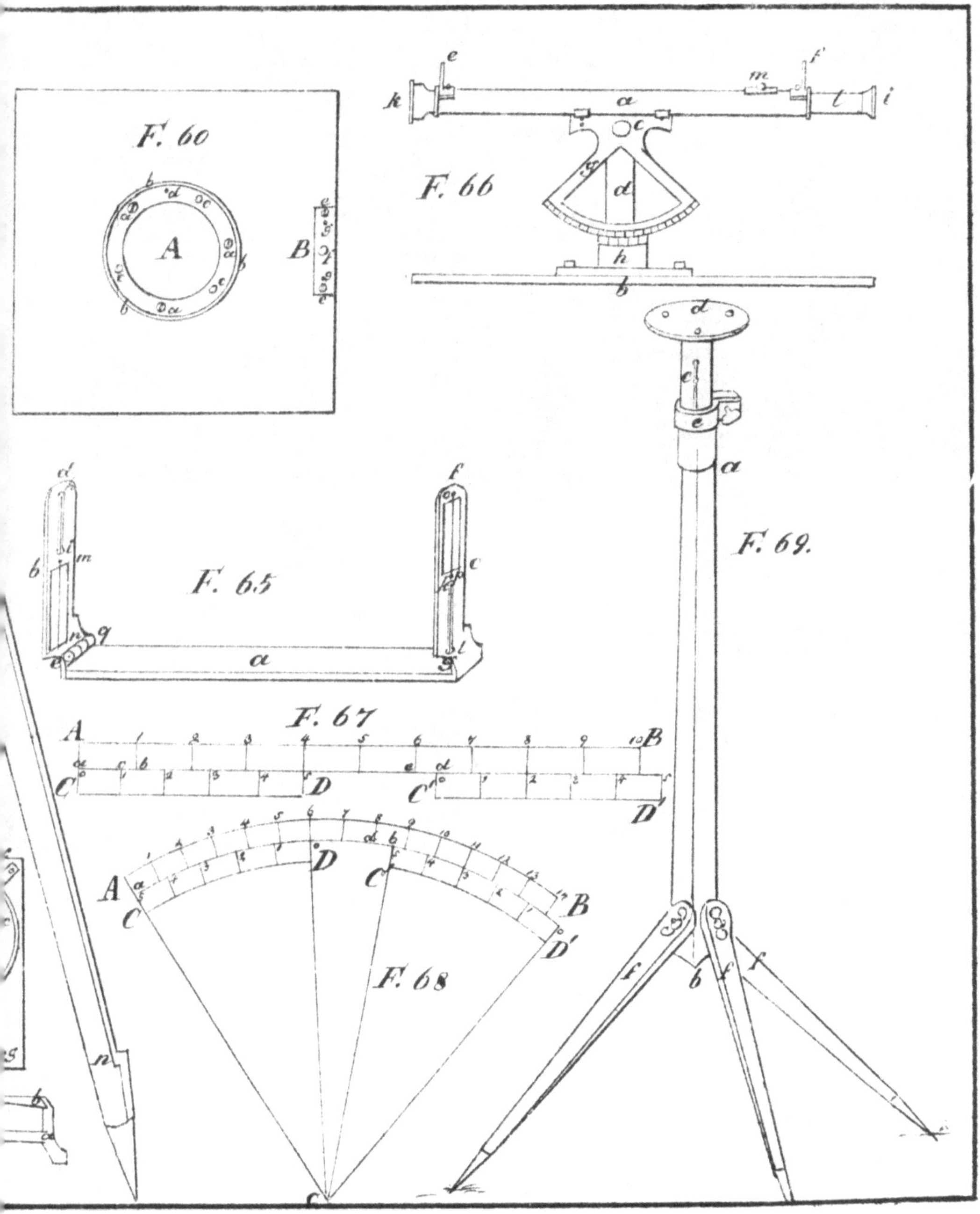
F. 60
F. 66
F. 65
F. 69.
F. 67
F. 68

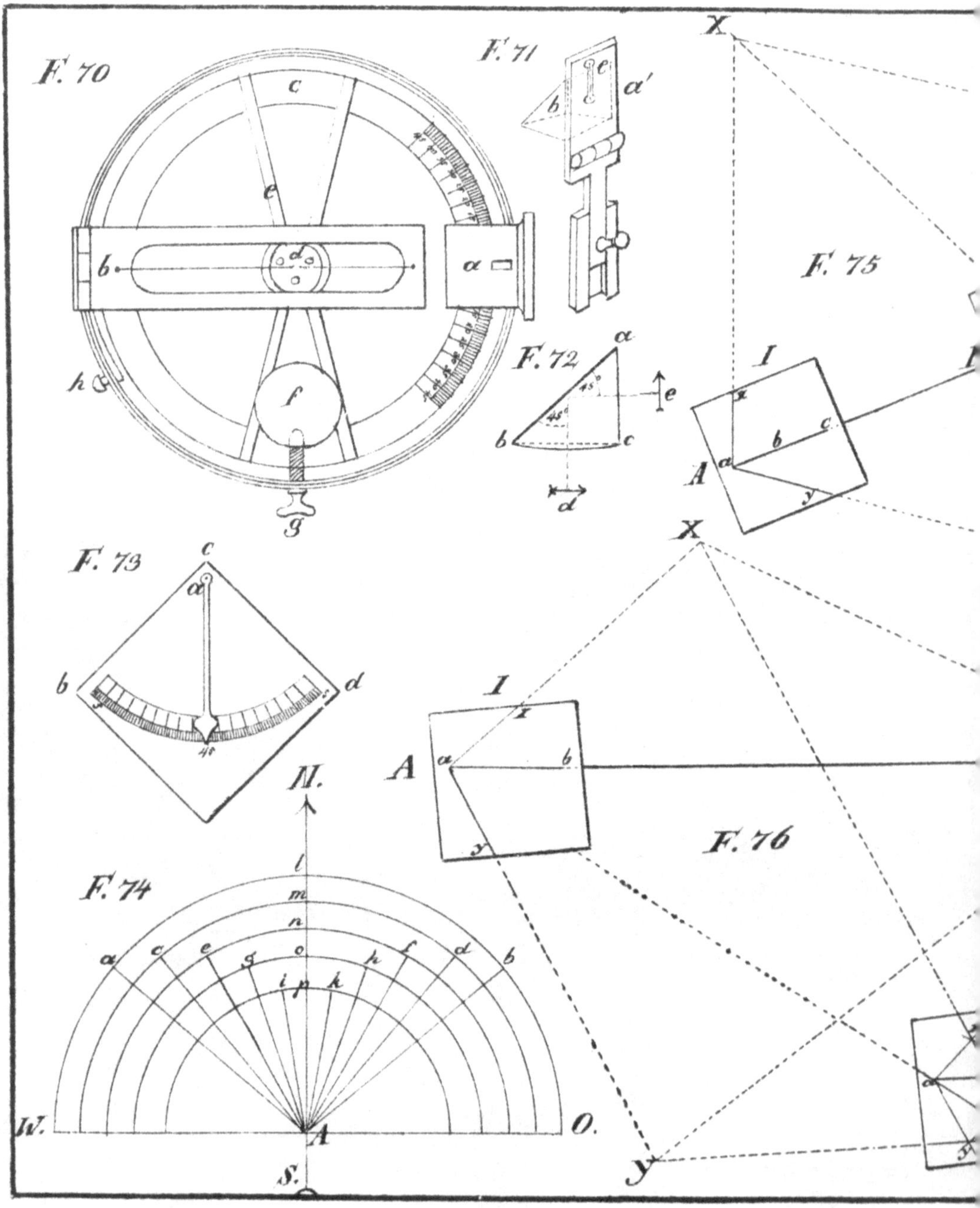

F. 70
F. 71
F. 72
F. 73
F. 74
F. 75
F. 76
N.
S.
W.
O.
A
X
Y

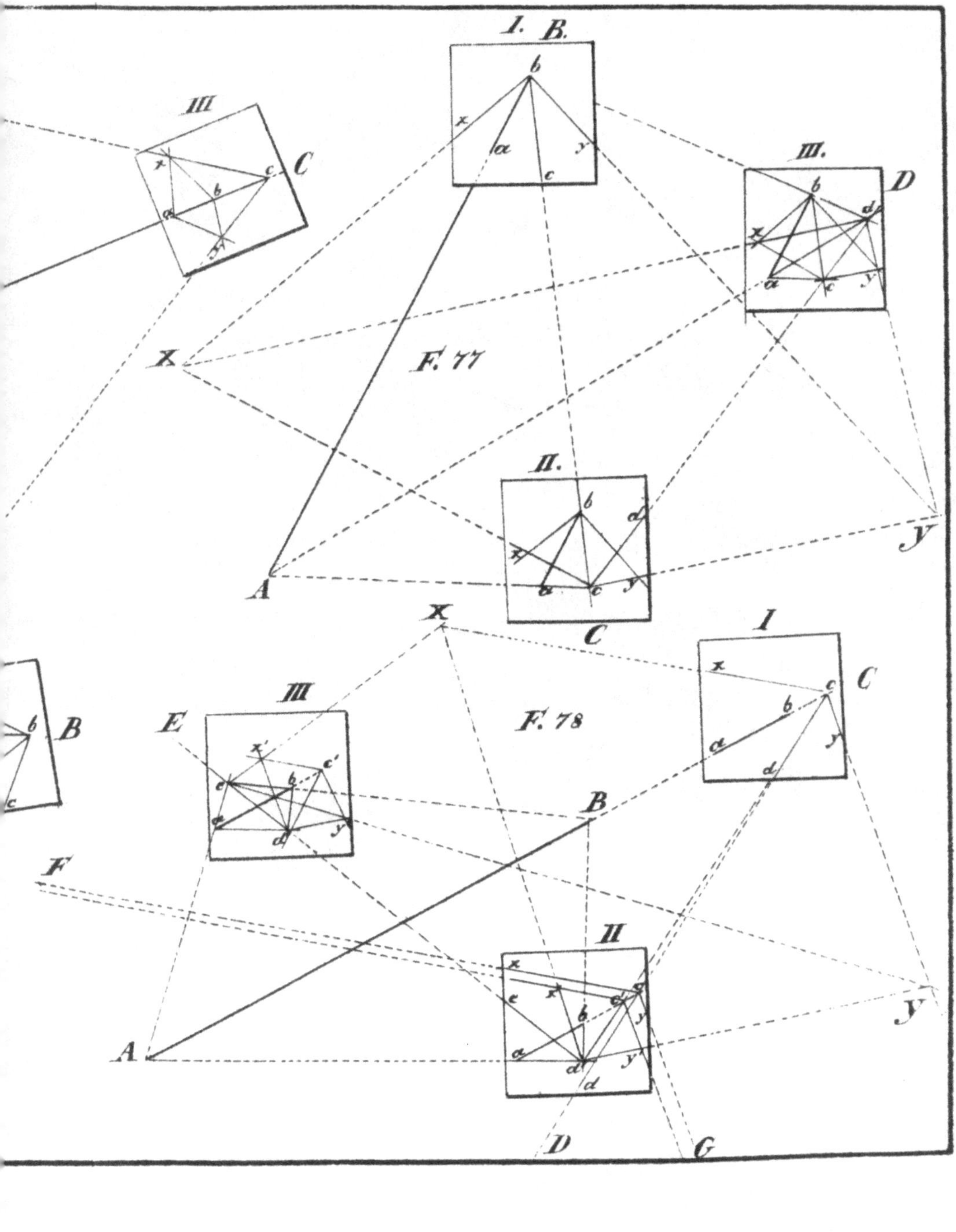
F. 77
F. 78
I.
II.
III.
A
B
C
D
E
F
G
X
Y

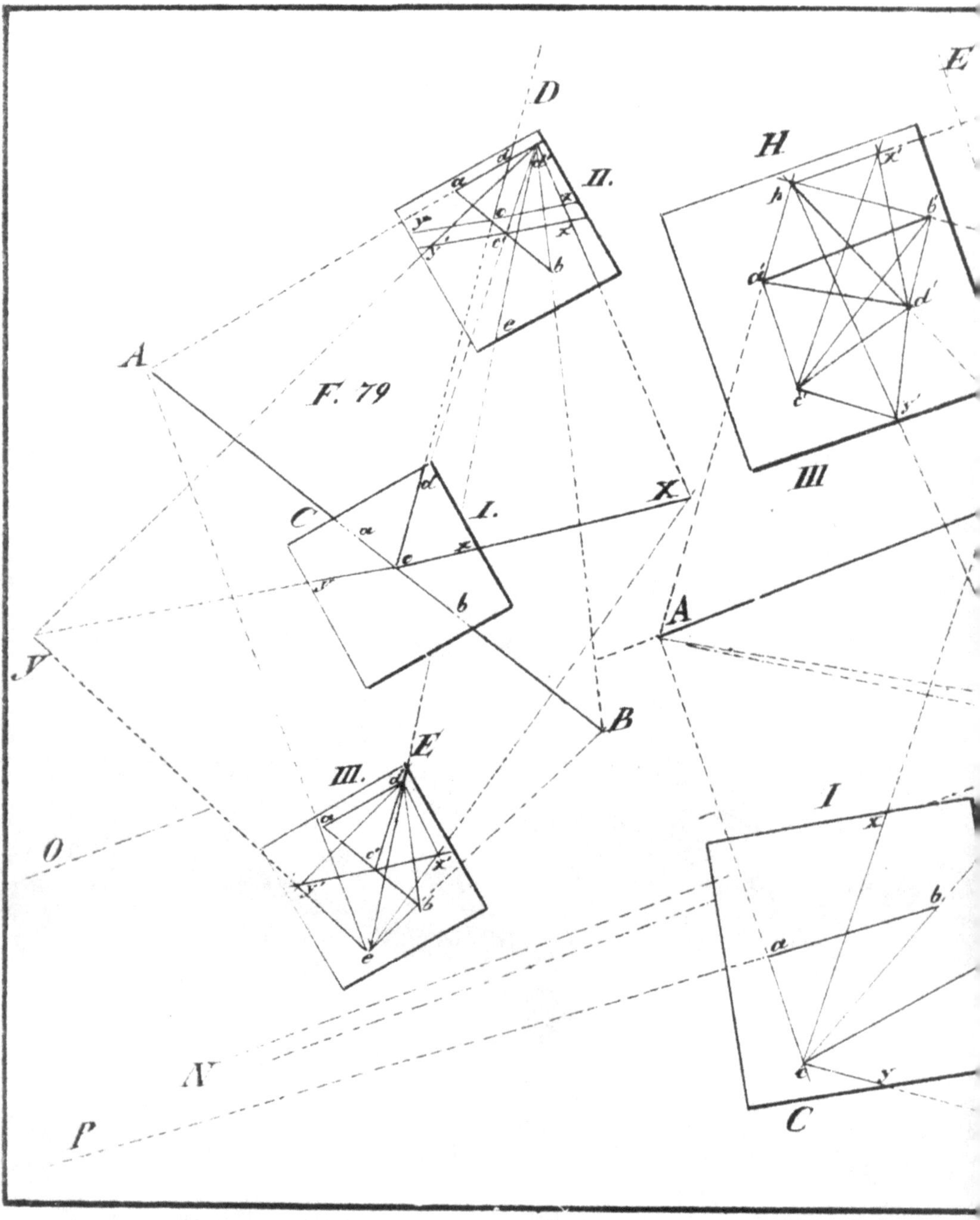
F. 79
D
E
H
II.
III
A
C
I.
X
A
J
B
E
III.
O
I
C
N
P

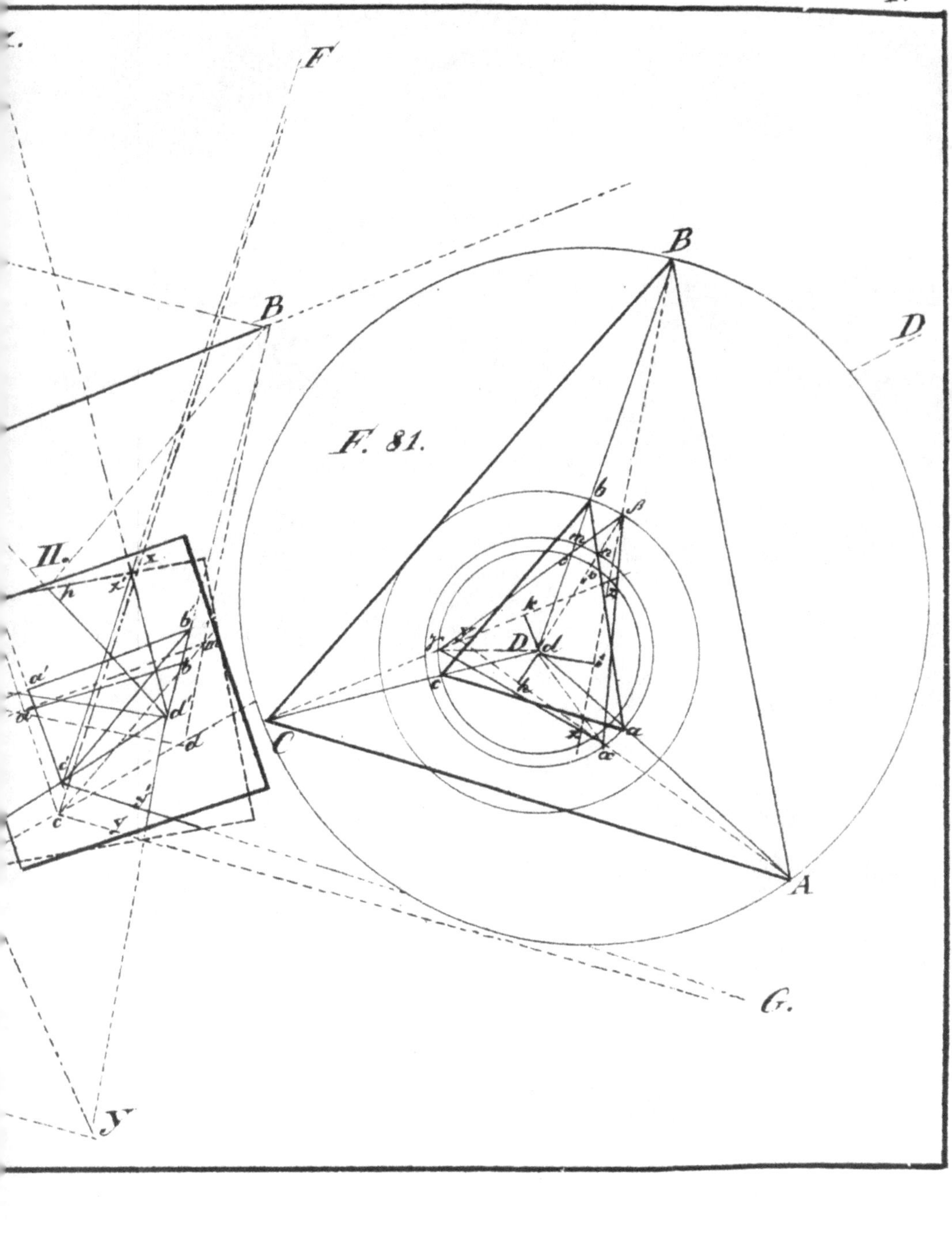
F. 81.
B
B
D
F
G.
A
C
II.
Y
b
β
a
α
c
d
D
k
h
x
a'
d'

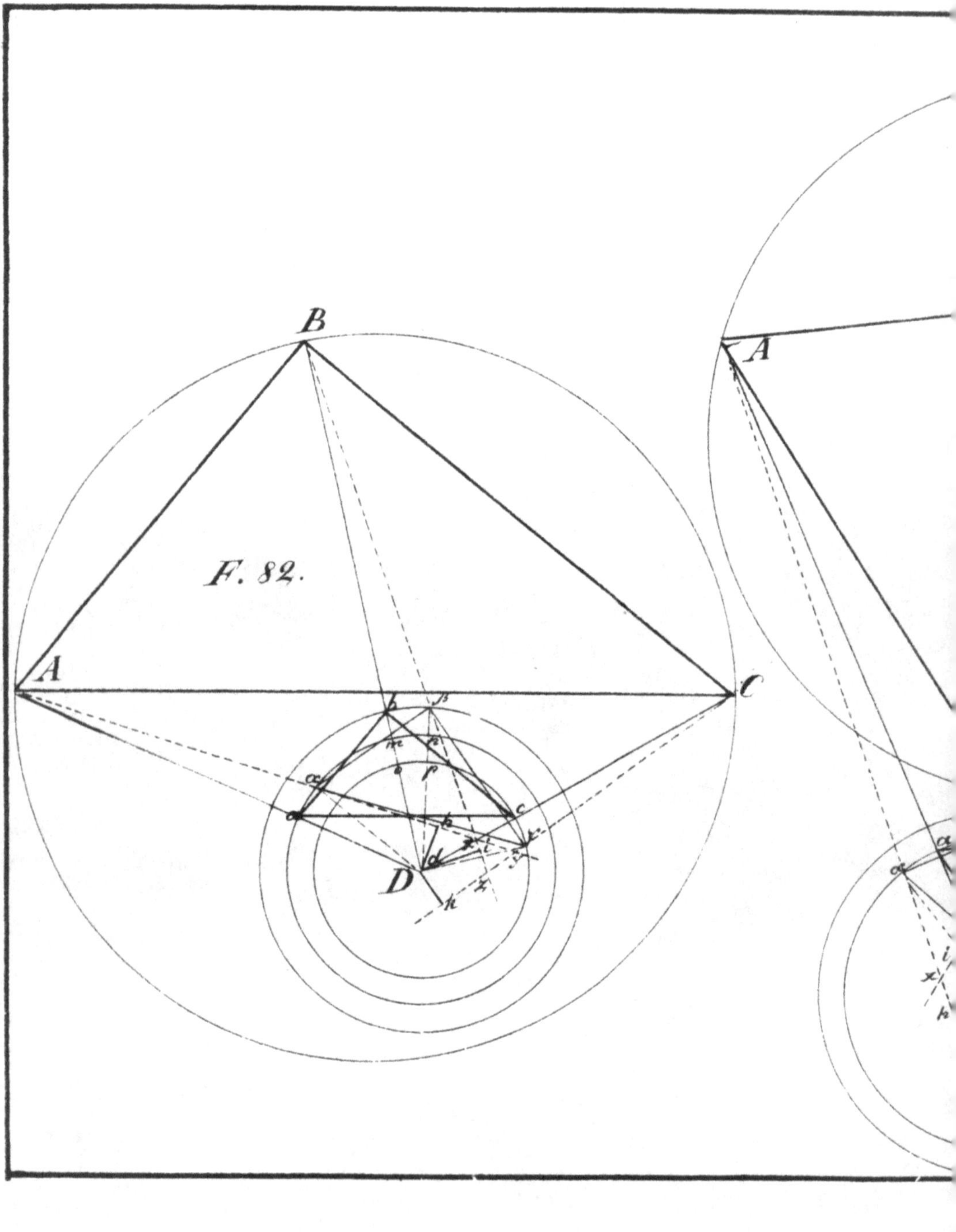

F. 82.

VI.

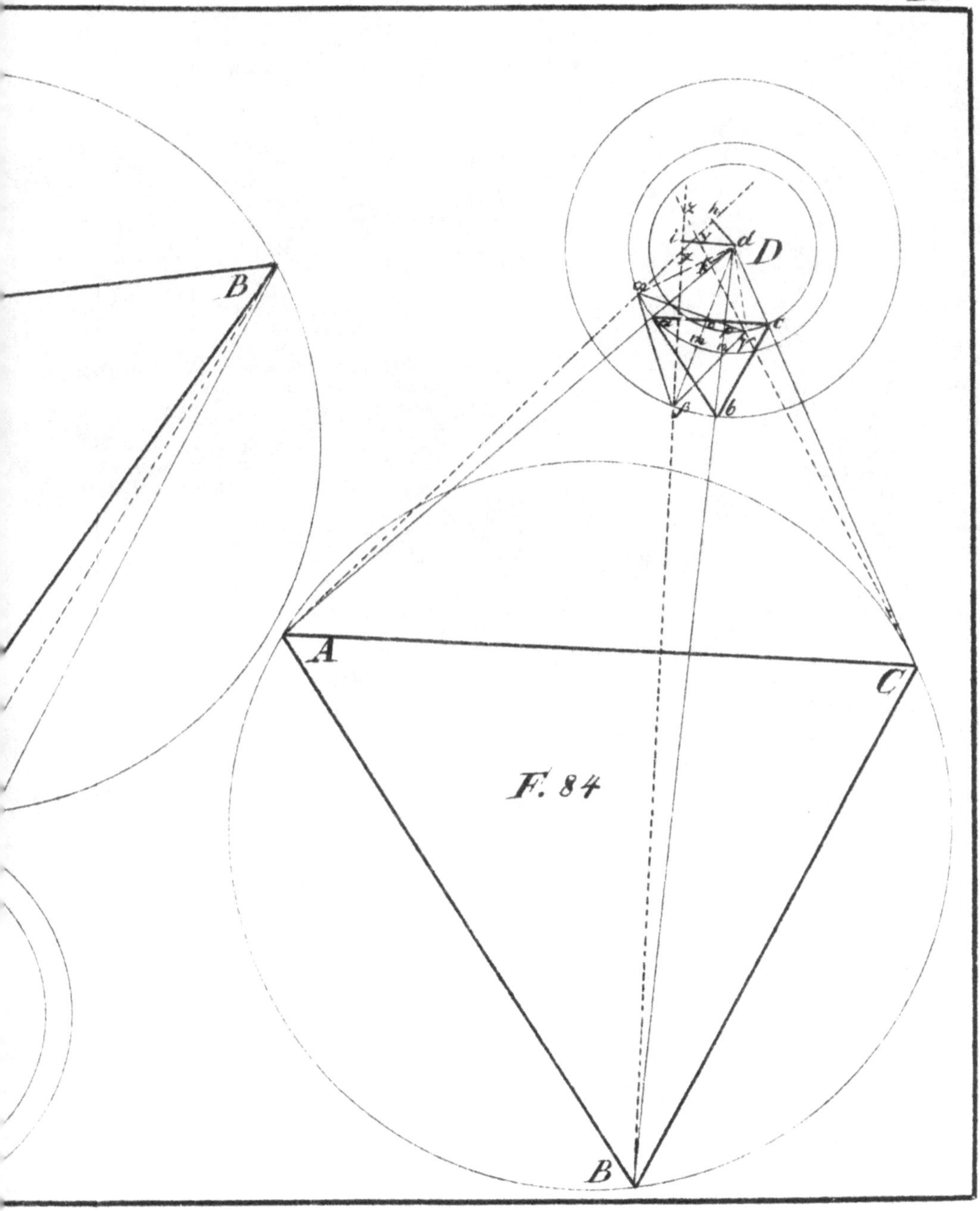

F. 84

FSC
www.fsc.org
MIX
Papier | Fördert gute Waldnutzung
FSC® C083411

Kolibri 360 GmbH
Ferdinand-Jühlke-Straße 7
99095 Erfurt, Deutschland
produktsicherheit@kolibri360.de